IFAS

Umdruck zur Vorlesung

Grundlagen der Fluidtechnik

Teil 1: Hydraulik

Univ.-Prof. Dr.-Ing. H. Murrenhoff

4. neu überarbeitete Auflage 2005

Institut für fluidtechnische Antriebe und Steuerungen
Steinbachstr. 53, D-52074 Aachen

Bibliografische Information der Deutschen Bibliothek
Die Deutsche Bibliothek verzeichnet diese Publikation in der Deutschen Nationalbibliografie; detaillierte bibliografische Daten sind im Internet über http://dnb.ddb.de abrufbar.

Printed in Germany.

ISBN 3-8265-9446-0
ISSN 1437-8434

Shaker Verlag GmbH • Postfach 101818 • 52018 Aachen
Telefon: 02407 / 95 96 - 0 • Telefax: 02407 / 95 96 - 9
Internet: www.shaker.de • eMail: info@shaker.de

Inhalt

1 Einleitung

1.1 Definition des Sachgebietes

Die Hydraulik befasst sich mit der Energie- und Signalübertragung durch Fluide. Es werden Druckflüssigkeiten auf der Basis von Mineralölen und natürlichen oder synthetischen Estern eingesetzt. Für besondere Anforderungen wie Schwerentflammbarkeit oder den Betrieb von Bremsen werden schwerentflammbare sowie Sonderflüssigkeiten eingesetzt, auf die in Kap. 3 näher eingegangen wird. Das Gebiet der Hydraulik wird in die beiden Gebiete Hydrostatik und Hydrodynamik unterteilt.

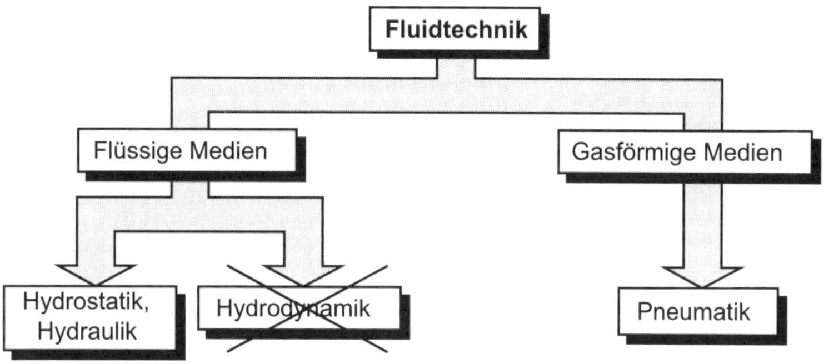

Bild 1.1-1: Definition des Sachgebietes

In der Hydrostatik wird die Energie mit Hilfe des statischen Druckes übertragen. Hydrostatische Maschinen arbeiten durchweg mit hohen Drücken und niedrigen Strömungsgeschwindigkeiten. Demgegenüber wird bei hydrodynamischen Kraftübertragungen die kinetische Energie der strömenden Flüssigkeit genutzt; hier treten hohe Strömungsgeschwindigkeiten bei niedrigen Drücken auf.

Die Hydrostatik ist Gegenstand der Vorlesung. In diesem Zusammenhang wird der Einfachheit halber oft der Begriff "Hydraulik" anstatt "Hydrostatik" verwendet. Ausgehend von den hydromechanischen Grundlagen werden unter Berücksichtigung der Eigenschaften von Druckflüssigkeiten hydraulische

Bauelemente (Pumpen, Ventile, Zylinder, Motoren) behandelt, die zu hydraulischen Systemen vereinigt werden. **Bild 1.1-2** zeigt am Beispiel eines Radladers den prinzipiellen Aufbau eines hydraulischen Systems, das aus Pumpen (Umformer von mechanischer in hydraulische Energie, generatorischer Teil), Leitungen und Zubehör (Speicher, Filter, Wärmetauscher; konduktiver Teil), Steuerelementen sowie Zylindern und/oder Motoren (Umformer von hydraulischer in mechanische Energie, motorischer Teil) besteht.

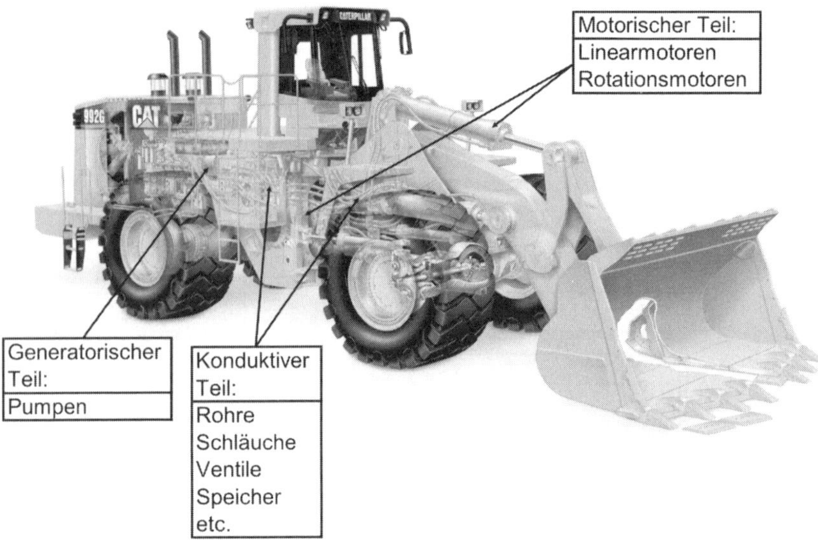

Bild 1.1-2: Prinzipieller Aufbau eines hydraulischen Systems am Beispiel eines Radladers (Caterpillar)

1.2 Historische Entwicklung

Schon seit Jahrtausenden versteht es die Menschheit, die Lageenergie von Flüssigkeiten zu nutzen. Die ersten Wasserräder sind nachweislich etwa um 200 v. Chr. entstanden. Sie haben sich bei Wassermühlen bis in unsere Zeit erhalten und finden in ihrer technischen Weiterentwicklung als Wasserturbinen in Kraftwerken ihre Verwendung. Vor der Erfindung der Dampfma schine waren die Wind- und Wasserenergien sowie die Muskelkraft die einzigen für mechanische Arbeit nutzbaren Energiequellen.

Um 1600 erfand Johannes Kepler die Zahnradpumpe. Diese Erfindung hatte aber zunächst noch keine Auswirkungen. Für die Entwicklung der Hydrostatik waren die Arbeiten Pascals von entscheidender Bedeutung. Im Jahre 1663 erläuterte er das Prinzip der hydraulischen Presse. Die industrielle Anwendung erfolgte erst durch Josef Bramah (1749 - 1814) in London. 1795 fertigte er eine hydraulische Presse mit Wasser als Druckflüssigkeit für die Erzeugung großer Kräfte. Die Abdichtung zwischen Kolben und Zylinder übernahmen Dichtungsringe.

Bild 1.2-1: Hydraulischer Felsbohrer beim Bau des Arlbergtunnels 1880

Nach der Erfindung der Dampfmaschine durch James Watt (1736 - 1819) machte man sich in England die Hydrostatik in Form von Druckwassernetzen zur Energieübertragung technisch zunutze. Das Druckwasser wurde durch dampfmaschinengetriebene Pumpen erzeugt und die Arbeitsmaschinen (z. B. Mühlen) durch Kolbenmaschinen angetrieben.

In der zweiten Hälfte des 19. Jahrhunderts entwickelte W. G. Armstrong (1810 - 1900) in England viele hydrostatische Maschinen und Bauteile, die vorwiegend im Schiffsbau für Ankerwinden und Hebebäume verwendet wur den. Es gab auch erste Anwendungen in der Bautechnik, wie **Bild 1.2-1** illustriert. Viele Steuerelemente aus dieser Zeit sind unseren heutigen Bauelementen sehr ähnlich.

Zu dieser Zeit entstanden auch zentrale Hydrauliknetze in den europäischen Großstädten. So versorgte das Londoner Hydrauliknetz zur Zeit seiner größten Ausdehnung, 1939 vor dem Ausbruch des zweiten Weltkriegs, ca. 8000 hydraulische Anlagen mit Energie. Die Leitungslänge der Hauptleitungen betrug ca. 300km und es wurden 7,5 Millionen Kubikmeter Druckwasser pro Jahr mit einem Druck von 55 bar gefördert. Reste dieses Leitungsnetzes waren bis in die 70er Jahre in Betrieb und versorgten z. B. Aufzüge in Londoner U-Bahn-Stationen mit hydraulischer Energie.

Mit der Entwicklung elektrischer Antriebe verlor am Anfang des 20. Jahrhunderts die Hydraulik ihre diesbezügliche technische Bedeutung, da die Elektrotechnik eine wesentlich einfachere Energieübertragung ermöglichte.

Neue Impulse erhielt die Hydraulik im Jahre 1905 durch Janney, der erstmalig Öl als Druckübertragungsmedium verwendete. Janney konstruierte ein hydrostatisches Getriebe in Axialkolbenbauart. Im Jahre 1910 wurden hydrostatische Turbinenregler für Wasserkraftmaschinen verwendet. Der Einsatz von ölhydraulischen Radialkolbenmaschinen erfolgte 1910 durch Hele Shaw. Die Entwicklung der Axialkolbenmaschinen begann 1930 durch Hans Thoma. Harry Vickers entwickelte 1936 ein vorgesteuertes Druckventil, Jean Mercier baute 1950 erstmalig in größerem Umfange hydropneumatische Druckspeicher. 1958 erschienen in den USA die Arbeiten von Blackburn, Lee und Shearer, die für die Entwicklung der Servohydraulik von besonderer Bedeutung waren.

1.3 Hydraulische Antriebe und Steuerungen in der Gegenwart

Die durch hohe Wachstumsraten gekennzeichnete Entwicklung der Hydraulik setzte 1950 ein und führte 1959 zur Bildung einer selbständigen "Fachgemeinschaft Ölhydraulik und Pneumatik" (heute Fachgemeinschaft Fluidtechnik) im Verein Deutscher Maschinen- und Anlagenbauer e.V. (VDMA). Die Anwendungsmöglichkeiten der Hydraulik sind auch heute noch nicht erschöpft. Der Umsatz an Komponenten und Systemen der Hydraulik in der

Bundesrepublik betrug im Jahr 2003 laut VDMA ca. 4,1 Mrd. € bei einer Exportquote von 49,0%, **Bild 1.3-1**. Die Fluidtechnik ist eine stark expandierende Branche, ihr Wachstum seit 1970 ist deutlich größer als das des gesamten Maschinenbaus und wird in letzter Zeit überproportional von der Mobilhydraulik und der Pneumatik geprägt.

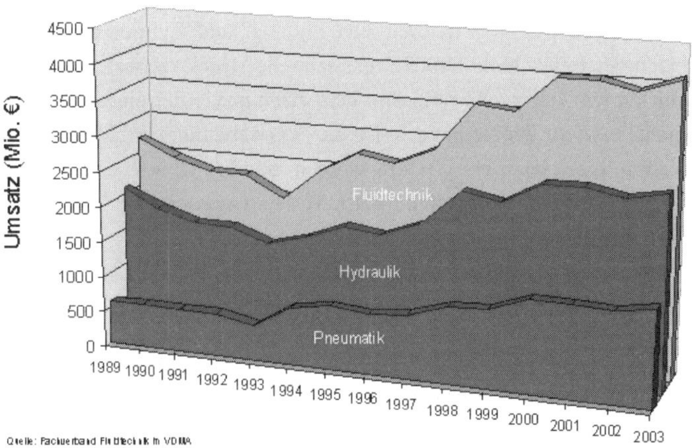

Bild 1.3-1: Umsatzentwicklung in der Fluidtechnik

Die moderne Hydraulik gliedert sich im wesentlichen in drei Bereiche: Stationär-, Mobil- und Flughydraulik. Jeder dieser Bereiche stellt spezielle, teilweise widersprüchliche Anforderungen an die Komponenten sowie die Systemauslegung und den Systemaufbau.

In der **Stationärhydraulik** werden vorwiegend aufschraubbare Einzelelemente mit genormten Anschlußmaßen zum Anflanschen auf Montageplatten und Blöcke eingesetzt. Die Signaleingabe erfolgt elektrisch über die Anlagensteuerung. Die Stationärhydraulik stellt zur Zeit den größten Anwendungsbereich dar. Typische Anwendungsbeispiele für diesen Bereich sind Werkzeugmaschinen, Spritzgießmaschinen, Pressen, Prüfmaschinen, Sondermaschinen (Schaustellergeschäfte) und Flugsimulatoren.

In Werkzeugmaschinen wird die Hydraulik in der Peripherie (Spannen, Klemmen, Sicherheitstechnik, Lagerungen etc.) und bei Haupt- und Nebenantrieben eingesetzt. Beispiele hierzu sind Tiefzieh-, Räum-, Hobel-, Stanz- und Nibbelmaschinen sowie Pressen und Vorschubantriebe in Bereichen, in denen der Bauraum minimiert werden muß, wie z. B. bei Mehrspindeldrehautomaten.

Pressen stellen an die Belastbarkeit von Pumpen und Zylindern hohe Anforderungen. Es treten hohe Drücke und schnelle Druckwechsel auf, d. h. in einer sehr kurzen Zeitspanne muß von dem Arbeitszylinder eine große Kraft aufgebracht werden. Problematisch ist die Verwendung von Mineralöl im Warmbereich eines Betriebes. Dort werden häufig schwer entflammbare Druckflüssigkeiten eingesetzt (**siehe Kap. 3**). Die Lebensdaueranforderungen hochbelasteter Elemente – wie Hochdruckpumpen und Ventile – stellen beim Einsatz niedrigviskoser Flüssigeiten durch extreme Toleranzanforderungen sowie Oberflächengüten hohe Anforderungen an die Produzenten dieser Geräte.

In der **Mobilhydraulik** wird die Zusammenfassung bestimmter Bauelemente zu Hydraulikblöcken bevorzugt, ferner ein relativ einfacher, kompakter und robuster Aufbau der Bauelemente und Steuerungen. Die Betätigung erfolgt oft noch von Hand direkt, aber zunehmend auch indirekt über Joysticks.

Bei Kraftfahrzeugen werden besondere Anforderungen hinsichtlich der zulässigen Temperaturschwankung (Sommer/Winter) gestellt. Die Hydraulik findet hier u. a. Anwendung bei Steueraufgaben und Komfortfunktionen wie Fahrwerksfederung, Blockierschutzsystemen der Bremsen (ABS), Fahrwerkstabilisierung (ESC), der Servolenkung, der Cabrio-Verdecköffnung und dem automatischen Getriebe. Im Motorbereich dient sie der Hochdruckerzeugung für die Kraftstoffeinspritzung (Diesel, Benzin) von Verbrennungsmotoren.

In Bau- und Landmaschinen sowie Schiffen und Kranen ist eine einfache, zuverlässige und robuste Bauweise erforderlich sowie eine weitgehende Unempfindlichkeit gegen Witterungseinflüsse. Die Fahrantriebe und die Arbeits- und Lenkgeräte von Raupen, Baggern und Radladern werden heute fast ausschließlich hydraulisch ausgeführt.

Weitere Anwendungen in der Mobilhydraulik finden sich z. B. bei Tunnelbohrmaschinen und Betonpumpen.

Die **Flughydraulik** erfordert Sondergeräte mit niedrigem Leistungsgewicht, hoher Druckfestigkeit und großen Durchflüssen. Ferner werden hochdynamische Servoventile zur stetigen Volumenstromdosierung in Abhängigkeit von einem elektrischen Signal sehr niedriger Leistung verwendet. Der verstärkte Einsatz der Hydraulik in Flugzeugen begann nach dem zweiten Weltkrieg, als Innovationen aus der Raketentechnik für die militärische und zivile Luftfahrt genutzt wurden.

Die bevorzugten Anwendungsgebiete der Hydraulik bei Flugzeugen sind Rudersteuerungen und die Betätigung der Fahrwerke. Es werden hier immer größere hydraulische Leistungen installiert. Waren es bei der Boeing 707 erst ca. 150 kW, so sind heute in einer Boeing 747 420kW, im Airbus A330 300 kW und im Airbus A380 bereits 550 kW installiert. In der Flughydraulik werden extremes Leistungsgewicht, gutes Zeitverhalten und hohe Betriebssicherheit gefordert.

Die Anforderungen an die Hydraulik in Raketen sind denen bei Flugzeugen ähnlich, wobei die Betriebslebensdauern nur kurz sind. Die Auslegung der Geräte ist mit von den extremen Beschleunigungen von mehrfacher Erdbeschleunigung geprägt; außerdem sind extreme Temperaturunterschiede zu berücksichtigen.

1.4 Hydraulische Kraft- und Energieübertragung im Vergleich

Hier soll zunächst ein allgemeiner Vergleich zwischen mechanischer, elektrischer und hydraulischer Form der Kraft- und Energieübertragung vorgenommen werden. **Bild 1.4-1** zeigt einen Vergleich dieser Übertragungsarten hinsichtlich verschiedener Beurteilungskriterien.

Hydraulische Antriebe sind **gut steuer- und regelbar**. Die zu steuernden bzw. zu regelnden hydraulischen Größen sind Volumenstrom und Druck. Beide Größen lassen sich durch entsprechende Bauelemente gezielt beeinflussen. Daher eignet sich die Hydraulik besonders gut für alle Anwendungen, bei denen neben hohen Kräften oder Momenten eine gute Dynamik gefordert wird. Beispiele dafür sind Antriebe und Steuerungen umformender Werkzeugmaschinen, fahrende Arbeitsmaschinen und Werkstoffprüfmaschinen.

Durch den einfachen Aufbau elektrohydraulischer Antriebe in NC-Maschinen gehört die **Automatisierung von Arbeitsabläufen** heute zum Stand der Technik. Die Ansteuerung erfolgt über speicherprogrammierbare Steuerungen, die per Feldbus mit den Geräten kommunizieren, und kann weg- oder geschwindigkeitsgesteuert (z. B. bei Vorschubbewegungen), druck- bzw. kraftgesteuert (z. B. bei Pressen) oder durch eine Kombination dieser Ansteuerungen (z. B. beim Tieflochbohren oder im Spritzgießprozess) erfolgen.

Übertragungs-art / Beurteilungskriterien	mechanisch	hydraulisch	elektrisch
Kraftdichte	🙂	😐	🙁
Übertragbarkeit über mittlere Entfernungen	🙁	😐	🙂
Steuerbarkeit	🙁	😐	😐
Wirkungsgrad	😐	🙁	🙁
Flexibilität im Aufbau, Angebot von Bauteilen	🙁 (teuer)	😐 (teuer)	🙂 (billig)

Bild 1.4-1: Vergleich hinsichtlich der Kraft- und Energieübertragung

Die gute Steuer- und Regelbarkeit ermöglicht den Aufbau sowohl starrer Antriebe (Konstant-Strom-Quelle), z. B. für Gleichlauf-Funktionen, als auch **nachgiebiger Antriebe** (Konstant-Druck-Quelle), z. B. für Sägen. Die Hydraulik bietet in dieser Beziehung die gleichen Möglichkeiten wie die Elektrotechnik, bei der zwischen Nebenschluß- und Hauptschlußverhalten (Reihenschlußverhalten) unterschieden wird.

Eine **Energieübertragung** über mittlere Entfernung ist ohne weiteres möglich. Sie erfolgt über Rohre oder Schläuche auf feststehende bzw. bewegliche Maschinenteile. Dabei macht sich der komplexe Leitungswiderstand bemerkbar. Analog zur Elektrotechnik setzt sich der Widerstand der hydraulischen

Leitung aus einem ohmschen, einem kapazitiven und einem induktiven Anteil zusammen (s. Kap. 2).

Das **Beschleunigungsvermögen** von Hydraulikmotoren ist gekennzeichnet durch das auf das Trägheitsmoment des Motors bezogene Drehmoment:

$$\ddot{\varphi} = \frac{M}{I} \quad \left[\frac{N\,m}{kg\;m^2}\right] \qquad (1.4\text{-}1)$$

Dieser Wert kann um eine bis drei Größenordnungen über dem entsprechenden eines Elektromotors liegen. Die Größenordnung ist dabei stark abhängig von der Bauart des Elektromotors und dem Betriebszyklus (Dauer- oder Teillast) sowie der Art seiner Kühlung.

Das gute Zeitverhalten hydraulischer Antriebe ist ein wichtiger Vorteil, der nicht nur bei Flugzeug- und Raketensteuerungen oder dynamischen Prüfmaschinen von Bedeutung ist, sondern auch für hohe Genauigkeiten, z. B. bei Vorschubantrieben von Werkzeugmaschinen, eine wichtige Rolle spielt.

In der Luftfahrttechnik wird naturgemäß ein geringes Gewicht und Volumen der Bauelemente bei gleichzeitig hoher Leistung gefordert. Hier ist die Hydraulik mit ihrer größeren Kraft- und Energiedichte im Vorteil. Das Leistungsgewicht ist erheblich kleiner als bei elektrischen Maschinen. Beispielsweise hat ein Motor mit einer Leistung von 9 kW in der Elektrik als bürstenloser Servomotor in Abhängigkeit von der Betriebsweise ein Leistungsgewicht von etwa 1,5 – 5 kg/kW und in der Hydraulik je nach Bauart von 0,15 – 1,5 kg/kW.

Auch bei den Raumverhältnissen ist die Hydraulik günstiger als die Elektrik. In **Bild 1.4-2** werden Elektro- und Hydromotor hinsichtlich der Massenträgheitsmomente bei gleichem Drehmoment, des Gewichts und des Einbauraums verglichen. Zugrunde liegen jeweils Durchschnittswerte (für Schrägscheibenmaschine / Asynchronmaschine) für Maschinen der gleichen Leistungsklasse.

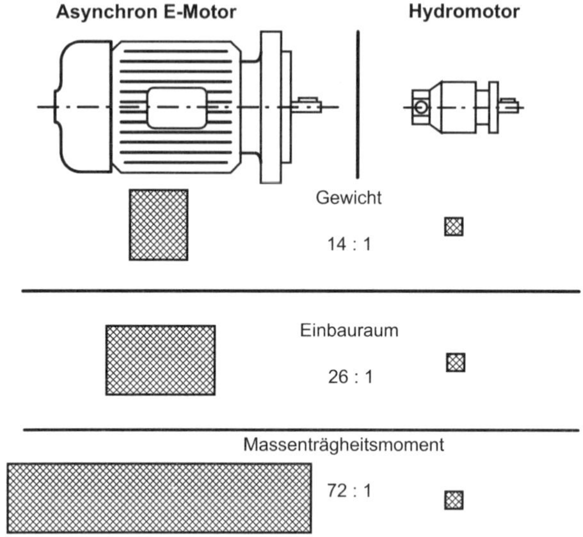

Bild 1.4-2: Vergleich von Asynchron- und Hydromotor

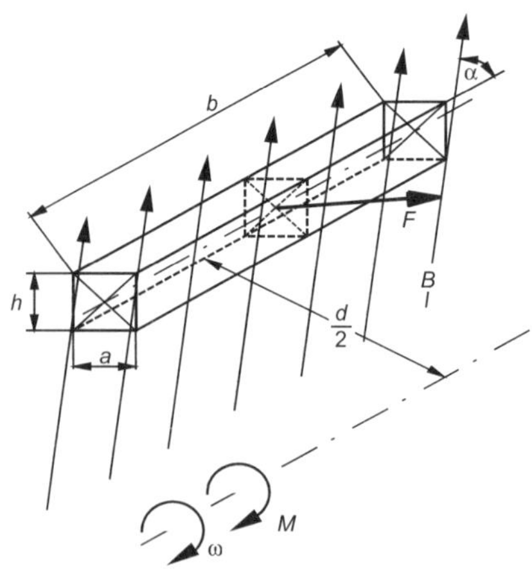

Bild 1.4-3: Drehmomentbildung bei elektrischen Antrieben

Der Grund für die genannten Vorteile der Hydraulik liegt in der deutlich höheren Kraftdichte im Vergleich zur Elektrik. Die technisch standardmäßig realisierte Kraftdichte (Kraft pro Fläche) in der Hydraulik liegt bei bis zu 500 bar in der Mobilhydraulik. Allen elektrischen Antrieben ist gemein, dass das Drehmoment durch die magnetische Lorenzkraft auf einen stromdurchflossenen Leiter erzeugt wird (**Bild 1.4-3**). Es läßt sich ableiten, daß die Kraftdichte Λ das Produkt aus der Stromdichte S, der magnetischen Induktion B und der Länge a ist:

$$\Lambda = S \cdot B \cdot a \qquad (1.4\text{-}2)$$

Aufgrund der magnetischen Sättigung der üblichen weichmagnetischen Anker- und Ständerwerkstoffe ist die Kraftdichte bei elektrischen Maschinen selbst bei Luftspalt null auf max. 15 bis 16 bar beschränkt. Bei realisierten Maschinen ist sie noch geringer, es werden nur 0,5 – 4 bar erreicht.

Aber die Hydraulik weist noch weitere Vorteile auf. Im Gegensatz zu mechanischen und elektrischen Antrieben erfolgt in der Hydraulik die **Wärmeabfuhr** durch die Druckflüssigkeit. Die Wärme kann außerhalb der Maschine in Wärmetauschern (Kühlern) abgeführt werden. Damit wird erst die kleine Bauweise der Hydraulikelemente bei großer Leistungsdichte möglich.

Durch den Einbau einfacher Druckbegrenzungsventile, Sicherheitsventile oder einer Nullhubregelung der Pumpe ist eine einfache **Überlastungssicherung** gegeben. Auch in komplizierten Hydraulikanlagen ist eine einfache Überwachung und Kontrolle der wirksamen Kräfte und Momente durch Ablesen eingebauter Manometer sowie eine einfache **Überprüfung** der Anlage möglich.

Ein bequemer **Aufbau** von Steuerungen und Antrieben wird durch aufflanschbare Bauelemente, die nach dem Baukastensystem konstruiert sind, möglich. Die Bauelemente werden auf Platten oder Blöcken aufgeflanscht, in denen die entsprechenden Anschlüsse liegen.

Der Hydraulikzylinder stellt das einfachste Bauelement zur Erzeugung großer Kräfte in **Linearantrieben** dar und kann sowohl in kleinen als auch in sehr großen Dimensionen einfach und kostengünstig hergestellt werden.

Doch weisen hydraulische Antriebe auch einige **Nachteile** auf, die der Konstrukteur und Projektierer kennen sollte. Es treten **Verluste** durch Flüssig keitsreibung und Leckage auf, die einen relativ schlechten Wirkungsgrad zur Folge haben. Die Flüssigkeitsreibung führt in Rohren, Schläuchen, Krümmern und bei allen Querschnittsänderungen zu Verlusten, die von der jeweiligen Strömungsgeschwindigkeit und Viskosität abhängig sind. Leckverluste entstehen insbesondere, wenn Räume, die unter hohem Druck stehen, nur durch Spaltdichtungen von den Räumen niedrigeren Druckes getrennt werden. Um die Leckverluste niedrig zu halten, müssen die entsprechenden Bauelemente (z. B. Steuerschieber von Ventilen, Kolben von Pumpen und Motoren sowie die betreffenden Gehäusebohrungen) mit hoher Fertigungsgenauigkeit hergestellt werden.

Die **Schmutzempfindlichkeit** eines hydraulischen Systems ist von der Art der eingesetzten Bauelemente und von der Höhe des Betriebsdrucks abhängig. Da besonders in der Hochdruckhydraulik sehr enge Spaltdichtungen vorkommen, ist hier eine intensive Filterung der Druckflüssigkeit erforderlich.

Eine Änderung der **Betriebstemperatur** bewirkt eine **Viskositätsänderung** der Druckflüssigkeit. Dadurch werden Änderungen der Leckverluste, Volumenströme und Drehzahlen hervorgerufen. Ein Ausregeln der dadurch entstehenden Effekte ist jedoch möglich.

Eine unter Druck stehende Ölsäule ist aufgrund der **Kompressibilität** etwa 140 mal weicher als eine gleiche Stahlsäule. Die Kompressibilität der Druckflüssigkeit wird außerdem in starkem Maße durch die im Kreislauf vorhandene Luft erhöht. Diese hat ihren Ursprung entweder darin, daß der Kreislauf nicht entlüftet wurde, daß sie von außen als Fremdluft angesaugt, oder daß sie aus der Druckflüssigkeit ausgeschieden wurde, wie es beim Auftreten von Kavitation der Fall ist. Durch das Vorhandensein von Luft im Hydrauliksystem ergibt sich ein ruckweises Arbeiten, die Umsteuerzeiten werden verlängert, und die Druckflüssigkeit wird durch adiabate Verdichtungen der in ihr enthaltenen Luftblasen örtlich überhitzt (Dieseleffekt), was zu einer beschleunigten Ölalterung führt.

Leckverluste und Kompressibilität bedingen, daß der hydrostatische Antrieb z. B. von rotierenden oder oszillierenden Motoren nicht völlig **formschlüssig** ist. Daher ergibt sich beim Synchronisieren zweier oder mehrerer Antriebe mit unterschiedlichen Belastungen die Aufgabe, den Gleichlauf durch den Einsatz von Gleichlaufsteuerungen und -regelungen zu erzwingen.

Vorteile
☺ hohe Leistungsdichte
☺ einfache Realisierung von Linearbewegungen
☺ gute Steuer- und Regelbarkeit
☺ gutes Zeitverhalten durch niedrige Massenträgheiten
☺ einfache und zuverlässige Absicherung gegen Überlastung
☺ gute Schmierung und Abfuhr der Verlustwärme durch das Fluid

Nachteile
☹ Energieverbrauch
Verluste durch Reibung und interne Leckage
☹ Wartung des Druckmediums
Schmutzempfindlichkeit und Verschleiß der Komponenten
☹ Umwelt
Geräuschabstrahlung / Leckage / Feuergefährdung

Bild 1.4-4: Vor- und Nachteile hydraulischer Antriebe und Steuerungen

Bei den bisher überwiegend verwendeten Druckflüssigkeiten auf Mineralölbasis besteht **Feuergefahr**. Dies gilt besonders für die Flughydraulik, wenn z. B. Ölnebel mit heißen Triebwerksteilen in Berührung kommen. Aber auch bei Druckgußmaschinen und im Bergbau können infolge von **Undichtigkeiten** und **Leitungsbruch** Brände entstehen. Daher werden heute vielfach schwerentflammbare Druckflüssigkeiten in Hydrauliksystemen verwendet, die im Einflussbereich von Zündquellen oder Warmbereichen installiert sind. Die **Gefährdung der Umwelt** durch Hydraulikflüssigkeiten hat zur Entwicklung biologisch schnell abbaubarer Druckflüssigkeiten geführt, die vermehrt in der Mobilhydraulik zum Einsatz kommen.

Die hohe Kraftdichte in der Hydraulik kann bei nicht ausreichender Filterung zu relativ schnellem **Verschleiß** verschiedener Bauelemente führen. Der Auswahl der Reibpaarungen kommt daher große Bedeutung zu.

In **Bild 1.4-4** sind die aufgezählten Vor- und Nachteile gegenübergestellt. Die aufgezählten Nachteile lassen sich in den meisten Fällen durch entsprechende konstruktive und werkstofftechnische Maßnahmen kompensieren.

1.5 Literatur zu Kapitel 1

1.1	Backé, W.	Grundlagen der Ölhydraulik; Umdruck zur Vorlesung an der RWTH Aachen, 10. Auflage 1994
1.2	Blackburn, F. J.; Reethof, G.; Shearer, J. L.	Fluid Power Control, Krauskopf-Verlag, Wiesbaden 1962
1.3	Murrenhoff, H.	Servohydraulik, Umdruck zur Vorlesung an der RWTH Aachen, 2. Auflage 2002, ISBN 3-8265-9446-0
1.4	Murrenhoff, H.; Wallentowitz, H.	Fluidtechnik für mobile Anwendungen, Umdruck zur Vorlesung an der RWTH Aachen, 1. Auflage 1998, ISBN 3-89653-258-8
1.5	Weingarten, F.	Die Entwicklung der hydrostatischen Energieübertragung im 19. und 20. Jahrhundert, o+p „Ölhydraulik & Pneumatik“ 26 (1982) Nr. 12
1.6	N. N.	Elektrische Antriebssysteme, www.energie.ch/themen/industrie/antriebe/
1.7	N. N.	Katalogmaterial Fa. Bosch Rexroth AG, www.boschrexroth.com
1.8	N. N.	Katalogmaterial Fa. Moog GmbH, www.moog.de
1.9	N. N.	Katalogmaterial Fa. Parker, www.parker.com

2 Grundlagen

neu bearbeitet von Dr.-Ing. Heinrich Theissen

Die Gesetze der Hydrostatik gelten, streng genommen, nur für eine ideale Flüssigkeit, die als masselos, reibungsfrei und inkompressibel anzusehen ist.

Mit diesen Beziehungen erfasst man das Verhalten idealer, das heißt verlustfreier Kreisläufe. Bei allen Bauelementen der Hydrostatik treten aber Verluste in irgendeiner Form auf. In manchen Fällen, wie z. B. bei Geräten, die nach dem Drosselprinzip arbeiten, sind die auftretenden Verluste sogar Voraussetzung für die Funktionsfähigkeit.

In den vorliegenden Berechnungsgrundlagen wird zunächst eine ideale Flüssigkeit als Druckübertragungsmedium vorausgesetzt. Die Auswirkungen der Flüssigkeitsmasse, der Viskosität und der Kompressibilität auf das Systemverhalten werden in den aufeinander aufbauenden Abschnitten untersucht.

2.1 Hydrostatik

2.1.1 Die ideale Flüssigkeit

Für die Gleichungen der Hydrostatik wird eine ideale Flüssigkeit angenommen, die **masselos**, **reibungsfrei** und **inkompressibel** ist. Eine masselose Flüssigkeit kann keine kinetische Energie aufnehmen; zum Transport der Flüssigkeit ist keine Arbeit erforderlich. Reibungsfreiheit bedeutet, dass die Flüssigkeit keine Zähigkeit besitzt. Inkompressible Flüssigkeiten verändern ihr Volumen bei Druckänderungen nicht.

Die Grundlage der Hydrostatik ist das **Gesetz von Pascal:**

Die Wirkung einer Kraft auf eine ruhende Flüssigkeit pflanzt sich nach allen Richtungen innerhalb der Flüssigkeit fort. Die Größe des Druckes in der Flüssigkeit ist gleich der Belastungskraft, bezogen auf ihre Wirkfläche. Der Druck wirkt immer senkrecht auf die Begrenzungsflächen des Behälters.

2.1.2 Translatorische Bewegungen

Bild 2.1-1 zeigt das Prinzip der hydrostatischen Presse. Es gilt folgende Beziehung:

$$p = \frac{F_1}{A_1} = \frac{F_2}{A_2} \qquad (2.1\text{-}1)$$

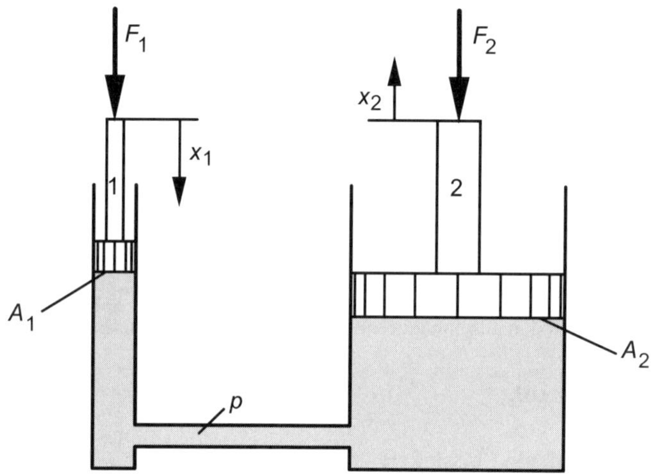

Bild 2.1-1: Prinzip der hydrostatischen Presse

1 Pa (Pascal)	$1 \ \frac{N}{m^2}$
1 bar	$10^5 \ \frac{N}{m^2}$
1 psi $\frac{\text{pound}}{\text{square inch}}$	0,06895 bar
$1 \ \frac{kp}{cm^2}$	0,981 bar

Tabelle 2.1-1: Gebräuchliche Maßeinheiten für den Druck

Für den Druck p sind die in **Tabelle 2.1-1** dargestellten Maßeinheiten üblich. In Deutschland werden Drücke normalerweise in bar angegeben. Eine Umrechnungstabelle befindet sich im Anhang.

Bei einer Bewegung des Kolbens 1 in **Bild 2.1-1** um den Weg x_1 wird ein Volumen

$$V_1 = x_1 \cdot A_1 \qquad (2.1\text{-}2)$$

verdrängt. Der Kolben 2 verschiebt sich dann um den Weg x_2, wobei er das Volumen

$$V_2 = x_2 \cdot A_2 \qquad (2.1\text{-}3)$$

freigibt. Unter der Voraussetzung, dass eine ideale Flüssigkeit vorliegt und keine Leckverluste im System auftreten, ist das freigegebene Volumen V_2 gleich dem verdrängten Volumen V_1.

$$V_1 = V_2 \qquad (2.1\text{-}4)$$

$$x_1 \cdot A_1 = x_2 \cdot A_2 \qquad (2.1\text{-}5)$$

$$\frac{x_1}{x_2} = \frac{A_2}{A_1} \qquad (2.1\text{-}6)$$

Gleichung 2.1-6 bildet das Wegverhältnis der Kolben 1 und 2. Da die Wege x_1 und x_2 bei den Voraussetzungen in der gleichen Zeit zurückgelegt werden, ergibt sich für das Geschwindigkeitsverhältnis der Kolben 1 und 2

$$\frac{\dot{x}_1}{\dot{x}_2} = \frac{A_2}{A_1} \qquad (2.1\text{-}7)$$

und daraus das **Kontinuitätsgesetz** der Hydrostatik:

$$\dot{x}_1 A_1 = \dot{x}_2 A_2 = Q \qquad (2.1\text{-}8)$$

Der Volumenstrom Q hat üblicherweise die Maßeinheit

$$1\,\frac{l}{\min} = \frac{1}{60000} \cdot \frac{m^3}{s} \qquad (2.1\text{-}9)$$

Die am Kolben geleistete Arbeit W ist gleich dem Produkt aus Kraft F und Weg x.

$$W = F \cdot x \qquad (2.1\text{-}10)$$

Für die genannten Voraussetzungen und für Reibungsfreiheit am Kolben gilt:

$$W = F_1 \cdot x_1 = F_2 \cdot x_2 \qquad (2.1\text{-}11)$$

$$\frac{x_1}{x_2} = \frac{F_2}{F_1} \qquad (2.1\text{-}12)$$

Gleichung 2.1-12 wird als **hydraulisches Hebelgesetz** bezeichnet. Aus den Gleichungen 2.1-6 und 2.1-12 ergibt sich das Kraftverhältnis der hydrostatischen Presse zu

$$\frac{F_2}{F_1} = \frac{A_2}{A_1} \qquad (2.1\text{-}13)$$

Die Leistung P ist als Arbeit pro Zeit definiert:

$$P = \frac{dW}{dt} \qquad (2.1\text{-}14)$$

Führt man die Ableitung der Arbeit W unter Annahme konstanter Kraft nach der Zeit durch, so ergibt sich

$$P = F \cdot \dot{x} \qquad (2.1\text{-}15)$$

Mit p, dem hydraulischen Druck, der Gleichung $F = A \cdot p$ und $\dot{x} = Q/A$ erhält man die Gleichung für die Leistung:

$$P = p \cdot Q \qquad (2.1\text{-}16)$$

In der Hydraulik gilt mit den oft verwendeten Einheiten **bar** für den Druck und **l/min** für den Volumenstrom die Größengleichung:

$$P\,[kW] = \frac{p[bar] \cdot Q\left[\frac{l}{\min}\right]}{600} \qquad (2.1\text{-}17)$$

2.1.3 Rotatorische Bewegungen

Wie bei der geradlinigen Kolbenbewegung die Beziehungen für Weg, Arbeit und Leistung abgeleitet wurden, können bei der rotatorischen Bewegung in analoger Weise die Gleichungen für Drehzahl, Drehmoment und Leistung bestimmt werden.

Die prinzipielle Darstellung einer Verdrängermaschine zeigt **Bild 2.1-2**. Die Maschine besteht aus einem ringförmigen Zylinder, in dem sich der Kolben mit der Kolbenfläche A bewegt. Der Kolben ist über einen Hebelarm der Länge d/2 mit der An- bzw. Abtriebswelle verbunden. Verdrängermaschinen können grundsätzlich sowohl als Pumpe als auch als Motor funktionieren.

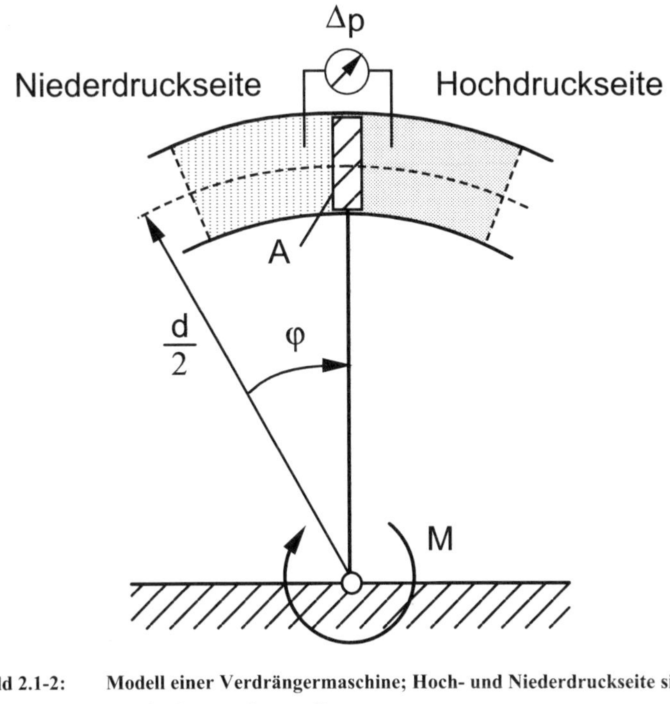

Bild 2.1-2: Modell einer Verdrängermaschine; Hoch- und Niederdruckseite sind für eine Pumpe dargestellt

Das in **Bild 2.1-3** sinnbildlich dargestellte hydrostatische Getriebe besteht aus Pumpe (Index 1), Motor (Index 2), Verbindungsleitungen und Tank.

Unter der Annahme, dass keine elastischen Glieder vorhanden sind und keine Verluste auftreten, fördert die Verdrängereinheit als **Pumpe (Index 1)** bei einer Umdrehung ihrer Antriebswelle ein Volumen

$$V_1 = A \cdot d \cdot \pi \qquad (2.1\text{-}18)$$

Sie erzeugt bei n_1 Umdrehungen pro Zeiteinheit einen Volumenstrom

$$Q_1 = V_1 \cdot n_1 \qquad (2.1\text{-}19)$$

Ein **Motor (Index 2)** schluckt entsprechend bei einer Umdrehung ein **Schluckvolumen** von

$$V_2 = A \cdot d \cdot \pi \qquad (2.1\text{-}20)$$

und bei n_2 Umdrehungen pro Zeiteinheit

$$Q_2 = V_2 \cdot n_2 \qquad (2.1\text{-}21)$$

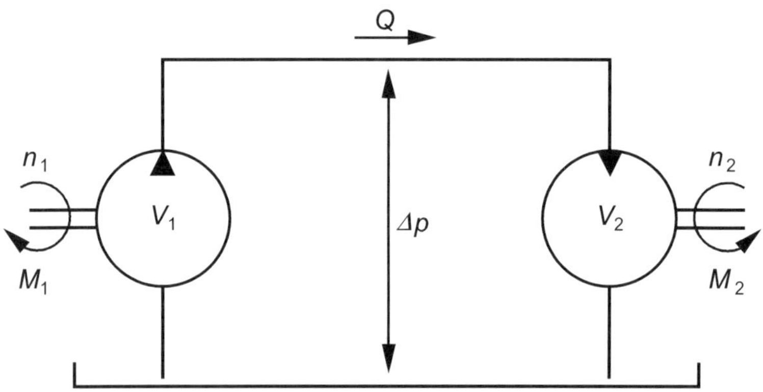

Bild 2.1-3: Sinnbildliche Darstellung eines idealen hydrostatischen Getriebes

Da der Motor den gesamten Pumpenvolumenstrom aufnimmt, gilt

$$Q_1 = Q_2 \qquad (2.1\text{-}22)$$

bzw.

$$V_1 \cdot n_1 = V_2 \cdot n_2 \qquad (2.1\text{-}23)$$

Daraus ergibt sich das Drehzahlverhältnis des hydrostatischen Getriebes bei verlustlosem Betrieb zu

$$\frac{n_2}{n_1} = \frac{V_1}{V_2} \qquad (2.1\text{-}24)$$

Ist an der Pumpe eine Druckdifferenz Δp vorhanden, so ergibt sich nach **Bild 2.1-2** für das an der Pumpenwelle erforderliche Drehmoment M_1

$$M_1 = Kraft \cdot Hebelarm \qquad (2.1\text{-}25)$$

$$M_1 = \frac{A \cdot d \cdot \Delta p}{2} \qquad (2.1\text{-}26)$$

Eine Pumpe erzeugt nur einen Volumenstrom, der Druck kommt erst durch den Widerstand, der dem abfließenden Volumenstrom entgegengesetzt wird, zustande.

Setzt man aus Gleichung 2.1-18

$$V_1 = A \cdot d \cdot \pi \qquad (2.1\text{-}27)$$

$$A = \frac{V_1}{\pi \cdot d} \qquad (2.1\text{-}28)$$

in Gleichung 2.1-26 ein, so ergibt sich für die Pumpe

$$M_1 = \frac{V_1}{\pi \cdot d} \cdot \frac{d}{2} \cdot \Delta p \qquad (2.1\text{-}29)$$

$$M_1 = \frac{V_1 \cdot \Delta p}{2 \cdot \pi} \qquad (2.1\text{-}30)$$

Analog hierzu gilt für das vom Motor abgegebene Drehmoment

$$M_2 = \frac{V_2 \cdot \Delta p}{2 \cdot \pi} \qquad (2.1\text{-}31)$$

In **Bild 2.1-2** sind für den Motor die Hoch- und Niederdruckseite zu vertauschen. Die Momentenübersetzung zwischen Pumpe und Motor ergibt sich zu

$$\frac{M_2}{M_1} = \frac{V_2}{V_1} \qquad (2.1\text{-}32)$$

Bei verlustlosem Betrieb ist die von der Pumpe abgegebene hydraulische Leistung gleich der mechanischen Antriebsleistung der Pumpe:

$$P_1 = M_1 \cdot \omega_1 \qquad (2.1\text{-}33)$$

Setzt man die Beziehungen für das Drehmoment nach Gleichung 2.1-30 und für die Winkelgeschwindigkeit

$$\omega_1 = 2 \cdot \pi \cdot n_1 \qquad (2.1\text{-}34)$$

in Gleichung 2.1-33 ein, so ergibt sich

$$P_1 = \frac{V_1}{2 \cdot \pi} \cdot \Delta p \cdot 2 \cdot \pi \cdot n_1 \qquad (2.1\text{-}35)$$

und mit Gleichung 2.1-19 *($V_1\, n_1 = Q_1$)* folgt:

$$P_1 = Q_1 \cdot \Delta p \qquad (2.1\text{-}36)$$

Gleichung 2.1-36 entspricht Gleichung 2.1-16, wenn $\Delta p = p$ ist, also auf der Niederdruckseite der Pumpe der Druck Null vorliegt.

Für die vom Motor abgegebene Leistung folgt bei verlustfreiem Betrieb analog zu Gleichung 2.1-36.

$$P_2 = Q_2 \cdot \Delta p \qquad (2.1\text{-}37)$$

Der Wirkungsgrad des idealen hydrostatischen Getriebes ist

$$\eta = \frac{P_2}{P_1} = 1 \qquad (2.1\text{-}38)$$

2.2 Hydrodynamik

Während die Hydrostatik die Gleichgewichtszustände der idealen Flüssigkeit beschreibt, können mit den Beziehungen der Hydrodynamik die in der Hydraulik auftretenden Verlustarten erklärt werden. Auch können damit Erscheinungen in Ventilen und Pumpen analysiert werden, die bei hohen Strömungsgeschwindigkeiten auftreten.

Bei der Untersuchung einer Strömung interessiert die Frage, wie sich die Strömung zeitlich im Raum oder in einem gegebenen Volumen ändert. Dazu werden Gleichungen abgeleitet, welche die Strömung durch ein bestimmtes Volumen, das Kontrollvolumen, beschreiben.

2.2.1 Gesetz von der Erhaltung der Masse

Unter der Voraussetzung, dass die betrachtete Strömung quellen- und senkenfrei ist, gilt das **Gesetz von der Erhaltung der Masse**:

Die in ein bestimmtes Volumen einströmende Masse minus der ausströmenden Masse ist gleich der sich im Volumen ansammelnden Masse.

Die mathematische Beschreibung ist die allgemeine Kontinuitätsgleichung:

$$\int_A \rho \cdot v_n \, dA + \frac{d}{dt} \int_V \rho \, dV = 0 \qquad (2.2\text{-}1)$$

Das Integral der Normalgeschwindigkeit v_n, d. h. die Geschwindigkeit senkrecht zu A, über die Oberfläche A des Kontrollvolumens V und die zeitliche Änderung des Integrals der Masse im Kontrollvolumen V summieren sich zu Null.

2.2.2 Anwendung der Kontinuitätsgleichung

Als Beispiel sei eine stationäre Strömung durch eine Rohrleitung ohne Speicher betrachtet.

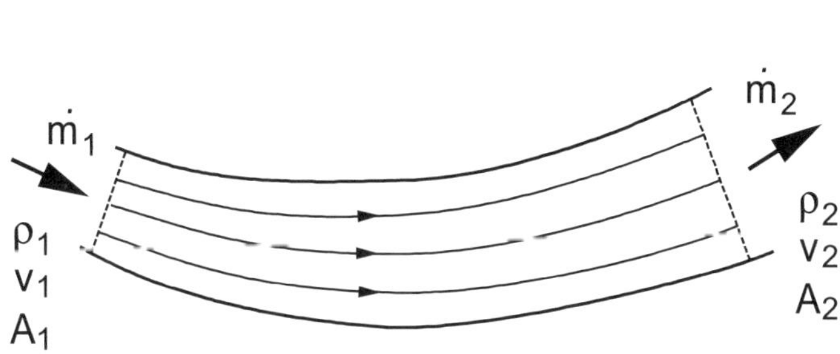

Bild 2.2-1: Stationäre Strömung durch eine Rohrleitung

Hier ist die einströmende Masse

$$\dot{m}_1 = \rho_1 \cdot Q_1 = v_1 \cdot A_1 \cdot \rho \qquad (2.2\text{-}2)$$

gleich der ausströmenden Masse.

$$\dot{m}_2 = \rho_2 \cdot Q_2 = v_2 \cdot A_2 \cdot \rho \qquad (2.2\text{-}3)$$

Wenn die Dichte der Massenströme gleich ist, gilt

$$v_1 \cdot A_1 = v_2 \cdot A_2 \qquad (2.2\text{-}4)$$

Damit erhält man wieder das Kontinuitätsgesetz der Hydrostatik (siehe Gleichung 2.1-8).

Im weiteren sei eine instationäre Strömung durch einen Flüssigkeitsspeicher **(Bild 2.2-2)** betrachtet. Die Höhe l des Flüssigkeitsspiegels ist zeitlich veränderlich. Steigt der Pegel mit dl/dt, so nimmt die Masse im Speicher mit $\rho \cdot A \cdot dl/dt$ zu.

Der austretende Massenstrom ist folglich um diesen Betrag geringer als der eintretende Strom. Es gilt damit

$$\rho \cdot v_1 \cdot A_1 - \rho \cdot v_2 \cdot A_2 = \rho \cdot A \cdot \frac{dl}{dt} \qquad (2.2\text{-}5)$$

für ρ = konstant folgt:

$$v_1 \cdot A_1 - v_2 \cdot A_2 = A \cdot \frac{dl}{dt} \qquad (2.2\text{-}6)$$

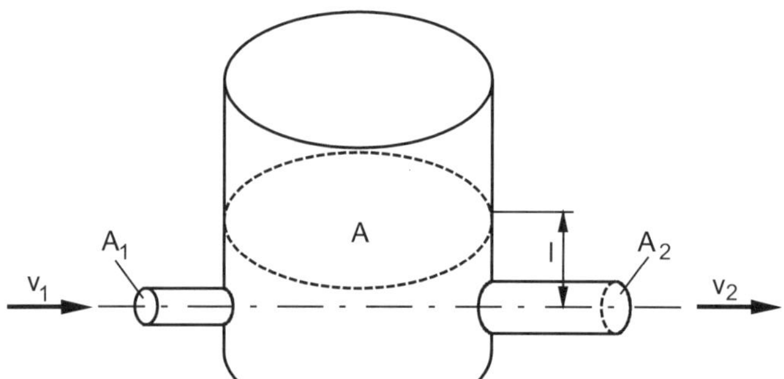

Bild 2.2-2: Instationäre Strömung durch einen Flüssigkeitsspeicher

2.2.3 Gesetz von der Erhaltung der Energie

Voraussetzung für die folgende Betrachtung ist die Annahme einer eindimensionalen, reibungsfreien, inkompressiblen Flüssigkeitsströmung.

Betrachtet man nach **Bild 2.2-3** ein Teilchen eines Stromfadens, so müssen die aus Druck-, Schwere- und Trägheitseinflüssen resultierenden Kräfte, die auf dieses Flüssigkeitsteilchen in Strömungsrichtung wirken, im Gleichgewicht sein.

An dem Stromfadenteilchen wirken die folgenden Kräfte. Die resultierende **Druckkraft**,

$$-p \cdot dA + \left[p + \frac{\partial p}{\partial l} \cdot dl \right] dA = \frac{\partial p}{\partial l} \cdot dl \cdot dA \qquad (2.2\text{-}7)$$

$$\frac{\partial p}{\partial l} \hat{=} \text{Druckgradient} \qquad (2.2\text{-}8)$$

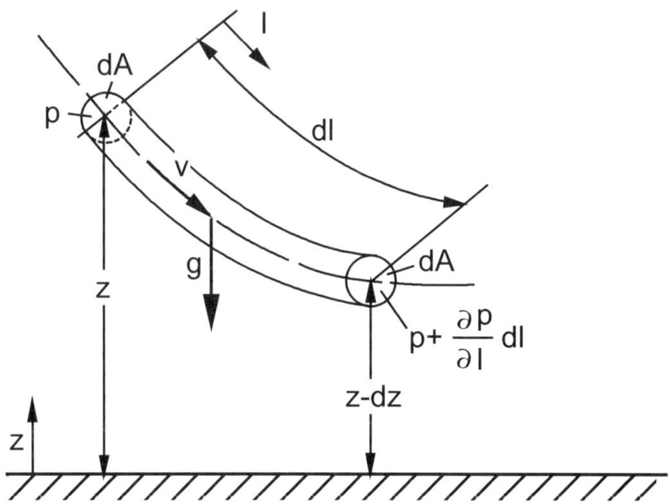

Bild 2.2-3: Stromfaden

die **Schwerewirkung** G auf das Stromfadenteilchen

$$dm = \rho \cdot dA \cdot dl \tag{2.2-9}$$

$$\cos\beta = \frac{\partial z}{\partial l} \tag{2.2-10}$$

$$G = \rho \cdot dA \cdot dl \cdot g \cdot \frac{\partial z}{\partial l} \tag{2.2-11}$$

und die **Beschleunigung**. Die Geschwindigkeit des Stromfadenteilchens ändert sich bei gleichzeitiger Änderung der Bogenlänge l des Stromfadens um dl und der Zeit t um dt. Die **totale Geschwindigkeitsänderung** ist also:

$$dv = \frac{\partial v}{\partial l} \cdot dl + \frac{\partial v}{\partial t} \cdot dt \tag{2.2-12}$$

$$\frac{\partial v}{\partial l} \cdot dl \mathrel{\hat{=}} stationärer\ Anteil \tag{2.2-13}$$

$$\frac{\partial v}{\partial t} \cdot dt \mathrel{\hat{=}} instationärer\ Anteil \tag{2.2-14}$$

Die **substantielle Ableitung** lautet:

$$\frac{dv}{dt} = v \cdot \frac{\partial v}{\partial l} + \frac{\partial v}{\partial t} \tag{2.2-15}$$

Es gilt:

$$v \cdot \frac{\partial v}{\partial l} = \frac{\partial}{\partial l}\left(\frac{v^2}{2}\right) \tag{2.2-16}$$

Dieser Term stellt den Beschleunigungsanteil dar, der dadurch zustande kommt, dass Stromlinienteilchen mit einer bestimmten Geschwindigkeit an Orte anderer Geschwindigkeit kommen. Dieser Anteil wird auch **konvektive Beschleunigung** genannt.

$\partial v/\partial t$ stellt den Anteil der Beschleunigung dar, der durch zeitliche Änderung des Strömungszustandes an dem betrachteten Ort entsteht, die sogenannte **lokale Beschleunigung.**

Die Beschleunigungskraft $F = d\,(m\,v)\,/\,dl$ errechnet sich dann mit m = konstant zu:

$$F = m \cdot \frac{dv}{dt} = \rho \cdot dA \cdot dl \cdot \left[\frac{\partial}{\partial l} \left(\frac{v^2}{2} \right) + \frac{\partial v}{\partial t} \right] \qquad (2.2\text{-}17)$$

Die Summe aller an dem Stromfadenteilchen angreifenden Kräfte muss Null sein, d. h. ein Gleichgewicht bilden.

$$\rho \cdot dA \cdot dl \cdot \left[\frac{\partial}{\partial l} \left(\frac{v^2}{2} \right) + \frac{\partial v}{\partial t} \right] + dA \cdot dl \cdot \frac{\partial p}{\partial l} + \rho \cdot dA \cdot dl \cdot g \cdot \frac{\partial z}{\partial l} = 0$$

(2.2-18)

Wird diese Gleichung durch *(ρ ·dA·dl)* dividiert und werden stationäre Vorgänge betrachtet, dann ist $\partial v / \partial t = 0$, so erhält man die **Eulersche Gleichung** für stationäre Strömungen:

$$\frac{1}{\rho} \cdot \frac{\partial p}{\partial l} + g \cdot \frac{\partial z}{\partial l} + \frac{\partial}{\partial l} \left(\frac{v^2}{2} \right) = 0 \qquad (2.2\text{-}19)$$

Unter der Voraussetzung, dass ρ konstant ist und Verluste vernachlässigbar sind, kann die Eulersche Gleichung entlang der Stromlinie über dl integriert werden, und es ergibt sich die **Bernoullische Gleichung** für inkompressible Medien zu:

$$p + \rho \cdot g \cdot z + \frac{\rho \cdot v^2}{2} = konstant \qquad (2.2\text{-}20)$$

Mit p, dem statischen Druck, $\rho \cdot g \cdot z$, dem Druck der Lage und $\rho \cdot v^2/2$, dem Staudruck oder Geschwindigkeitsdruck.

Diese Gleichung kennzeichnet die Konstanz der Energie pro Volumeneinheit. Sie setzt sich zusammen aus Druckenergie, potentieller Energie und kinetischer Energie.

2.2.4 Anwendung der Bernoullischen Gleichung

Die Bernoullische Gleichung wird in der angegebenen Form überall dort eingesetzt, wo der Viskositätseinfluss vernachlässigt werden kann. Mit ihrer Hilfe lassen sich wichtige Abhängigkeiten ableiten, beispielsweise das **Durchflussgesetz durch Blenden**.

Das **Bild 2.2-4** zeigt die stationäre Strömung durch eine Blende. Es ist zu beachten, dass sich der Strahl hinter der Blende zusammenschnürt und an der Stelle 3 den engsten Querschnitt besitzt.

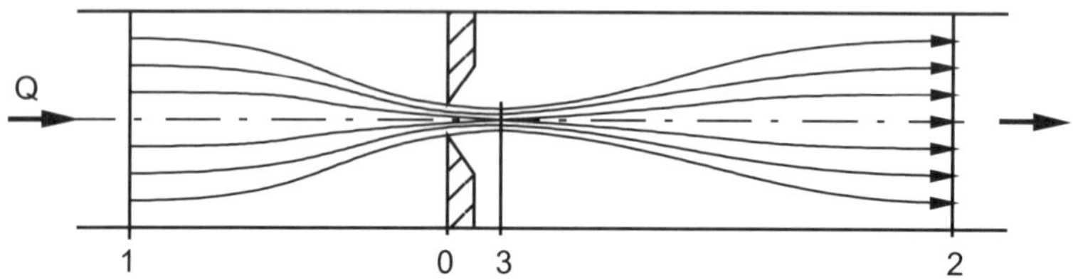

Bild 2.2-4: Stationäre Strömung durch eine Blende

Unter der Voraussetzung, dass der Querschnitt

$$A_3 << A_1 \tag{2.2-21}$$

und damit auch die Geschwindigkeit der Flüssigkeit an der Stelle 1 sehr klein gegenüber der an der Stelle 3 ist, also

$$v_1 << v_3 \tag{2.2-22}$$

gilt, vereinfacht sich die Bernoullische Gleichung an den Stellen 1 und 3 wie folgt:

$$p_1 = p_3 + \frac{\rho \cdot {v_3}^2}{2} \tag{2.2-23}$$

Damit lässt sich die mittlere Geschwindigkeit im engsten Querschnitt zu

$$v_3 = \sqrt{\frac{2 \cdot \Delta p^*}{\rho}} \tag{2.2-24}$$

mit

$$\Delta p^* = p_1 - p_3 \tag{2.2-25}$$

angegeben. Aus dem Produkt von mittlerer Geschwindigkeit v_3 und Fläche A_3 erhält man den Volumenstrom

$$Q = A_3 \cdot \sqrt{\frac{2 \cdot \Delta p^*}{\rho}} \qquad (2.2\text{-}26)$$

Die Fläche A_3 wird mit Hilfe des **Kontraktionskoeffizienten** α_K, der die Strahlkontraktion hinter der Blende berücksichtigt, zu

$$A_3 = \alpha_K A_0 \qquad (2.2\text{-}27)$$

definiert. Der Kontraktionskoeffizient wird experimentell ermittelt. Es ist

$$Q = \alpha_K A_0 \sqrt{\frac{2 \cdot \Delta p^*}{\rho}} \qquad (2.2\text{-}28)$$

wobei der Kontraktionskoeffizient je nach Geometrie der Durchtrittsöffnung zwischen 0,6 und 1,0 liegt. Für scharfe Kanten beträgt der Wert 0,60 bis 0,64.

In der Realität zeigt sich jedoch, dass die hergeleitete Beziehung nicht viel praktischen Nutzen bringt, da an dem Strömungswiderstand auch Reibungsverluste auftreten. Misst man den Druck hinter der Blende an einer Stelle 2 (siehe Bild 2.2-4), wo die strömende Flüssigkeit den Rohrquerschnitt wieder voll ausfüllt, so wird man feststellen, dass die an der Stelle 3 in Geschwindigkeitsenergie umgewandelte Druckenergie nicht vollständig zurückgewonnen werden kann.

Sinnvoller ist es, diese Reibungsverluste gleich mit zu berücksichtigen und den Volumenstrom durch Querschnittsverengungen mit

$$Q = \alpha_D \cdot A_0 \cdot \sqrt{\frac{2 \cdot \Delta p}{\rho}} \qquad (2.2\text{-}29)$$

und dem **Durchflusskoeffizienten** α_D anzugeben, wobei als Druckdifferenz der einfach messbare Wert

$$\Delta p = p_1 - p_2 \qquad (2.2\text{-}30)$$

eingesetzt wird. Mit dem Durchflusskoeffizienten α_D werden alle Verluste erfasst, die beim Durchströmen des Widerstandes auftreten. Diese Verluste sind durch die Reibung bedingt und treten in der Energiebilanz als Erwärmung der Flüssigkeiten wieder auf.

Die Ermittlung des Durchflusskoeffizienten ist Gegenstand sehr umfangreicher Untersuchungen gewesen, in Kap. 2.3.5 wird näher darauf eingegangen. Dort sind auch in den Bildern 2.3-8 und 2.3-9 Werte für einige typische Ventilgeometrien gezeigt.

2.3 Hydraulische Widerstände

Hydraulische Widerstände sind einerseits unerwünschte Energieverluste, wie beispielsweise der Druckverlust in einer langen Rohrleitung. Andererseits sind sie oft für die Funktion erforderlich, so zum Begrenzen der Leckverluste oder für die Steuerungsfunktion von Regelventilen.

Analog zur Elektrotechnik (R = U/I) wird der hydraulische Widerstand R_H als Quotient der Druckdifferenz Δp und dem daraus resultierenden Volumenstrom Q definiert:

$$R_H = \frac{\Delta p}{Q} \qquad (2.3\text{-}1)$$

Diese einfache lineare Beziehung gilt aber nur unter bestimmten Voraussetzungen, wie weiter unten im Zusammenhang mit der Reynolds-Zahl noch erläutert wird. Für die Berechnung von R_H müssen wir die zunächst getroffene Annahme einer reibungsfreien Strömung wieder verlassen und den Begriff der Viskosität einführen.

2.3.1 Die Viskosität

Die Zähigkeit oder **Viskosität** ist definiert als der Widerstand, der einer Verschiebung benachbarter Flüssigkeitsschichten entgegengesetzt wird. Sie ist eine Stoffeigenschaft der Flüssigkeit und Grundlage für die Berechnung hydraulischer Widerstände.

Bei zu geringer Viskosität treten zu große Leckverluste auf, und das Lasttragevermögen im Mischreibungsgebiet ist unzureichend, was zu erhöhtem Verschleiß führt. Bei zu hoher Viskosität ist die viskose Reibung und damit die Verlustleistung zu hoch.

Befindet sich zwischen der mit der Geschwindigkeit $\dot{x}$ **(Bild 2.3-1)** bewegten Platte und der festen Grundplatte eine viskose Flüssigkeit, so ist eine Kraft F zur Verschiebung der Platte mit der Fläche A erforderlich. Die Schubspannung in der Flüssigkeit in einer Ebene parallel zur Plattenebene beträgt

$$\tau = \frac{F}{A} \qquad (2.3\text{-}2)$$

In dem Spalt bildet sich ein Geschwindigkeitsprofil aus. Die Flüssigkeit in Grundplattennähe hat die Geschwindigkeit Null und an der bewegten Platte die Geschwindigkeit $\dot{x}$.

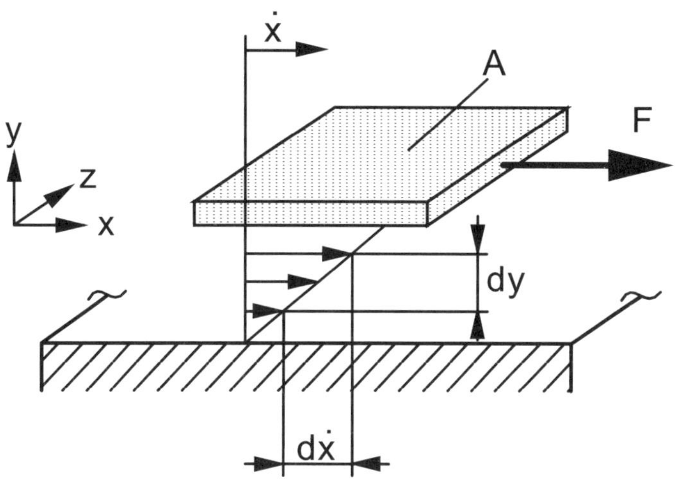

Bild 2.3-1: Schleppströmung in einem Parallelspalt

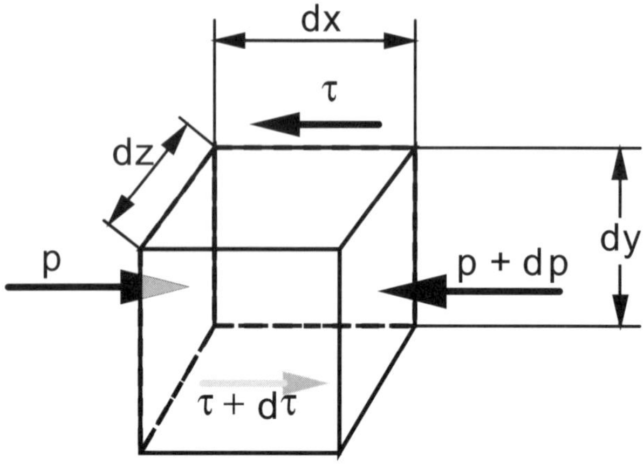

Bild 2.3-2: Gleichgewicht am Flüssigkeitsteilchen

Betrachtet man ein Flüssigkeitsteilchen im Parallelspalt (siehe **Bild 2.3-2**), so gilt für den Gleichgewichtsfall

$$dz\left[(p+dp)\,dy+\tau\,dx\right]=\left[p\,dy+(\tau+d\tau)\,dx\right]dz \qquad (2.3\text{-}3)$$

Daraus ergibt sich:

$$\frac{dp}{dx}=\frac{d\tau}{dy} \qquad (2.3\text{-}4)$$

Der Druckgradient in x-Richtung ist also gleich dem herrschenden Schubspannungsgradienten in y-Richtung.

Die Schubspannung ist proportional dem Geschwindigkeitsunterschied zweier benachbarter Schichten. Das Newtonsche Schubspannungsgesetz lautet:

$$\tau=\eta\cdot\frac{d\dot{x}}{d\,y} \qquad (2.3\text{-}5)$$

Der Proportionalitätsfaktor η wird als dynamische Zähigkeit oder **dynamische Viskosität** bezeichnet. Der Druckgradient in x-Richtung ist dann gleich der dynamischen Viskosität multipliziert mit dem Geschwindigkeitsgradienten in y-Richtung.

Ohne äußeres Druckgefälle gilt im Parallelspalt

$$p = konstant$$

und damit

$$\frac{dp}{dx} = 0 \rightarrow \tau = konstant \qquad (2.3\text{-}6)$$

Im Keilspalt gilt mit p als Funktion von x

$$\frac{dp}{dx} = \frac{d\tau}{dy} = \eta \cdot \frac{d^2\dot{x}}{dy^2} \qquad (2.3\text{-}7)$$

Messtechnisch wird die Viskosität ermittelt, indem man die Flüssigkeit unter Eigengewicht durch ein dünnes Rohr fließen lässt. Man erhält dann ein Ergebnis, welches sowohl von der dynamischen Viskosität als auch von der Dichte der Flüssigkeit abhängig ist. Diese Größe wird als **kinematische Viskosität ν** (sprich: "ny")

$$\nu = \frac{\eta}{\rho} \qquad (2.3\text{-}8)$$

bezeichnet, wobei ρ die Dichte der Druckflüssigkeit ist.

Für die Viskosität werden die in **Tabelle 2.3-1** angegebenen Maßeinheiten verwendet. In der Ölhydraulik werden am häufigsten die Einheiten mPas (milli Pascal Sekunden) und cSt (centi Stokes) benutzt.

Die Viskosität ist eine Stoffeigenschaft, die von der Temperatur und dem Druck abhängt. Die Druckabhängigkeit wird in vielen Fällen vernachlässigt. Mit steigender Temperatur nimmt die Viskosität für Flüssigkeiten ab, für Gase nimmt sie jedoch zu. Diese Ausführungen gelten für sogenannte Newtonsche Flüssigkeiten, deren Viskosität nicht vom Schergefälle abhängig ist.

Dynamische Viskosität η	
1 Pa s	1 N s / m^2
1 mPa s	10^{-3} N s / m^2
1 P (Poise)	1 g / cm s = 0,1 N s / m^2
1 cP	10^{-3} N s / m^2

Kinematische Viskosität ν	
1 m^2 / s	
1 mm^2 / s	10^{-6} m^2 / s
1 St (Stokes)	1 cm^2 / s = 10^{-4} m^2 / s
1 cSt	10^{-6} m^2 / s

Tabelle 2.3-1: Maßeinheiten für die Viskosität

2.3.2 Widerstand von Rohrleitungen bei laminarer Strömung

Mit den Gleichungen aus Abschnitt 2.3.1 und einer Beziehung für das Kräftegleichgewicht an einem Teilchen der strömenden Flüssigkeit lässt sich die Geschwindigkeitsverteilung in einem kreisförmigen glatten Rohr bei laminarer Strömung berechnen, wie es in **Bild 2.3-3** dargestellt ist.

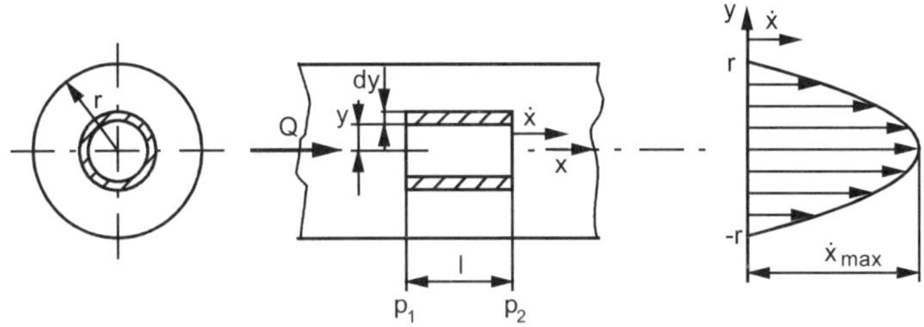

Bild 2.3-3: Laminare Strömung in einem glatten Rohr

Damit sich dieses zylinderförmige Teilchen in der zähen Flüssigkeit bewegt, muss eine Kraft an ihm angreifen, die sich aus der Druckdifferenz $p_1 - p_2$ an den kreisförmigen Kopfflächen ergibt. Mit dieser Druckkraft wird die Reibkraft, die aus der Zähigkeit der Flüssigkeit resultiert, überwunden. Im Gleichgewichtsfall heben sich die Kräfte auf, und das Teilchen bewegt sich gleichförmig im Rohr. Dann ist die Reibkraft gleich der Druckkraft.

$$2 \cdot \pi \cdot \tau \cdot y \cdot l = \left(p_1 - p_2\right) \cdot \pi \cdot y^2 \tag{2.3-9}$$

Durch Einsetzen von

$$\tau = -\eta \cdot \frac{d\dot{x}}{dy} \tag{2.3-10}$$

erhält man

$$-\frac{d\dot{x}}{dy} = \frac{\left(p_1 - p_2\right) \cdot y}{2 \cdot \eta \cdot l} \tag{2.3-11}$$

Durch Integration über den Rohrquerschnitt und Einsetzen der Randbedingungen ergibt sich die Geschwindigkeitsverteilung

$$-\int_0^{\dot{x}} d\dot{x} = \frac{\left(p_1 - p_2\right)}{2 \cdot \eta \cdot l} \cdot \int_y^r y\,dy \tag{2.3-12}$$

$$\dot{x} = \frac{p_1 - p_2}{4 \cdot \eta \cdot l} \cdot \left(r^2 - y^2\right) \tag{2.3-13}$$

und die maximale Geschwindigkeit für y = 0 (Rohrmitte)

$$\dot{x}_{\max} = \frac{p_1 - p_2}{4 \cdot \eta \cdot l} \cdot r^2 \tag{2.3-14}$$

Durch Summieren der Produkte aus Flächenteilchen $dA = 2 \cdot \pi \cdot y \cdot dy$ (Kreisring mit dem Radius y und der Breite dy) und Geschwindigkeiten erhält man den Volumenstrom

$$Q = \int_0^r 2 \cdot \dot{x} \cdot \pi \cdot y\,dy \tag{2.3-15}$$

Die Gleichung nach Hagen-Poiseuille lautet damit:

$$Q = \frac{\pi \cdot r^4}{8 \cdot \eta \cdot l} \cdot (p_1 - p_2) \qquad (2.3\text{-}16)$$

Und der hydraulische Widerstand R_H entsprechend Gl. 2.3-1 für ein kreisförmiges glattes Rohr bei laminarer Strömung ergibt sich zu:

$$R_H = \frac{8\eta l}{\pi r^4} \qquad (2.3\text{-}17)$$

Das in **Bild 2.3-3** wiedergegebene Geschwindigkeitsprofil bildet sich aber erst nach einer sogenannten **Anlaufstrecke** aus, wenn die Massenkräfte durch Reibung abgebaut sind. Bei Eintritt einer Flüssigkeit in ein Rohr ist über dem Eintrittsquerschnitt zunächst eine annähernd gleichmäßige Geschwindigkeitsverteilung vorhanden. Der Übergang zwischen diesen Zuständen ist in **Bild 2.3-4** dargestellt. Dementsprechend darf auch erst nach der Anlaufstrecke mit laminarer Strömung gerechnet werden.

Die Länge der Anlaufstrecke ist vom Rohrdurchmesser d, der Reynolds-Zahl Re und der Oberflächenbeschaffenheit des Rohres abhängig. Ein in der Literatur häufig genannter Wert beträgt:

$$l_{An} \approx d \cdot 0{,}058 \cdot \mathrm{Re} \qquad (2.3\text{-}18)$$

Die Reynolds-Zahl ist eine dimensionslose Kennzahl, die den Strömungszustand beschreibt. Sie wird weiter unten näher behandelt.

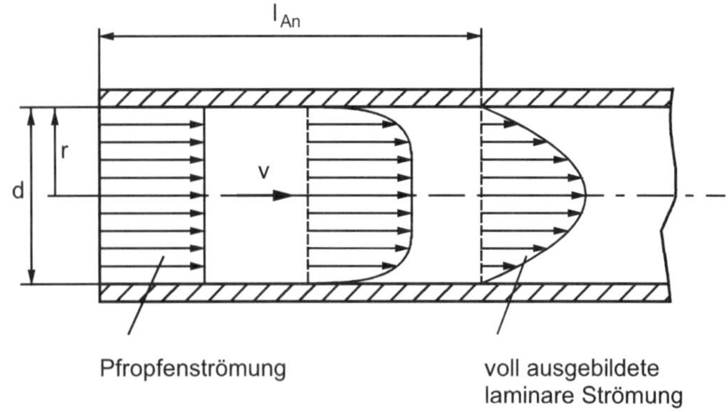

Bild 2.3-4: Ausbildung der laminaren Strömungsform, l_{An} = Anlaufstrecke

2.3.3 Widerstand von Spalten und Drosseln

In gleicher Weise wie für eine Rohrströmung wird auch die Beziehung für den Volumenstrom durch einen Spalt berechnet. Voraussetzung für die Anwendung dieser vereinfachten Formel ist, dass die Breite des Spaltes sehr groß ist im Verhältnis zu seiner Höhe und die Länge mindestens 100mal so groß ist wie die Höhe (siehe **Bild 2.3-5**).

Für die Geschwindigkeitsverteilung gilt:

$$\dot{x} = \frac{p_1 - p_2}{8 \cdot \eta \cdot l} \cdot \left(h^2 - 4 \cdot y^2\right) \qquad (2.3\text{-}19)$$

und die maximale Geschwindigkeit

$$\dot{x}_{\max} = \frac{p_1 - p_2}{8 \cdot \eta \cdot l} \cdot h^2 \qquad (2.3\text{-}20)$$

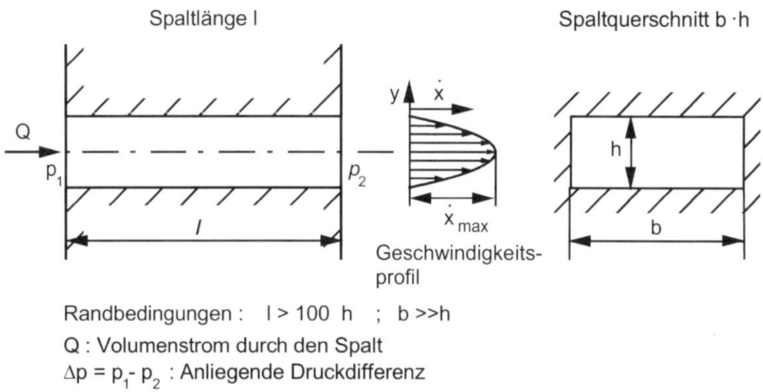

Bild 2.3-5: Laminare Strömung durch einen Spalt

Für den Volumenstrom gilt

$$Q = 2 \cdot \int_0^{h/2} \dot{x}\, dA \qquad (2.3\text{-}21)$$

mit $dA = b \cdot dy$ folgt

$$Q = \frac{b \cdot h^3}{12 \cdot \eta \cdot l} \cdot (p_1 - p_2) \qquad (2.3\text{-}22)$$

Der hydraulische Widerstand $R_H = \Delta p / Q$ für einen Rechteckspalt ist demnach:

$$R_H = \frac{12 \eta l}{b h^3} \qquad (2.3\text{-}23)$$

Die Spalthöhe geht mit der **dritten Potenz** in den Volumenstrom ein. Daraus ergibt sich in der Hydraulik die Forderung nach möglichst kleinen Toleranzen, um die Leckagen gering zu halten.

Ist der Kolben in einer Führung exzentrisch gelagert (siehe **Bild 2.3-6**), so gilt die nachfolgende Gleichung für den Volumenstrom

$$Q = \frac{D \cdot \pi \cdot \Delta r^3}{12 \cdot \eta \cdot l} \cdot \left[1 + 1{,}5 \cdot \left(\frac{e}{\Delta r} \right)^2 \right] \cdot (p_1 - p_2) \qquad (2.3\text{-}24)$$

wobei $2 \cdot \Delta r$ das Passungsspiel zwischen Kolben und Bohrung ist.

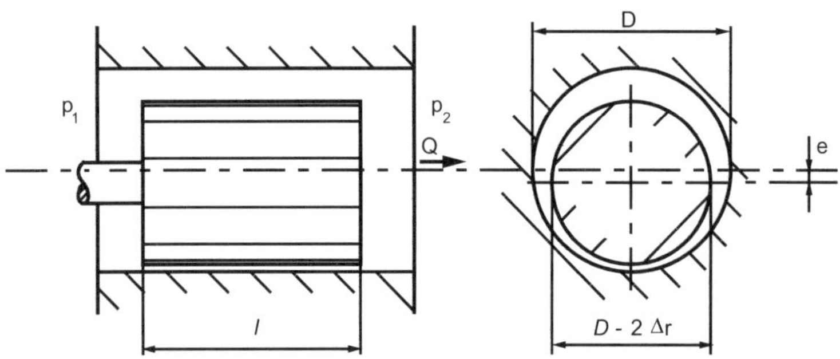

Bild 2.3-6: Volumenstrom durch einen exzentrischen Dichtspalt

Der Volumenstrom durch Drosseln wird nach dem Hagen-Poiseuilleschen Gesetz bestimmt (siehe Gleichung 2.3-16):

$$Q = \frac{\pi \cdot r^4}{8 \cdot \eta \cdot l} \cdot \Delta p = \frac{K_1 \cdot \Delta p}{\eta} \qquad (2.3\text{-}25)$$

mit

$$\Delta p = p_1 - p_2 \tag{2.3-26}$$

Der hydraulische Widerstand R_H einer Drossel berechnet sich also genau wie der eines Rohres zu:

$$R_H = \frac{8\eta l}{\pi r^4} \tag{2.3-27}$$

2.3.4 Die Reynolds-Zahl

Wenn eine reale Flüssigkeit stationär an einer Wandung entlangfließt, so haftet die an die Wand angrenzende Schicht infolge von Adhäsionskräften an dieser, und es bildet sich in der Flüssigkeit ein Geschwindigkeitsgradient senkrecht zur Strömungsrichtung.

Bei laminarer Strömung (lamina = Schicht) folgen alle Strömungsteilchen einer stetigen Bahn, den Stromlinien. Der laminare Strömungszustand ist aber nur bis zu einer bestimmten Geschwindigkeit möglich.

Bei höheren Geschwindigkeiten gewinnen die Massenkräfte gegenüber den Reibungskräften an Gewicht, die Teilchen folgen nicht mehr den Stromlinien. Es bilden sich Querbewegungen und Wirbel aus. Durch diese Störbewegungen wird der Hauptströmung Energie entzogen. Diese Instabilität des laminaren Zustandes wird als **Turbulenz** oder turbulente Strömung bezeichnet.

Als kennzeichnende Größe für die Strömungsform dient die Reynolds-Zahl

$$\mathrm{Re} = \frac{\rho \cdot v^2}{\dfrac{\eta \cdot v}{l}} = \frac{\rho \cdot v \cdot l}{\eta} = \frac{v \cdot D_H}{\nu} \tag{2.3-28}$$

Sie kennzeichnet das Verhältnis der Trägheitskräfte $(\rho \cdot v^2)$ zu den Zähigkeitskräften (v/l; folgt aus $\tau = \eta \cdot \partial x/\partial y$). Die Reynolds-Zahl ist dimensionslos. Die Abmessung l ist die charakteristische Länge. Im Zusammenhang mit Strömungswiderständen ist diese als **hydraulischer Durchmesser** D_H so festgelegt worden, dass D_H für einen Kreisquerschnitt mit dem geometrischen Durchmesser d des Kreises übereinstimmt.

$$D_H = \frac{4 \cdot A}{U} \qquad (2.3\text{-}29)$$

Die Fläche des Strömungsquerschnittes ist mit A und der benetzte Umfang mit U bezeichnet. Für den kreisförmigen Querschnitt gilt

$$D_H = \frac{4 \cdot \frac{\pi \cdot d^2}{4}}{\pi \cdot d} = d \qquad (2.3\text{-}30)$$

Für einen engen Spalt gilt bei kleiner Höhe h gegenüber der Breite b

$$D_H = \frac{4 \cdot b \cdot h}{2 \cdot (b + h)} \approx 2 \cdot h \qquad (2.3\text{-}31)$$

Der Übergang von laminarer zu **turbulenter Strömung** erfolgt im glatten Rohr etwa bei Re = 2300. Bei anderen Strömungswiderständen wird dieser Wechsel schon bei kleineren Reynolds-Zahlen bis hinunter zu etwa Re = 200 beobachtet. Dabei kann der Umschlag an einem Punkt erfolgen, wo sich die Grenzschicht noch nicht über den gesamten Querschnitt erstreckt. Als endgültige Geschwindigkeitsverteilung stellt sich dann das Profil der turbulenten Strömung ein. Je größer Re ist, um so näher erfolgt der Umschlag am Rohreintritt. Bei Einsetzen von Turbulenz ändert sich das Durchflussgesetz, worauf im folgenden noch näher eingegangen wird.

2.3.5 Widerstand von Blenden

Während der Volumenstrom durch **Spalte** und **Drosseln** direkt proportional der Druckdifferenz Δp und umgekehrt proportional der dynamischen Viskosität ist, ergibt sich für **Blenden** eine wurzelförmige Abhängigkeit von der Druckdifferenz. Daher kann auch für Blenden kein hydraulischer Widerstand R_H angegeben werden. Berechnungen hydraulischer Netzwerke mit Blenden müssen demnach entweder numerisch erfolgen, oder es ist eine Linearisierung der Blendengleichung in einem Arbeitspunkt erforderlich. Dennoch werden Blenden als technische Widerstände gegenüber Drosseln bevorzugt, da das Durchflussgesetz überwiegend viskositäts- und damit auch **temperaturunabhängig** ist:

$$Q = \alpha_D \cdot A \cdot \sqrt{\frac{2}{\rho}} \cdot \sqrt{\Delta p} = K_2 \cdot \sqrt{\Delta p} \qquad (2.3\text{-}32)$$

mit $\Delta p \mathrel{\hat{=}} p_1 - p_2$

$\rho \mathrel{\hat{=}}$ Dichte der Druckflüssigkeit

$\alpha_D \mathrel{\hat{=}}$ Durchflusskoeffizient (insbesondere von der Einströmkanten-Geometrie abhängig)

$A \mathrel{\hat{=}}$ Blendenquerschnitt

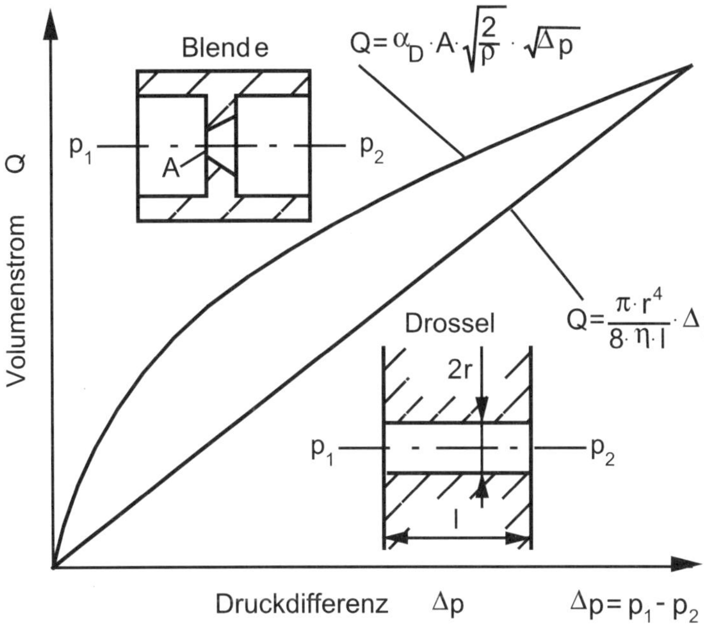

Bild 2.3-7: **Durchflussgesetze für Blende und Drossel**

In **Bild 2.3-7** ist der Volumenstrom Q in Abhängigkeit von der Druckdifferenz Δp für Blende und Drossel dargestellt. Die in der Hydraulik auftretenden technischen Widerstände sind weder ideale Blenden noch ideale Drosseln.

Der Volumenstrom durch blendenförmige, technische Widerstände wird nach Gleichung 2.3-32 mit einem Durchflusskoeffizienten α_D, der eine Funktion der Reynolds-Zahl ist, bestimmt.

Die Ermittlung des Durchflusskoeffizienten ist Gegenstand sehr umfangreicher Untersuchungen gewesen, da jede Querschnittsform in bezug auf die Geometrie der Einlaufkante andere Werte besitzt. Die Größe des Durchflusskoeffizienten wird meistens in Abhängigkeit von der Reynolds-Zahl aufgetragen.

Für die Hydraulik ist der Durchflusskoeffizient durch scharfkantige Steueröffnungen von besonderer Wichtigkeit. Die Angaben über Größe des Durchflusskoeffizienten α_D bei Steuerschiebern nach **Bild 2.3-8** schwanken zwischen 0,6 und 0,8. Die Größe von α_D hängt von der Reynolds-Zahl Re, von der Form der Steuerkante, die scharfkantig oder abgerundet sein kann, und von der Durchströmungsrichtung ab.

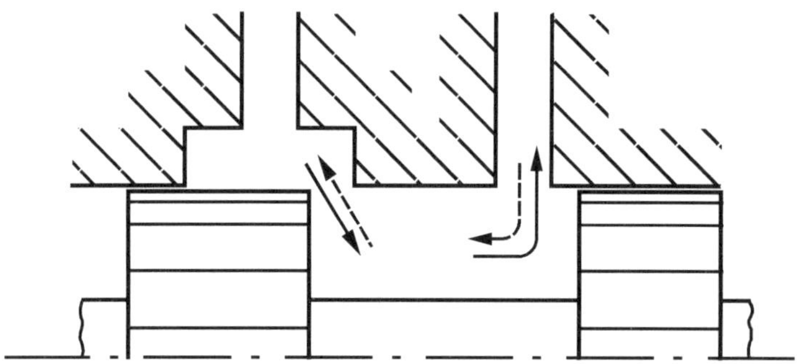

$$Q = \alpha_D \cdot A \cdot \sqrt{\frac{2 \cdot \Delta p}{\rho}}$$

$$\alpha_D = 0{,}6 \ldots 0{,}8$$

Bild 2.3-8: **Steuerschieber**

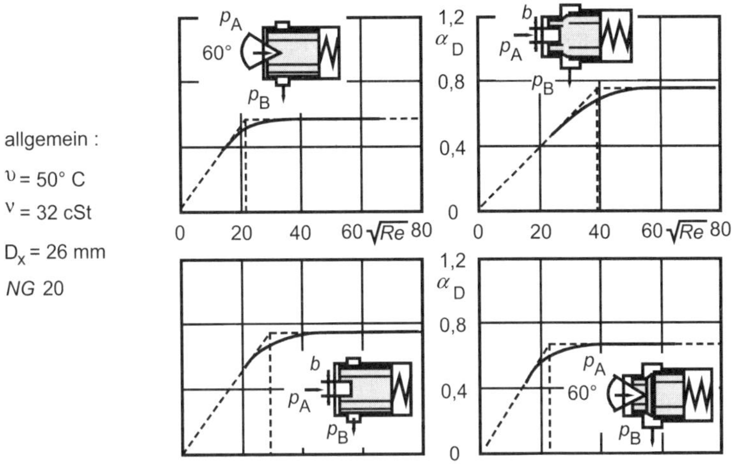

Bild 2.3-9: **Durchflusskoeffizienten α_D von 2-Wege-Einbauventil-Geometrien [2.8]**

In **Bild 2.3-9** ist α_D als Funktion von $\sqrt{\text{Re}}$ für verschiedene Widerstandsgeometrien nach Messungen von Lu [2.8] aufgetragen. Aus den Darstellungen ist zu erkennen, dass α_D zunächst linear ansteigt und dann oberhalb von $\sqrt{\text{Re}}$ = 20 bis 40 seinen Maximalwert erreicht und konstant bleibt. Latour [2.7] hat diesen Effekt auch mathematisch nachweisen können.

2.3.6 Druckverluste in Hydraulikkreisläufen

Immer dann, wenn besonders große Leistungen übertragen werden sollen, oder auch Leistungen über große Strecken übertragen werden sollen, interessieren die Druckverluste im Leitungssystem besonders, da diese sich direkt auf den Systemwirkungsgrad auswirken. Ein Paradebeispiel für die Wichtigkeit der Betrachtung der Druckverluste ist der Pipelinebau. Hier kann die Wahl eines größeren Rohrdurchmessers u. U. weniger Pumpstationen, die dann auch noch für einen geringeren Druck ausgelegt sein müssen, erforderlich machen. Ein größerer Rohrdurchmesser kann also unter dem Strich eine günstigere Lösung ermöglichen.

Man unterscheidet die Druckverluste durch Rohrreibung in geraden Rohrleitungen und die Druckverluste in Abzweigungen, Krümmern, Verschrau bungen und Ventilen aller Art. Für diese Art von (statischen) Betrachtungen wird nicht mit hydraulischen Widerständen R_H oder Durchflusskoeffizienten α_D gearbeitet. Statt dessen verwendet man die bernoullische Gleichung in einer abgewandelten Form, mit den Widerstandszahlen λ und den Widerstandsbeiwerten ξ.

Die Rohrreibungsverluste Δp_R werden für einzelne Rohrabschnitte berechnet und summiert. Sie ergeben sich nach **Blasius** zu:

$$\Delta p_R = \sum \lambda \cdot \frac{l}{d} \cdot \frac{\rho}{2} \cdot v^2 \qquad (2.3\text{-}33)$$

Dabei bedient man sich in der Regel der charakteristischen Widerstandszahl λ (sprich: lambda). Sie kann unabhängig von den Rohrabmessungen dargestellt werden, wenn sie als Funktion der Reynolds-Zahl betrachtet wird.

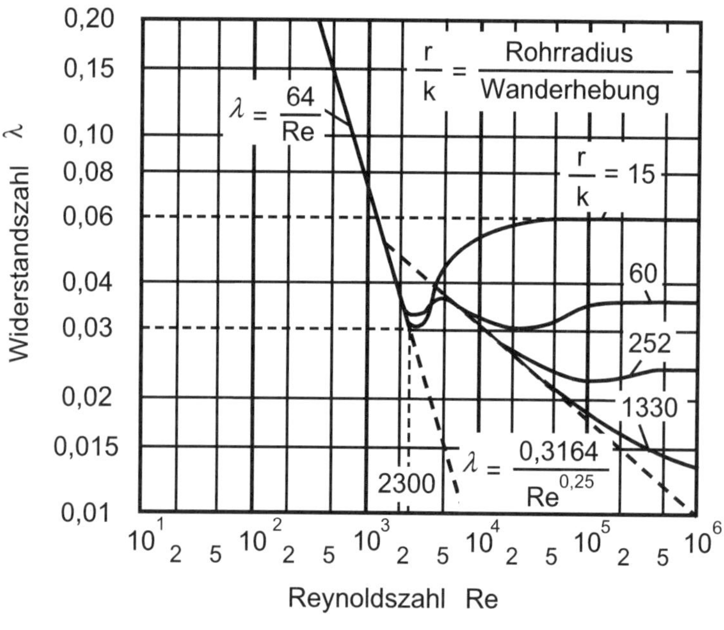

Bild 2.3-10: Abhängigkeit der Widerstandszahl von der Reynolds-Zahl für glatte und raue Rohre

Trägt man die **Widerstandszahl λ** über der Reynolds-Zahl Re im doppel-logarithmischen System auf, so ergibt sich der in **Bild 2.3-10** dargestellte Zusammenhang.

Die Widerstandszahl λ für laminare Rohrströmung (Re < 2300) kann wie folgt bestimmt werden. Mit dem Hagen-Poiseuilleschen Gesetz

$$Q = \frac{\pi \cdot r^4}{8 \cdot \eta \cdot l} \cdot (p_1 - p_2) \qquad (2.3\text{-}34)$$

$$A \cdot v = r^2 \cdot \pi \cdot v = \frac{\pi \cdot r^4}{8 \cdot \eta \cdot l} \cdot \Delta p \qquad (2.3\text{-}35)$$

folgt

$$\Delta p = \frac{8 \cdot \eta \cdot l}{r^2} \cdot v \qquad (2.3\text{-}36)$$

Setzt man für dieses Δp den Druckverlust Δp_R nach Blasius ein (Gleichung 2.3-33), so ergibt sich:

$$\frac{8 \cdot \eta \cdot l}{r^2} \cdot v = \lambda \cdot \frac{l}{d} \cdot \frac{\rho}{2} \cdot v^2 \qquad (2.3\text{-}37)$$

$$\lambda = \frac{64}{v \cdot d/\nu} \qquad (2.3\text{-}38)$$

und damit die Widerstandszahl λ für laminare Strömung

$$\lambda = \frac{64}{\mathrm{Re}} \qquad (2.3\text{-}39)$$

Für turbulente Strömung bis Re = 80.000 und ein glattes Rohr gilt dagegen

$$\lambda = \frac{0{,}3164}{\mathrm{Re}^{0{,}25}} \qquad (2.3\text{-}40)$$

Bei turbulenter Strömung hat die Rauigkeit der Rohrwand Einfluss auf die Widerstandszahl λ. Je kleiner das Verhältnis von

$$\frac{Rohrradius}{Wanderhebung} = \frac{r}{k} \qquad (2.3\text{-}41)$$

ist, d. h. je größer die Rauigkeit der Rohrwand bei gegebenem Rohrradius ist, desto größer ist auch λ bei jeweils konstanter Reynolds-Zahl (siehe **Bild 2.3-10**).

Die Druckverluste in Formstücken, z. B. Abzweigungen, Krümmungen, Verschraubungen und Ventilen werden mit Δp_F bezeichnet. Sie lassen sich nach der Beziehung

$$\Delta p_F = \sum \xi \cdot \frac{\rho}{2} \cdot v^2 \qquad (2.3\text{-}42)$$

bestimmen. Der Beiwert ξ (sprich: xi) muss für die jeweilige Anordnung experimentell bestimmt werden. Er ist, wie auch die Widerstandszahl λ, nicht konstant, sondern hängt ebenfalls von der Reynolds-Zahl ab. Allerdings wird schon bei wesentlich geringeren Reynolds-Zahlen als in geraden Rohren Turbulenz erreicht. Der Umschlag von laminarer in turbulente Strömung erfolgt nach Schlayer [2.13] bei Kerben, Schlitzen und Spalten, die zur Drosselung des Flüssigkeitsstromes dienen, bei Re = 200 bis 400. Für eine Kegelsitz-Anordnung ist in **Bild 2.3-11** nach Schlayer der Widerstandsbeiwert ξ in Abhängigkeit von der Re-Zahl aufgetragen.

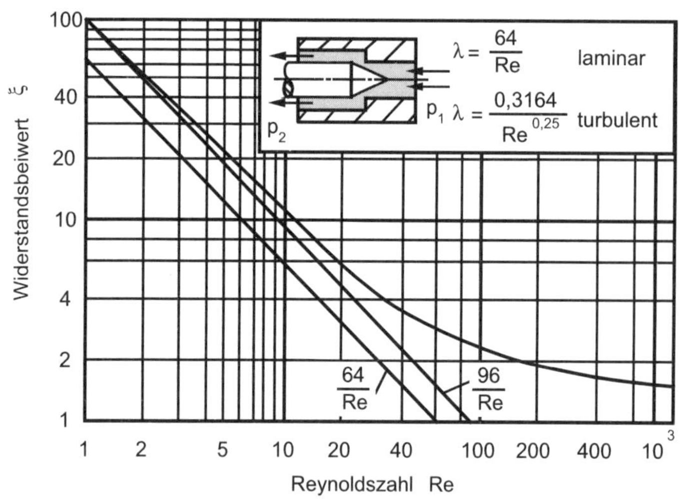

Bild 2.3-11: Widerstandsbeiwert ξ für eine Kegelsitz-Anordnung [2.13]

Erweitert man die **Bernoullische Gleichung** unter Berücksichtigung der auftretenden Verluste, so ergibt sich für eine Anordnung, wie sie z. B. in **Bild 2.3-12** dargestellt ist, folgende Gleichung:

$$\left(p_1+\frac{\rho}{2}\cdot v_1^2+\rho\cdot g\cdot z_1\right)-\left(p_2+\frac{\rho}{2}\cdot v_2^2+\rho\cdot g\cdot z_2\right)=$$

$$\sum_i \lambda_i\cdot\frac{l_i}{d_i}\cdot\frac{\rho}{2}\cdot v_i^2+\sum_i \xi_i\cdot\frac{\rho}{2}\cdot v_i^2 \qquad (2.3\text{-}43)$$

Hierin sind v die Strömungsgeschwindigkeit und z die statische oder geodätische Höhe. Die Differenz der Energieinhalte eines Volumens an der Stelle 1 minus der an der Stelle 2 ist gleich der Summe der Druckverluste in Rohrleitungen, Krümmern und Drosselstellen.

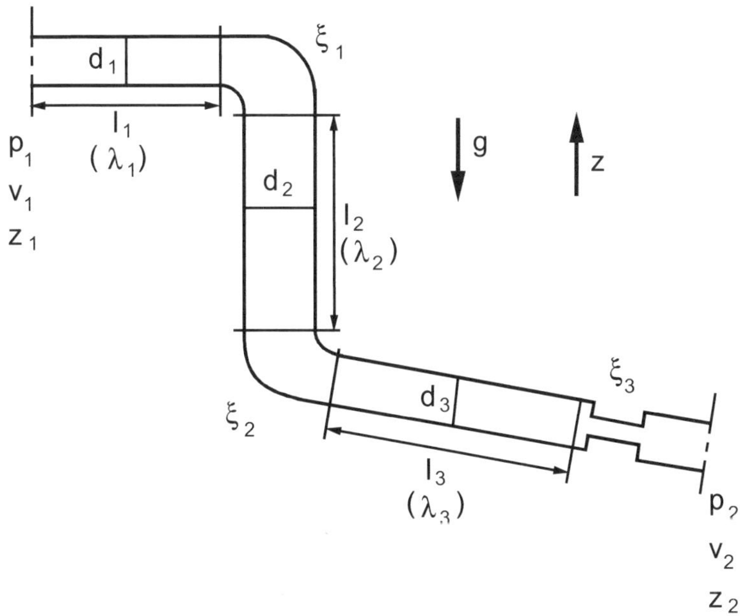

Bild 2.3-12: Druckverluste in einer Rohrleitung

Bei den in der Hydraulik üblichen Reynolds-Zahlen können folgende Richtwerte [2.3] für den Widerstandsbeiwert ξ angesetzt werden:

Gerade Rohrverschraubungen:	$\xi = 0{,}5$
Winkel-Verschraubung:	$\xi = 1{,}0$
Ventile, Hähne usw.:	$\xi = 3$ bis 6
90°-Krümmer:	$\xi = 0{,}14$

Die systematische Berechnung von Druckverlusten bei geometrisch einfachen Querschnittsveränderungen ist weiter vorn bei der Erläuterung des Impulssatzes näher beschrieben.

2.4 Hydraulische Netzwerke

Hydraulische Schaltungen sind ähnlich wie elektrische aus Widerständen, Kapazitäten und Induktivitäten aufgebaut. Hydraulische Widerstände sind z. B. Blenden und Drosseln aber auch die in der Regel unerwünschten Reibungsverluste in Rohrleitungen.

Da eine Flüssigkeit und die Gefäßwände elastisch sind, kann ein bestimmtes, mit Flüssigkeit gefülltes Gefäß mit dem Volumen V_0 noch ein zusätzliches Flüssigkeitsvolumen dV aufnehmen, wenn der Druck um den Betrag dp erhöht wird. Dieses Verhalten gleicht dem Verhalten eines Kondensators, der bei Änderung der Spannung eine zusätzliche Ladung aufnehmen kann. Man spricht von hydraulischer Kapazität. Von hydraulischen Induktivitäten spricht man überall da, wo Massen zu beschleunigen sind. Dies können Massen von Linearantrieben oder Trägheitsmomente von Rotationsantrieben sein. Aber auch Flüssigkeitsmassen, die in Rohren bei Volumenstromänderungen beschleunigt werden müssen, wirken sich als hydraulische Induktivitäten aus. Eine Druckdifferenz, die an einer solchen Induktivität anliegt führt zu einer Beschleunigung des Flüssigkeitsstroms, ähnlich wie bei einer elektrischen Induktivität eine anliegende Spannung zu einer Zunahme des Stromes führt.

Der hydraulische Widerstand R_H wurde bereits ausführlich behandelt.

Die hydraulische Kapazität C_H ist definiert als:

$$C_H = \frac{Q}{\dot{p}} \qquad (2.4\text{-}1)$$

und die hydraulische Induktivität L_H als:

$$L_H = \frac{\Delta p}{\dot{Q}} \qquad (2.4\text{-}2)$$

Wie man die hydraulischen Kapazitäten und Induktivitäten bestimmt, wird in den folgenden Kapiteln erläutert.

Weiter gibt es Pumpen (Versorgungseinheiten) und Verbraucher. Die Versorgungseinheiten können je nach Ausführung sowohl einen konstanten Volumenstrom als auch einen konstanten Druck zur Verfügung stellen. Man spricht auch von Systemen mit eingeprägtem Volumenstrom oder Systemen mit eingeprägtem Druck. Ihre elektrische Entsprechung finden Systeme mit eingeprägtem Volumenstrom in Stromquellen und Systeme mit eingeprägtem Druck in Spannungsquellen. Der hydraulische Volumenstrom entspricht also dem elektrischen Strom und der hydraulische Druck der elektrischen Spannung. Hydraulische Verbraucher können als komplexe Widerstände oder als Stromsenken aufgefasst werden.

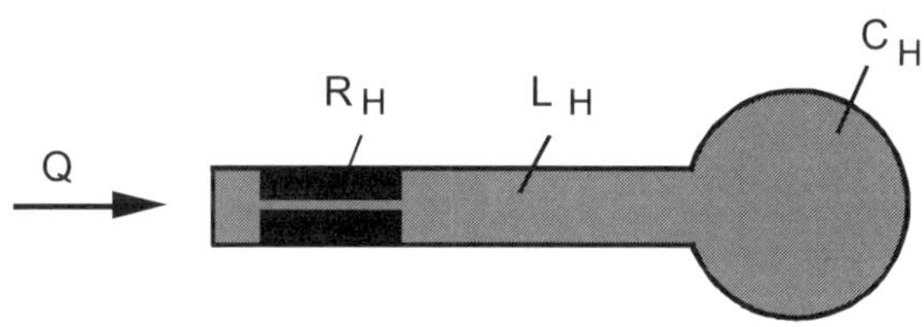

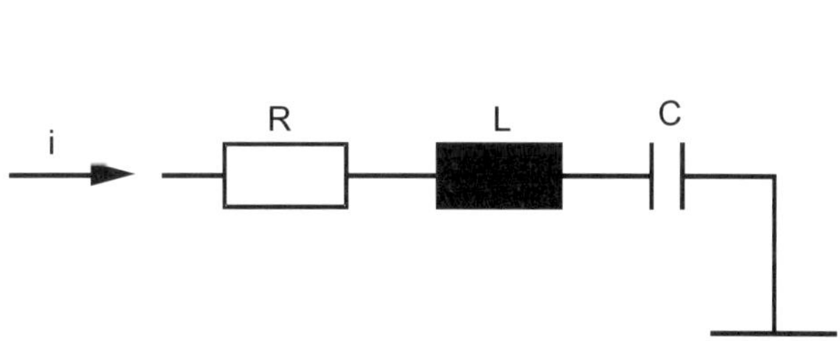

Bild 2.4-1: Reihenschaltung komplexer Widerstände

Für eine Reihenschaltung aus linearem Widerstand, Induktivität und Kapazität, wie sie in **Bild 2.4-1** wiedergegeben ist, gelten die folgenden Differentialgleichungen, die durch Addition des an den Einzelwiderständen auftretenden Spannungs- bzw. Druckabfalls gewonnen werden. Zunächst für die Elektrotechnik

$$u = i \cdot R + L \cdot \frac{di}{dt} + \frac{1}{C} \cdot \int i \, dt \qquad (2.4\text{-}3)$$

und analog dazu für die Hydraulik

$$p = Q \cdot R_H + L_H \cdot \frac{dQ}{dt} + \frac{1}{C_H} \cdot \int Q \, dt \qquad (2.4\text{-}4)$$

Dabei ist R_H der lineare Strömungswiderstand dp/dQ. In der Praxis ist der Widerstand aber im Gegensatz zur Elektrotechnik wegen der wurzelförmigen Abhängigkeit zwischen Q und Δp oft stark nichtlinear.

2.4.1 Hydraulische Kapazitäten

In **Bild 2.4-2** ist ein mit Flüssigkeit gefüllter Zylinder dargestellt. Das Volumen der Flüssigkeit kann durch Verschieben des Kolbens verändert werden. Bei Erhöhung des Ausgangs-Flüssigkeitsdruckes p_0 durch den Kolben um den Wert Δp wird das ursprüngliche Volumen V_0 um den Wert ΔV_{Fl} verringert, weil die Druckflüssigkeit kompressibel ist.

Es gilt

$$\Delta V_{Fl} = A \cdot \Delta l = V_0 \cdot \frac{\Delta p}{E_{Fl}} \qquad (2.4\text{-}5)$$

mit:

$$V_0 = A \cdot l_0 \mathrel{\hat{=}} Ausgangsvolumen \qquad (2.4\text{-}6)$$

Dabei ist E_{Fl} eine Stoffeigenschaft der Flüssigkeit:

$$E_{Fl} \left[\frac{N}{m^2}\right] \mathrel{\hat{=}} Kompressionsmodul \qquad (2.4\text{-}7)$$

$$E_{Fl} = -V_o \cdot \left(\frac{\partial p}{\partial V} \right) = \frac{1}{\beta} \qquad (2.4\text{-}8)$$

$$\beta \quad \left[\frac{m^2}{N} \right] \hat{=} \textit{Kompressibilitäts-Koeffizient} \qquad (2.4\text{-}9)$$

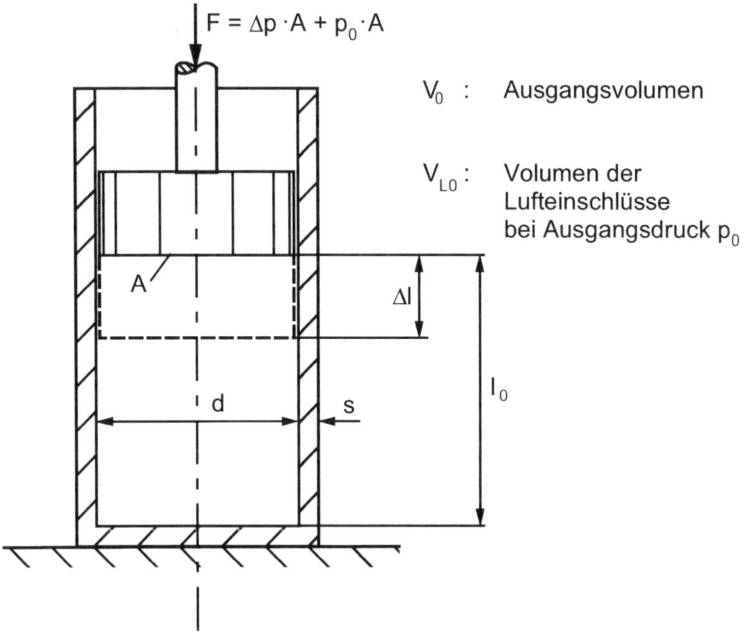

Bild 2.4-2: Kompression eines Flüssigkeitsvolumens

Durch Ableiten der Gleichung 2.3-5 nach der Zeit erhält man den Kompressionsflüssigkeitsstrom

$$Q_K = \frac{d\Delta V_{Fl}}{dt} = \frac{V_0}{E_{Fl}} \cdot \dot{p} \qquad (2.4\text{-}10)$$

der zur Druckänderungsgeschwindigkeit $\dot{p}$ proportional ist. Der Proportionalitätsfaktor

$$C_H = \frac{V_0}{E_{Fl}} \qquad (2.4\text{-}11)$$

wird als **hydraulische Kapazität** bezeichnet. Der Kompressionsmodul E_{Fl} ist nicht konstant, sondern von verschiedenen Parametern, wie Druck, Temperatur und dem Anteil ungelöster Luft in der Druckflüssigkeit abhängig. Außerdem beeinflusst die Elastizität der Gefäßwände die hydraulische Kapazität. Üblicherweise wird zur Berechnung der Kapazität mit einem **Ersatzkompressionsmodul** E'_{Fl} gerechnet, der all diese Einflüsse bereits berücksichtigt; man erhält für die hydraulische Kapazität:

$$C_H = \frac{V_0}{E'_{Fl}} \qquad (2.4\text{-}12)$$

Näherungsweise kann E_{Fl} im üblichen Temperatur- und Druckbereich als konstant angesehen werden. Für Druckflüssigkeiten auf Mineralölbasis ist

$$E_{Fl} \approx 1{,}6 \cdot 10^9 \frac{N}{m^2} = 16.000 bar \qquad (2.4\text{-}13)$$

Die Kompressibilität der Flüssigkeitsfüllung eines Zylinders, einer Rohrleitung oder eines anderen Raumes wird durch die Elastizität der Wände und durch Gasblasen in der Flüssigkeit erhöht, der Kompressionsmodul wird also erniedrigt.

Wird in einem dünnwandigen Rohr der Innendruck um Δp erhöht, so nimmt nach der Kesselformel das Volumen um

$$\Delta V_R = V_R \cdot \frac{\Delta p}{E_R} \cdot \frac{d}{s} \qquad (2.4\text{-}14)$$

zu. Dabei sind V_R die Ausgangsvolumen, E_R das Elastizitätsmodul des Rohrmaterials, d der Innendurchmesser des Rohres und s die Wandstärke des Rohres.

Die Volumenzunahme durch Dehnung in Längsrichtung des Rohres hebt sich mit der Abnahme infolge der Querkontraktion weitgehend auf, so dass die vereinfachte Gleichung 2.4-14 näherungsweise für alle Metalle gilt, deren Poissonsche Zahl m = 3 bis 4 ist.

Bei der Druckerhöhung um Δp in einem dickwandigen Rohr beträgt die Volumenzunahme

$$\Delta V_R = V_R \cdot \frac{\Delta p}{E_R} \cdot \frac{2 \cdot \beta^2 \cdot (1+\nu) + 3 \cdot (1 - 2 \cdot \nu)}{\beta^2 - 1} \tag{2.4-15}$$

mit β dem Durchmesserverhältnis von Außendurchmesser und Innendurchmesser sowie der Querkontraktionszahl ν von etwa 0,3 für Metalle.

Analog zu Gleichung 2.4-5 wird für ein mit Flüssigkeit gefülltes Rohr der **Ersatzkompressionsmodul** E'_{Fl}, der auch die Elastizität E'_R des Wandwerkstoffs berücksichtigt, definiert:

$$\Delta V_{ges} = \Delta V_{Fl} + \Delta V_R = V_0 \cdot \frac{\Delta p}{E'_{Fl}} \tag{2.4-16}$$

$$E'_{Fl} = \frac{V_0 \cdot \Delta p}{\Delta V_{ges}} \tag{2.4-17}$$

Für ein dünnwandiges, mit Flüssigkeit gefülltes Rohr gilt dann:

$$\Delta V_{ges} = \Delta V_{Fl} + \Delta V_R = V_0 \cdot \frac{\Delta p}{E_{Fl}} + V_0 \cdot \frac{\Delta p}{E_R} \cdot \frac{d}{s} \tag{2.4-18}$$

$$\Delta V_{ges} = V_0 \cdot \Delta p \cdot \left(\frac{1}{E_{Fl}} + \frac{1}{E_R} \cdot \frac{d}{s} \right) \tag{2.4-19}$$

$$E'_{Fl} = \frac{1}{\frac{1}{E_{Fl}} + \frac{1}{E_R} \cdot \frac{d}{s}} = \frac{E_{Fl}}{1 + \frac{E_{Fl}}{E_R} \cdot \frac{d}{s}} \tag{2.4-20}$$

Der Einfluss der Rohrelastizität auf den Ersatzkompressionsmodul ist für den in der Hydraulik interessierenden Bereich in **Bild 2.4-3** dargestellt. Bei Hochdruckrohren ist demnach wegen der hohen Wandstärke der Wandeinfluss gering, z. B. liegt er bei einem zulässigen Druck von 300 bar unter 10 %. Bei dünnwandigen Rohren und insbesondere bei Schlauchleitungen ist der Einfluss dagegen erheblich.

Befindet sich in der Druckflüssigkeit **ungelöste Luft,** also ein Gas, so übt diese einen starken Einfluss auf die Kompressibilität aus. Gelöste Luft wirkt sich dagegen nur unwesentlich auf das Elastizitätsverhalten aus. In **Bild 2.4-4** ist qualitativ die Kompression eines Luftvolumens bei adiabater Zustandsänderung und die Kompression eines Flüssigkeitsvolumens dargestellt.

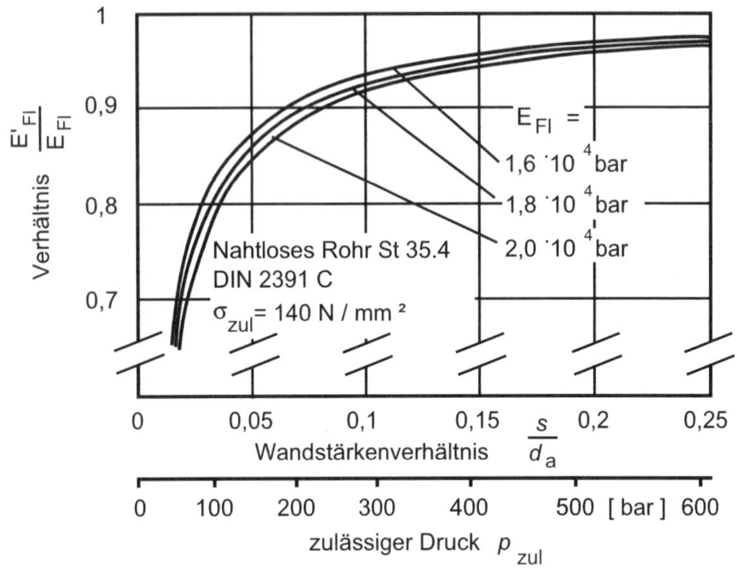

Bild 2.4-3: Einfluss der Rohrelastizität auf den Ersatzkompressionsmodul

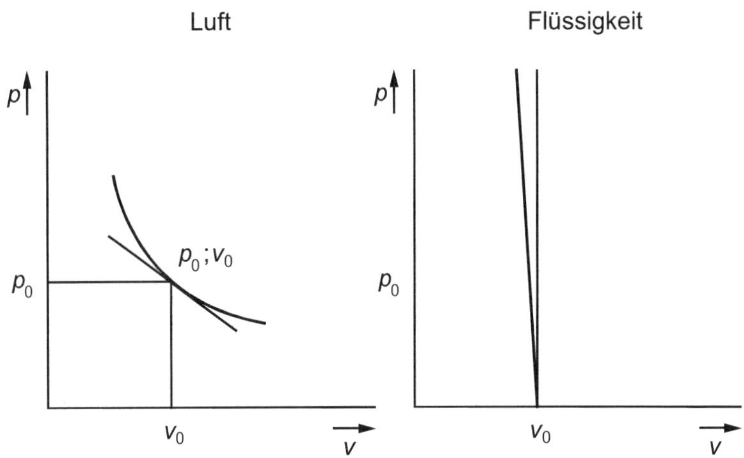

Bild 2.4-4: Vergleich der Kompression eines Luft- und eines Flüssigkeitsvolumens

Damit Luft die gleiche Steifigkeit wie Öl hat, müsste ein Druck von

$$p = \frac{E_{Fl}}{\kappa} \approx 10^4\, bar \qquad (2.4\text{-}21)$$

vorhanden sein.

In Kapitel 3 ist der Ersatzkompressionsmodul für ein Öl-Luft-Gemisch bei isothermer und adiabater Zustandsänderung angegeben. In diesen Gleichungen ist aber das vom Druck abhängige Luftlösevermögen nicht berücksichtigt, obwohl es einen entscheidenden Einfluss auf den Kompressionsvorgang ausübt. Der Luftlösevorgang ist u. a. von der Blasengröße und von der zur Verfügung stehenden Zeit abhängig. Der Ersatzkompressionsmodul eines hydraulischen Systems muss daher unter praxisrelevanten Bedingungen experimentell bestimmt werden, wenn ein genauer Wert zur weiteren Berechnung erforderlich ist.

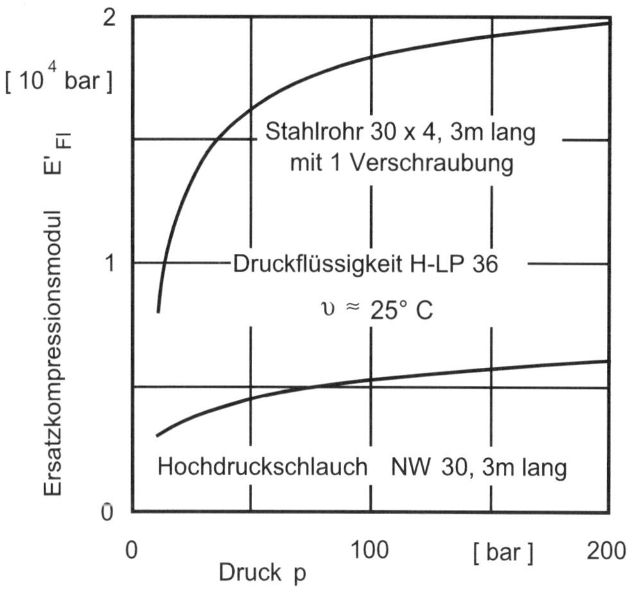

Bild 2.4-5: Experimentell ermittelter Ersatzkompressionsmodul eines Stahlrohres und eines Hochdruckschlauchs

In **Bild 2.4-5** ist der experimentell ermittelte Ersatzkompressionsmodul in Abhängigkeit vom Druck für ein 3 m langes Stahlrohr mit 30 mm Außendurchmesser, 4 mm Wandstärke und einer Verschraubung sowie für einen 3 m langen Hydraulikschlauch NW 30 dargestellt. Auffallend sind beim Rohr der geringe Ersatzkompressionsmodul bei kleinen Drücken und der große Unterschied zwischen Rohr und Hochdruckschlauch bei höheren Drücken. Als Grund für das Absinken des Ersatzkompressionsmoduls bei geringen Drücken ist der ungewollte Einschluss von Luftblasen in der Druckflüssigkeit und ggf. die Kompression von Hohlräumen an Dichtungen anzusehen.

2.4.2 Hydraulische Induktivitäten

Unter der Vorraussetzung der Inkompressiblität ist die Flüssigkeit als starrer Körper vorstellbar, der durch die Rohrleitungen bewegt werden muss. Die zur Beschleunigung erforderlichen Kräfte lassen sich unter Anwendung der Newtonschen Bewegungsgleichung bestimmen.

Der Begriff der Induktivität ist aus der Elektrotechnik entliehen. Dort ist er ein Maß für die Spannung, die erforderlich ist, um eine Stromänderung in einer Spule zu bewirken. Analog ist die hydraulische Induktivität ein Maß für die erforderliche Druckdifferenz, die zur Beschleunigung oder Verzögerung des Volumenstroms in einer Rohrleitung benötigt wird.

Die Berechnung der Induktivität ist bei Rohrleitungen nur in einem eingeschränktem Bereich sinnvoll. Bei sehr kurzen Rohren ist die Induktivität oft vernachlässigbar; bei sehr langen Rohren dagegen ist die vereinfachende Annahme der Inkompressibilität nicht mehr zulässig, und die Leitung muss als homogener Schwinger mit verteilten Parametern behandelt werden.

Wesentlich bedeutender ist die Induktivität von kompakten Massen, deren Trägheitskräfte über Motoren und Zylinder auf die Flüssigkeit übertragen werden. Zum besseren Verständnis wird aber im folgenden zunächst die Induktivität einer Rohrleitung und danach die eines Motors hergeleitet.

2.4.2.1 Hydraulische Induktivität einer kurzen Rohrleitung

Um eine inkompressible Flüssigkeitssäule in einer Leitung mit dem Querschnitt A und der Länge l zu beschleunigen, ist eine Kraft

$$F = m \cdot a = A \cdot l \cdot \rho \cdot a \qquad (2.4\text{-}22)$$

notwendig. Die Beschleunigung a entspricht einer Änderung des Volumenstroms $Q = A \cdot v$ nach der Beziehung

$$a = \frac{dv}{dt} = \frac{1}{A} \cdot \frac{dQ}{dt} \qquad (2.4\text{-}23)$$

Die Beschleunigungskraft F_a wird durch eine zwischen den Enden der Rohrleitung anliegende Druckdifferenz Δp erzeugt:

$$F_a = A \cdot \Delta p \qquad (2.4\text{-}24)$$

Die drei Gleichungen liefern

$$\Delta p = \frac{F_a}{A} = \frac{l \cdot \rho}{A} \cdot \frac{dQ}{dt} = L_H \cdot \dot{Q} \qquad (2.4\text{-}25)$$

Da in der Elektrotechnik die Beziehung

$$u = L \cdot \frac{di}{dt} \qquad (2.4\text{-}26)$$

existiert (L = Induktivität), wird die Größe

$$L_H = \frac{l \cdot \rho}{A} \qquad \left[\frac{kg}{m^4}\right] \qquad (2.4\text{-}27)$$

analog als hydraulische Induktivität bezeichnet.

Die hydraulische Induktivität steht also für die Masse der Flüssigkeitssäule im Rohr, und zwar dahingehend transformiert, dass statt der mechanischen Größen Kraft und Geschwindigkeit die hydraulischen Größen Druck und Volumenstrom verwendet werden können. Sie beschreibt die zu einer Volumenstromänderung notwendige Druckdifferenz, die wegen der Massenträgheit der Flüssigkeit erforderlich ist.

2.4.2.2 Hydraulische Induktivität von Motoren

Ebenso wie bei der Berechnung der hydraulischen Induktivität von Rohrleitungen werden auch bei der Berechnung der Induktivität von Motoren die

Kapazitäten und Widerstände außer acht gelassen. Im folgenden werden zwei einfache Beispiele vorgestellt.

Bild 2.4-6 zeigt einen Gleichgangzylinder, dessen hydraulische Induktivität gesucht ist.

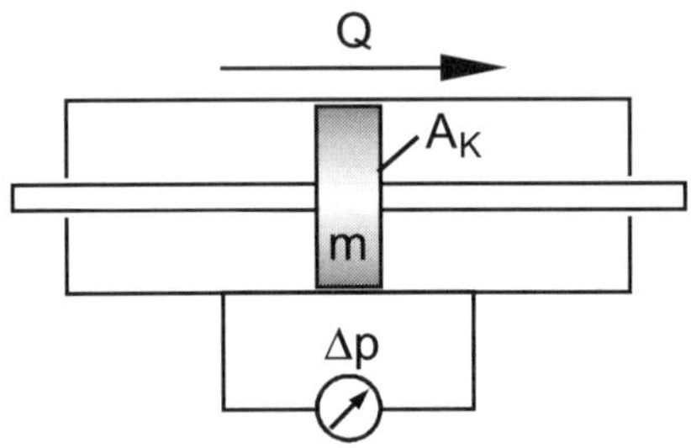

Bild 2.4-6: Gleichgangzylinder

Für die hydraulische Induktivität gilt:

$$L_H = \frac{\Delta p}{\dot{Q}} \tag{2.4-28}$$

Der Volumenstrom „durch" den Zylinder ist:

$$Q = A_K \cdot \dot{x}$$
$$\Rightarrow \dot{Q} = A_K \cdot \ddot{x} \tag{2.4-29}$$

Nach Newton kann für die Beschleunigung des Zylinders

$$F = m \cdot \ddot{x} = \Delta p \cdot A_K$$

angesetzt werden; umgestellt ergibt sich:

$$\ddot{x} = \frac{\Delta p \cdot A_K}{m} \tag{2.4-30}$$

Setzt man die Gleichungen 2.4-30 und 2.4-29 in 2.4-28 ein, so erhält man für die hydraulische Induktivität des Gleichgangzylinders:

$$L_H = \frac{\Delta p}{\frac{A_K{}^2}{m} \cdot \Delta p} = \frac{m}{A_K{}^2} \qquad (2.4\text{-}31)$$

Die hydraulische Induktivität eines (Rotations-)Hydromotors mit dem Massenträgheitsmoment I_M berechnet sich über das zur Überwindung des Massenträgheitsmoments erforderliche Moment

$$M_{An} = I_M \cdot \dot{\omega} \qquad (2.4\text{-}32)$$

Die Beziehung für das vom Motor aufgebrachte Moment (Herleitung in Abschnitt 2.1.3) lautet:

$$M_{An} = \frac{V \cdot \Delta p}{2\pi} \qquad (2.4\text{-}33)$$

Wie ebenfalls in Abschnitt 2.1.3 hergeleitet, ergibt sich der Volumenstrom durch den Motor zu:

$$Q = \frac{V \cdot \omega}{2\pi} \qquad (2.4\text{-}34)$$

Eingesetzt in die erste Formel ergibt sich:

$$\frac{V \cdot \Delta p}{2\pi} = I_M \cdot \frac{2\pi \cdot \dot{Q}}{V} \qquad (2.4\text{-}35)$$

Die Definition für die hydraulische Induktivität lautet:

$$L_H = \frac{\Delta p}{\dot{Q}} \qquad (2.4\text{-}36)$$

Stellt man 2.4-35 um und führt dann einen Koeffizientenvergleich durch, so erhält man die hydraulische Induktivität L_H für den Rotationsmotor zu:

$$L_H = \frac{I_M}{\left(\frac{V}{2\pi}\right)^2} \cdot \qquad (2.4\text{-}37)$$

2.4.3 Berechnungsbeispiel für ein hydraulisches Netzwerk

In **Bild 2.4-7** ist eine einfache Schaltung angegeben, in der der Druckaufbau vor einem Hydromotor nach dem Öffnen des Ventils berechnet werden soll.

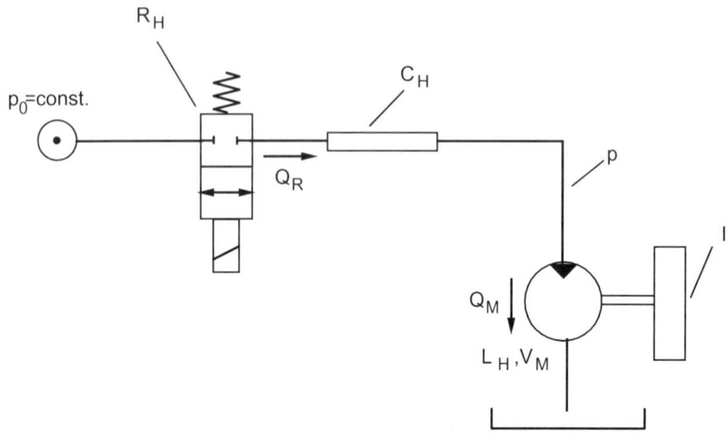

Bild 2.4-7: Beispielschaltung zur Berechnung des Druckaufbaus

Zur Berechnung des Druckaufbaus wird die hydraulische Kapazittät C_H der Verbindungsleitung vom Ventil zum Motor berücksichtigt:

$$\dot{p} = \frac{1}{C_H} \cdot \sum_i Q_i = \frac{1}{C_H} \cdot (Q_R - Q_M) \qquad (2.4\text{-}38)$$

Die Gleichung sagt aus, dass die zeitliche Änderung des Druckes proportional der Summe aller zufließenden Volumenströme ist. Zur Berechnung des Druckaufbaus werden wir später die erste Ableitung dieser Gleichung benötigen:

$$\ddot{p} = \frac{1}{C_H} \cdot (\dot{Q}_R - \dot{Q}_M) \qquad (2.4\text{-}39)$$

Der Zufluss von der Druckversorgung mit dem konstanten Druck p_0 in das Volumen wird durch den hydraulischen Widerstand R_H des geöffneten Ventils begrenzt. Aus der anliegenden Druckdifferenz resultiert

$$Q_R = \frac{1}{R_H} \cdot (p_0 - p) \qquad (2.4\text{-}40)$$

Durch Diffenzieren der Gleichung 2.4-40 erhält man

$$\dot{Q}_R = -\frac{1}{R_H} \cdot \dot{p} \qquad (2.4\text{-}41)$$

Die Beschleunigunng des Motors mit der Schwungmasse und damit auch die Beschleunigung des Volumenstroms Q_M hängt von der am Motor anliegenden Druckdifferenz p ab:

$$\dot{Q}_M = \frac{p}{L_H} \tag{2.4-42}$$

Dabei berechnet sich die hydraulische Induktivität L_H wie im vorigen Abschnitt beschrieben

$$L_H = \left(\frac{2\pi}{V_M}\right)^2 \cdot I \tag{2.4-43}$$

Setzt man nun die einzelnen Anteile ein, so folgt aus der Gleichung 2.4-39 die Differentialgleichung für den Druckaufbau

$$\ddot{p} + \frac{1}{R_H \cdot C_H} \cdot \dot{p} + \frac{1}{C_H \cdot L_H} \cdot p = 0 \tag{2.4-44}$$

Die Eigenkreisfrequenz des ungedämpften Antriebs beträgt damit

$$\omega_o = \sqrt{\frac{1}{L_H \cdot C_H}} \tag{2.4-45}$$

und die Dämpfung

$$D = \frac{1}{2 \cdot \omega_0 R_H C_H} = \frac{1}{2 \cdot R_H} \cdot \sqrt{\frac{L_H}{C_H}} \tag{2.4-46}$$

Dämpfung und Eigenkreisfrequenz von hydraulischen Antrieben spielen in der Servohydraulik eine sehr wichtige Rolle. Insbesondere werden dort regelungstechnische Maßnahmen zur Dämpfung solcher Systeme angewendet.

Hier wurde nur eine sehr einfache Schaltung betrachtet, die sich problemlos analytisch berechnen lässt. Die Berechnung von Druckverläufen kann aber für reale Anlagen sehr schnell so komplex werden, dass sie auf analytischem Wege nicht mehr durchführbar ist. Dem Konstrukteur stehen jedoch heute leistungsfähige Rechnerprogramme mit graphischer Eingabeoberfläche zur Verfügung, die ihn bei der Projektierung unterstützen, und die auch die in der Realität zahlreich vorhandenen Nichtlinearitäten berücksichtigen [2.10].

2.5 Gesetz von der Erhaltung des Impulses

Der Impuls $\vec{I}$ eines Systems ist gleich dem Produkt aus seiner Masse und seiner Geschwindigkeit $\vec{v}$. Er ist ein zur Geschwindigkeit gleichgerichteter Vektor.

Der **Impulssatz** lautet:

Die zeitliche Änderung des Impulses eines Systems ist gleich der Summe der wirksamen äußeren Kräfte.

Der Impulssatz in Gleichungsform lautet:

$$\sum \vec{F}_a = \frac{d}{dt}\vec{I} \qquad (2.5\text{-}1)$$

In der Hydraulik wird häufig der Begriff der Strömungskraft $\vec{F}_{Str}$ verwendet. Darunter ist die negative Summe der äußeren Kräfte zu verstehen.

$$\vec{F}_{Str} = -\sum \vec{F}_a \qquad (2.5\text{-}2)$$

Die Strömungskraft ist also die Kraft, welche eine Strömung auf ihre Umgebung ausübt, während die äußeren Kräfte über die Wandungen und freien Oberflächen auf das Fluid wirken. Um die Strömungskraft zu berechnen, ist es erforderlich, die zeitliche Änderung des Impulses des Systems durch Größen zu beschreiben, die an bestimmten Orten und Zeiten in der Strömung messbar sind. Wird Gleichung 2.5-1 entsprechend umgeformt, so erhält man:

$$\sum \vec{F}_a = \int_V \frac{\partial}{\partial t}(\rho \cdot \vec{v})dV + \int_A (\rho \cdot \vec{v}) \cdot v_n dA \qquad (2.5\text{-}3)$$

Die Summe der äußeren Kräfte ist gleich der Summe aus **instationärem** und **stationärem Anteil** der Strömungskräfte. In Gleichung 2.5-3 ist V ein abgegrenztes Volumen, v die Geschwindigkeit, ρ die Dichte und v_n die senkrecht auf der durchströmten Fläche stehende Geschwindigkeitskomponente. Durch geschickte Wahl der Kontrollfläche lässt sich die Gleichung 2.5-3 einfach anwenden, wie im folgenden gezeigt wird.

2.5.1 Anwendung des Impulssatzes auf eine stationäre Strömung

Eine stationäre Strömung liegt vor, wenn sich der Strömungszustand an einem Ort über der Zeit nicht ändert, also ρ und v konstant. An einem beliebig geformten Rohrkrümmer wird die Vorgehensweise zur Anwendung des Impulssatzes gezeigt.

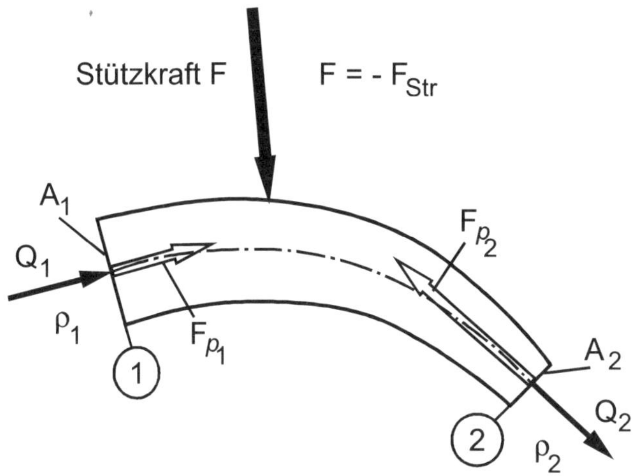

Bild 2.5-1: Stationäre Strömungskraft auf einen Rohrkrümmer

Die Gleichung 2.5-3 vereinfacht sich damit im stationären Fall zu:

$$\sum \vec{F}_a = \int_A (\rho \cdot \vec{v}) \cdot v_n \, dA \qquad (2.5\text{-}4)$$

An den Stellen 1 und 2 ist v_n, d. h. die Geschwindigkeit senkrecht zur Kontrollfläche, von Null verschieden, wogegen die Geschwindigkeit v_n entlang der Krümmerwand gleich Null ist. Damit folgt:

$$\sum \vec{F}_a = -\rho_1 \cdot v_1 \cdot A_1 \cdot \vec{v}_1 + \rho_2 \cdot v_2 \cdot A_2 \cdot \vec{v}_2 \qquad (2.5\text{-}5)$$

Die Vorzeichen ergeben sich aus der Betrachtung der Bilanzhülle. Die Summe der äußeren Kräfte setzt sich aus der Stützkraft $\vec{F}$ und den Druckkräften $\vec{F}_{p_1}$ und $\vec{F}_{p_2}$ zusammen.

$$\sum \vec{F}_a = \vec{F} + \vec{F}_{p_1} + \vec{F}_{p_2} \qquad (2.5\text{-}6)$$

Die Stützkraft $\vec{F}$ lässt sich somit nach der Beziehung

$$\vec{F} = -\rho_1 \cdot v_1 \cdot A_1 \cdot \vec{v}_1 + \rho_2 \cdot v_2 \cdot A_2 \cdot \vec{v}_2 - \vec{F}_{p_1} - \vec{F}_{p_2} \qquad (2.5\text{-}7)$$

ermitteln. Für eine inkompressible Strömung mit $\rho_1 = \rho_2$ und der Beziehung für den Volumenstrom ist die Stützkraft durch

$$\vec{F} = \rho \cdot Q \cdot (\vec{v}_2 - \vec{v}_1) - (\vec{F}_{p_1} + \vec{F}_{p_2}) \qquad (2.5\text{-}8)$$

gegeben.

Dies bedeutet für einen Schlauch mit konstantem Querschnitt A ohne Krümmung eine Stützkraft von $F = 0$. Für den gleichen Schlauch mit einer 180°-Krümmung ergibt sich unter der Voraussetzung gleicher Drücke und gleicher Geschwindigkeiten an Ein- und Austritt eine Stützkraft von

$$F = 2 \cdot A \cdot \left(\rho \cdot v_1^2 + p_1 \right) \qquad (2.5\text{-}9)$$

Als weiteres Beispiel wird die durch eine stationäre Strömung ausgeübte Kraft auf ein Fahrzeug betrachtet.

Ein Fahrzeug wird von einem Medium durchströmt, wie in **Bild 2.5-2** dargestellt ist. Das Medium tritt durch eine weite Öffnung 1 ein und verlässt das Fahrzeug durch eine enge Öffnung 2 in der gleichen Richtung. Auf die Vektorschreibweise kann daher verzichtet werden.

Wendet man nun Gleichung 2.5-7 auf dieses System an, so folgt für die Stützkraft:

$$F = \rho_2 \cdot v_2^2 \cdot A_2 - \rho_1 \cdot v_1^2 \cdot A_1 \qquad (2.5\text{-}10)$$

Bei der Annahme eines inkompressiblen Mediums und bei Anwendung der Kontinuitätsgleichung 2.2-4 erhält man:

$$F = \rho \cdot v_1^2 \cdot A_1 \cdot \left(\frac{A_1}{A_2} - 1 \right) \qquad (2.5\text{-}11)$$

oder unter Verwendung des Volumenstromes:

$$F = \rho \cdot Q^2 \cdot \left(\frac{1}{A_2} - \frac{1}{A_1} \right) \qquad (2.5\text{-}12)$$

Bild 2.5-2: Stützkraft am Fahrzeug

2.5.2 Anwendung des Impulssatzes auf eine instationäre Strömung

Eine instationäre Strömung liegt vor, wenn sich die Geschwindigkeit an einem Ort mit der Zeit verändert, d. h. wenn sie beschleunigt oder verzögert wird. Der instationäre Anteil der Impulskraft ist die zum Beschleunigen einer in einem Kontrollvolumen enthaltenen Flüssigkeitsmasse notwendige Kraft. Die Beschleunigung ist hierbei durch eine Änderung des Volumenstromes Q bedingt. Im Gegensatz zu den Ausführungen im Abschnitt über das Übertragungsverhalten von Rohrleitungen wird hier von einer kompakten inkompressiblen Flüssigkeitsmasse ausgegangen.

Es wird die Strömung einer reibungsfreien Flüssigkeit durch ein starres Rohr der Länge l mit konstantem Querschnitt betrachtet. Hierbei soll eine zeitliche Änderung des Volumenstromes Q auftreten.

In **Bild 2.5-3** ist Δp die Druckdifferenz, die zur Beschleunigung der Flüssigkeitssäule von der Länge l notwendig ist.

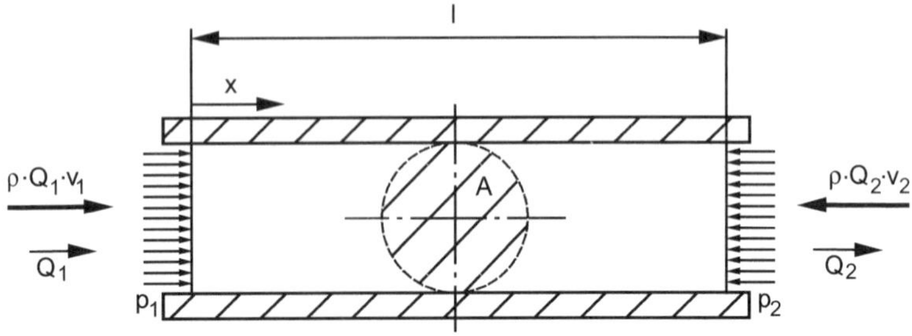

Bild 2.5-3: Instationäre Strömung

Da

$$Q_1 = Q_2 = Q \tag{2.5-13}$$

ist, und da wegen $A = const.$ auch

$$v_1 = v_2 = v \tag{2.5-14}$$

ist, hebt sich der stationäre Anteil der Impulskraft auf. Der verbleibende instationäre Anteil der äußeren Kraft ist

$$F_a = \rho \cdot \int_V \frac{\partial v}{\partial t}\, dV \tag{2.5-15}$$

Im vorliegenden Beispiel muss die äußere Kraft

$$F_a = A \cdot (p_1 - p_2) \tag{2.5-16}$$

durch die Druckdifferenz aufgebracht werden.

Da die Beschleunigung für alle dV innerhalb des Volumens V gleich ist, vereinfacht sich Gleichung 2.5-15 unter Zuhilfenahme von Gleichung 2.5-16 zu

$$A \cdot (p_1 - p_2) = \rho \cdot \frac{\partial v}{\partial t} \cdot l \cdot A \tag{2.5-17}$$

Bei Verwendung des Volumenstroms Q folgt:

$$(p_1 - p_2) = \frac{\rho \cdot l}{A} \cdot \frac{\partial Q}{\partial t} \tag{2.5-18}$$

Die Größe $\rho{\cdot}l/A$ wird auch hydraulische Induktivität genannt. Sie wurde im Abschnitt 2.4.2 abgeleitet.

2.5.3 Druckverluste an Querschnittsänderungen

Der auftretende Druckverlust kann für einige geometrisch einfache Fälle nach dem Impulssatz und der Kontinuitätsgleichung berechnet werden, z. B. für eine plötzliche **Querschnittserweiterung** (siehe **Bild 2.5-4)**

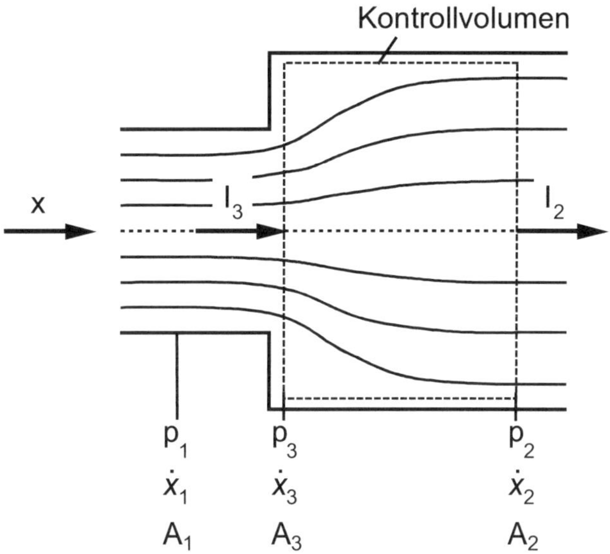

Bild 2.5-4: Druckverluste bei Querschnittserweiterung

Wird der Impulssatz auf das Kontrollvolumen K angewendet, ergibt sich:

$$p_3 \cdot A_2 - p_2 \cdot A_2 = \rho \cdot Q_2 \cdot \dot{x}_2 - \rho \cdot Q_3 \cdot \dot{x}_3 \qquad (2.5\text{-}19)$$

Aufgrund der Freistrahl-Gesetze ist $p_3 = p_1$ sowie $\dot{x}_3 = \dot{x}_1$ und damit:

$$A_2 \cdot (p_2 - p_1) = \rho \cdot Q_3 \cdot \dot{x}_1 - \rho \cdot Q_2 \cdot \dot{x}_2 \qquad (2.5\text{-}20)$$

Die Kontinuitätsbedingung lautet

$$\rho \cdot Q_1 = \rho \cdot Q_3 = \rho \cdot Q_2 = \rho \cdot A_2 \cdot \dot{x}_2 \qquad (2.5\text{-}21)$$

Durch Einsetzen ergibt sich:

$$A_2 \cdot (p_2 - p_1) = \rho \cdot A_2 \cdot \dot{x}_2 \cdot (\dot{x}_1 - \dot{x}_2) \quad (2.5\text{-}22)$$

$$p_2 - p_1 = \rho \cdot \dot{x}_2 \cdot (\dot{x}_1 - \dot{x}_2) = \Delta p_{mV} \quad (2.5\text{-}23)$$

Δp_{mV} ist die Druckdifferenz unter Berücksichtigung der Verluste an einer unstetigen Querschnittserweiterung. Bei allmählichem Übergang von $\dot{x}_1$ auf $\dot{x}_2$ ergibt sich für den verlustfreien Übergang nach Bernoulli

$$p_2^* - p_1 = \frac{\rho}{2} \cdot \left(\dot{x}_1^2 - \dot{x}_2^2\right) = \Delta p_{oV} \quad (2.5\text{-}24)$$

wobei Δp_{oV} die Druckdifferenz ohne Berücksichtigung der Verluste ist.

Die Differenz der beiden Gleichungen stellt den sogenannten Stoßverlust durch Verwirbelung dar.

$$\Delta p_{SV} = \Delta p_{oV} - \Delta p_{mV} = p_2^* - p_2 \quad (2.5\text{-}25)$$

$$\Delta p_{SV} = \frac{\rho}{2} \cdot \left(\dot{x}_1^2 - \dot{x}_2^2 - 2 \cdot \dot{x}_1 \cdot \dot{x}_2 + 2 \cdot \dot{x}_2^2\right) \quad (2.5\text{-}26)$$

$$\Delta p_{SV} = \frac{\rho}{2} \cdot \left(\dot{x}_1 - \dot{x}_2\right)^2 \quad (2.5\text{-}27)$$

Der Widerstandsbeiwert ergibt sich nach Gleichung 2.3-42 und nach der Kontinuitätsbedingung zu:

$$\xi = \frac{\Delta p_{SV}}{\frac{\rho}{2} \dot{x}_2^2} = \left(\frac{\dot{x}_1}{\dot{x}_2} - 1\right)^2 = \left(\frac{A_2}{A_1} - 1\right)^2 \quad (2.5\text{-}28)$$

Für eine plötzliche **Querschnittsverengung** (siehe **Bild 2.5-5**) wird der Impulssatz (Gleichung 2.5-7) wieder auf das Kontrollvolumen K angewendet. Dabei muss die Strahlkontraktion berücksichtigt werden.

$$p_2 \cdot A_2 - p_1 \cdot A_1 = \rho \cdot Q_1 \cdot \dot{x}_1 - \rho \cdot Q_2 \cdot \dot{x}_2 \quad (2.5\text{-}29)$$

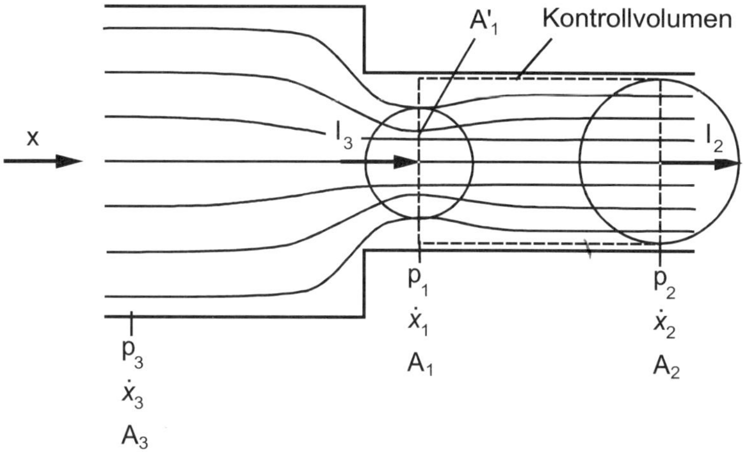

Bild 2.5-5: Druckverluste bei Querschnittsverengung

Es ist

$$A_1 = A_2 \tag{2.5-30}$$

Die Kontinuitätsbedingung liefert

$$\rho \cdot Q_1 = \rho \cdot Q_2 = \rho \cdot A_2 \cdot \dot{x}_2 \tag{2.5-31}$$

Durch Einsetzen ergibt sich

$$A_2 \cdot (p_2 - p_1) = \rho \cdot A_2 \cdot \dot{x}_2 \cdot (\dot{x}_1 - \dot{x}_2) \tag{2.5-32}$$

$$p_2 - p_1 = \rho \cdot \dot{x}_2 \cdot (\dot{x}_1 - \dot{x}_2) = \Delta p_{mV} \tag{2.5-33}$$

wobei p_{mV} wieder die Druckdifferenz unter Berücksichtigung der Verluste ist. Bei allmählichem Übergang von A_3 auf A_2 ergibt sich dagegen nach Bernoulli ohne Verluste (siehe vorhergehendes Beispiel):

$$p_2^* - p_1 = \frac{\rho}{2} \cdot \left(\dot{x}_1^2 - \dot{x}_2^2\right)^2 = \Delta p_{oV} \tag{2.5-34}$$

Der Druckverlust ist also

$$\Delta p_V = \Delta p_{oV} - \Delta p_{mV} = \frac{\rho}{2} \cdot (\dot{x}_1 - \dot{x}_2)^2 \tag{2.5-35}$$

Mit $\alpha_K = A'_1 / A_2 = \dot{x}_2 / \dot{x}_1$ folgt (dabei ist A'_1 der Querschnitt des kontrahierten Strahles):

$$\Delta p_V = \frac{\rho}{2} \cdot \dot{x}_2^2 \cdot \left(\frac{1}{\alpha_K} - 1 \right)^2 \qquad (2.5\text{-}36)$$

α_K ist der Kontraktionskoeffizient. Der Widerstandsbeiwert ξ ergibt sich nach Gleichung 2.3-42 zu:

$$\xi = \frac{\Delta p_V}{\frac{\rho}{2} \cdot \dot{x}_2^2} = \left(\frac{1}{\alpha_K} - 1 \right)^2 \qquad (2.5\text{-}37)$$

In **Bild 2.5-6** sind für verschiedene Querschnittsverengungen die Kontraktionskoeffizienten und Widerstandsbeiwerte angegeben. Die Tabelle gilt für ein Flächenverhältnis $A_0 / A_1 > 10$.

Der Druckverlust aufgrund der Querschnittsverengung ist zu vernachlässigen, sofern die Übergangsstelle gut abgerundet und glatt ist.

Form der Querschnittsverengung	α_K	ξ
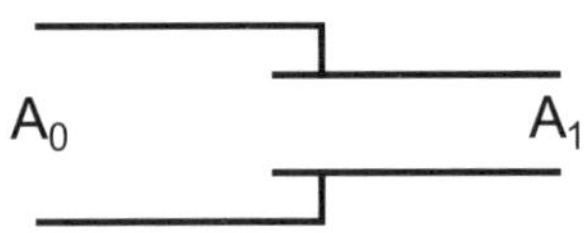	0,5	1
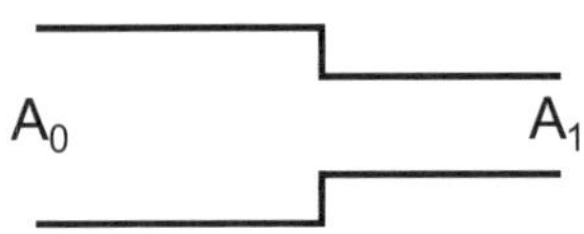	0,61 ... 0,65	0,4 ... 0,3
	0,99	0

Bild 2.5-6: Widerstandsbeiwerte bei Querschnittsverengungen

Der Widerstandsbeiwert ξ und der Durchflusskoeffizient α_D lassen sich nicht direkt ineinander überführen, da beim Ansatz der Druckverluste über ξ die statischen Druckänderungen durch Geschwindigkeitsänderung gesondert erfasst werden, während mit α_D die gesamte Druckdifferenz erfasst wird.

2.6 Die Flüssigkeitssäule als homogener Schwinger

Bisher wurden in den vereinfachten Beziehungen immer konzentrierte Parameter Elastizität (Kapazität), Masse (Induktivität) und Reibung (Strömungswiderstand) angenommen. Die an jeder mechanischen Schwingung beteiligten Parameter sind aber in einer Flüssigkeit in Wirklichkeit homogen verteilt. Die Variablen Druck und Volumenstrom hängen in einem derartigen System nicht nur von der Zeit, sondern auch vom Ort ab. Die Schwingungsform wird als **Welle** bezeichnet.

Analoge Erscheinungen sind aus der Akustik (Orgelpfeifen, Saiten), der Mechanik (Schwingungen von Stäben und Wellen) und der Elektrotechnik (Übertragungsleitungen, Antennen) bekannt [2.5]. In der Hydraulik ist die Druckstoßtheorie entwickelt worden, die sich mit der sprungförmigen Erregung von langen Rohrleitungen, hauptsächlich in Wasserleitungsnetzen, durch Schließen von Ventilen befasst [2.1]. Die periodische Erregung von Rohrleitungen, z. B. durch Verdrängerpumpen, ist insbesondere mit Hinblick auf die Geräuschentwicklung ein aktuelles Thema [2.4, 2.6]. Bei modernen schnell laufenden Dieselmotoren ist die genaue Kenntnis der Zustände im Einspritz-Rohrleitungssystem von großer Bedeutung für die optimale Auslegung.

Wellen breiten sich nach allen Seiten aus. Im Rohr, dessen Durchmesser gegenüber den interessierenden Wellenlängen sehr klein ist, kann eine eindimensionale Ausbreitung der Schwingung angenommen werden. Die Reibungskräfte sollen hier vernachlässigt werden, da die Herleitung so wesentlich vereinfacht wird.

Betrachtet man ein Element der Länge dl einer beliebig langen Flüssigkeitssäule, wie es in **Bild 2.6-1** dargestellt ist, so kann man die Beziehungen für Massenkräfte und Elastizitätskräfte aufstellen [2.15].

Die zum Beschleunigen des sich mit der Strömungsgeschwindigkeit v bewegenden Elements notwendige Kraft wird von den Druckkräften an den Flächen A geliefert:

$$m \cdot \frac{dv}{dt} = A \cdot p - A \cdot \left(p + \frac{\partial p}{\partial x} \cdot dx \right) \qquad (2.6\text{-}1)$$

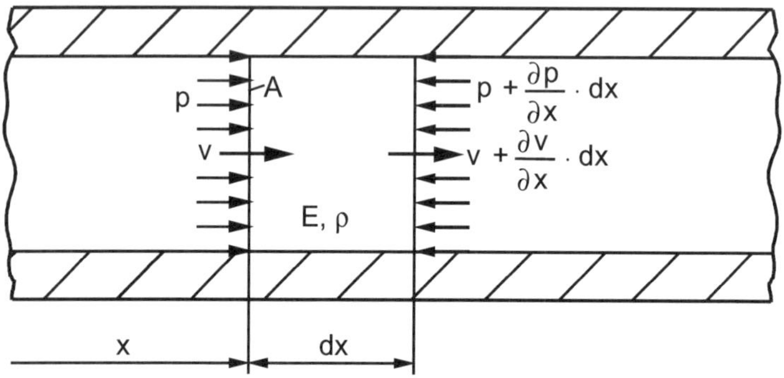

Bild 2.6-1: Element einer Flüssigkeitssäule

Die Masse des Flüssigkeitsteilchens ist

$$m = \rho \cdot A \cdot dx \qquad (2.6\text{-}2)$$

Die substantielle Ableitung lautet

$$\frac{dv}{dt} = \frac{\partial v}{\partial t} + \frac{\partial v}{\partial x} \cdot \frac{dx}{dt} = \frac{\partial v}{\partial t} + v \cdot \frac{\partial v}{\partial x} \qquad (2.6\text{-}3)$$

Durch Einsetzen der beiden letzten Gleichungen in die erste erhält man:

$$\frac{\partial v}{\partial t} + v \cdot \frac{\partial v}{\partial x} = -\frac{1}{\rho} \cdot \frac{\partial p}{\partial x} \qquad (2.6\text{-}4)$$

Da die Strömungsgeschwindigkeit v meistens um zwei bis drei Größenordnungen kleiner ist als die Schallgeschwindigkeit $\partial x/\partial t$, mit der sich Zustandsänderungen im Medium fortpflanzen, kann man den zweiten Summanden ohne großen Fehler vernachlässigen und erhält dann

$$\frac{\partial v}{\partial t} = -\frac{1}{\rho} \cdot \frac{\partial p}{\partial x} \qquad (2.6\text{-}5)$$

Diese Beziehung gibt an, dass zu einer Beschleunigung der Strömung ein örtliches Druckgefälle notwendig ist.

Zur Kompression des Flüssigkeitsvolumens um den Betrag -dV ist eine Druckerhöhung dp notwendig:

$$dV = -\frac{V}{E'_{Fl}} dp \qquad (2.6\text{-}6)$$

E'_{Fl} berücksichtigt bereits die Verformung der Rohrwand. Das Volumen des Elementes ist

$$V = A \cdot dx \qquad (2.6\text{-}7)$$

und die Volumenänderung durch unterschiedliche Geschwindigkeiten am Anfang und am Ende des Teilchens wird in der Zeit dt zu

$$dV = A \cdot \left(v + \frac{\partial v}{\partial x} \cdot dx \right) dt - A \cdot v\, dt \qquad (2.6\text{-}8)$$

Durch Kombinieren der letzten drei Gleichungen und Division durch $A \cdot dx \cdot dt$ erhält man

$$-\frac{1}{E'_{Fl}} \cdot \frac{dp}{dt} = \frac{\partial v}{\partial x} \qquad (2.6\text{-}9)$$

Das vollständige Differential lautet

$$\frac{dp}{dt} = \frac{\partial p}{\partial t} + \frac{\partial p}{\partial x} \cdot \frac{dx}{dt} = \frac{\partial p}{\partial t} + v \cdot \frac{\partial p}{\partial x} \qquad (2.6\text{-}10)$$

Auch hier kann wegen der relativ niedrigen Strömungsgeschwindigkeit der zweite Summand vernachlässigt werden, so dass die Kompressionsgleichung lautet

$$\frac{\partial p}{\partial t} = -E'_{Fl} \cdot \frac{\partial v}{\partial x} \qquad (2.6\text{-}11)$$

Ein örtlicher Geschwindigkeitsunterschied hat also eine zeitliche Druckänderung zur Folge.

In den beiden Bewegungsgleichungen wird die Strömungsgeschwindigkeit v zweckmäßigerweise durch den Volumenstrom $Q = A \cdot v$ ersetzt:

$$\frac{\partial Q}{\partial t} = -\frac{A}{\rho} \cdot \frac{\partial p}{\partial x} \tag{2.6-12}$$

$$\frac{\partial p}{\partial t} = -\frac{E'_{Fl}}{A} \cdot \frac{\partial Q}{\partial x} \tag{2.6-13}$$

Die beiden Differentialgleichungen für p und Q sind formal ähnlich. Daher unterscheiden sich die Amplituden $\hat{p}$ und $\hat{Q}$ nur durch einen konstanten Faktor

$$Z_L = \frac{\hat{p}}{\hat{Q}} \tag{2.6-14}$$

Durch Einsetzen in beide Gleichungen und Koeffizientenvergleich erhält man:

$$Z_L = \frac{\sqrt{E'_{Fl} \cdot \rho}}{A} \tag{2.6-15}$$

Z_L hat die Dimension eines Strömungswiderstandes; es ist der Wellenwiderstand, der auch als charakteristische Impedanz bezeichnet wird.

Wechselweises Differenzieren der obigen Gleichungen nach ∂x bzw. ∂t und Einsetzen liefert die Wellengleichungen

$$\frac{\partial^2 Q}{\partial t^2} = \frac{E'_{Fl}}{\rho} \cdot \frac{\partial^2 Q}{\partial x^2} = c^2 \cdot \frac{\partial^2 Q}{\partial x^2} \tag{2.6-16}$$

und

$$\frac{\partial^2 p}{\partial t^2} = \frac{E'_{Fl}}{\rho} \cdot \frac{\partial^2 p}{\partial x^2} \tag{2.6-17}$$

die den Schwingungszustand der Flüssigkeitssäule beschreiben. Aus ihnen kann man entnehmen, dass die Wellenausbreitungsgeschwindigkeit oder Schallgeschwindigkeit sich wie folgt bestimmt:

$$c = \frac{\partial x}{\partial t} = \sqrt{\frac{E'_{Fl}}{\rho}} \tag{2.6-18}$$

2.6.1 Lösung der Wellengleichung

Der allgemeine Lösungsansatz für die Wellengleichung mit Q lautet

$$Q(x,t) = f_1(x - c \cdot t) + f_2(x + c \cdot t) \qquad (2.6\text{-}19)$$

Wird die Flüssigkeitssäule an der Stelle x = 0 mit einer periodischen Funktion

$$Q(0,t) = Q(x = 0) \cdot e^{i\omega t} \qquad (2.6\text{-}20)$$

angeregt, dann ist im eingeschwungenen Zustand:

$$Q(x,t) = \hat{Q}(x) \cdot e^{i\omega t} = \left(Q_1 \cdot e^{-ix\omega/c} + Q_2 \cdot e^{ix\omega/c}\right) \cdot e^{i\omega t} \qquad (2.6\text{-}21)$$

Entsprechend ist:

$$p(x,t) = \hat{p}(x) \cdot e^{i\omega t} = \left(p_1 \cdot e^{-ix\omega/c} + p_2 \cdot e^{ix\omega/c}\right) \cdot e^{i\omega t}$$

$$(2.6\text{-}22)$$

Den stationären Werten von Volumenstrom und Druck sind also Schwingungen mit der Frequenz der Erregerfunktion überlagert. Hier werden nur die dynamischen Anteile betrachtet.

Die Amplituden $\hat{Q}$ und $\hat{p}$ sind abhängig vom Ort x. Die Funktionen Q(x,t) und p(x,t) sind das Resultat einer Überlagerung der in positive x-Richtung laufenden Welle Q_1 und p_1 und der, z. B. nach einer Reflexion, in negative x-Richtung laufenden Welle Q_2 und p_2.

Zur Ermittlung der Konstanten Q_1, Q_2, p_1, p_2 werden zunächst Q_1 und Q_2 aus dem Gleichungssystem eliminiert. Mit

$$\frac{\partial Q}{\partial t} = A \cdot \frac{\partial v}{\partial t} = -\frac{A}{\rho} \cdot \frac{\partial p}{\partial x} \qquad (2.6\text{-}23)$$

und nach partiellem Differenzieren der Funktionen Q(x,t) und p(x,t) kann man durch Koeffizientenvergleich folgende Gleichung herleiten:

$$Q_1 = \frac{p_1}{Z_L} \quad und \quad Q_2 = -\frac{p_2}{Z_L} \qquad (2.6\text{-}24)$$

Das Gleichungssystem sieht jetzt so aus:

$$Q(x,t)=\left(\frac{p_1}{Z_L}\cdot e^{-i\,x\,\omega/c}-\frac{p_2}{Z_L}\cdot e^{i\,x\,\omega/c}\right)\cdot e^{i\,\omega\,t} \qquad (2.6\text{-}25)$$

$$p(x,t)=\left(p_1\cdot e^{-i\,x\,\omega/c}+p_2\cdot e^{i\,x\,\omega/c}\right)\cdot e^{i\,\omega\,t} \qquad (2.6\text{-}26)$$

Mit den Randbedingungen $\hat{Q}(x=0)=\hat{Q}(0)$ und $\hat{p}(x=0)=\hat{p}(0)$ erhält man

$$\hat{Q}(0)=\frac{1}{Z_L}\cdot(p_1-p_2) \qquad (2.6\text{-}27)$$

$$\hat{p}(0)=p_1+p_2 \qquad (2.6\text{-}28)$$

und

$$p_1=\frac{1}{2}\cdot\left(\hat{p}(0)+Z_L\cdot\hat{Q}(0)\right) \qquad (2.6\text{-}29)$$

$$p_2=\frac{1}{2}\cdot\left(\hat{p}(0)-Z_L\cdot\hat{Q}(0)\right) \qquad (2.6\text{-}30)$$

Damit sind auch Q_1 und Q_2 bekannt:

$$Q_1=\frac{1}{2}\cdot\left(\frac{\hat{p}(0)}{Z_L}+\hat{Q}(0)\right) \qquad (2.6\text{-}31)$$

$$Q_2=\frac{1}{2}\cdot\left(-\frac{\hat{p}(0)}{Z_L}+\hat{Q}(0)\right) \qquad (2.6\text{-}32)$$

Mit Hilfe der Eulerschen Gleichung

$$e^{i\,x\,\omega/c}=\cos(x\,\omega/c)+i\cdot\sin(x\,\omega/c) \qquad (2.6\text{-}33)$$

kann der Amplitudenverlauf über der Rohrlänge jetzt in der Form

$$\hat{Q}(x)=\hat{Q}(0)\cdot\cos(x\omega/c)-i\cdot\frac{\hat{p}(0)}{Z_L}\cdot\sin(x\omega/c) \qquad (2.6\text{-}34)$$

$$\hat{p}(x)=\hat{p}(0)\cdot\cos(x\,\omega/c)-i\cdot Z_L\cdot\hat{Q}\,(0)\cdot\sin(x\,\omega/c) \qquad (2.6\text{-}35)$$

wiedergegeben werden.

2.6.2 Eingangswiderstand einer Rohrleitung

Praktisch ausgeführte Leitungen sind am Ende mit einer Querschnittserweiterung oder -verengung abgeschlossen. In beiden Fällen wird die vom Rohranfang ausgehende Welle reflektiert. Bei bestimmten Abmessungen führt dies zu Resonanzschwingungen der Flüssigkeitssäule, nämlich z. B. dann, wenn die Laufzeit der Welle hin und zurück gleich einem bestimmten Vielfachen der Periodendauer der anregenden Frequenz ist. Mit Hilfe des Eingangswiderstandes Z_E kann eine Rohrleitung der Länge l, die mit einem Widerstand Z_A abgeschlossen ist, hinsichtlich ihres Resonanzverhaltens beurteilt werden. Z_E ist das Verhältnis von Druck- und Volumenstromamplitude am Rohranfang.

Zur Herleitung ist es zweckmäßig, die Koordinate x (siehe Bild 2.6-1) durch l zu ersetzen. l läuft vom Rohrabschluss bis zum Rohranfang. Dann ist

$$\hat{Q}(l) = \hat{Q}(l=0) \cdot \cos\left(\frac{\omega}{c} \cdot l\right) + i \cdot \frac{\hat{p}(l=0)}{Z_L} \cdot \sin\left(\frac{\omega}{c} \cdot l\right) \quad (2.6\text{-}36)$$

und

$$\hat{p}(l) = \hat{p}(l=0) \cdot \cos\left(\frac{\omega}{c} \cdot l\right) + i \cdot Z_L \cdot \hat{Q}(l=0) \cdot \sin\left(\frac{\omega}{c} \cdot l\right) \quad (2.6\text{-}37)$$

Das Verhältnis der Druck- und Volumenstromamplituden bei l = 0 ist durch den Abschlusswiderstand

$$Z_A = \frac{\hat{p}(l=0)}{\hat{Q}(l=0)} \quad (2.6\text{-}38)$$

gegeben. Z_A ist eine komplexe Größe, da $\hat{p}(l{=}0)$ und $\hat{Q}(l{=}0)$ im allgemeinen unterschiedliche Phasenlagen haben. Der ebenfalls komplexe Eingangswiderstand Z_E an der Stelle l ist dann:

$$Z_E(l) = \frac{\hat{p}(l)}{\hat{Q}(l)} = \frac{\dfrac{Z_A}{Z_L} + i \cdot \tan\left(\dfrac{\omega}{c} \cdot l\right)}{1 + i \cdot \dfrac{Z_A}{Z_L} \cdot \tan\left(\dfrac{\omega}{c} \cdot l\right)} \cdot Z_L \quad (2.6\text{-}39)$$

Das Rohrende mündet beispielsweise in einen Zylinder. Dann ist wegen der starken Querschnittserweiterung

$$Z_A \approx 0 \qquad (2.6\text{-}40)$$

Der Eingangswiderstand hat dann den Verlauf

$$Z_E(l) = i \cdot Z_L \cdot \tan\left(\frac{\omega}{c} \cdot l\right) \qquad (2.6\text{-}41)$$

der in **Bild 2.6-2** wiedergegeben ist.

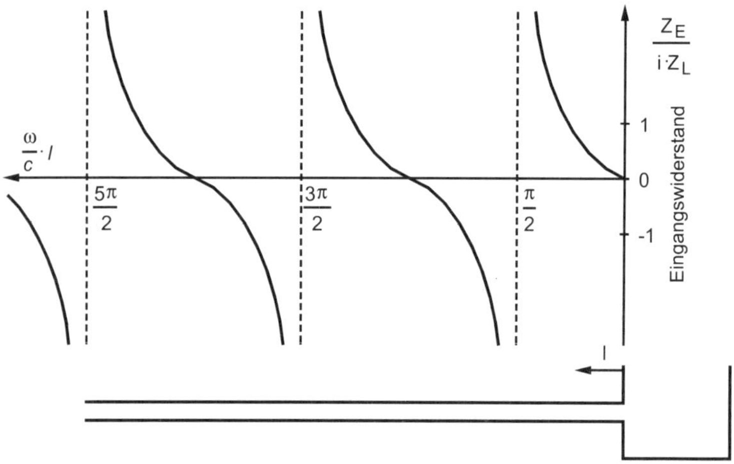

Bild 2.6-2: Eingangswiderstand einer Leitung mit offenem Ende ($Z_A = 0$)

Ist jetzt die Rohrlänge l gleich einem Viertel der Wellenlänge

$$\lambda = \frac{c}{f} = 2 \cdot \pi \cdot \frac{c}{\omega} \qquad (2.6\text{-}42)$$

oder einem ungeraden Vielfachen des Viertels, dann nimmt wegen

$$\frac{\omega}{c} \cdot l = k \cdot \frac{\pi}{2} \qquad k = 1,3,5.. \qquad (2.6\text{-}43)$$

der Eingangswiderstand sehr hohe Werte an. Es liegt Resonanz vor, d. h. auch eine kleine Volumenstrompulsation mit der Frequenz f am Rohranfang (z. B. durch eine Verdrängerpumpe) verursacht starke Druckschwankungen.

Die verschiedenen Schwingungsformen im Rohr werden durch **Bild 2.6-3** verdeutlicht. Hat das Rohr die Länge

$$l = \frac{\lambda}{4} \qquad (2.6\text{-}44)$$

dann nehmen die Bewegungsamplituden der Flüssigkeitsteilchen zum Rohrende (rechts im Bild) hin zu, wo dann das Maximum erreicht wird. Am Rohranfang (links im Bild) sind die Teilchen in Ruhe. Versucht man, am Rohranfang die Schwingung anzuregen, so sind nur kleine Volumenstromänderungen notwendig (Resonanz, hoher Eingangswiderstand). Die größten Druckamplituden treten links auf; am Rohrende (rechts) ist der Druck konstant.

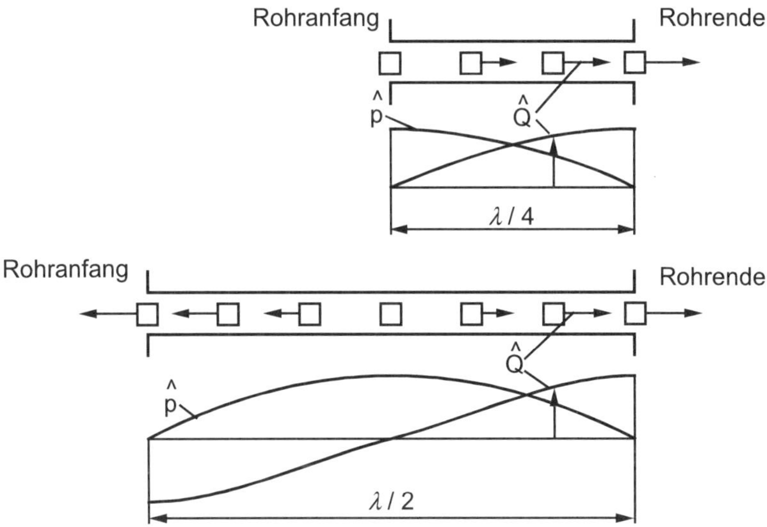

Bild 2.6-3: Verschiedene Schwingungsformen im Rohr

Im zweiten Fall in **Bild 2.6-3** ist

$$l = \frac{\lambda}{2} \qquad (2.6\text{-}45)$$

Dabei bleibt die Flüssigkeit in der Rohrmitte in Ruhe, wobei hier aber die höchsten Druckamplituden auftreten, während zu den offenen Enden hin die Stromamplituden maximal sind und der Druck konstant bleibt. Zum Anregen am Rohranfang sind jetzt große Volumenstromamplituden notwendig, da keine Resonanz und ein niedriger Eingangswiderstand vorliegen. Die Volumenstromschwankungen wären im zweiten Fall (l = λ/2) an keiner Stelle größer als die von der Pumpe erzeugten, die Druckamplituden wären entsprechend niedrig.

In **Bild 2.6-4** ist ein Anwendungsbeispiel gezeigt. Die in einen Zylinder geführte Rohrleitung kann als offene Leitung betrachtet werden, die im Fall a in Resonanz ist. Hier sind hohe Druck- und Volumenstromamplituden zu erwarten. Im Fall b (doppelte Leitungslänge) ist das Übertragungsverhalten besser, da keine Resonanz vorliegt.

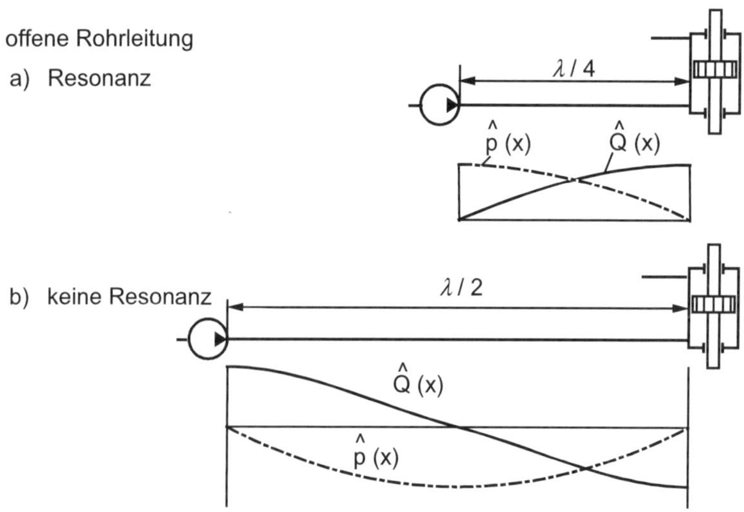

Bild 2.6-4: Resonanz in einer Rohrleitung

Im einem weiteren Beispiel wird die Wellenlänge λ für verschiedene Leitungen bestimmt. Die Erregerfrequenz f bei Antrieb durch eine Neunkolbenpumpe mit der Drehzahl n = 1500 min^{-1} ist:

$$f = 9 \cdot \frac{1500}{60} \cdot s^{-1} = 225\,Hz \qquad (2.6\text{-}46)$$

Damit kann man in den drei folgenden Fällen die Wellenlänge nach der Beziehung

$$\lambda = \frac{c}{f} \qquad (2.6\text{-}47)$$

ausrechnen.

1. Starre Rohrwandung

$$\lambda_0 = 6{,}56\,m \qquad c_0 = 1477\,\frac{m}{s} \qquad (2.6\text{-}48)$$

2. Stahlrohr NW 25

$$\lambda_R = 6{,}07\,m \qquad c_R = 1366\,\frac{m}{s} \qquad (2.6\text{-}49)$$

3. Hochdruckschlauch NW 25

$$\lambda_S = 2{,}05\,m \qquad c_S = 462\,\frac{m}{s} \qquad (2.6\text{-}50)$$

2.6.3 Der Druckstoß

Durch das Schließen eines Ventils wird die in der Rohrleitung sich bewegende Flüssigkeitsmasse plötzlich abgebremst. Die kinetische Energie muss dabei von der Flüssigkeit und der Rohrwand durch Formänderung aufgenommen werden. Bei der Kompression der Flüssigkeit erfolgt eine Druckerhöhung. Das schnelle Schließen eines Ventils verursacht also einen Druckstoß.

Der veränderte Zustand mit hohem Druck und keiner Bewegung läuft mit Schallgeschwindigkeit durch das Rohr, wird am Ende reflektiert und läuft wieder zurück.

Die Zeit, die vergeht, bis die Welle erneut am Ventil ankommt, ist für die Beurteilung des Schließvorganges von Bedeutung; deshalb wurde die Bezeichnung **kritische Schließzeit** t_{krit} gewählt. Da zweimal die Rohrlänge l durchlaufen wird, ist

$$t_{krit} = \frac{2 \cdot l}{c} \tag{2.6-51}$$

Für den Fall, dass der Schließvorgang in der Zeit

$$t_{schl} \leq t_{krit} \tag{2.6-52}$$

abgeschlossen ist, kann die reflektierte Welle keinen Einfluss auf den Schließvorgang ausüben. Für diesen Fall gilt aber

$$\hat{p} = Z_L \cdot \hat{Q} \qquad oder \qquad \Delta p = Z_L \cdot \Delta Q \tag{2.6-53}$$

d. h. das Verhältnis zwischen Volumenstromänderung und Druckänderung ist bekannt. Mit

$$Z_L = \frac{\sqrt{E'_{Fl} \cdot \rho}}{A} \tag{2.6-54}$$

$$\Delta Q = A \cdot \Delta v \tag{2.6-55}$$

und

$$c = \sqrt{\frac{E'_{Fl}}{\rho}} \tag{2.6-56}$$

ist dann die maximale Höhe des Druckstoßes (Joukowsky-Stoß)

$$\Delta p = \sqrt{\rho \cdot E'_{Fl}} \cdot \Delta v = \rho \cdot c \cdot \Delta v \tag{2.6-57}$$

Sie ist unabhängig von der **Schließgeschwindigkeit**, solange $t_{schl} < t_{krit}$ ist. Ein noch höherer Druckstoß tritt auf, wenn z. B. außer der kinetischen Energie der Flüssigkeitssäule noch die einer rotierenden Masse, beispielweise eines Hydromotors, aufgenommen werden muss. Hier hilft ein Vergleich der potentiellen und der kinetischen Energien weiter. Durch den Vergleich von kinetischer und potentieller Energie lässt sich auf einfache Weise die Unabhängigkeit des maximalen Druckstoßes von der **Rohrleitungslänge** für $t_{schl} < t_{krit}$ zeigen.

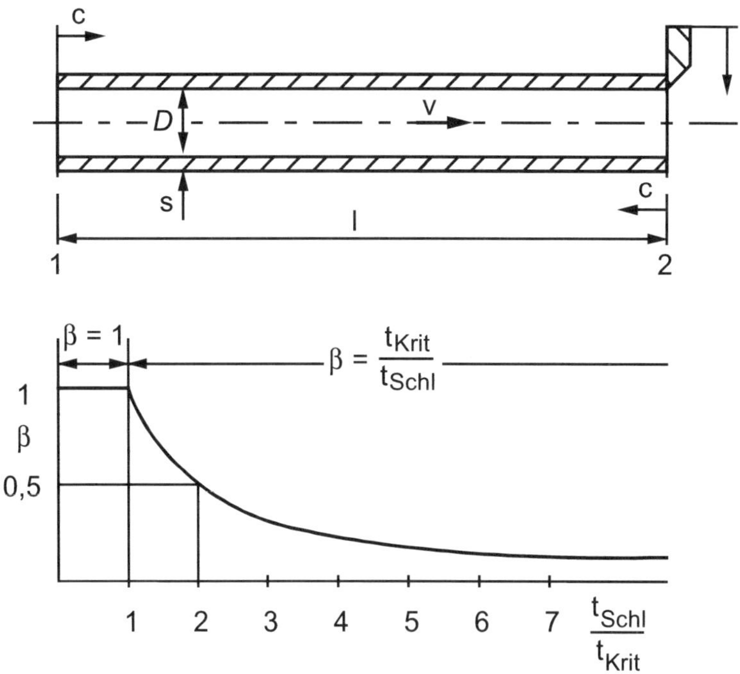

Bild 2.6-5: Druckstoß in Rohrleitungen

Für den Fall, dass die Schließzeit

$$t_{schl} > t_{krit} \tag{2.6-58}$$

ist, ist die Abbremsung der Flüssigkeit noch nicht abgeschlossen, während schon die reflektierte Welle das Ventil wieder erreicht.

Im Falle einer Reflexion am offenen Rohrende, d. h. einer starken Querschnittserweiterung, läuft eine negative Druckwelle zurück und überlagert sich der anfänglichen Druckerhöhung. Die Höhe des Druckstoßes ändert sich um den Faktor

$$\beta = \frac{t_{krit}}{t_{schl}} \tag{2.6-59}$$

wie in **Bild 2.6-5** gezeigt ist.

In einem Stahlrohr 25x3 von 4 m Länge ist beispielsweise:

$$E'_{Fl} = 1{,}6 \cdot 10^4\ bar \tag{2.6-60}$$

$$\rho = 850 \frac{kg}{m^3} \tag{2.6-61}$$

$$c = \sqrt{\frac{E'_{Fl}}{\rho}} = 1370 \frac{m}{s} \tag{2.6-62}$$

Die kritische Schließzeit ist dann

$$t_{krit} = \frac{2 \cdot l}{c} = 5{,}8\,ms \tag{2.6-63}$$

Der Druckstoß hat bei einer Geschwindigkeitsänderung von $\Delta v = 3$ m/s die Höhe von

$$\Delta p = \rho \cdot c \cdot \Delta v = 35\,bar \tag{2.6-64}$$

wenn das Ventil in weniger als 5,8 ms geschlossen wird. Bei einer Schließzeit von z. B. 20 ms verringert sich Δp auf

$$\Delta p = \frac{5{,}8}{20} \cdot 35\,bar = 10\,bar \tag{2.6-65}$$

2.6.4 Reflexion einer Druckwelle

Bisher wurde bei der Betrachtung der Flüssigkeitssäule immer von einem Rohr mit konstantem Wellenwiderstand ausgegangen. Dieser ändert sich aber mit dem Rohrquerschnitt oder dem Ersatzkompressionsmodul E'_{Fl} (z. B. Schlauch statt Rohr).

Angenommen, eine Druckwelle konstanter Höhe (z. B. vom Schließen eines Ventils) pflanze sich durch ein Rohr (nach **Bild 2.6-6** oben) fort. In diesem Bild ist unten ein Rohr mit Querschnittsverringerung gezeigt, darüber die Druckwelle vor und nach Erreichen der Verengung. Der Einfachheit halber wurde angenommen, dass die Querschnittsänderung sprunghaft ist.

Bevor die Druckwelle die Sprungstelle erreicht, handelt es sich um eine Druckausbreitung in eine Richtung. Dann gilt

$$\hat{p}_1 = Z_1 \cdot \hat{Q}_1 \tag{2.6-66}$$

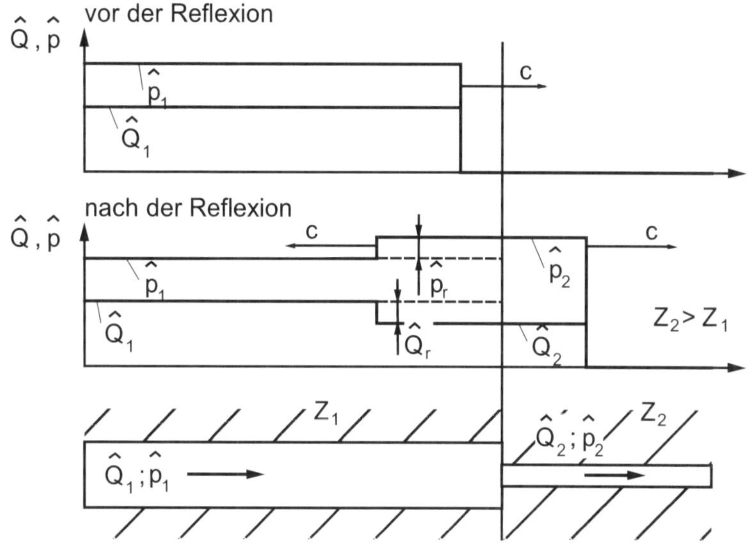

Bild 2.6-6: Reflektierte und weiterlaufende Druckwelle im Rohr

Nach der Sprungstelle hat das Rohr einen engeren Querschnitt, der Wellenwiderstand Z_L nimmt also zu:

$$Z_2 > Z_1 \tag{2.6-67}$$

Hier gilt die Beziehung:

$$\hat{p}_2 = Z_2 \cdot \hat{Q}_2 \tag{2.6-68}$$

Die Welle läuft jetzt mit erhöhtem Druck p_2 und vermindertem Volumenstrom Q_2 durch das engere Rohr weiter. Nach dem Passieren der Druckwelle müssen Druck und Volumenstrom auf beiden Seiten der Querschnittsänderung gleich sein. Es läuft also eine reflektierte Welle zurück, die sich der ersten Welle überlagert, so dass Druck und Volumenstrom die Werte $\hat{p}_2$ und $\hat{Q}_2$ annehmen. Die reflektierte Welle hat also die Größen

$$\hat{p}_r = \hat{p}_2 - \hat{p}_1 \tag{2.6-69}$$

$$\hat{Q}_r = \hat{Q}_2 - \hat{Q}_1 \tag{2.6-70}$$

Auch für die reflektierte Welle gilt (bei negativer Ausbreitungsrichtung):

$$\hat{p}_r = -Z_1 \cdot \hat{Q}_r \tag{2.6-71}$$

Die Höhe von $\hat{p}_r$ lässt sich aus diesen Gleichungen bestimmen. Durch Einsetzen erhält man:

$$\hat{p}_2 - \hat{p}_1 = -Z_1 \cdot \left(\hat{Q}_2 - \hat{Q}_1\right) \tag{2.6-72}$$

$$\hat{p}_2 - \hat{p}_1 = -Z_1 \cdot \left(\frac{\hat{p}_2}{Z_2} - \frac{\hat{p}_1}{Z}\right) \tag{2.6-73}$$

Dann ist

$$\hat{p}_2 = \frac{2}{1 + Z_1/Z_2} \cdot \hat{p}_1 = \frac{2 \cdot Z_2}{Z_1 + Z_2} \cdot \hat{p}_1 \tag{2.6-74}$$

und die reflektierte Welle hat die Größe

$$\hat{p}_r = \frac{Z_2 - Z_1}{Z_2 + Z_1} \cdot \hat{p}_1 = r \cdot \hat{p}_1 \tag{2.6-75}$$

Die Größe r ist der Reflexionsfaktor für die Druckwelle

$$r = \frac{Z_2 - Z_1}{Z_2 + Z_1} \tag{2.6-76}$$

Er ist bei einer Querschnittsverengung ($Z_2 > Z_1$) positiv, bei einer Erweiterung ($Z_2 < Z_1$) negativ. Es gilt

$$\hat{p}_2 = (1 + r) \cdot \hat{p}_1 \tag{2.6-77}$$

Der Volumenstrom $\hat{Q}_r$ der zurücklaufenden Welle ist

$$\hat{Q}_r = -\frac{\hat{p}_r}{Z_1} = -r \cdot \frac{\hat{p}_1}{Z_1} = -r \cdot \hat{Q}_1 \tag{2.6-78}$$

so dass im Rohr 1 nach der Reflexion der Volumenstrom

$$\hat{Q}_2 = (1 - r) \cdot \hat{Q}_1 \tag{2.6-79}$$

ist.

Es sollen zwei Sonderfälle vorgestellt werden. Zunächst sei die Leitung verschlossen.

$$r = \frac{Z_2 - Z_1}{Z_2 + Z_1} = \frac{1 - Z_1/Z_2}{1 + Z_1/Z_2} = 1 \qquad (2.6\text{-}80)$$

$$\hat{p}_2 = (1 + r) \cdot \hat{p}_1 = 2 \cdot \hat{p}_1 \qquad (2.6\text{-}81)$$

und die reflektierte Welle

$$\hat{p}_r = \hat{p}_1 \qquad (2.6\text{-}82)$$

Hieraus folgt, dass die zurücklaufende Welle

$$\hat{p}_1 + \hat{p}_r = 2 \cdot \hat{p}_1 \qquad (2.6\text{-}83)$$

den doppelten Druck hat.

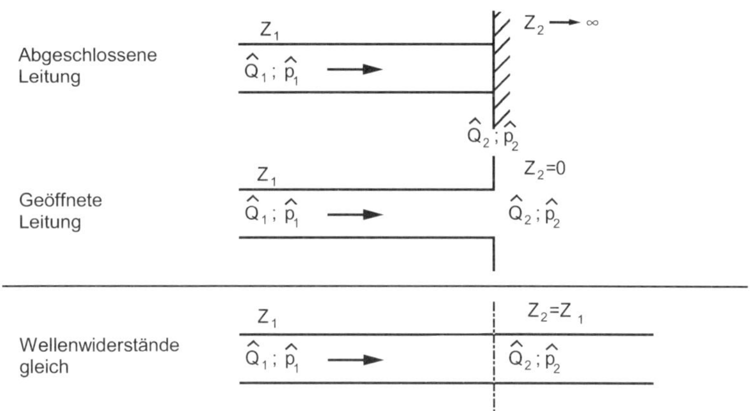

Bild 2.6-7: Sonderfälle der Reflexion

Für den Volumenstrom gilt dann

$$\hat{Q}_2 = (1 - r) \cdot \hat{Q}_1 = 0 \qquad (2.6\text{-}84)$$

Ist die Leitung offen, d. h. sie mündet in einen Raum mit sehr großem Volumen ($A_2 >> A_1$), dann gilt für den Abschlusswiderstand

$$Z_2 = 0 \tag{2.6-85}$$

$$r = \frac{Z_2 - Z_1}{Z_2 + Z_1} = \frac{Z_2/Z_1 - 1}{Z_2/Z_1 + 1} = -1 \tag{2.6-86}$$

und somit

$$\hat{p}_r = -\hat{p}_1 \tag{2.6-87}$$

Damit hat die rücklaufende Welle den Wert

$$\hat{p}_1 + \hat{p}_r = 0 = \hat{p}_2 \tag{2.6-88}$$

Für den Volumenstrom gilt entsprechend

$$\hat{Q}_2 = 2 \cdot \hat{Q}_1 \tag{2.6-89}$$

Es tritt also eine Saugwelle auf, die durch das Rohr zurückwandert.

2.6.5 Rohrschalldämpfer

Unter Schall versteht man mechanische Schwingungen, die je nach Medium, in dem sie sich ausbreiten, als Luftschall, Flüssigkeitsschall oder Körperschall bezeichnet werden.

Maschinengeräusche werden, wenn man von der Möglichkeit der direkten Erzeugung als **Luftschall** (Ventilatoren) absieht, in der Regel indirekt erzeugt. Das bedeutet, dass die Geräuschursache entweder in wechselnden Kräften, die ein Maschinenteil zum Schwingen anregen, als **Körperschall,** oder in Druckschwingungen eines Fluids als **Flüssigkeitsschall** zu suchen ist.

Die Hydropumpe ist in der Regel die Hauptgeräuschquelle einer Hydraulikanlage. In ihrer Nähe überwiegt der vom Pumpengehäuse abgestrahlte Luftschall. Je weiter man sich von der Pumpe entfernt, desto mehr dominiert der Anteil, der durch Flüssigkeitsschall bedingt ist. In ausgedehnten Anlagen mit zentraler Druckversorgung, z. B. in Schiffen, lohnt sich deshalb der Einbau eines Rohrschalldämpfers direkt hinter der Pumpe, der einen Großteil der Pulsationen zurückhält [2.4,2.12].

Dieses Ziel kann mit verschiedenen Effekten erreicht werden. Eine der am häufigsten angewandten Schalldämpferbauarten ist der Reflexionsschalldämpfer. In **Bild 2.6-8** ist eine einfache Ausführung gezeigt

In das Rohr mit dem Querschnitt A_1 wird eine Kammer mit größerem Querschnitt A_2 eingefügt. Von der eingehenden Welle Q_{ein} wird an der Querschnittserweiterung der Anteil

$$Q_1 = -r_1 \cdot Q_{ein} \tag{2.6-90}$$

reflektiert, von dem Rest wird an der Querschnittsverengung noch einmal ein Anteil reflektiert und

$$Q_2 = (1 - r_2) \cdot (1 - r_1) \cdot Q_{ein} \tag{2.6-91}$$

durchgelassen.

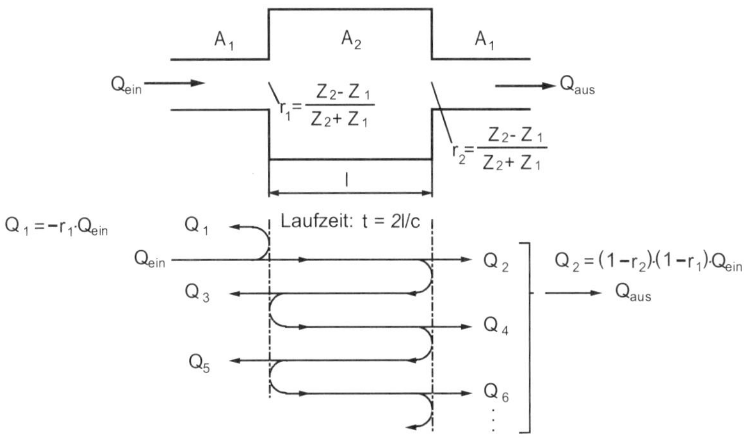

Bild 2.6-8: Wellenplan für Reflexionsschalldämpfer [2.4]

Die Welle läuft im Schalldämpfer mehrfach hin und her, dafür wird jedes Mal die Zeit

$$t = \frac{2 \cdot l}{c} \tag{2.6-92}$$

benötigt.

Aus den jeweils durchgelassenen Anteilen Q_2, Q_4, Q_6 ..., die je nach Frequenz und Laufzeit im Dämpfer verschiedene Phasenlagen haben und sich auslöschen oder summieren, resultiert der Volumenstrom hinter dem Schalldämpfer.

In **Bild 2.6-9** ist die Dämpfung der Druckpulsation für einen derartigen Schalldämpfer gezeigt. Er sollte so bemessen sein, dass ein Maximum der Dämpfung bei der von der Pumpe erzeugten Anregungsfrequenz liegt.

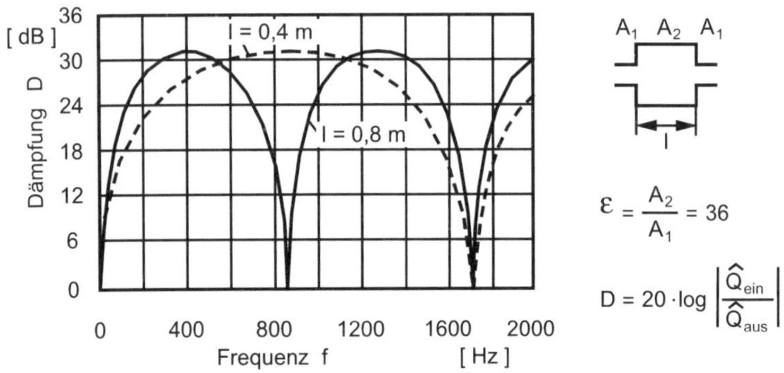

Bild 2.6-9: Dämpfungsverlauf eines Rohrschalldämpfers [2.4]

2.7 Literatur zu Kapitel 2

2.1	Allievi, L.	Allgemeine Theorie über die veränderliche Bewegung des Wassers in Leitungen, Springer, Berlin 1909
2.2	Backé, W.	Grundlagen der Ölhydraulik; Umdruck zur Vorlesung an der RWTH Aachen, 10. Auflage 1994
2.3	Chaimowitsch, E. M.	Ölhydraulik, VEB Technik, Berlin 1957
2.4	Hoffmann, D.	Die Dämpfung von Flüssigkeitsschwingungen in Ölhydraulikleitungen, Dissertation TU Braunschweig, 1976
2.5	Hübner, E.	Technische Schwingungslehre, Springer, Berlin 1957

2.6	Jarchow, M.	Pulsationsminderung hydrostatischer Verdrängereinheiten durch alternative Umsteuerkonzepte, o+p 41 (1997), Nr. 6, S. 421-431
2.7	Latour, C.	Strömungskraftkompensation in hydraulischen Sitzventilen, Dissertation RWTH Aachen, 1996
2.8	Lu, Y.-H.	Entwicklung vorgesteuerter Proportionalventile mit 2-Wege-Einbauventil als Stellglied und mit geräteinterner Rückführung, Dissertation RWTH Aachen, 1981
2.9	Matthies, H. J.; Renius, K. Th.	Einführung in die Ölhydraulik, 4. Auflage, Wiesbaden 2003
2.10	N. N.	DSHplus - Digitale Simulation hydraulischer Systeme, Fluidon GmbH, Aachen
2.11	Oertel, H. (Hrsg.)	Prandtl-Führer durch die Strömungslehre. Grundlagen und Phänomene, Vieweg-Verlag 2002
2.12	Rebel, J.	Systematische Übersicht über Dämpfungsmaßnahmen in Druckleitungen, o+p 20 (1976), Nr. 7, S 461-465
2.13	Schlayer, H.	Druck- und Temperaturregelung bei ölhydraulischen Mengenregelventilen, Dissertation TU Stuttgart, 1959
2.14	Schröder, W.	Fluidmechanik, 2. Auflage, Aachener Beiträge zur Strömungsmechanik, Aachen 2000
2.15	Theissen, H.	Die Berücksichtigung instationärer Rohrströmung bei der Simulation hydraulischer Anlagen, Dissertation RWTH Aachen, 1983

3 Druckflüssigkeiten

neu bearbeitet von Dipl.-Ing. T. Meindorf und Dipl.-Ing. O.-C. Göhler

Die Druckflüssigkeit ist als komplexe Komponente ein Teil des hydraulischen Systems. Neben der primären Funktion der Übertragung von Leistung muß das Medium eine Vielzahl weiterer Aufgaben übernehmen, hauptsächlich als Schmierstoff. Das hierzu erforderliche Eigenschaftsprofil kann, im Gegensatz zu den Anfängen der Ölhydraulik, durch eine mineralölbasische Grundflüssigkeit nicht mehr erfüllt werden. Spezielle chemische Zusätze ergänzen oder erweitern das technische Leistungsvermögen. Zusatzanforderungen wie die Schwerentflammbarkeit, eine hohe Umweltverträglichkeit oder extreme Belastbarkeit können durch den Einsatz anderer Grundflüssigkeiten erfüllt werden.

3.1 Aufgaben der Druckflüssigkeiten

Die primäre Aufgabe des Druckmediums ist die Übertragung von Leistung vom Druckerzeuger auf die Verbraucher. Dazu wird, in Analogie zum Form- oder Kraftschluß bei mechanischen Übertragungen, ein Volumenschluß hergestellt.

Neben dieser Funktionsanforderung muß das Druckmedium weitere Aufgaben übernehmen. Es wirkt als **Schmierstoff** und vermindert so die Reibung und den Verschleiß sich gegeneinander bewegender Teile, beispielsweise in Lagerstellen. Die Komponenten des Hydrauliksystems sollen vor Korrosion und anderen chemischen Veränderungen geschützt werden. Die durch Reibung und Abdrosselung entstehenden Verluste werden durch das Druckmedium in Form von Wärmeenergie abgeführt.

Diese Funktionseigenschaften des Fluides sollen über einen weiten **Temperaturbereich** gewährleistet sein. Die Eigenschaften des Mediums selbst dürfen durch Kontaminationen, wie Abriebpartikel oder Wasser, nicht beeinträchtigt werden. Letztendlich soll das Medium aus ökonomischen, aber auch ökologischen Gründen eine lange **Lebensdauer** ohne Veränderung der Eigenschaften erreichen.

Eine optionale Zusatzanforderung ergibt sich aus Sicherheitsaspekten, nach denen die Flüssigkeit nicht entzündlich sein darf, oder aber aus Gründen des Arbeitsschutzes eine geringe Neigung zur Verdampfung haben muß. Seit einigen Jahren gewinnen ökologische Aspekte an Bedeutung. Insbesondere für mobile Anwendungen werden Flüssigkeiten gewünscht, die im Gegensatz zu herkömmlichen Medien bei Leckagen schnell und vollständig abgebaut werden, sowie toxikologisch weniger bedenklich sind.

3.2 Arten der Druckflüssigkeiten

Im allgemeinen bestehen Druckmedien aus einer **Grund-** oder **Basisflüssigkeit**, die durch den Zusatz weiterer Stoffe, sogenannter **Additive**, zu einer fertigen Formulierung mit den gewünschten Eigenschaften legiert wird. Der Anteil dieser Zusatzstoffe reicht dabei von wenigen Prozent bei niedrig legierten Mineralölen bis über 50% bei einigen schwerentflammbaren Flüssigkeiten. Die Art der Basisflüssigkeit, die selbst ein Gemisch verschiedenartiger Moleküle gleichen Typs sein kann, bestimmt jedoch im wesentlichen den Einsatz des Druckmediums.

3.2.1 Allgemeine Flüssigkeiten

Mit einem Anteil von ca. 80-85 % stellen Druckflüssigkeiten auf **Mineralölbasis** die mengenmäßig bedeutendste und kostengünstigste Gruppe innerhalb der Hydraulikmedien dar. Sie können ein weites Spektrum von Anforderungen abdecken und werden daher universell in stationären und mobilen Anlagen eingesetzt. Durch die jahrzehntelange Erfahrung mit diesen Medien und die ebenso lange Entwicklungstätigkeit sind ihre Eigenschaften ausgefeilt, klar definiert und jederzeit reproduzierbar. Folgendes **Bild 3.2-1** zeigt die aktuellen vom Mineralölwirtschaftsverband veröffentlichten Zahlen des Mineralölabsatzes in der Bundesrepublik Deutschland.

Die Grundöle werden durch Destillation und Raffination des Rohöls gewonnen und bestehen in der Regel aus einem Gemisch von C_{20}- bis C_{35}-Molekülen, die sich aus Normal- und Isoparaffinen, Naphtenen und vereinzelt Aromaten zusammensetzen. Durch Variation der Verfahrensschritte werden

Stoffgruppen/ Jahr	1997	1998	1999	2000	2001	2002	2003
Motorenöle	411.5	381.6	384.9	369.9	343.7	348.7	343.9
Kompressorenöle	9.3	9.9	11.1	10.9	10.5	12.0	11.6
Turbinenöle	4.5	5.2	5.2	3.6	2.7	2.6	2.3
Getriebeöle							
- Kfz	66.9	64.0	66.9	66.0	68.1	70.3	68.0
- Industrie	24.1	26.7	28.9	28.0	24.8	22.1	21.1
Hydrauliköle	153.9	158.2	150.3	154.6	146.0	143.9	135.5
Metallbearbeitungsöle							
- nicht wassermischbar	46.2	48.2	45.4	45.6	47.2	50.4	49.6
- wassermischbar	31.4	30.7	29.8	32.8	29.7	28.1	27.9
- Härteöle	3.0	3,1	2,3	3,2	2,7	1,9	2.0
Korrosionsschutzmittel	9.9	10.3	9.5	9.2	7.2	7.6	7.9
Weißöle							
- medizinische	42.4	38.6	49.3	44.4	38.6	34.8	45.4
- technische	9.0	9.4	10.0	10.9	16.8	17.9	11.2
Andere Prozeßöle	99.3	80.3	85.4	83.3	84.8	85.8	108.9
Elektroisolieröle	18.8	19.2	15.1	10.9	12.6	13.7	9.1
Maschinenöle	50.5	59,6	46,9	46.8	38.0	32.2	31.4
Andere Industrieöle nicht zum Schmieren	59.6	59.9	54.9	53.4	55.0	51.7	48.0
Schmierfette	32.4	34.4	35.7	30.8	30.3	32.2	35.9
Extrakte aus der Schmier-ölraffination	45.9	44.4	45.2	45.9	43.7	44.2	33.8
Basisöle	49.4	63.5	83.0	72.0	55.2	79.0	73.1
Insgesamt	**1168.0**	**1146.8**	**1159.9**	**1122.3**	**1057.7**	**1076.6**	**1066.8**
darunter: Mengen aus Altölaufbereitung (den Sortengruppen bereits zugerechnet)	75.0	73.0	51.8	77.1	96.1	110.2	101.6

Bild 3.2-1: Inlandsabsatz von Schmierstoffen nach Sortengruppen 1997-2003

(Quelle: Mineralölwirtschaftsverband www.mwv.de)

die wesentlichen Eigenschaften wie die Viskosität und der Flammpunkt, das Alterungs- und das Viskositäts-Temperatur-Verhalten sowie die Kälteeigenschaften festgelegt [3.1].

Spezielle Eigenschaften, die das Grundöl nicht oder in nicht ausreichendem Maß aufweist, werden durch den Zusatz von Additiven erzielt. Die Art der zulegierten Additive entscheidet über die **Klassifizierung** der Flüssigkeit. So faßt die Gruppe H Druckflüssigkeiten ohne Wirkstoffe zusammen, die heute jedoch praktisch nicht mehr eingesetzt werden. Die Gruppe HL enthält Druckflüssigkeiten mit Wirkstoffen zur Verbesserung der Alterungsbeständigkeit und des Korrosionsschutzes, während in der Gruppe HLP Druckflüssigkeiten mit zusätzlichen Wirkstoffen zum Herabsetzen des Verschleißes und/oder zur Erhöhung der Belastbarkeit zu finden sind. Die Gruppe HVLP umfaßt Druckflüssigkeiten mit zusätzlichen Wirkstoffen zur Erhöhung des Viskositäts-Temperatur-Index (VI) auf einen Wert größer als 140. Diese Anhebung kann auch im Grundöl durch ein spezielles Raffinationsverfahren, das sogenannte Hydrocracken, erzielt werden. Die DIN 51 524 "Hydrauliköle, Mindestanforderungen" spezifiziert diese Klassifikation und legt jeweils Mindestanforderungen an z. B. die Viskositätseigenschaften, die Alterungsbeständigkeit oder den Korrosions- und Verschleißschutz fest.

Für besondere Anwendungsfälle werden den Ölen detergierend und dispergierend wirkende Additive zugemischt. In der Nomenklatur sind diese Flüssigkeitstypen durch den Buchstaben D gekennzeichnet. So ist eine HLP-D-Flüssigkeit aufgrund ihrer Additivierung in der Lage, bis zu 5% Wasser als Emulsion zu binden. Das Wasser wird dabei in Form von kleinen Tropfen so umschlossen, daß die Ausbildung eines Schmierfilms nicht behindert wird und es weder zur Korrosion der metallischen Oberflächen, noch zu verstärkten Alterung des Mediums kommt. Diese Flüssigkeiten werden bevorzugt bei maritimen Anwendungen eingesetzt, wo die Gefahr der Verunreinigung des Mediums mit Wasser besonders groß ist.

Eine Übersicht über die aktuelle Normung von Mineralölen gibt **Bild 3.2-2**.

DIN 51 524	ISO 6743-4	Zusammensetzung	Einsatzbereiche
H	HH	ohne besondere Wirkstoff-zusätze (Grundöle)	Anlagen ohne besondere Anforderungen (selten)
HL	HL	mit Wirkstoffen zum Erhöhen des Korrosionsschutzes und der Alterungsbeständigkeit. DIN 51 524, Teil 1	Anlagen mit mäßigen Drücken, jedoch hohen Temperaturen. Gutes Wasserabscheidevermögen
HLP	HM	wie HL, jedoch weitere Zusätze zur Minderung des Fressverschleißes b. Mischreibung. DIN 51 524, Teil 2	Anlagen mit hohen Drücken und Temperaturen. Hochwertiges, sehr verbreitetes Hydrauliköl, insbesondere HLP 46
HVLP	HV	wie HLP, jedoch weitere Zusätze zur Verbesserung des Viskositäts- Temperatur- Verhaltens. DIN 51 524, Teil 3	Gegenüber HLP erweiterter Temperaturbereich mit tiefen Startwerten infolge flacher Viskositätskennlinie
HLP-D	(-)	wie HLP, jedoch Zusätze zur Lösung von Ablagerungen (detergierend) und begrenzt wassertragend (emulgierend/ dispergierend)	Anlagen mit Wasserzutritt zur Ölfüllung (Kondenswasser, Kühlschmierstoffe bei Werkzeugmaschinen, mobile Systeme)

Bild 3.2-2: Normung von Mineralölen

3.2.2 Schwerentflammbare Flüssigkeiten

Für den Bergbau, den Flugzeugbau und für Druckgieß- und Walzwerksanlagen wurden Flüssigkeiten entwickelt, die als schwerentflammbar eingestuft werden. Diese Flüssigkeiten haben eine wesentlich höhere **Zündtemperatur** als Mineralöle. In einigen Anwendungen ist der Einsatz dieser Flüssigkeiten zwingend vorgeschrieben. So schließen die Brandschutzvorschriften für den Bergbau unter Tage den Einsatz von Mineralöl aus. Es wird bei diesen Flüssigkeiten zwischen wasserhaltigen und wasserfreien Druckflüssigkeiten unterschieden. In den VDMA-Richtlinien 24 317 und 24 320 wird die nachfolgende Einteilung vorgenommen. Die Bezeichnungen sind gemäß CETOP RP 77 H, ISO 6743, Teil 4 und DIN 51 502.

Die Gruppe HFA umfaßt **Öl-in-Wasser-Emulsionen** oder hoch wasserhaltige Lösungen, die Gruppe HFB **Wasser-in-Öl-Emulsionen**, die Gruppe HFC **Wässerige Lösungen** und die Gruppe HFD **Wasserfreie** Flüssigkeiten.

HFA-Flüssigkeiten bestehen üblicherweise zu ca. 1 % bis maximal 5 % aus einem Konzentratanteil, der Rest ist Wasser. Die erlaubte Grenze von 20 % wird aus Kostengründen nicht ausgeschöpft. Bei dem Konzentratanteil kann es sich entweder um eine emulgierfähige Substanz oder um ein Medium handeln, das im Wasser in Lösung geht. Das Konzentrat enthält Zusätze, die den Korrosionsschutz und den Verschleißschutz verbessern, oder auch die Schmierfähigkeit erhöhen. Außerdem sind Biozide enthalten, die die Bildung von Bakterien, Pilzen und Hefen im Medium behindern. Dieser Flüssigkeitstyp wird im wesentlichen im Bergbau für den hydraulischen Grubenausbau eingesetzt. Weitere Anwendungen liegen in der Warmbearbeitung und in Fertigungseinrichtungen der Automobilindustrie.

HFB-Flüssigkeiten bestehen aus 40 % Wasser und 60 % Mineralöl. Im Gegensatz zum Steinkohlenbergbau in Großbritannien wird dieser Flüssigkeitstyp in Deutschland nicht eingesetzt, da er einen von den Bergbehörden geforderten Brandtest nicht erfüllt.

HFC-Flüssigkeiten bestehen zu 35 % bis 55 % aus Wasser. Die restlichen 45 % bis 65 % sind verdickende Zusätze, sowie Additive. In den meisten Fällen werden Polyakylenglykole als Verdicker eingesetzt, um Viskositäten wie bei Mineralöl zu erreichen. Als Additive werden Zusätze für den Korrosionsschutz oder den Verschleißschutz verwendet. Dieser Flüssigkeitstyp wird im wesentlichen im Bergbau für Hochleistungshydraulikanlagen unter Tage und in Warmarbeitsbetrieben verwendet.

HFD-Flüssigkeiten sind wasserfreie, synthetische Medien. Am häufigsten werden Phosphorsäureester und Mischungen aus Phosphorsäureester und chlorierten Kohlenwasserstoffen, den Chloraromaten, eingesetzt. Für besondere Einsatzfälle werden außerdem noch Diester, Silikone, Polyphenyläther, Polyglykole, Silikatester und Fluorcarbone verwendet. Diese Flüssigkeiten werden durch Zufügen bestimmter Buchstaben an das "HFD" genauer kenntlich gemacht. Flüssigkeiten mit chlorierten Kohlenwasserstoffen (PCB) kommen aus Gründen des Umweltschutzes nur noch in Ausnahmefällen zur Anwendung. Neben dem Bergbau findet dieser Flüssigkeitstyp Anwendung in Warmarbeitsbetrieben, wie Druckgußanlagen etc.

Eine Übersicht über die aktuelle Normung schwer entflammbaren Hydraulikflüssigkeiten gibt **Bild 3.2-3**.

ISO 6743 / CETOP Lux. Ber. / VDMA	Zusammensetzung	Einsatzbereiche
HFA	Öl-in-Wasser-Emulsion oder synth. Wässrige Lösung mit max. 20% Konzentrat	Bergbau, hydr. Pressen, Temperaturbereich 5 bis 55 °C
HFB	Wasser-in-Öl-Emulsion mit max. 60% Ölanteil	Bergbau, Temperaturbereich 5 bis 60 °C
HFC	wässrige Polymerlösung mit 35-55% Wasser	Bergbau, Gießereien, mäßige Drücke, Umweltschutz, Temperaturbereich -20 bis 60 °C
HFDU	Carbonsäureester (wasserfrei, synthetisch)	Temperaturbereich -35 bis 100 °C, verbreiteter als HFDR
HFDR	Phosphorsäureester (wasserfrei, synthetisch)	Kraftfahrzeuge, Luft- und Raumfahrt, Temperaturbereich -20 bis 150 °C

Bild 3.2-3: Normung schwer entflammbarer Flüssigkeiten

3.2.3 Umweltschonende Flüssigkeiten

Schon in der ersten Ölkrise Anfang der siebziger Jahre sind vorwiegend in Finnland Bestrebungen unternommen worden, Mineralölprodukte durch nachwachsende, pflanzliche Rohstoffe zu substituieren. Umweltschonende Druckflüssigkeiten werden jedoch vornehmlich unter dem Aspekt einer hohen Umweltverträglichkeit entwickelt und finden zunehmend Einsatzgebiete in mobilen, aber auch in stationären Anlagen. In Deutschland gibt die VDMA-Richtlinie 24 568 die Mindestanforderungen für drei Flüssigkeitsklassen vor: HETG, HEES, HEPG und HEPR.

Als Basis für „native" Hydraulikflüssigkeiten des Typs HETG bietet das aus dem Rapssamen und aus artverwandten Pflanzen stammende Öl gute technische Eigenschaften und weist einen hohen Viskositätsindex auf. Wie bei allen **Pflanzenölen** handelt es sich um ein Estermolekül, das aus einem dreiwertigen Glycerin als Alkoholkomponente, und drei Fettsäuren, beispielsweise Ölsäure, Linolsäure oder Erucasäure besteht. Je nach Mengenanteil der Fettsäuren ergibt sich das pflanzentypische Produkt.

Der Begriff Veresterung bezeichnet den reversiblen Prozeß, der bei der Reaktion von Alkoholen und Säuren abläuft, wie es in der folgenden Gleichung vereinfacht dargestellt ist:

$$Alkohol + Säure \rightleftharpoons Ester + H_2O \qquad (3\text{-}1)$$

Ester haben einen polaren Charakter. Die daraus resultierende Haftung auf Metalloberflächen bringt einen sehr guten Verschleißschutz mit sich, durch die Oberflächenbenetzung ist zudem ein guter Korrosionsschutz gegeben [3.1, 3.2, 3.3].

Die Esterbindungen und die charakteristischen Kohlenstoff-Doppelbindungen der Fettsäuren werden relativ leicht durch Oxidation (Sauerstoffzugabe), Hydrierung (Wasserstoffzugabe) oder Hydrolyse (Spaltung in Alkohol und freie Fettsäuren) verändert. Gerade unter den üblichen Einsatzbedingungen bei hoher Temperatur folgt daraus eine geringe Alterungsbeständigkeit nativer Öle, verbunden mit der Entstehung aggressiver Spalt- und Reaktionsprodukte.

Andererseits wird dadurch jedoch ein rascher und nahezu vollständiger biologischer Abbau der durch Leckagen verlorenen Flüssigkeit im Boden, auf Wasserflächen und in Kläranlagen ermöglicht. Dies bedeutet, daß bei nativen Ölen durch eine geeignete Additivierung die unerwünschte Alterung der Flüssigkeit im Betrieb vermieden werden muß. Die hierbei zum Einsatz gebrachten Additive dürfen den natürlichen biologischen Abbau nicht behindern und müssen selbst untoxisch sein [3.1, 3.4].

Auf synthetischem Wege können Ester erzeugt werden, die in ihrer chemischen Struktur und in ihren Umwelteigenschaften den Pflanzenölen ähneln, jedoch eine bedeutend bessere Alterungsstabilität aufweisen. Durch vielfältige Kombinationsmöglichkeiten von Alkoholen und Säuren besteht hier die Chance, gezielt Produkte zu formulieren, die die Anforderungen an Druckmedien der Klasse HEES erfüllen [3.4]. Als Ausgangsstoffe werden natürliche oder petrochemische Produkte gewählt, die dann in verschiedenen Verfahrensschritten neu kombiniert werden. Generell geht jedoch eine Stabilisierung der Moleküle mit einer Verringerung der schnellen Abbaubarkeit einher. Auch diese Flüssigkeiten müssen mit Additiven versetzt werden, die ebenfalls den Restriktionen des Umweltschutzes unterliegen.

Die als Basisflüssigkeiten für Druckmedien geeigneten **Syntheseester** werden in zwei Hauptgruppen unterschieden. Bei ungesättigten, beispielsweise TMP-(Trimethylolpropan-)Estern, werden natürliche Fettsäuren, insbesondere Ölsäure (C 18:1), eingesetzt. Deren Doppelbindung gewährleistet gute Kälteeigenschaften, beeinträchtigt jedoch die Alterungsstabilität. Die chemische Struktur ähnelt sehr den nativen Ölen.

Hochwertige, vollständig gesättigte Ester ohne Doppelbindungen entstammen vornehmlich der Petrochemie. Ihre Struktur weicht deutlich von nativen Ölen ab. Es können schnell abbaubare und nicht toxische Basisflüssigkeiten erzeugt werden, die sogar die Eigenschaften von Mineralölen übertreffen. Allerdings ist dies mit einem hohen Produktionsaufwand verbunden.

Polyglycole werden seit mehreren Jahrzehnten als synthetische Hochleistungsschmierstoffe eingesetzt. Aus dieser Gruppe weisen besonders die Polyalkylenglycole ein geringeres Umweltgefährdungspotential als Mineralöle auf und dienen daher als Basisflüssigkeit für die Klasse HEPG. In der petrochemischen Synthese kann durch Variation des Molekulargewichtes die Viskosität beeinflußt werden, so daß verschiedene Viskositätsklassen zur Verfügung stehen. Die Viskositäts-Temperaturabhängigkeit ist wie bei Esterflüssigkeiten geringer als bei Mineralölen, der VI beträgt ohne entsprechende Additivierung 185-215. Die tribologischen Eigenschaften sind denen der Mineralöle ebenbürtig oder überlegen.

Im Gegensatz zu Ölen sind Polyglykole wasserlöslich. Dies trägt wesentlich zum biologischen Abbau bei, der nicht wie bei Ölen in der Grenzfläche, sondern in der Lösung stattfinden kann. Durch Regenwasser werden Leckagen rasch in die tieferen, unbelebten und sauerstoffarmen Erdschichten getragen, so daß sie ohne vorherigen Abbau ins Grundwasser gelangen können. Aus diesem Grund werden sie in Österreich nicht mehr als umweltschonend anerkannt.

In die relativ neue Gruppe mit der Kurzbezeichnung HEPR (**Hydraulic Oil Environmental Polyalphaolefine and Related Products**) werden Flüssigkeiten eingestuft, die mehrheitlich aus Polyalphaolefinen (PAO) und verwandten Kohlenwasserstoffen synthetisiert werden. Während PAOs beispielsweise im Getriebeölbereich häufig Anwendung finden spielen die

HEPRs derzeit im Hydraulikbereich keine bedeutende Rolle. Auch bestehen mit diesem Öltyp noch keinen Langzeiterfahrungen. Ein offener Punkt ist u.a. die Verträglichkeit mit in der Hydraulik üblichen Werkstoffen. Kritisch ist hier zu bewerten, dass die HEPRs vielfältige Formulierungen mit nahezu beliebigen Mischungen von PAOs und Kohlenwasserstoffen umfassen können, die eine Abstimmung der Werkstoffauswahl erschweren.

Bei der Verwendung umweltschonender Flüssigkeiten muß beachtet werden, daß sie auf Kunststoffe und einige Metalle anders einwirken als Mineralöl. Die Werkstoffe von Dichtungen und Schläuchen, aber z. B. auch von Gleitlagern und Filterelementen, müssen daher auf die Flüssigkeit abgestimmt werden. Bei Verwendung von Polyglykolen muß in der Regel die Innenlackierung des Behälters entfernt werden, da sie Lacke auflösen.

Der relativ hohe Preis, insbesondere der gesättigten synthetischen Ester, verhindert zur Zeit noch einen mengenmäßig bedeutenden Einsatz der HE-Medien. Bei Betrachtung aller Schmierstoffe und Druckmedien besaßen die Bioöle in Deutschland im Jahr 2003 einen Anteil von 1,8% am gesamten Schmierstoffmarkt. Nur ca. 36% hiervon gehören zu der Gruppe der biogenen Flüssigkeiten, d. h. sind zu mindestens 50% auf Basis nachwachsender Rohstoffe aufgebaut. Der restliche Anteil der Bioöle ist zwar auch biologisch schnell abbaubar und ökotoxikologisch unbedenklich, basiert aber weitestgehend auf Rindertalg und petrochemischen Produkten.

Wird nur auf die Hydraulikflüssigkeiten fokussiert so sind ca. 7% der Schmierstoffe und Hydraulikflüssigkeiten als Bioöle zu bezeichnen. Der Anteil der biogenen Öle am Gesamtmarkt liegt bei 2,4%. Die Bioölmengen gehen fast ausschließlich (>90%) in den insgesamt 60.000 to/a (D) aufnehmenden Mobilhydraulikbereich. Nur ein sehr kleiner Teil geht in stationäre Anlagen (Aufzüge, Wasserbau). Mobilhydrauliken wurden im Jahr 2003 zu 17% mit Bioölen und zu 6 % mit biogenen Flüssigkeiten betrieben. Behördliche Vorgaben und Förderungen [3.9], wirtschaftliche Vorteile durch die Benutzung weniger wassergefährdender Stoffe und das steigende Umweltbewußtsein der Anwender lassen den Markt jedoch spürbar expandieren.

3.2.4 Spezielle Flüssigkeiten

Neben den zuvor beschriebenen Medien, die in ihren Anwendungsbereichen weitestgehend universell eingesetzt werden können, existieren zahlreiche Fluide, die für bestimmte, hauptsächlich mobile Anwendungsfälle entwickelt wurden.

Die hohen Temperaturen in Pkw- und Nutzfahrzeugbremsen erfordern hoch stabile Basisflüssigkeiten, meist Polyglycoläther. Diese müssen zudem eine hohe Wasseraufnahmefähigkeit haben, da ungelöstes Wasser frühzeitig in der Leitung sieden kann und dadurch die Bremswirkung abrupt geschwächt wird.

In Ackerschleppern werden meist die Hydraulik, die Lenkung, das Getriebe und die Naßbremsen aus einem gemeinsamen Ölhaushalt versorgt. Die hierfür verwendeten Universalflüssigkeiten mit der Bezeichnung UTTO und STOU vereinen daher die Eigenschaften eines Hydraulikmediums mit denen eines Getriebeschmierstoffs.

Ähnliche Anforderungen erfüllen die ATF (Automatic Transmission Fluid) für den Einsatz in Drehmomentwandlern und Automatgetrieben. Sie sind derart abgestimmt, daß ein konstantes Reibverhalten erreicht wird, da das Auftreten von Stick-Slip-Effekten in den Lamellenkupplungen unerwünscht ist. Damit die volle Funktionsfähigkeit auch im Winterbetrieb gewährleistet ist, werden den ATF Fließverbesserer zugesetzt.

In der Lebensmittelindustrie, in der die Hygiene eine Rolle spielt, wird Klarwasser als Hydraulikmedium bevorzugt. Tribologische Funktionen müssen hier nahezu vollständig durch die Komponenten aufgebracht werden. Probleme resultieren auch aus der hohen Kavitationsneigung und der inneren Leckage durch die niedrige Viskosität. Neueste Entwicklungen auf dem Gebiet der Werkstoffe und der Fertigungstechnologie ermöglichen ein erhöhtes Leistungsniveau.

3.3 Eigenschaften der Druckflüssigkeiten

In diesem Abschnitt werden die Eigenschaften und Kenngrößen beschrieben, die eine Druckflüssigkeit charakterisieren. Die ungefähren Werte verschiede ner Flüssigkeitsgruppen sind am Ende des Kapitels in **Bild 3.6-1** in Form einer Tabelle zusammenfassend dargestellt.

3.3.1 Viskosität

Die **dynamische Viskosität** ist die wichtigste Kenngröße zur Beschreibung des Lasttragevermögens einer Hydraulikflüssigkeit. Mit den gebräuchlichen Viskosimetern wird nicht direkt die dynamische Viskosität, sondern ihr Verhältnis zur Dichte des Mediums gemessen. Diese **kinematische Viskosität** ist definiert als

$$\nu = \frac{\eta}{\rho} \tag{3-2}$$

Die Flüssigkeiten werden entsprechend ihrer kinematischen Viskosität in bestimmte Klassen eingeteilt. Für diese Einteilung wird ein Mittelwert der Viskosität gemäß DIN 51 519 bei 40°C zugrundegelegt, dies ist die ISO-Viskositätsklassifikation für flüssige Industrieschmierstoffe. In dieser Norm besteht eine fest vorgegebene Zahlenreihe für die Viskositätswerte. Diese Zahlenreihe lautet: 10, 15, 22, 32, 46, 68, 100 ... mm^2/s. Die Viskosität darf um einen bestimmten Betrag von diesem Wert abweichen, so beispielsweise in der VG 100 um ± 10 mm^2/s. Als Maßeinheit ist neben mm^2/s nach wie vor die veraltete Größe Centi-Stokes (cSt) gebräuchlich (s.a. Kap. 2.3.1). Die Kennzeichnung der Medien erfolgt, indem an die Flüssigkeitsbezeichnung beispielsweise die Ziffern "46" für eine Flüssigkeit der Viskositätsgruppe 46 angehängt werden. (z. B. HLP 46).

Die Viskosität der meisten Druckflüssigkeiten ist stark von der Temperatur abhängig. In **Bild 3.3-1** ist die Viskosität nach Ubbelohde aufgetragen. Auf der Ordinate findet sich im doppelten Logarithmus von mm^2/s + 0,8 die Viskosität und auf der Abszisse der Logarithmus der Temperatur. Bei dieser Art der Darstellung ergeben sich für Mineralöl und HFC-Flüssigkeiten über einen relativ großen Temperaturbereich Geraden. Je flacher der Kurvenverlauf ist, desto günstiger sind das Kaltstartverhalten und die Betriebsviskosität. Dies gilt insbesondere in mobilen Anwendungen, die einen weiten Temperaturbereich zwischen dem Start bei Minustemperaturen und dem Betrieb unter Vollast im Hochsommer abdecken müssen. Die Kennlinie für HFD-Medien steigt im unteren Temperaturbereich stark progressiv an, ihre Viskosität ist dort weit stärker temperaturabhängig als die der anderen Flüssigkeiten. Bei HE-Medien kommt es bei tiefen Temperaturen durch Teilkristallisation der Moleküle zu einem markanten Anstieg des ansonsten flachen Verlaufs.

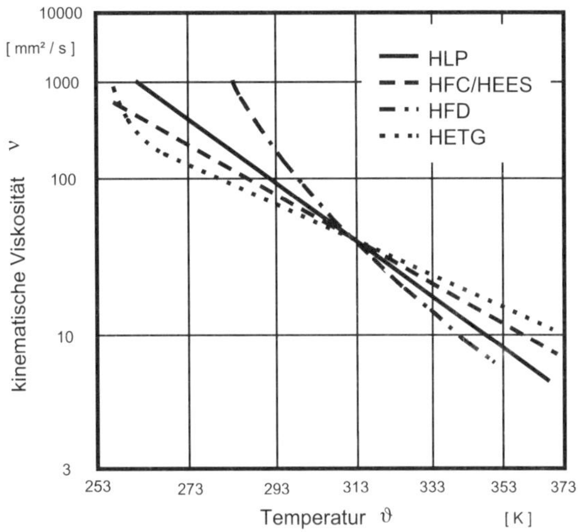

Bild 3.3-1: Kinematische Viskosität in Abhängigkeit der Temperatur

Die Steigung der Flüssigkeitskennlinie im Ubbelohde-Diagramm dient als Beurteilungsmaßstab für das **Viskositäts-Temperatur(VT)-Verhalten**. Sie wird als **Viskositätsindex** (VI) bezeichnet. Ein hoher VI bedeutet eine geringe Temperaturabhängigkeit. Mit speziellen Additiven, den VI-Verbesserern, kann der VI vergrößert werden. Der Viskositätsindex für HLP liegt bei etwa 100, für HV bis 400, für HFC bei etwa 150 und für HFD sogar unter Null. Pflanzenölbasische Druckmedien haben von Natur aus einen sehr hohen VI von ca. 200.

Das **Viskositäts-Druck-Verhalten** eines Mediums ist maßgeblich für die Belastbarkeit eines Flüssigkeitsschmierfilmes verantwortlich. Alle Medien haben die Eigenschaft, daß sich die dynamische Viskosität unter Druckbelastung erhöht. Das **Bild 3.3-2** zeigt dieses Verhalten für verschiedene Druckmedien.

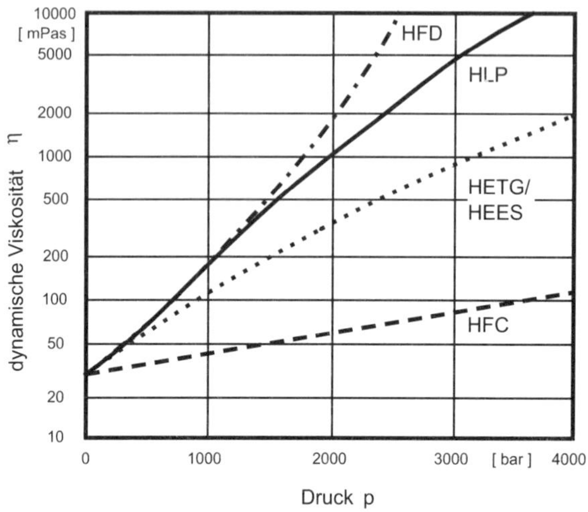

Bild 3.3-2: Dynamische Viskosität verschiedener Druckmedien in Abhängigkeit vom Druck bei gleicher Ausgangsviskosität

Für die Druckabhängigkeit der dynamischen Viskosität bei konstanter Temperatur gilt

$$\eta = \eta_0 \cdot e^{b \cdot p} \qquad (3\text{-}3)$$

mit η_0 dynamische Viskosität bei Atmosphärendruck

$b \approx 1{,}7 * 10^{-3}\ bar^{-1}$ für Mineralöle

$b \approx 3{,}5 * 10^{-4}\ bar^{-1}$ für ein HFC-Medium

$b \approx 2{,}2 * 10^{-3}\ bar^{-1}$ für ein HFD-Medium

$b \approx 1{,}1 * 10^{-3}\ bar^{-1}$ für ein HETG oder HEES-Medium

Bei einer angenommenen Druckerhöhung von 0 auf 2000 bar erhöht sich die Viskosität bei der HFC-Flüssigkeit um den Faktor 2, bei Mineralöl um den Faktor 30 und bei der HFD-Flüssigkeit um den Faktor 80.

Die Erhöhung der Viskosität mit zunehmendem Druck hat einen positiven Einfluß bei hohen Lagerbelastungen, da der Schmierfilm unter Belastung ei nen Selbstverstärkungseffekt erfährt. Dieses in **Bild 3.3-2** gezeigte Verhalten ist einer der Gründe, warum bei Verwendung von wasserbasierten Flüssigkeiten (HFA, HFC, Klarwasser), Wälzlager eine vergleichsweise niedrige Lebensdauer aufweisen. Die Viskosität bei Druckbelastung kann durch den Zusatz von Additiven nicht nennenswert erhöht werden.

3.3.2 Dichte

Die Verluste in Rohrleitungen und Strömungskanälen von Bauelementen sind direkt proportional der Dichte des Betriebsmediums. Auch ist die Dichte erforderlich, um – wie im vorangegangenen Kapitel beschrieben – aus der kinematischen die dynamische Viskosität zu berechnen. Die Dichte ist temperaturabhängig, da sich das Volumen einer Flüssigkeit bei Temperaturerhöhung ausdehnt. Der **Ausdehnungskoeffizient** ist definiert als

$$\gamma = \frac{1}{V}\frac{\partial V}{\partial \vartheta}$$

Hieraus ergibt sich für die Volumenänderung ΔV eines Ausgangsvolumens V_0 bei einer Temperaturerhöhung um $\Delta\vartheta$

$$\Delta V = V_0 \gamma \Delta\vartheta \qquad (3\text{-}4)$$

Die Dichte der Flüssigkeit nimmt proportional zur Vergrößerung des Volumens ab. Aus

$$\rho_0 = \frac{m}{V_0}$$

$$\rho = \frac{m}{V_0 + \Delta V}$$

ergibt sich für die Dichte:

$$\rho = \frac{\rho_0}{1 + \gamma\Delta\vartheta} \qquad (3\text{-}5)$$

Diese Gleichung wird für den normalen Anwendungsbereich von Druckflüssigkeiten auf 15 °C bezogen. Werte für $\rho_{15°C}$ und γ sind in der Tabelle am Ende dieses Kapitels enthalten. In **Bild 3.3-3** ist die Dichte üblicher Druckflüssigkeiten als Funktion der Temperatur dargestellt. Für Mineralöl beträgt der

Ausdehnungskoeffizient $7 * 10^{-4}$ pro K. Das bedeutet, daß bei einer Temperaturerhöhung von 10°C eine Volumenausdehnung von 0,7 % auftritt.

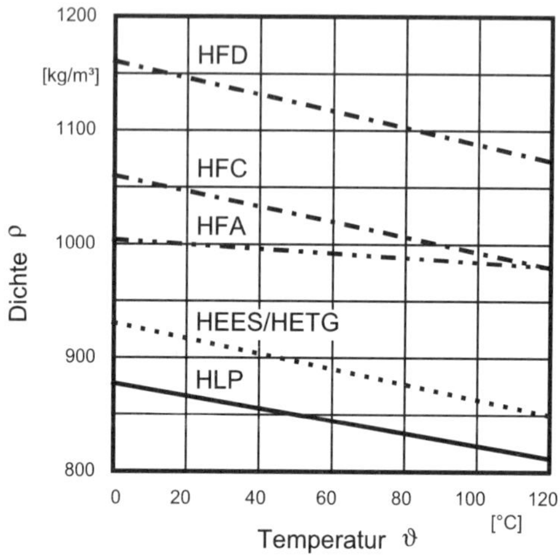

Bild 3.3-3: Dichte von Druckflüssigkeiten in Abhängigkeit von der Temperatur

3.3.3 Kompressionsmodul

Die Dichte von Druckflüssigkeiten hängt vom Druck ab. Diese **Kompressibilität** hat eine große Bedeutung für das dynamische Verhalten von Hydrauliksystemen. Der Kompressibilitäts-Koeffizient ist, wie bereits in Kapitel 2 gezeigt wurde, definiert als

$$\beta = -\frac{1}{V_0}\left(\frac{\partial V}{\partial p}\right)_{\vartheta} = \frac{1}{E_{Fl}} \qquad (3\text{-}6)$$

Entsprechend der Abnahme des Volumens bei Druckerhöhung nimmt die Dichte der Flüssigkeit zu.

Aus

$$\rho = \frac{m}{V}$$

$$\Delta V = -V_0 \beta \Delta p$$

erhält man

$$\rho = \frac{\rho_0}{1 - \beta \Delta p} \qquad (3\text{-}7)$$

wobei ρ_0 die Dichte bei Atmosphärendruck angibt. Diese Beziehung ist gültig für in Hydraulikanlagen übliche Druck- und Temperaturverhältnisse. Hier kann mit einem mittleren konstanten Kompressibilitäts-Koeffizienten β gerechnet werden. Tatsächlich nimmt β jedoch mit zunehmendem Druck ab und mit steigender Temperatur zu.

In Analogie zum Elastizitätsmodul fester Stoffe bezeichnet man den Kehrwert von β als **Kompressionsmodul** E_{Fl} (s.a. Kap. 2.4.1)

$$E_{Fl} = \frac{1}{\beta} = -V_{Fl,0} \frac{dp}{dV_{Fl}} \qquad (3\text{-}8)$$

Entsprechend steigt der Kompressionsmodul mit dem Druck an und nimmt mit der Temperatur ab.

In **Bild 3.3-4** ist der wahre adiabate Kompressionsmodul eines Mineralöles als Funktion des Druckes mit der Temperatur als Parameter aufgetragen. Unter wahrem adiabatem Kompressionsmodul wird die Steigung der Volumen-Druck-Kurve bei den entsprechenden Drücken verstanden.

Besonders in mobilen Anlagen mit niedrigen Umwälzzeiten und ungünstigen Behälterkonstruktionen findet man oft Anteile ungelöster Luft von 5-10 Vol.-%. Diese Gasblasen haben, wie die folgende Rechnung zeigt, einen sehr starken Einfluß auf die Kompressibilität der Flüssigkeit und damit auf die Laststeifigkeit und Dynamik des Systems.

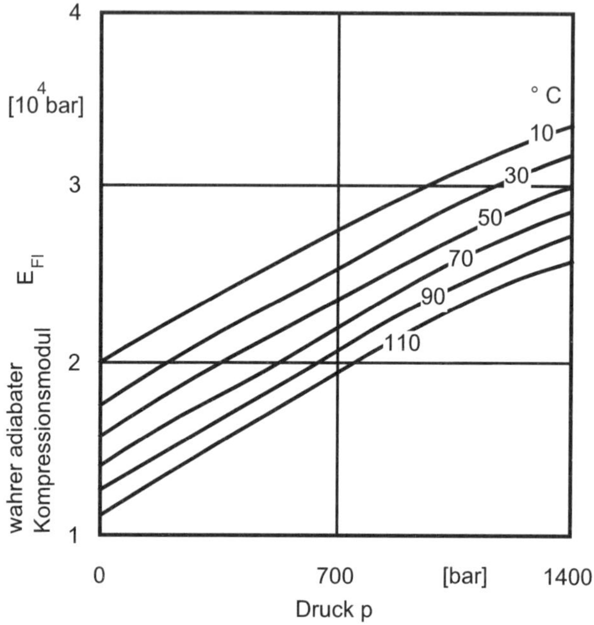

Bild 3.3-4: Wahrer adiabater Kompressionsmodul eines Mineralöls HLP 46

Das Volumen eines Flüssigkeit-Luft-Gemisches $V_0 = V_{Fl,0} + V_{L,0}$ wird einer Druckänderung dp ausgesetzt. Der **Ersatzkompressionsmodul** E_G des Gemisches ist gegeben durch

$$E_G = -\frac{V_{Fl} + V_L}{\frac{dV_{Fl}}{dp} + \frac{dV_L}{dp}} \qquad (3\text{-}9)$$

Der Kompressionsmodul der Flüssigkeit bis zu Drücken von 700 bar ist näherungsweise linear vom Druck abhängig, siehe auch **Bild 3.3-4**:

$$E_{Fl} = E_0 + m \cdot p \qquad (3\text{-}10)$$

Aus Gl. 3-8 und mit $p_0 =$ 0 bar folgt

$$V_{Fl} = V_{Fl,0} \cdot e^{-\frac{1}{E_{Fl}}(p-p_0)}$$

$$\frac{dV_{Fl}}{dp} = -\frac{V_{Fl,0}}{E_0}\left(1+\frac{m \cdot p}{E_0}\right)^{-\frac{m+1}{m}} \tag{3-11}$$

Die Luft wird als ideales Gas angenommen, für polytrope Zustandsänderungen gilt daher:

$$p \cdot V_L^n = const = p_0 \cdot V_{L,0}^n$$

$$\frac{dV_L}{dp} = -\frac{V_{L,0}}{n \cdot p_0}\left(\frac{p_0}{p}\right)^{\frac{n+1}{n}} \tag{3-12}$$

Für das Ersatzkompressionsmodul eines Flüssigkeit-Luft-Gemisches folgt somit:

$$E_G = \frac{V_{Fl,0}\left(1+\frac{m \cdot p}{E_0}\right)^{-\frac{1}{m}} + V_{L,0}\left(\frac{p_0}{p}\right)^{\frac{1}{n}}}{\frac{V_{Fl,0}}{E_0}\left(1+\frac{m \cdot p}{E_0}\right)^{-\frac{m+1}{m}} + \frac{V_{L,0}}{n \cdot p_0}\left(\frac{p_0}{p}\right)^{\frac{n+1}{n}}} \tag{3-13}$$

Definiert man nun noch

$$\alpha = \frac{V_{L,0}}{V_0}$$

als Luftgehalt des Gemisches im Ausgangszustand, so kann der Ersatzkompressionsmodul mit

$$E_G = \frac{(1-\alpha)\left(1+\frac{m \cdot p}{E_0}\right)^{-\frac{1}{m}} + \alpha\left(\frac{p_0}{p}\right)^{\frac{1}{n}}}{\frac{1}{E_0}(1-\alpha)\left(1+\frac{m \cdot p}{E_0}\right)^{-\frac{m+1}{m}} + \frac{\alpha}{n \cdot p_0}\left(\frac{p_0}{p}\right)^{\frac{n+1}{n}}} \tag{3-14}$$

berechnet werden. Bei langsamen, isotherm verlaufenden Zustandsänderungen ist n = 1. Das **Bild 3.3-5** zeigt den Verlauf des Ersatzkompressionsmoduls eines Mineralöl-Luft-Gemisches im Vergleich zur luftfreien Flüssigkeit für $\alpha = 0{,}1\%$, 1% und 10%, $E_0 = 15.000$ bar und m = 10. Bei dieser Rechnung bleibt das Luftlösevermögen in Abhängigkeit vom Druck unberücksichtigt.

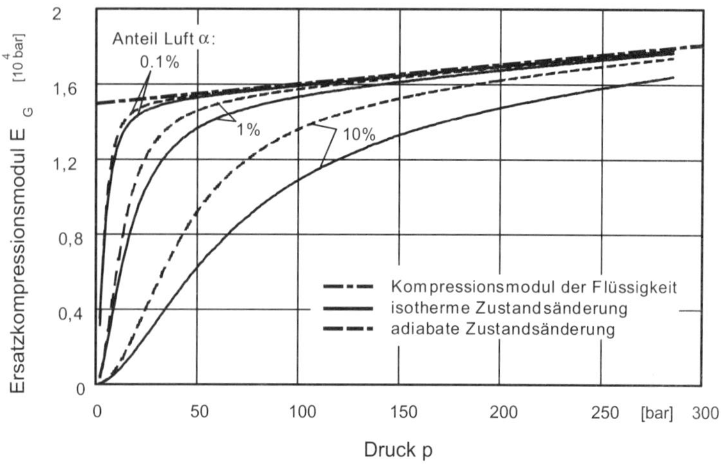

Bild 3.3-5: Kompressionsmodul eines Mineralöl-Luft-Gemisches

Bei niedrigen Gasgehalten erreicht das Gemisch bereits bei ca. 50 bar den Kompressionsmodul der Flüssigkeit. Durch hohe Gasgehalte wird jedoch im gesamten, üblichen Bereich des Betriebsdrucks die Kompressibilität erhöht. Hier kann ein weiterer Effekt auftreten: die Zustandsänderung z. B. bei der Förderung in Pumpen ist sehr schnell und daher näherungsweise adiabat. Die Gasblasen heizen sich dadurch schlagartig auf hohe Temperaturen auf. Im Extremfall wird die Zündtemperatur der Flüssigkeit erreicht, es kommt dann zur Schädigung der Flüssigkeit durch den sogenannten „Mikro-Diesel-Effekt". Aufgrund des Gasauslöse- und -rücklöseverhaltens der verschiedenartigen Medien und weiterer Einflüsse weicht der tatsächliche Verlauf des Kompressionsmoduls von den oben berechneten Werten ab. Für genaue Berechnungen zur Systemdynamik muß er daher experimentell bestimmt werden.

3.3.4 Lasttragevermögen und Verschleißschutz

Eine wichtige Anforderung an Druckflüssigkeiten ist ein hohes Lasttragevermögen, welches auch ein gutes Verschleißschutzvermögen bedeutet. Bei hydrodynamischer Schmierung ist die dynamische Viskosität die maßgebende Kenngröße für das Verschleißschutzvermögen. Reichen die Kräfte bei geringen Gleitgeschwindigkeiten im Mischreibungsgebiet nicht aus, um die Reibpartner vollständig voneinander zu trennen, wird das Verschleißschutzvermögen einer Flüssigkeit durch ihre Fähigkeit bestimmt, eine Metalloberfläche zu benetzen und reibungsvermindernde Reaktionsschichten auf den Reibpartnern zu bilden. Die Benetzungsfähigkeit wird auch „oiliness“ genannt. Das Lasttragevermögen von Hydraulikflüssigkeiten im Mischreibungsgebiet kann durch Verschleißschutzadditive und Reibwertminderer verbessert werden.

3.3.5 Stockpunkt/Pourpoint

Der Stockpunkt einer Flüssigkeit ist durch die Temperatur definiert, bei der das Medium unter bestimmten Prüfbedingungen gerade nicht mehr fließt. Im Vergleich dazu gibt der Pourpoint diejenige Temperatur an, bei der das Medium gerade noch fließt. Er liegt etwa 6 - 8 °C über dem Stockpunkt. Eine Beurteilung der Tieftemperatureigenschaften durch die alleinige Ermittlung des Pourpoints ist für esterbasierte Druckmedien nicht zulässig. Hier besteht durch langsame Kristallisationsvorgänge neben der reinen Temperatur- noch eine Zeitabhängigkeit, der durch besondere Prüfverfahren Rechnung getragen wird.

3.3.6 Gaslösevermögen

Alle Druckflüssigkeiten sind in der Lage, einen bestimmten Anteil an Gasen zu lösen. Dieses Gaslösevermögen ist bis etwa 300 bar proportional zum Druck. Es gilt das **Henry-Daltonsche Gesetz**:

$$V_G = V_{Fl} \alpha_V \frac{p}{p_0} \qquad (3\text{-}15)$$

mit V_G = gelöstes Gasvolumen beim Bezugsdruck

V_{Fl} = Flüssigkeitsvolumen

p_0 = atmosphärischer Druck, Bezugsdruck

p = absoluter Druck

α_V = Bunsenkoeffizient

Der **Bunsenkoeffizient** gibt an, wieviel Volumenprozent Gas in einer Volumeneinheit der Flüssigkeit bei Normalbedingungen (1.013 mbar, 20°C) gelöst wird. Er muß für jedes Gas oder Gasgemisch neu bestimmt werden. Der Bunsenkoeffizient von Luft hängt nur gering von Temperatur und Viskosität ab. In **Bild 3.6-1** sind Werte für verschiedene Flüssigkeiten angegeben.

Im Normalfall übt gelöste Luft keinen Einfluß auf die Eigenschaften der Druckflüssigkeiten aus. Sie kann jedoch aus der Flüssigkeit austreten, wenn örtlich ein niedriger statischer Druck, vorzugsweise bei gleichzeitiger Scherbeanspruchung der Flüssigkeit auftritt. Dieser Vorgang wird mit **Kavitation** bezeichnet. Das Wort Kavitation bedeutet im eigentlichen Sinne Hohlraumbildung. Unterdruck entsteht, wie das **Bild 3.3-6** zeigt, in konstanten oder veränderlichen, geometrischen Volumina, sowie im offenen oder im geschlossenen System. Wird beim Abstellen einer Anlage ein Flüssigkeitsvolumen beispielsweise in einer Leitung eingeschlossen, so bildet sich durch die Wärmekontraktion ein Unterdruck. Bei der Vergrößerung ventil- und schlitzgesteuerter Verdrängerräume in Pumpen, Motoren oder Zylindern entsteht ein Unterdruck, wenn die Flüssigkeit nicht oder nur ungenügend nachströmt. Das dann herausgelöste Gas wird erst durch erhöhten Druck schnell rückgelöst.

Kavitation tritt bevorzugt in offenen Systemen mit konstantem Volumen auf. Dies sind zum einen Saugleitungen und Ansaugkanäle von Pumpen, in denen Strömungsverluste durch enge Querschnitte, Filter, Krümmer und eine zu große Ansaughöhe auftreten. Die Folgen sind ein gestörtes Förderverhalten, Geräusche sowie erhöhter Verschleiß durch ungenügende Schmierung.

In Strömungswiderständen, also Drosseln, Blenden, Steuerkanten etc. kann auch bei hohem Systemdruck ein niedriger Absolutdruck herrschen. Durch die Querschnittsverengung wird der Druck in eine hohe kinetische Energie bei gleichzeitiger Scherbeanspruchung umgewandelt. Hier kommt es häufig zu der sogenannten **Kavitationserosion**, indem die entstandenen Gasblasen durch den plötzlich hinter dem Strömungswiderstand ansteigenden Druck auf den Oberflächen implodieren. Durch die Dauerbeanspruchung des Materials kommt es zur Ermüdung, Partikel werden herausgebrochen. Ebenso treten bei Strömungswiderständen laute Geräusche, sowie Instabilitäten von Drosselsteuerungen auf. Wird das Flüssigkeit-Gas-Gemisch hinter einem Widerstand drucklos in den Behälter zurückgeführt, so entsteht dort durch die geringe Rücklösegeschwindigkeit Schaum.

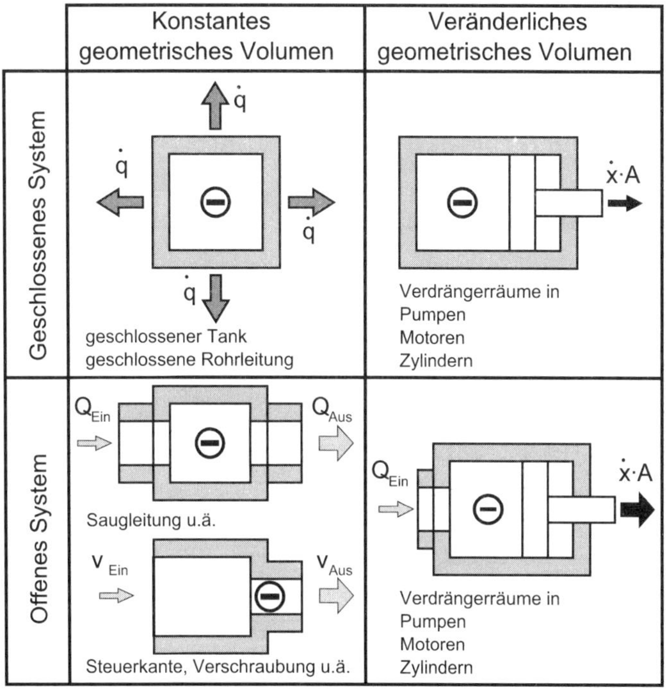

Bild 3.3-6: Entstehung von Unterdruck in hydraulischen Systemen

Die Kavitation und die Kavitationserosion, die insbesondere bei wasserbasierten Flüssigkeiten ein großes Problem darstellt, kann durch die Auswahl spezieller Werkstoffe für erosionsbelastete Oberflächen, die Lenkung des Kavitationsstrahles in unkritische wandferne Gebiete oder die Reduzierung der Druckdifferenz an einem Widerstand durch Hintereinanderschaltung mehrerer Widerstände konstruktiv reduziert werden.

3.3.7 Luftabscheidevermögen und Schaumneigung

Durch Einströmen der Flüssigkeit in den Behälter im freien Strahl können Luftblasen mitgerissen werden. Außerdem kann durch Leckstellen im System, durch Verwirbelungen im Behälter oder durch Kavitation Luft in die Flüssigkeit gelangen. Diese Luft muß an der Oberfläche wieder abgeschieden sein, bevor sie von der Pumpe angesaugt werden kann. Die **Aufstiegsgeschwindigkeit** der Luftblasen hängt, wie die folgende Rechnung zeigt, von deren Durchmesser, sowie der Viskosität und der Dichte der Flüssigkeit ab. Die Auftriebskraft der Blase beträgt

$$F_A = \frac{4}{3}\pi(\rho_{Fl} - \rho_L) \cdot r^3 g \qquad (3\text{-}16)$$

mit dem Blasenradius r, der Flüssigkeitsdichte ρ_{Fl} und der Luftdichte ρ_L. Der Strömungswiderstand sphärischer Körper ist nach Stokes für sehr kleine Reynoldszahlen

$$F_W = 6\pi\eta v r \qquad (3\text{-}17)$$

Im Gleichgewichtsfall ist die Aufstiegsgeschwindigkeit also

$$v = \frac{2}{9}(\rho_{Fl} - \rho_L)\frac{r^2 g}{\eta} \qquad (3\text{-}18)$$

Bei gegebener Betriebsviskosität haben solche Flüssigkeiten ein gutes Luftabscheidevermögen, die es der ungelösten Luft ermöglichen, zu größeren Blasen zu koagulieren und dadurch schneller aufzusteigen. Dies kann durch grenzflächenaktive Additive begünstigt werden. Ungünstige Strömungen im Behälter können die Luftabscheidung erheblich verlangsamen. Durch konstruktive Maßnahmen muß möglichst ein Eintreten von Luft in die Flüssigkeit verhindert und die Abscheidung erleichtert werden.

Eine negative Eigenschaft von Druckflüssigkeiten ist die Bildung von Oberflächenschaum als Folge der abgeschiedenen Luft. Dies kann mit entsprechenden Additiven verhindert werden. Die Additive bewirken jedoch gleichzeitig eine Verschlechterung des Luftabscheidevermögens.

3.3.8 Alterungsverhalten

Der Begriff der Alterung umfaßt die Veränderung der Zusammensetzung und der chemischen Struktur von Druckflüssigkeiten. Sie erfolgt durch chemische Vorgänge wie Oxidation, Hydrolyse, Polymerisation und thermische Zersetzung, aber auch durch mechanische Einflüsse, beispielsweise durch Scherung. Die **Oxidation** ist die Reaktion mit O_2 unter Bildung von Säureresten. Die **Polymerisation** ist die Vergrößerung der Kohlenwasserstoffe durch die Bildung von Seitenketten oder Makromolekülen. Sie führt zu Ausfallprodukten wie Schlamm oder harzartigen Überzügen an Bauteilen. **Hydrolyse** ist die Spaltung von Estern bei Kontakt mit Wasser.

Die Alterung erfolgt einerseits durch den Abbau oder die Zerstörung der Additive, andererseits durch die Veränderung der Moleküle der Basisflüssigkeit. Sie wird durch eine hohe Betriebstemperatur, und Verschmutzungen durch Fremdluft, Wasser und metallische Katalysatoren, im wesentlichen Kupfer, Kupferlegierungen und Eisen beschleunigt. Ein Maß für den Alterungszustand einer Flüssigkeit ist beispielsweise die **Neutralisationszahl** NZ. Sie gibt als Maß für den Säuregehalt einer Flüssigkeit an, wieviel mg Kalilauge notwendig sind, um 1 g einer Probe zu neutralisieren:

$$NZ = \frac{mgKOH}{gFl}$$

Die Alterungsbeständigkeit einer Druckflüssigkeit kann in einfachen Labortests ermittelt werden, z. B. mit dem Baader-Gerät nach DIN 51 554. Aussagen mit größerem Bezug zur Praxis werden durch Prüfstandsversuche wie in **Bild 3.3-7** gewonnen. Es zeigt den Einfluß von Luft und Wasser auf den Anstieg der Neutralisationszahl eines unadditivierten Mineralöls über 1000 h durch eine hohe Dauerbelastung. Bei fertig legierten Druckflüssigkeiten wird zunächst ein Abfall der NZ durch den Abbau der sauren Alterungsschutzadditive beobachtet, der daraufhin in einen progressiven Anstieg übergeht.

Die Alterungsbeständigkeit von Mineralölen, Pflanzenölen und HFD-Flüssigkeiten kann durch Zusatz bestimmter Additive verbessert werden. Bei wasserbasierten Flüssigkeiten altert die Grundflüssigkeit nicht. Es muß jedoch über der Betriebszeit mit einer Verringerung des Wassergehaltes durch

Verdunsten, und damit einer Erhöhung der Additivkonzentration gerechnet werden.

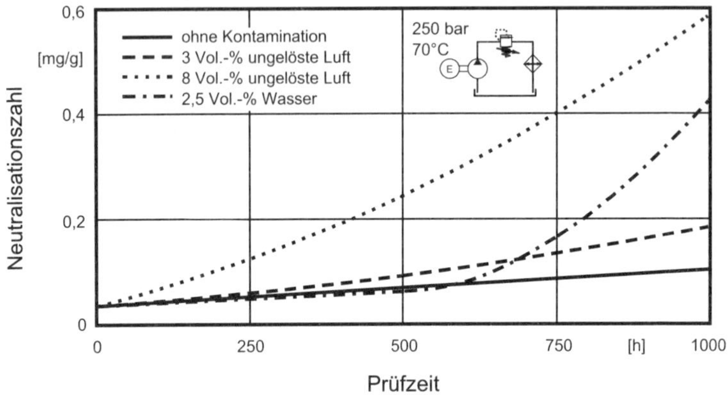

Bild 3.3-7: Einfluß von Luft und Wasser auf die Alterung von unlegiertem Mineralöl

3.3.9 Werkstoffverhalten

Hydraulikflüssigkeiten sollen metallische Werkstoffe nicht angreifen. Einige HFC-Flüssigkeiten sind aggressiv gegenüber Zinn und Cadmium. HFD-Flüssigkeiten greifen Aluminium und Aluminium-Legierungen bei Vorhandensein von Reibspannungen an. Wesentlich ungünstiger ist das Verhalten der Flüssigkeiten gegenüber Kunststoffen, wie sie für Dichtungen, Schläuche und Lacke verwendet werden. Für Mineralöle sind inzwischen mehr oder weniger alle auf dem Markt befindlichen Werkstoffe verwendbar. Für HFC-Flüssigkeiten können nur Silikon-Kautschuk- und Teflonwerkstoffe und für HFD-Flüssigkeiten nur Viton- und Teflonwerkstoffe eingesetzt werden.

Der polare Charakter umweltschonender Esterflüssigkeiten führt zu einer deutlichen Quellung herkömmlicher Standardelastomere. Wenn auch die Kompatibilität mit gealterten Flüssigkeiten noch nicht ausreichend bekannt ist, so existieren doch inzwischen angepaßte Werkstoffe, die einen vergleichsweise sicheren Betrieb erlauben. Größere Probleme treten derzeit vereinzelt noch bei Schlauchleitungen oder bei Kontamination mit Wasser auf. Darüberhinaus können Probleme durch Alterungsprodukte auftreten. Epikote-

und DD-Lacke sind bedingt beständig gegen HEPG-, HFC- und HFD-Flüssigkeiten. Es empfiehlt sich hier, Lackierungen in Behältern zu vermeiden und der Korrosion durch Materialwahl zu begegnen.

3.3.10 Detergieren und Dispergieren

Die Abscheidung von Wasser und Festkörpern im Behälter ist, zumindest bei niedrigen Umwälzraten, ein gutes Mittel zur Reinhaltung der Flüssigkeit. Mineralöle und HFD-Flüssigkeiten haben normalerweise ein gutes, Detergieren genanntes Abscheidevermögen. Die Absetzgeschwindigkeit von Wasser folgt analog dem Aufsteigen von Luftblasen (Gl. 3-18) dem Stokesschen Gesetz

$$v = \frac{2}{9}(\rho_{Fl} - \rho w)\frac{r^2 g}{\eta} \qquad (3\text{-}19)$$

Hierin ist ρ_w die Dichte des Wassers. Zu beachten ist, daß sich im Mineralöl Wasser aufgrund höherer Dichte am Behälterboden abscheidet, in HFD-Flüssigkeiten jedoch aufgrund geringerer Dichte an der Oberfläche. Auch hier gilt, daß das detergierende Verhalten durch die Koagulation kleiner Tropfen zu größeren begünstigt wird.

Bei besonderen Anwendungsfällen mit starker Gefahr der Kontamination werden durch dispergierende Wirkstoffe Wasser und Feststoffe fein verteilt als Suspension in Schwebe gehalten. Dadurch kann es nicht zu Funktionsstörungen von Ventilen und zur Beeinträchtigung des Verschleißschutzes und des Lasttragevermögens kommen. Die polaren Esterflüssigkeiten neigen zur Bildung stabiler Suspensionen, sie vermögen zudem verhältnismäßig große Mengen Schmutz und Wasser zu lösen. Auf Grund der hydrolytischen Wirkung von Wasser auf Esterbindungen, muß jedoch bei nativen und synthetischen Estern ein Wasserzutritt in das hydraulische System durch geeignete konstruktive Maßnahmen ausgeschlossen werden.

3.3.11 Wärmekapazität und Wärmeleitung

Die Kennwerte der spezifischen Wärme und der Wärmeleitfähigkeit beeinflussen die Beharrungstemperatur in einer Hydraulikanlage im stationären Betrieb, sowie Veränderungen der Temperatur bei wechselnden Belastungen. Sie werden für die Auslegung von Wärmetauschern benötigt.

Aufgrund der höheren spezifischen Wärme sowie der besseren Wärmeleitfähigkeit kann die Beharrungstemperatur bei Anlagen mit wasserbasierten Flüssigkeiten unter sonst gleichen Bedingungen immer niedriger gehalten werden als bei Mineralölen und HFD-Flüssigkeiten. Dies ist wegen des höheren Dampfdruckes von Wasser auch erforderlich.

3.3.12 Entflammbarkeit

Der **Flammpunkt** ist diejenige Temperatur, bei der Flüssigkeitsdampf, der sich in einem Prüfgefäß entwickelt, bei Annäherung einer Flamme erstmalig entflammt. Er liegt unterhalb der **Zündtemperatur** der Flüssigkeit. Die Zündtemperatur ist diejenige Temperatur, bei der Flüssigkeitstropfen unter bestimmten Prüfbedingungen von selbst zünden. Diese Temperatur wird als Kriterium für die Schwerbrennbarkeit von Hydraulikflüssigkeiten herangezogen. Die **Zündverzögerungszeit** ist die Zeitspanne, die zwischen dem Aufbringen einer Flüssigkeitsmenge von 40 ml auf eine heiße Aluminiumschmelze von 800°C und dem Aufflammen der Flüssigkeit vergeht. Diese Zeitspanne ist bei den schwerentflammbaren Flüssigkeiten wesentlich größer als bei Mineralöl. Dieses Verfahren und die Bezeichnung Zündverzögerungszeit sind nicht genormt.

3.3.13 Biologische Abbaubarkeit und Toxizität

Der biologische Abbau eines Stoffes bedeutet die Umsetzung in CO_2 und Biomasse durch Mikroorganismen in wässeriger Umgebung. Unter Gesichtspunkten des Umweltschutzes ist sowohl ein schneller, als auch ein vollständiger **Abbau** relevant. Wie das **Bild 3.3-8** zeigt, sind native Öle unter stark idealisierten Prüfbedingungen nach 21 Tagen zu fast 100% abgebaut, während Mineralöle lediglich eine Abbaurate von 25% erreichen. Weißöle, die keine Aromaten enthalten, erreichen 40%. Die Bandbreite der synthetischen Ester ergibt sich aus deren vielfältigen Variationsmöglichkeiten. Für das Umweltzeichen („Blauer Engel“) 79 für Hydraulikflüssigkeiten wird eine Abbaurate von 70% gefordert.

Der **toxische** Einfluß von Hydraulikflüssigkeiten auf Säugetiere, Pflanzen und Bakterien wird im wesentlichen durch die Additive bestimmt. Er wird nach der Verwaltungsvorschrift wassergefährdende Stoffe (VwVwS) durch drei

Wassergefährdungsklassen (WGK 1 - 3) bewertet: schwach wassergefährdend, wassergefährdend und stark wassergefährdend. Umweltschonende Flüssigkeiten (Pflanzenöle und teileise auch synthetische Ester) können als nicht wassergefährdend gelten oder werden je nach Additivierung in die WGK 1 einegstuft.

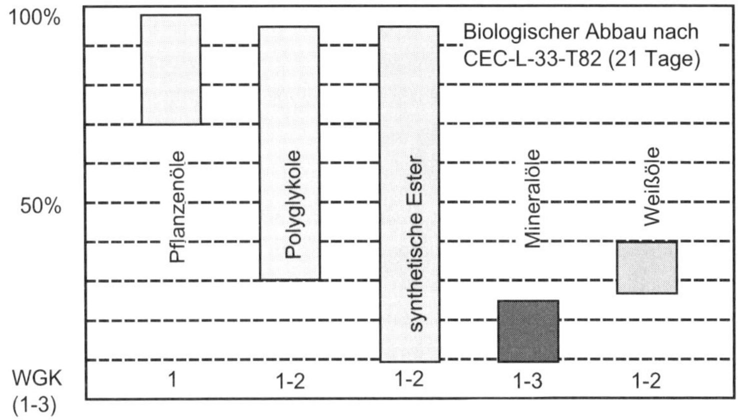

Bild 3.3-8: Bandbreiten der Abbaurate und Wassergefährdungsklasse (WGK) verschiedener Basisflüssigkeiten

3.4 Additivierung von Druckflüssigkeiten

Natürliche Kohlenwasserstoff-Öle, aber auch native und synthetische Flüssigkeiten können die Anforderungen moderner Hydraulikkomponenten und Anlagen nicht immer erfüllen. Da sich die Qualität der Grundflüssigkeiten nur begrenzt durch Änderungen der Herstellungsverfahren steigern läßt, müssen durch chemische Zusätze Leistungssteigerungen realisiert werden. Diese Zusätze werden Additive genannt. Auf Grund des chemischen Abbaus der Additive während der Betriebsdauer, ist für eine lange Einsatzdauer ein hochwertiges Grundöl mit geringer Additivierung einem minderwertigen Grundöl mit hohem Additivgehalt vorzuziehen [3.1, 3.5]. Additive werden einerseits unterschieden in solche, die die physikalischen und chemischen Eigenschaften der **Grundflüssigkeiten** beeinflussen, wie das VT-Verhalten, die Kristallisationstendenz, die Alterungsstabilität usw. Andererseits werden Additive ver wendet, die an der **Grenzfläche** zwischen der Flüssigkeit und Komponenten oder Verschmutzungen wirken, also das Reibungs- und Verschleißverhalten verbessern, Korrosion vermeiden oder Partikel in Suspension halten.

Druckmedien werden aus einer **Basisflüssigkeit** und einem sogenannten **Additivpaket** zu einer fertigen Formulierung legiert. Die chemische Wirkungsweise der einzelnen Additive kann synergetische oder auch antagonistische Effekte hervorrufen. Zahlreiche Additive weisen mehrere Funktionen auf, wodurch die Möglichkeit der gegenseitigen Störung einzelner Zusätze eingeengt ist. Diese Gruppe läuft unter der Bezeichnung „multipurpose additives“.

3.4.1 Oxidationsinhibitoren

Die in einer Hydraulikflüssigkeit bei erhöhten Temperaturen durch Luftsauerstoff eintretenden Oxidationsreaktionen bewirken eine Alterung der Flüssigkeit. Metallionen, wie Kupfer, Eisen, Blei und andere, können oxidativ oder reduktiv mitwirken und den Alterungsprozeß beschleunigen. Um diesen unerwünschten Effekten entgegenzuwirken, benötigen moderne Druckflüssigkeiten eine ausgewogene Anzahl sogenannter Oxidationsinhibitoren.

Nach der Raffination enthalten mineralische Grundöle natürliche Inhibitoren in Form von Schwefel- und Stickstoffverbindungen. Die oft nicht ausreichende Oxidationsstabilität wird durch Zugabe bestimmter Verbindungen gesteigert. Die wichtigsten Vertreter dieser Gruppe sind Schwefelverbindungen, Phosphorverbindungen in Form von Phosphorsäure-Phenol-Derivaten, Schwefel-Phosphor-Verbindungen in Form von Zinkdialkyldithiophosphaten, Phenolderivate in Form von sterisch gehinderten Polyalkylphenolen sowie Amine.

3.4.2 Metalldesaktivatoren

Zur Vermeidung einer katalytischen Beschleunigung der Oxidation, genauer der **Autoxidation**, von Druckmedien durch Metallionen, insbesondere Kupfer und Eisen, müssen diese "maskiert" werden. Geeignete Additive sind sogenannte Chelat-Bildner, z. B. N-Salicyliden-äthylen-diamin, die bereits in geringsten Konzentrationen wirken, indem sie freie Ionen in Form von Komplexen binden. Filmbildner verhindern durch die Ausbildung eines passivieren den Schutzfilms auf metallischen Oberflächen sowohl den Übertritt von katalytisch wirkenden Ionen in das Öl, als auch den oxidativen Angriff von Sauerstoff bzw. Ölalterungsprodukten auf die Oberfläche.

3.4.3 Verschleißschutz

Zur verschleißarmen Übertragung größerer Kräfte muß den Druckmitteln ein hohes Lastaufnahmevermögen verliehen werden. Zu diesem Zweck können sog. Hochdruck- oder **EP**- (Extreme Pressure) Additive zulegiert werden. Die EP-Additive wirken an hochdruck- und damit temperaturbelasteten Gleitstellen, wo die hydrodynamische Schmierung in **Mischreibung** übergeht. Sie bilden Metallverbindungen an den Oberflächen der gleitenden Reibpartner, die unter Normalbedingungen fest, unter Verschleißbedingungen jedoch flüssig bis gleitfähig sind. Hierdurch wird ein Verschweißen der Oberflächen verhindert. Wichtige EP-Additive sind organische Schwefel-, Phosphorverbindungen, sowie Kombination dieser Elemente untereinander. Insbesondere die Zinkdithiophosphate (ZnDTP) finden noch große Anwendungsfelder. Allerdings geht der Trend hin zu schwermetalfreien Ölformulierungen, wodurch die Bedeutung von ZnDTP in Zukunft zurückgehen wird.

3.4.4 Reibwertminderer

Beim An- und Auslaufen gleitender Metallflächen wird das Mischreibungsgebiet durchfahren, so daß für viele Anwendungsfälle milde Hochdruckadditive zur Vermeidung von Reibschwingungen (stick-slip) oder Geräuschen, sowie zur Verminderung der Reibungskräfte und damit zur Energieeinsparung benutzt werden. Diese auch als „friction modifier" bezeichneten Additive wirken allgemein durch Ausbildung dünner Schichten auf den Reibflächen infolge von physikalischer Adsorption, und bestehen aus polaren Stoffen wie z. B. Fettalkoholen, Fettsäuren, Fettsäureester, -amiden oder -salzen. HE-Medien bieten ausreichende Schmiereigenschaften durch die polare Grundflüssigkeit.

3.4.5 VI-Verbesserer

Viskositäts-Index-Verbesserer sind Additive, die das Viskositäts-Temperatur-Verhalten von Flüssigkeiten verbessern, also die Abnahme der Viskosität mit der Temperatur verringern. Heute übliche VI-Verbesserer bestehen aus linea ren Polymermolekülen, deren Wirksamkeit darauf beruht, daß sie die Viskosität einer Flüssigkeit bei verschiedenen Temperaturen unterschiedlich erhöhen. Dadurch wird das Fließverhalten der Druckmedien derart beeinflußt, daß nicht mehr von Newton'schen Flüssigkeiten gesprochen werden kann. Die dynamische Viskosität ändert sich mit der Schubspannung. Von großer Bedeutung ist weiter, daß die VI-Verbesserer mit steigender Molekularmasse zunehmend empfindlicher gegenüber mechanischer Beanspruchung werden. Durch Scherbeanspruchung, wie z. B. bei der Durchströmung von Steuerkanten, werden Polymermoleküle irreversibel in kleinere Bruchstücke zerlegt, was zu einem Absinken der Viskosität bei hoher Temperatur führt. HE- und wasserbasische Medien besitzen einen hohen natürlichen VI und benötigen daher keine VI-Verbesserer.

3.4.5.1 Stockpunkterniedriger

Bei Maschinen und Anlagen, die je nach Aufstellungsort oder Einsatzgebiet Umgebungstemperaturen weit unter dem Gefrierpunkt ausgesetzt sind, muß die Fließfähigkeit des Mediums beim Kaltstart gewährleistet bleiben. Mineralölbasische Druckmedien scheiden beim Abkühlen und Erreichen der Löslichkeitsgrenze n-Paraffin-Kohlenwasserstoff in kristalliner Form als Nadeln und Platten aus, die ein verfilztes Netzwerk bilden und ein Fließen des Öles verhindern, d. h. es stockt.

Eine Verbesserung der Tieftemperatureigenschaften solcher Öle kann durch erschöpfende Entparaffinierung erreicht werden. Aus Kostengründen wird allerdings nur eine partielle Entparaffinierung bis zu einem Stockpunkt von etwa -15 °C durchgeführt. Weitere Verbesserungen können mit Stockpunkterniedrigern basierend auf Polymerisations- und Kondensationsprodukten erzielt werden. Typische Vertreter sind z. B. Polymethacrylate, Alkylphenole oder Copolymere von Vinylacetat und Äthylen.

3.4.6 Schaumverhinderer

Starke Schaumbildung beeinträchtigt die Schmiereigenschaften von Druckflüssigkeiten, fördert deren Oxidation und kann zum Ansaugen von Luft in die Pumpe führen. Bei reinen Mineralölen ist die Beständigkeit des Schaumes eine Funktion der Viskosität und der Oberflächenspannung. Nach dem

Stokes'schen Gesetz ist die Geschwindigkeit, mit der sich die Luftblasen abscheiden, proportional dem Quadrat ihres Durchmessers und umgekehrt proportional der Viskosität, s.a. 3.1.3.7. Bei niedrigen Viskositäten entsteht grobblasiger Schaum, der rasch verschwindet, während sich in hochviskosen Flüssigkeiten kleine Luftblasen in feiner Verteilung bilden, die eine hohe Stabilität des Schaumes verursachen. Als wirksamste Schaumverhinderer haben sich Zusätze von flüssigen Siliconen (insbesondere Polydissethylsiloxanen) erwiesen.

3.4.7 Detergents und Dispersants

Durch den Einsatz in großen Mengen in Motorenölen stellen die grenzflächenaktiven Detergentien und Dispergentien mit ca. 50 % Marktanteil die bedeutendste Additivsorte dar. Sie haben die Aufgabe, ölunlösliche Stoffe, harz- und asphaltartige Oxidationsprodukte sowie Wasser in Suspension zu halten, oder aber deren Absetzung zu beschleunigen. Dadurch werden Ablagerungen an Metalloberflächen, Verdickung der Flüssigkeit, Ausscheidungen von Schlamm und Korrosion verhindert. Bei vielen dieser Additive hängt die dispergierende oder detergierende Wirkung von der Konzentration ab.

Dispergentien, oder auch Dispersants, sind aschefreie organische Verbindungen, die eine Ausflockung bzw. Koagulation kolloidaler Teilchen verhindern. Den als Detergentien bekannten öllöslichen bzw. fein dispergierbaren Metallsalzen organischer Säuren wird eine gute **Schmutzlösewirkung** zugeschrieben. Beide Additiv-Typen ergänzen sich in ihren Wirkungseigenschaften, zu denen noch die Fähigkeit der Neutralisation saurer Produkte und damit der Inhibition von Oxidation hinzukommt. Durch die dreifache Funktion als Dispergier-, Reinigungs- und Neutralisationsmittel werden verhältnismäßig große Mengen dieser HD- (Heavy Duty) Additive benötigt und eingesetzt.

Beim Zutritt von Wasser zu Druckflüssigkeiten können relativ stabile Wasser-in-Öl-Emulsionen mit störenden Eigenschaften gebildet werden, die häufig nur durch Änderung der Grenzflächenspannung zu brechen sind. Als **Demulgatoren** eignen sich grundsätzlich alle grenzflächenwirksame Verbindungstypen. Demulgatoren erhöhen die Schaumbildungsneigung und dürfen aus diesem Grund nur in sehr geringen Konzentrationen zugesetzt werden.

Besonders für schwerentflammbare Druckflüssigkeiten sind **Emulgatoren** als Emulgierhilfen von großer Bedeutung. Emulgatoren haben aufgrund eines hydrophob-hydrophilen Molekülaufbaues grenzflächenaktive Eigenschaften und erleichtern durch Herabsetzung der Grenzflächenspannung des Wassers die Bildung und Haltbarkeit der Emulsion. Man unterscheidet zwischen anionaktiven, kationaktiven und nichtionogenen Emulgatoren.

3.4.8 Korrosionsinhibitoren

Korrosion tritt auf, wenn Sauerstoff (oder andere aggressive Substanzen) und Feuchtigkeit gleichzeitig auf eine Metalloberfläche einwirken. Durch Bildung einer nichtmetallischen Schutzschicht kann die im wesentlichen durch elektrolytische Vorgänge verursachte Korrosion verhindert werden. Wirksame Inhibitoren sollten fest am Metall haften und einen für Wasser und Sauerstoff undurchlässigen Film bilden. Besondere Bedeutung haben Stickstoff-Verbindungen, Fettsäureamide, Phosphorsäure-Derivate, Sulfonsäuren und Schwefelverbindungen sowie Carbonsäure-Derivate.

3.5 Verschmutzungen in Druckflüssigkeiten

Die Verschmutzung von Druckflüssigkeiten hat verschiedene Ursachen, siehe **Bild 3.5-1**. Bereits bei der Fertigung und der Montage der Anlage tritt sie in Form von Metallspänen, Schleifstaub, Schweißperlen, Sand, Zunder usw. auf. Die Anfangsverschmutzung frisch angelieferter Flüssigkeit ist oft wesentlich größer als im Betrieb zulässig und kann bei unsachgemäßer Lagerung weiter zunehmen.

Im Betrieb werden Staub, feiner Sand und Kondens- und Regenwasser aus der Umgebung durch die Luftöffnung im Behälter und durch Ablagerungen auf den Kolbenstangen in das System eingezogen. Metallischer Abrieb in Form von Partikeln, aber auch als ausgelöste Metallionen, sowie Abrieb von Dichtungen sind durch den Verschleiß in der Anlage bedingt. Die chemische Veränderung der Flüssigkeit durch Temperatur, Druck und Scherung führt, meist durch Oxidation mit dem gelösten Luftsauerstoff, zu Alterungsprodukten wie Schlamm, Lacke und Säuren.

Arten		Ursachen
Partikel	Späne, Zunder etc. Staub, Sand Abrieb	Fertigung, Montage Lagerung, Montage, Wartung, Einzug im Betrieb Verschleiß
Flüssigkeiten	Wasser Fremdflüssigkeiten	Lagerung, Wartung, Einzug im Betrieb kombinierte Anlagen, Wartung
Molekular	Schlamm, Lack, Säuren Metallionen Sauerstoff	Alterungsprodukte Reibung, Verschleiß gelöste Luft

Bild 3.5-1: Arten und Ursachen von Verschmutzungen in Druckflüssigkeiten

Verschmutzungen wirken sich sowohl auf die Alterung des Mediums, als auch auf die Lebensdauer und Funktion der Komponenten aus. Dabei wirken, initiiert durch die eingebrachte Energie, oftmals mehrere Kontaminationen zusammen, so z. B. Wasser, oxidierte Ölmoleküle, Metallionen und verbrauchte Additive bei der Bildung von Schlämmen.

Schmutzpartikel werden mit der Flüssigkeit zu allen Stellen einer Anlage transportiert. Sie können zu einem direkten **Funktionsausfall** führen, wenn z. B. der Schieber eines Ventils durch Partikel verklemmt oder Steuerdüsen verstopfen. Einen weitaus bedeutenderen Einfluß hat jedoch der durch den Schmutz hervorgerufene zusätzliche **Verschleiß** in den Komponenten. Hier kommt es zur **Abrasion** durch Partikel, die zwischen Reibpartnern eingespannt werden, sowie zu **Erosion** an Kanten und Oberflächen, an denen hohen Strömungsgeschwindigkeiten vorliegen.

Die Feststoffverschmutzung wird durch **Reinheitsklassen** beschrieben, die die maximal zulässige Menge von Partikeln bestimmter Größe definieren. In Abhängigkeit der eingesetzten Komponenten werden Empfehlungen für die ein-

Maximale Partikelanzahl **pro 100ml** in den vorgegebenen Partikelgrößenbereichen					Klasse
5-15µm	15-25µm	25-50µm	50-100µm	> 100µm	
125	22	4	1	0	0
250	44	8	2	0	0
500	89	16	3	1	1
1000	178	32	6	1	2
2000	356	63	11	2	3
4000	712	126	22	4	4
8000	1425	253	45	8	5
16000	2850	506	90	16	6
32000	5700	1012	180	32	7
64000	11400	2025	360	64	8
128000	22800	4050	720	128	9
256000	45600	8100	1440	256	10
512000	91200	16200	2880	512	11
1024000	182400	32400	5760	1024	12

Reinheitsklassen nach NAS 1638

Partikelanzahl über	**pro 1ml** bis	Ordnungs-zahl
2500000		> 28
1300000	2500000	28
640000	1300000	27
320000	640000	26
160000	320000	25
80000	160000	24
40000	80000	23
20000	40000	22
10000	20000	21
5000	10000	20
2500	5000	19
1300	2500	18
640	1300	17
320	640	16
160	320	15
80	160	14
40	80	13
20	40	12
10	20	11
5	10	10
2,5	5	9
1,3	2,5	8
0,64	1,3	7
0,32	0,64	6
0,16	0,32	5
0,08	0,16	4
0,04	0,08	3
0,02	0,04	2
0,01	0,02	1
0,00	0,01	< 1

Verschmutzungsgrad nach ISO 4406

Zählerergebnis	
Partikel-größe	Anzahl pro 1ml
>4 µm	1452,53
>6 µm	274,4
>14 µm	18,51

Partikel-größe	Anzahl pro 1ml	Ordnungs-zahl
>4 µm	1452,53	18
>6 µm	274,4	15
>14 µm	18,51	11

ISO 4406:1999 18/15/11

Zählerergebnis	
Partikel-größe	Anzahl pro 1ml
>5 µm	186,2
>15 µm	14,45
>25 µm	4,9
>50 µm	0,72
>100 µm	0,08

Partikel-bereich	Anzahl pro 100ml	Klasse
5-15 µm	17175	7
15-25 µm	955	5
25-50 µm	418	6
50-100 µm	64	6
>100 µm	8	5

NAS 1638 Klasse 7

Beispiel für eines Einordnung eines Zählergebnisses

Empfehlungen für Reinheitsgrade

Art des Hydrauliksystems	Reinheitsgrad
Empfindliche Steuersysteme, Labor, Luft- und Raumfahrt	11/8
Hochleistungs-Servosysteme, Hochdrucksysteme m. hoher Lebensdauer	14/11
Hochwertige und zuverlässige Systeme, allgemeiner Maschinenbau	16/13
Mittlerer Druckbereich, allgemeiner Maschinenbau und Fahrzeuge	18/14
Niedriger Druckbereich, allgemeiner/ Schwermaschinenbau, Fahrzeuge	19/15
Niederdrucksysteme mit großen Toleranzen	21/17

Bild 3.5-2: Reinheitsgrade für Hydraulikfluide nach ISO 4406 und NAS 1638

zuhaltende Reinheitsklasse gegeben, siehe **Bild 3.5-2**. Hierbei spielen, neben der Verschleißempfindlichkeit der Komponenten, insbesondere die konstruktiv vorgegebenen Spaltweiten und die Durchmesser von Steuerdüsen eine Rolle.

Die ständige **Pflege** der Flüssigkeit durch Filtrierung und Abscheidung von Wasser, aber auch **vorbeugende Maßnahmen** wie eine gründliche Reinigung der Komponenten bei der Montage und die Befüllung über Filtersysteme hat eine große Bedeutung, wenn dauerhaft gute Reinheitsgrade und damit eine sichere Funktion und lange Lebensdauer erreicht werden sollen.

3.6 Kennwerte von Druckflüssigkeiten

	HLP	HFA (3%)	HFD	HETG	ATF
Dichte bei 15°C [g/cm^3]	0,87	1,0	1,15	0,92	0,87
Kinematische Viskosität bei 40°C [mm^2/s]	10 – 100	0,7	15 - 70	32 - 48	36 – 40
Mittlerer Kompressionsmodul E [N/m^2]	$2\cdot10^9$	$2{,}5\cdot10^9$	$2{,}3\text{-}2{,}8\cdot10^9$	$2{,}5\cdot10^9$	$2\cdot10^9$
Viskositäts-Temperatur-Index	100	-	<0	210	150
Spezifische Wärme bei 20°C [kJ/kgK]	2,1	4,2	1,3 - 1,5	2,1	2,1
Wärmeleitfähigkeit bei 20°C [W/mK]	0,14	0,6	0,11	0,17	0,14
Volumenausdehnungskoeffizient [1/K]	$7\cdot10^{-4}$	$1{,}8\cdot10^{-4}$	$7\cdot10^{-4}$	$7{,}5\cdot10^{-4}$	$7\cdot10^{-4}$
Betriebstemperaturbereich [°C]	-10 – 80	5 – 50	10 - 70	0 - 70	-20 - 100
Maximaler Temperaturbereich [°C]	-40 – 120	0 – 55	-20 - 150	-20 - 90	-40-120
Flammpunkt [°C]	210	-	245	315	190
Zündtemperatur [°C]	310 – 360	-	500	350 - 500	300
Stockpunkt [°C]	-18	0	-24 - 6	-25	-40

	HLP	HFA (3%)	HFD	HETG	ATF
Bunsenkoeffizient α_v bei 20°C für Luft	6,8	-	-	4,6	9,4
Dampfdruck bei 50°C [mbar]	$4 \cdot 10^{-2}$	100	10^{-2}	$3 \cdot 10^{-3}$	$4 \cdot 10^{-2}$
Kavitationsneigung	gering	sehr stark	gering	gering	gering
Relative Flüssigkeits-kosten [%]	100	10 – 15	200 - 400	150 - 300	300
Marktanteil [%]	85	4	2	3	-

Bild 3.6-1: Kennwerte von Druckflüssigkeiten

3.7 Literatur zu Kapitel 3

3.1 Mang, T.; Dresel, W. (Hrsg.) Lubricants and Lubrication, Wiley-VCH, Weinheim 2001

3.2 Bartz, W. J. (Hrsg.) Hydraulikflüssigkeiten: Eigenschaften, Norumung und Prüfung, Anwendung, expert-Verlag, Renningen-Malmsheim, 1995

3.3 Krstic, M. Umweltfreundliche Schmier- und Druckflüssigkeiten: Vorteile und Auswahlkriterien für die Anwendung, Verlag Moderne Industrie, Landsberg / Lech, 2000

3.4 Schmidt, M. Untersuchung und Ansätze zur modellhaften Bschreibung der Alterung auf Estern basierender Zwischenstoffe für den Einsatz in umweltverträglichen Tribosystemen, Dissertation RWTH-Aachen, 2003

3.5 Bartz, W.J. (Hrsg.) Additive für Schmierstoffe, expert-Verlag, Renningen-Malmsheim, 1994

3.6 Remmelmann, A. Die Entwicklung und Untersuchung von biologisch schnell abbaubaren Druckübertragungsmedien auf Basis von synthetischen Estern, Dissertation RWTH-Aachen, 1999

3.7 Backé, W. Grundlagen der Ölhydraulik, Umdruck zur Vorlesung an der RWTH-Aachen, 10. Auflage 1994

3.8 Totten, G. (Hrsg.); Remmelmann, A.; Murrenhoff, H. Fuels and Lubricants Handbook, Chapter 11, ASTM Manual Series: MNL37WCD 2003

3.9 N. N. www.bioschmierstoffe.info; www.fnr.de

4 Pumpen und Motoren

neu bearbeitet von Dipl.-Ing. Michael Deeken

4.1 Definition und Normen

Zur Energieumformung dienen in der Fluidtechnik Pumpen und Motoren. Grundsätzlich ist die Umwandlung von mechanischer in hydraulische Energie und umgekehrt sowohl mit hydrostatischen Maschinen, d. h. Verdrängereinheiten, als auch mit Strömungsmaschinen möglich. In der Hydraulik werden fast ausschließlich Verdrängereinheiten verwendet, die für hohe Drücke und für Steuerungsaufgaben Vorteile bieten. Für Hilfsfunktionen werden aber auch Kreiselpumpen eingesetzt, deren Funktionsweise am Ende des Kapitels kurz dargestellt wird.

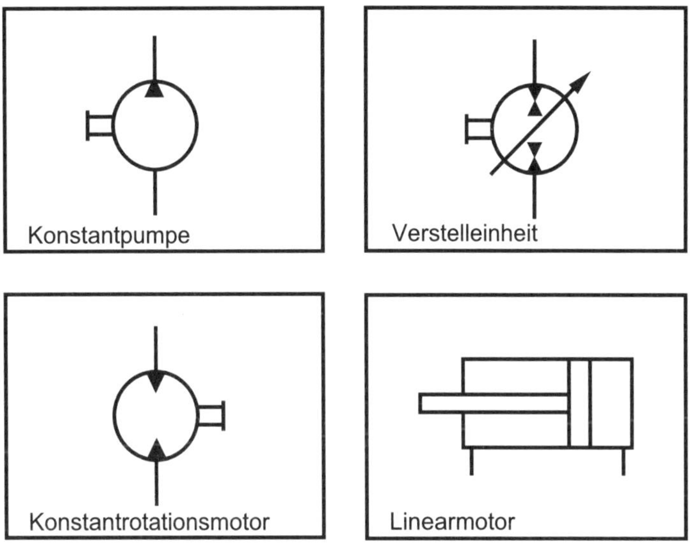

Bild 4.1-1: Schaltsymbole für Pumpen und Motoren nach DIN ISO 1219

Einige Symbole, die in Hydraulikschaltplänen Verwendung finden, sind in **Bild 4.1-1** wiedergegeben. Die Pumpen werden in der Regel rotatorisch angetrieben, bei Motoren wird zwischen Linearmotoren, d. h. Zylinder und Rotationsmotoren unterschieden. Ein weiterer guter Überblick über hydrostatische Maschinen wird in [4.8] gegeben.

4.2 Verdrängereinheiten

Die meisten Verdrängereinheiten können sowohl als Pumpen, als auch als Motoren eingesetzt werden, da der hydrostatische Förderprozess reversibel ist. Das Bestreben zur jeweils optimalen Lösung führt aber dazu, dass Pumpen und Motoren in der Praxis oft unterschiedlich gestaltet sind. Aus demselben Grund kommen für die verschiedenen Einsatzfälle eine Vielzahl von Verdrängerprinzipien zur Anwendung.

4.2.1 Hydropumpen

Wie die Durchflussgesetze gezeigt haben, ist ein Flüssigkeitstransport nur durch das Vorhandensein einer Druckdifferenz möglich. Bei Pumpen besteht diese Aufgabe in doppelter Hinsicht. Erstens muss die Druckflüssigkeit durch atmosphärischen Druck (unter Beachtung der maximalen Saughöhe) oder durch Vorfüllung in die Pumpe hineingefördert werden und zweitens muss das Druckmedium mit höherem Druck aus der Pumpe herausgefördert werden.

Eine der ältesten Formen von Verdrängerpumpen ist die Kolbenpumpe, die in **Bild 4.2-1** einschließlich Förderablauf schematisch dargestellt ist. Für den Kolbenraum 1 wird im oberen Diagramm der Verlauf des Weges und der Geschwindigkeit des Kolbens, sowie des daraus resultierenden Volumenstroms über dem Drehwinkel des Antriebs gezeigt. Im unteren Diagramm ist der Volumenstrom durch die Maschine für beide Kolbenräume dargestellt. Die Kolbenpumpe hat die folgenden Arbeitstakte:

- **Saugen**

Das vom Kolben freigegebene Volumen wird durch atmosphärischen Druck oder durch Speisedruck mit dem Fördermedium gefüllt.

- **Trennen von Saug- und Druckraum**

Der Trennvorgang kann entweder durch Ventile, d. h. druckgesteuert, oder durch Steueröffnungen in Steuerspiegeln bzw. -zapfen, d. h. zwangsgesteuert, erfolgen. In Bild 4.2-1 wird der Trennvorgang durch druckgesteuerte Ventile ausgeführt. Ein Beispiel für eine zwangsgesteuerte Trennung ist der Steuerspiegel einer Axialkolbenmaschine.

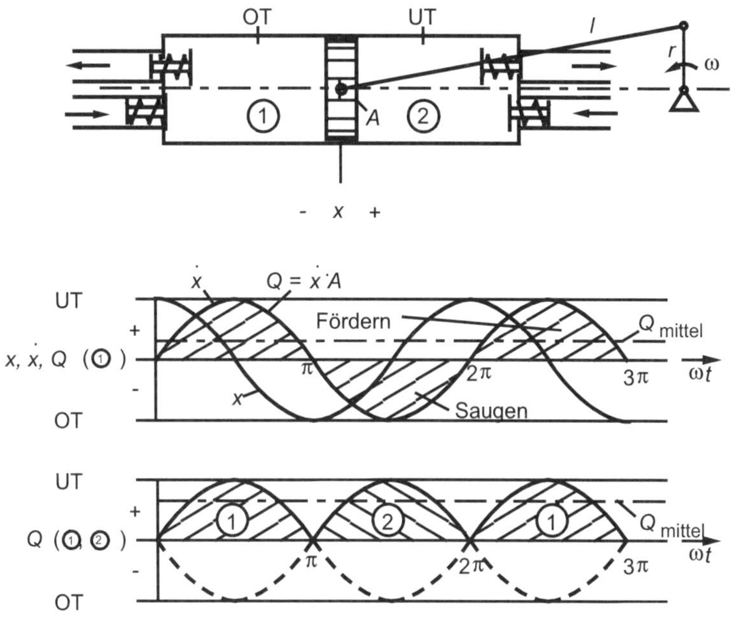

Bild 4.2-1: Förderablauf einer einzeln und einer doppelt beaufschlagten Kolbenpumpe

- **Komprimieren und Fördern**

Das angesaugte Medium wird gegen den Druck in der Druckleitung ausgestoßen.

• Trennen von Druck- und Saugraum

Dieser Takt entspricht dem Trennen von Saug- und Druckraum.

Bei Verdrängerpumpen hängt der erreichbare Druck vom Hubvolumen und vom Antriebsmoment ab. Nach oben ist er nur durch die Materialfestigkeit begrenzt. Für einen sicheren Betrieb ist daher in der Regel ein Druckbegrenzungsventil erforderlich. Im Gegensatz dazu kann der Differenzdruck bei Kreiselpumpen, wie noch gezeigt wird, einen bestimmten Wert nicht überschreiten.

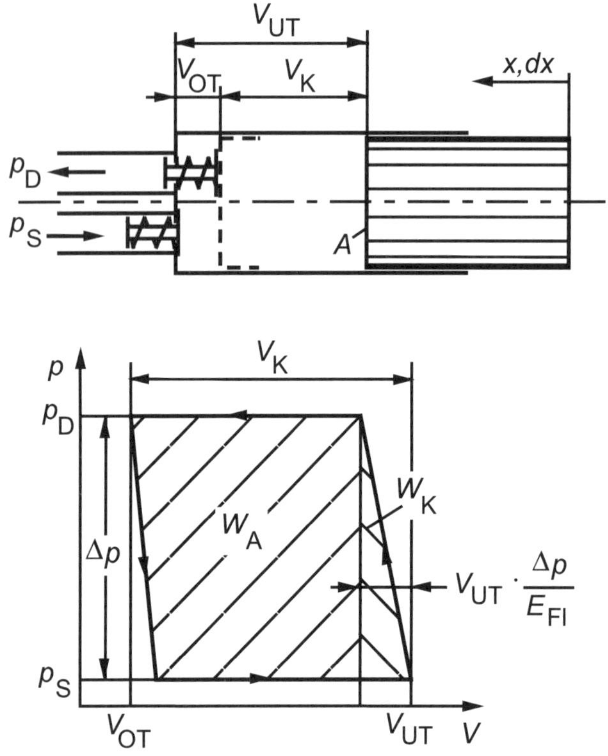

Bild 4.2-2: Arbeitsdiagramm einer Verdrängerpumpe (idealisiert)

An der Flüssigkeit wird bei der **Kompression** die folgende Arbeit geleistet. Bei der Kompression speichert die Flüssigkeit Energie. Die Flüssigkeitssäule im Zylinder verhält sich wie eine Feder. Zum Erhöhen des Druckes um den Betrag Δp wird der Kolben in **Bild 4.2-2** um den Weg

$$dx = \frac{dV}{A} = \frac{V_{UT} \cdot dp}{A \cdot E_{Fl}} \qquad (4.2\text{-}1)$$

in den Zylinder gedrückt. Die Flüssigkeitssäule hat die Steifigkeit

$$c = \frac{dF}{dx} = \frac{dp \cdot A^2 \cdot E_{Fl}}{V_{UT} \cdot dp} = \frac{A^2 E_{Fl}}{V_{UT}} \qquad (4.2\text{-}2)$$

Bei einer linearer Druckerhöhung fällt die Kompressionsarbeit W_K gemäß Bild 4.2-2 an:

$$W_K = \frac{c \cdot dx^2}{2} = \frac{A^2 E_{Fl}}{2V_{UT}} \frac{V_{UT}^2 dp^2}{A^2 E_{Fl}^2} \qquad (4.2\text{-}3)$$

$$W_K = \frac{V_{UT} \cdot \Delta p^2}{2E_{Fl}} \qquad (4.2\text{-}4)$$

Die nach außen abgegebene Arbeit kann maximal den Wert

$$W_A = \left(V_K - \frac{V_{UT} \Delta p}{E_{Fl}} \right) \Delta p \qquad (4.2\text{-}5)$$

annehmen. Das Verhältnis von Kompressionsarbeit zu Nutzarbeit ist demnach:

$$\frac{W_K}{W_A} = \frac{\Delta p}{2E_{Fl} \left(\frac{V_K}{V_{UT}} - \frac{\Delta p}{E_{Fl}} \right)} \qquad (4.2\text{-}6)$$

Die Kompressionsarbeit am Totvolumen V_{OT} könnte bei der Expansion in der Pumpe zurückgewonnen werden. Diese Arbeit entspricht dem schmalen Dreieck links von W_A in Bild 4.2-2. Die Kompressionsarbeit am Fördervolumen V_K könnte theoretisch im Motor zurückgewonnen werden. Wegen des hohen konstruktiven Aufwandes wird davon aber meist kein Gebrauch gemacht.

Durch Vermindern des Totvolumens V_{OT} verringert sich die Kompressionsarbeit, da V_{UT} näherungsweise gleich V_K wird.

Beispielhaft gilt mit den Werten:

$$\Delta p = 300\,\mathrm{bar}$$

$$E_{Fl} = 2 \cdot 10^4\ bar$$

$$\frac{V_K}{V_{UT}} = 0{,}6$$

$$\frac{W_K}{W_A} = \frac{300}{2 \cdot 2 \cdot 10^4 \cdot \left(0{,}6 - \frac{300}{2 \cdot 10^4}\right)} = 1{,}28\%$$

Demnach beträgt die Wirkungsgradabnahme durch **Kompressionsarbeit** etwa 1,28 %.

4.2.2 Hydromotoren

In ihrem Aufbau unterscheiden sich hydraulische Rotationsmotoren kaum von Hydropumpen. Bis auf die ventilgesteuerten Ausführungen können die meisten Pumpen auch als Motor laufen, wenn der Hochdruckanschluss mit dem Niederdruckanschluss vertauscht wird. Im Gegensatz zu Pumpen werden Hydromotoren häufig mit Bremsen ausgestattet, um bewegte Lasten in einer Position halten zu können. Gebräuchlich sind **Kolbenmotoren, Flügelzellenmotoren** und **Zahnradmotoren**, wobei Kolbenmotoren am häufigsten eingesetzt werden.

Da Hydromotoren gegen hohe Momente angefahren werden, müssen Hydromotoren, anders als Hydropumpen, den gesamten Drehzahlbereich vom Stillstand bis zur Maximaldrehzahl beherrschen. Bei elektrischen Gleichstrommotoren kann eine Drehzahländerung durch Änderung der Ankerspannung oder der Felderregung vorgenommen werden. Bei Hydraulikmotoren ist die Drehzahl vom zugeführten Volumenstrom abhängig. Die Drehzahl kann durch Änderung des Volumenstroms variiert werden, dies entspricht der Ankerspannungsverstellung bei Gleichstrommotoren. Die Druckdifferenz Δp am Motor stellt sich dabei nach der Belastung ein. Weiterhin kann die Motor drehzahl durch Verstellen des Schluckvolumens verändert werden, was einer Feldverstellung entspricht.

Beurteilungsmaßstäbe für die Auswahl von Motoren richten sich stark nach dem jeweiligen Einsatzfall. Das maximale Antriebsmoment ergibt sich aus Schluckvolumen, zulässigem Druck und Wirkungsgrad. Dabei muss der Verlauf des Wirkungsgrades in Abhängigkeit von Drehzahl, Druck und, bei verstellbaren Motoren, auch vom Schluckvolumen berücksichtigt werden.

	Rotationsmotor	Linearmotor
Beschleunigungsvermögen	$\ddot{\varphi} = \frac{M}{I}$	$\ddot{x} = \frac{F}{m}$
Ungedämpfte Eigenfrequenz	$\omega_0 = \sqrt{\frac{c_{fl}}{I}}$	$\omega_0 = \sqrt{\frac{c_{fl}}{m}}$
Federsteifigkeit des Fluids	$c_{FL} = \left(\frac{V}{2\pi}\right)^2 \frac{E_{Fl}}{V_0}$	$c_{FL} = A^2 \frac{E_{Fl}}{V_0}$

Bild 4.2-3: Beschreibung der dynamischen Eigenschaften von Rotations- und Linearmotoren

Im Bereich niedriger Drehzahlen und beim Anlauf treten in der Regel die größten Abweichungen vom idealen Verhalten des Hydromotors auf, wofür zwei Einflussfaktoren verantwortlich sind: Zum einen die Abnahme des hydraulisch-mechanischen und vor allem des volumetrischen Wirkungsgrades, und zum anderen der zunehmende Einfluss drehwinkelabhängiger Schwankungen des Motorverhaltens, die sonst bei hoher Drehzahl durch die Massenträgheit ausgeglichen werden. Neben der kinematisch bedingten Ungleichförmigkeit der Volumenverdrängung der meisten Motorbauarten gewinnt hier die **Drehwinkelabhängigkeit der Verlustmomente** und besonders der Leckageströme an Bedeutung.

Das Motorverhalten in diesem kritischen Betriebsbereich lässt sich ermitteln, indem durch eine spezielle Belastungsvorrichtung dem Motor bei konstantem Druck eine extrem niedrige, **konstante Drehzahl aufgezwungen** wird und das abgegebene Drehmoment sowie die Leckageströme gemessen werden (s. **Kap. 4.2.3.4**).

Für das dynamische Verhalten des Antriebs ist das Verhältnis von Trägheitsmoment zu Schluckvolumen wichtig. Hieraus lassen sich das Beschleunigungsvermögen und die ungedämpfte Eigenfrequenz ω_0 eines Antriebs bestimmen.

In **Bild 4.2-3** sind die Gleichungen des Beschleunigungsvermögens und der ungedämpften Eigenfrequenz für Rotations- und Linearmotoren einander gegenübergestellt.

4.2.3 Überblick über die Verdrängerprinzipien

Nachfolgend sind die wichtigsten Verdrängerprinzipien Zahn, Flügel sowie Kolben in ihrer konstruktiven Umsetzung mit den zugehörigen Gleichungen zur Berechnung des Schluckvolumens aufgeführt.

Beim Verdrängerprinzip Zahn bilden die Zahnlücken mit den Gehäusewänden Verdrängerräume. Die Verdrängung erfolgt beim Eingriff der Zähne. Eine Verstellung des Fördervolumens pro Umdrehung ist nicht möglich. **Zahnradpumpen** werden von 0,4 bis 1200 cm³/Umdrehung für Drücke von 160 bis 250 bar gebaut. Bei innenverzahnten Pumpen liegen die Volumina in gleicher Größe, die Drücke jedoch reichen bis etwa 350 bar.

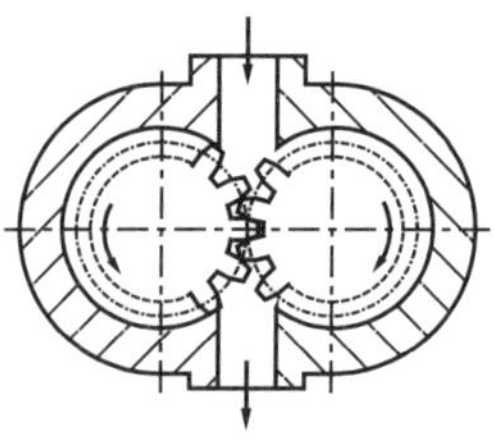

$$V = \pi \cdot m \cdot z \cdot b \cdot c$$

p = 160 bis 250 bar

V = 0,4 bis 1200 cm³

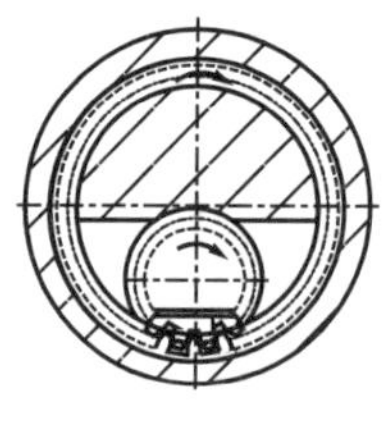

$$V = \pi \cdot m \cdot z \cdot b \cdot c$$

p = bis 350 bar

V = 0,4 bis 1200 cm³

Bild 4.2-4: Zahnradpumpe mit Außen- und Innenverzahnung

Die Zahnringpumpe, als Motor auch unter dem Namen **Orbitmotor** bekannt, hat einen Rotor mit Außenverzahnung, der einen Zahn weniger aufweist als die Statorscheibe mit Innenverzahnung. Der Rotor führt eine Planetenbewegung aus. Auch bei dieser Bauart ist keine Volumenverstellung möglich. Die erzielbaren Drücke reichen bis 310 bar.

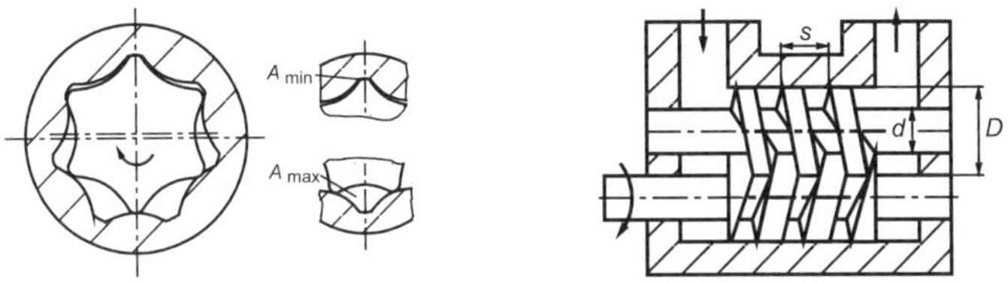

$$V = z \cdot (A_{max} - A_{min}) \cdot b$$

V = bis 150 cm³

P = bis 310 bar

$$V = \frac{\pi}{4} \cdot (D^2 - d^2) \cdot s - D^2 \cdot (\frac{\alpha}{2} - \frac{\sin(2 \cdot \alpha)}{4} \cdot s$$

$$\cos\alpha = \frac{D+d}{2 \cdot D}$$

V = 2 bis 800 cm³

P = bis 200 bar

Bild 4.2-5: Zahnring- und Schraubenpumpe

Bei der **Schraubenpumpe** bilden die Gewindegänge mit dem Gehäuse die Verdrängerräume, die Verdrängung erfolgt an den Berührungsflächen der Schrauben. Eine Verstellung des Volumens ist ebenfalls nicht möglich.

Die nächsten vier Bauarten basieren auf dem Verdrängerprinzip Flügel. Bei der **Flügelzellenpumpe** gleiten die Flügel in radialen Schlitzen und bilden mit Gehäuse und Rotor die Verdrängerräume. Flügelzellenpumpen erreichen im allgemeinen Drücke bis 160 bar. Neuere Entwicklungen erreichen 210 bar und 320 bar. In einhubiger Ausführung ist eine Volumenverstellung durch Verschieben der Welle gegenüber dem Gehäuse möglich, was einer Änderung der Exzentrizität entspricht. Bei mehrhubigen Pumpen kann eine Verstellung nicht realisiert werden. Ein wichtiger Vorteil mehrhubiger Pumpen ist die Kraftentlastung des Rotors durch die symmetrische Druckverteilung. Die Berechnungsgleichungen des Schluckvolumens gehen davon aus, dass das Volumen unterhalb der Flügel der Förderung verloren geht.

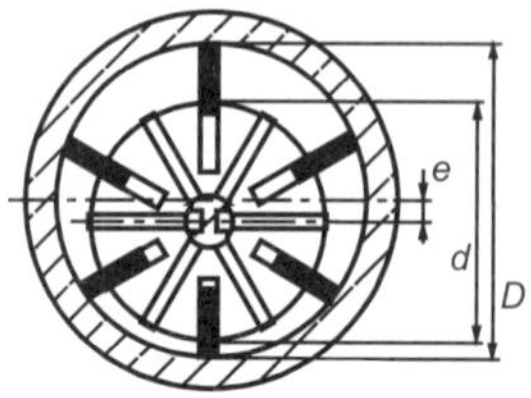

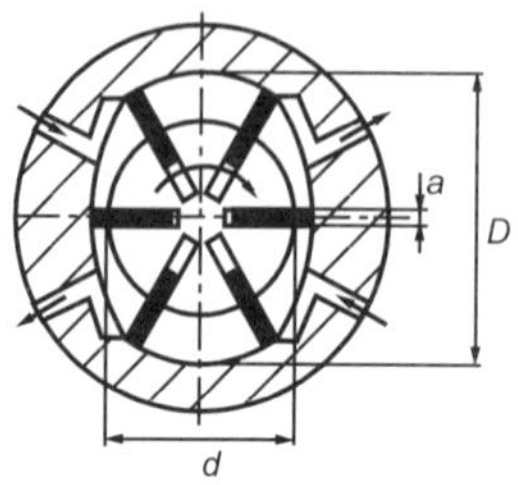

$$V = \pi \cdot b \cdot e \cdot (d + e - \frac{z \cdot a}{\pi})$$

V = 30 bis 800 cm³

P = 16 bis 320 bar

$$V = (\frac{\pi \cdot (D^2 - d^2)}{4} - \frac{D - d}{2} \cdot a \cdot z) \cdot k \cdot b$$

für $k \geq 2$

V = 3 bis 500 cm³

P = bis 210 bar

Bild 4.2-6: Einhubige Flügelzellenpumpe mit innerer Beaufschlagung und doppelhubige Flügelzellenpumpe mit äußerer Beaufschlagung

Die **Sperrflügelpumpe** besteht aus einem Rotor mit zwei Nocken und zwei Sperrflügeln. Die Verdrängerräume bilden sich zwischen Nocken und Flügeln. Ihr Druckbereich reicht bis ca. 200 bar. Eine Volumenverstellung ist bei dieser Bauart ebenso wie bei der Rollflügelpumpe nicht möglich.

Die **Rollflügelpumpe** ist der Sperrflügelpumpe sehr ähnlich. Hier sind die Flügel durch rotierende Walzen ersetzt, die entsprechende Lücken für die vorbeilaufenden Zähne aufweisen. Diese Bauart wird wegen ihres sehr guten Reibverhaltens bevorzugt in der Servotechnik eingesetzt.

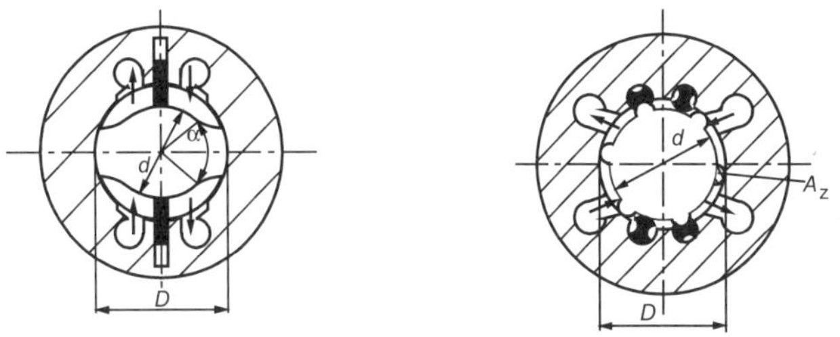

$$V \approx \frac{b}{2} \cdot (D^2 - d^2) \cdot (\pi - \alpha)$$

V = 4 bis 400cm³

P = bis 210 bar

$$V = \frac{\pi \cdot b}{2} \cdot (D^2 - d^2) - (z \cdot A_z)$$

V = 8 bis 1000 cm³

P = bis 160 bar

Bild 4.2-7: Sperr- und Rollflügelpumpe

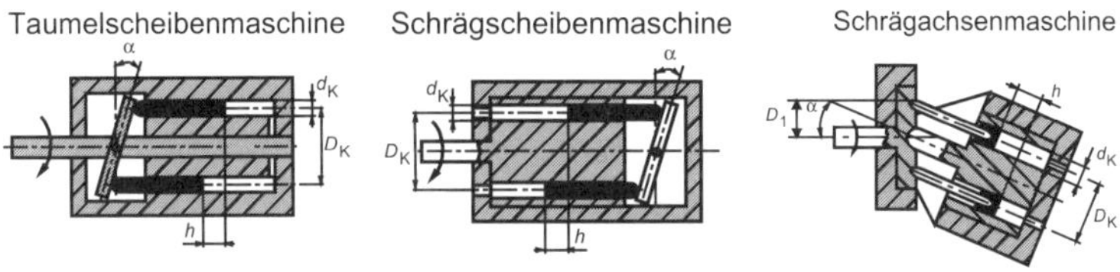

$h = D_K \cdot \tan\alpha$ $h = D_K \cdot \tan\alpha$ $h = D_1 \cdot \sin\alpha$

Bild 4.2-8: Axialkolbenmaschinen

Die folgenden Bauarten basieren auf dem Verdrängerprinzip Kolben. Die Kolben füllen und entleeren durch ihre oszillierende Bewegung zylindrische Verdrängerräume. Bei der **Taumelscheibenpumpe** wird diese Bewegung durch die Drehung der Scheibe und bei der **Schrägscheibenpumpe** durch Drehung der Kolbentrommel erzeugt. Eine Volumenverstellung ist in beiden Fällen durch Änderung des Schwenkwinkels der Scheibe möglich. Die Verstellung der Schrägscheibe ist konstruktiv einfacher durchzuführen. Bei der Taumelscheibenmaschine ist die bewegte Masse im Vergleich mit der Schrägscheibenmaschine geringer.

Die **Schrägachsenpumpe** ist ein weiterer Vertreter der Axialkolbenmaschinen, bei denen die Kolbenachse parallel zur Drehachse liegt. Ein Triebflansch dreht sich mit der gleichen Geschwindigkeit wie die schräggestellte Kolbentrommel. Dadurch, dass der Abstand sich während einer Umdrehung periodisch ändert, entsteht die Bewegung der Kolben. Eine Volumenverstellung ist durch Drehung der Kolbentrommel um den Triebflansch möglich.

Schrägscheibenmaschinen zeichnen sich gegenüber Schrägachsenmaschinen durch die Möglichkeit einer durchgehenden Welle aus.

Schrägachsen- und Schrägscheibenmaschinen erreichen in der Ölhydraulik üblicherweise Drücke bis 450 bar. In der Wasserhydraulik ist der übliche Druckbereich 140 - 160 bar. Eine neuere Entwicklung in Schrägscheibenbauweise ist für einen Druck von 210 bar ausgelegt [4.13].

Vertreter der **Radialkolbenmaschinen** sind in **Bild 4.2-9** zu sehen. Die Achsen der Kolben stehen senkrecht auf der Drehachse der Maschine. Radialkolbenmaschinen werden mit äußerer und innerer Kolbenabstützung sowie ein- und mehrhubig gebaut. Während für die einhubige Radialkolbenpumpe mit äußerer und innerer Kolbenabstützung eine Volumenverstellung durch eine Änderung der Exzentrizität möglich ist, können mehrhubige **Radialkolbenpumpen** und die **Reihenkolbenpumpe** nicht verstellt werden. Werden Radialkolbenmaschinen mehrhubig oder mehrreihig ausgelegt, lassen sich Hydromotoren bauen, die sehr große Drehmomente erzeugen können. Der Druckbereich von Radialkolbenpumpen reicht bis 700 bar. Die meisten Anwendungen nutzen Drücke bis etwa 480 bar. Die Reihenkolbenpumpe stellt eine Bauform dar, die meistens in der Wasserhydraulik verwendet wird. Reihenkolbenpumpen bauen sehr groß und werden häufig mit drei Kolben ausgelegt, wodurch sie eine große Volumenstrompulsation verursachen und zur Dämpfung der Pulsation einen Speicher benötigen. Sie zeichnen sich durch große Robustheit und lange Lebensdauer aus. Die erzielbaren Drücke reichen bis 2100 bar.

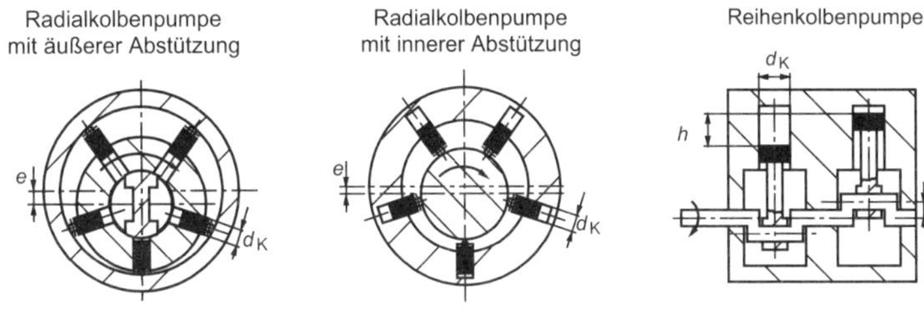

$h = 2 \cdot e$ $\quad$ $h = 2 \cdot e$ $\quad$ $h = 2 \cdot e$

$V = h \cdot A_K \cdot z$ $\quad$ $V = h \cdot A_K \cdot z$ $\quad$ $V = h \cdot A_K \cdot z$

Bild 4.2-9: Radialkolbenpumpen

4.2.3.1 Verdrängerprinzip Zahn

Analog zur oben beschriebenen Kolben-Verdrängerpumpe kann auch hier der Förderablauf in vier Phasen zerlegt werden. Beim **Saugen** vergrößert sich das Volumen, indem Zahnlücken frei werden. Das **Trennen** von Saug- und Druckraum erfolgt durch Anlaufen der Zähne an der Kopfseite. Während des **Förderns** verringert sich das Volumen da, wo die Zähne beider Räder ineinander greifen. Die Zähne belegen den Raum, der zuvor vom Fluid eingenommen wurde. Das **Trennen** erfolgt durch Flankenanlage der Zähne. Beim Eingriff werden Druck- und Saugraum voneinander getrennt.

Wie aus **Bild 4.2-10** hervorgeht, wird das verwendete Fluid zwischen den Zähnen gequetscht. Diese Flüssigkeit kann zur Lagerschmierung genutzt oder durch seitliche Nuten abgeführt werden.

Zur Berechnung des theoretischen Förderstromes von Zahnradpumpen werden folgende Näherungsformeln angegeben:

$$Q_{th} = (mz\pi)(2m)bn \qquad (4.2\text{-}7)$$

daraus folgt

$$Q_{th} = 2\pi m^2 zbn = \pi mzcbn \qquad (4.2\text{-}8)$$

oder

$$Q_{th} = \frac{\pi}{4}\left(d_k^2 - d_F^2\right)bn \tag{4.2-9}$$

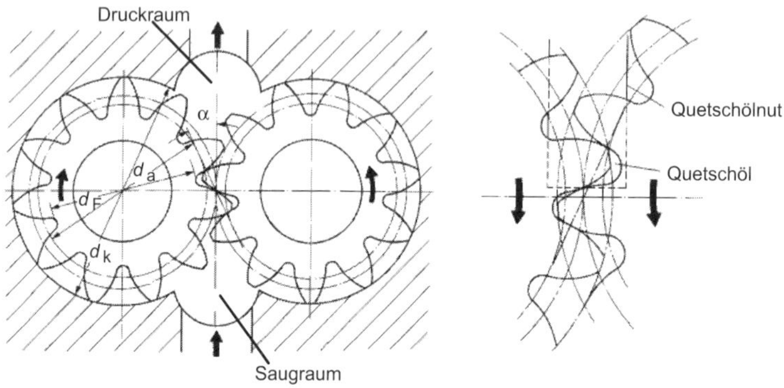

Bild 4.2-10: Förderablauf einer Zahnradpumpe

Zahnradpumpen werden nach der Art ihrer Verzahnung in Innen- und Außenzahnradpumpen eingeteilt. Im folgenden werden zuerst die Außenzahnradpumpen behandelt.

- **Zahnradeinheiten mit Außenverzahnung**

Die resultierende Lagerbelastung einer Zahnradpumpe mit Außenverzahnung entsteht bei nicht entlasteten Pumpen durch unsymmetrische Druckverteilung über dem Rad **(Bild 4.2-11)**. Die Richtung ist abhängig von der Druckverteilung. Die Spalte zwischen Zahnköpfen und Gehäuse stellen hintereinandergeschaltete Widerstände dar, an denen der Druck gleichmäßig vom Maximalwert auf den Ansaugdruck abfällt. Voraussetzung hierfür ist eine gleichbleibende Spaltweite zwischen Zahnköpfen und Gehäusewandung.

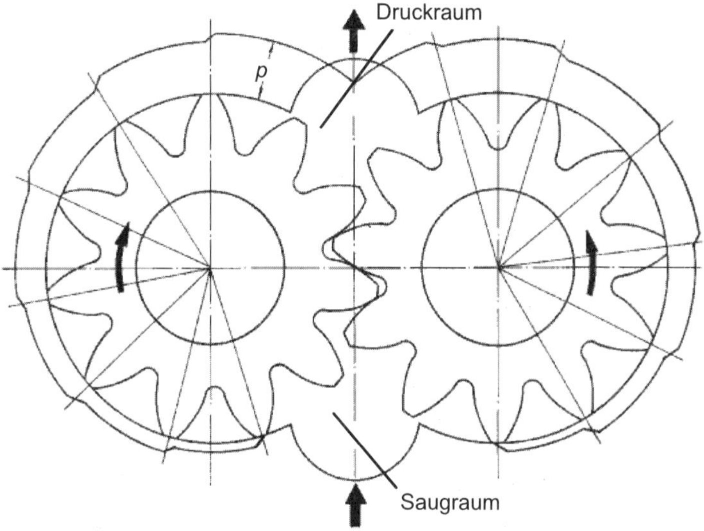

Bild 4.2-11: Druckverteilung über dem Radumfang bei einer Außenzahnradpumpe

Nach dem Prinzip der Zahnradpumpe werden preiswerte Konstantpumpen für mittlere Betriebsdrücke gebaut. Der hohe Stand der Getriebetechnik ermöglicht eine wirtschaftliche Fertigung der Zahnräder. Im Verlauf der Entwicklung entstanden in zeitlicher Folge die 3-Platten-Pumpe, dann die axialdruckkompensierte und schließlich die axial- und radialdruckkompensierte Pumpe, die den heutigen Stand der Zahnradpumpe neben einigen Sonderentwicklungen kennzeichnet.

Bei einer herkömmlichen Außen- oder Innenzahnradpumpe ohne **Kompensation** ist zwischen den umlaufenden Getriebeteilen und den feststehenden Gehäuseteilen (3 Platten) ein bestimmtes Laufspiel (Spalt) vorhanden. Die Spaltweite richtet sich nach den Temperaturschwankungen, den Verformungen unter Belastung und den Fertigungstoleranzen. Mit zunehmender Betriebsdauer werden diese Spalte durch Verschleiß erweitert, daher ergibt sich bei warm werdender Flüssigkeit oder steigendem Druck ein Abfall des volumetrischen Wirkungsgrades (höhere Leckageverluste). Die Radialkräfte in der Pumpe sind verhältnismäßig groß, da über einem großen Teil des Umfanges

Druckkräfte wirksam sind (Bild 4.2-11). Diese Kräfte bewirken ein Ansteigen der hydraulisch-mechanischen Verluste bei hohen Drücken.

Bei Zahnradeinheiten mit axialer Kompensation wird der Axialspalt durch eine schwimmende Buchse oder Lagerbrille hydraulisch ausgeglichen. Die Laufbuchsen bzw. die Lagerbrillen erhalten auf der den Zahnrädern abgewandten Seite Druckfelder, die mit Betriebsdruck beaufschlagt werden, wie in **Bild 4.2-12** gezeigt wird. Die Druckfelder sind so abgestimmt, dass sie um einen bestimmten Betrag größer als das innerhalb des Getriebes wirkende Druckfeld sind.

Bei Zahnradeinheiten mit axialer und radialer Kompensation wird außer dem axialen Spalt auch die Vergrößerung des radialen Spaltes infolge der Durchbiegung ausgeglichen. In dem Gehäuse befinden sich Lagerbrillen wie in **Bild 4.2-13**, die aufgrund ihrer konstruktiven Gestaltung ein Anpressen der Zahnräder an die Anlauffläche des Gehäuses ermöglichen.

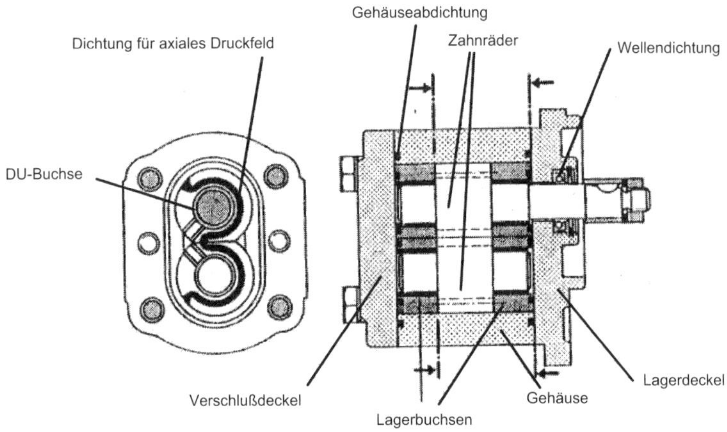

Bild 4.2-12: Axialdruckausgleich (Bosch-Rexroth)

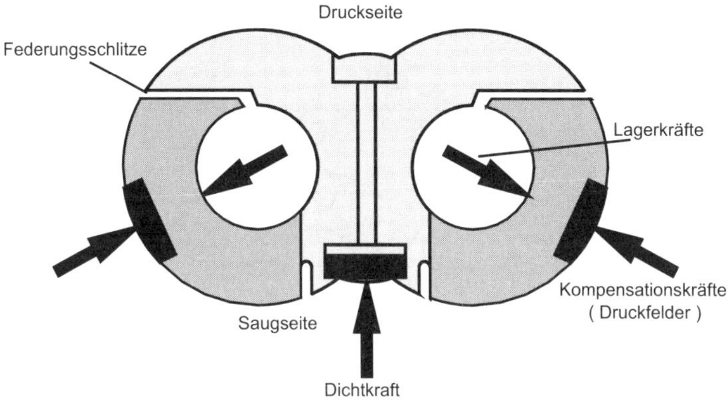

Bild 4.2-13: Lagerbrillen zur radialen Spaltkompensation

Auf der Saugseite hat jede Brille drei kreisrunde Druckfelder, die vom Betriebsdruck beaufschlagt sind. Durch die dadurch bedingten radialen Kompensationskräfte, die über die Wellen auf die Zahnräder wirken, kann eine gute Abdichtung zwischen Zahnkopf und Gehäuse auf einem kurzen Teilstück des Umfangs erreicht werden.

Eine Pumpe mit derartig reduziertem Dichtsteg ist in **Bild 4.2-14** dargestellt. Durch eine solche Konstruktion werden die radialen und axialen Druckkräfte und damit die Lagerbelastung wesentlich reduziert.

Die geringeren Radial- und Axialkräfte bewirken geringere **Reibkräfte** und damit einen besseren hydraulisch-mechanischen Wirkungsgrad. Durch die Kompensation der Leckspalte werden andererseits die **Leckverluste** reduziert und ein höherer volumetrischer Wirkungsgrad erreicht.

Neben der Reduzierung der volumetrischen Verluste und der Verminderung der Reibkräfte ist die Reduzierung der Volumenstrompulsation ein wichtiges Ziel (s. Kapitel 4.2.3.4) [4.5]. Bei Außenzahnradpumpen lässt sich die Pulsation verringern, indem anstelle eines Zahnradpaares zwei verwendet werden (**Bild 4.2-15**). Dabei werden die beiden Paare um eine halbe Zahnbreite gegeneinander versetzt.

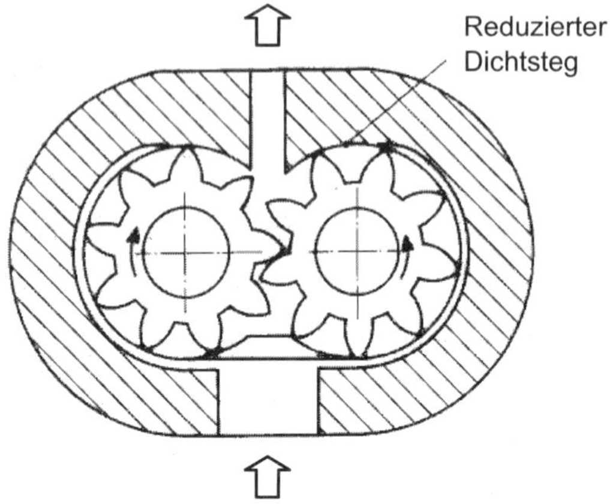

Bild 4.2-14: Reduzierung des radialen Dichtspaltes zur Trennung von Saug- und Druckraum (Bosch-Rexroth)

In der Folge sind auch die Pulsationen der beiden Zahnpaare um die halbe Zahnbreite gegeneinander versetzt. Da beide Zahnradpaare aus derselben Saugleitung versorgt werden und in denselben Hochdruckanschluss fördern, überlagern sich die beiden Förderströme, was in der Summe eine geringere Pulsation ergibt. Zahnradpumpen dieser Bauart werden Duo-Pumpen genannt.

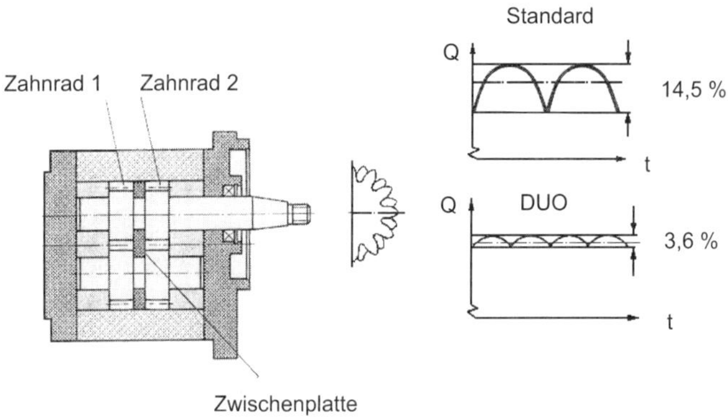

Bild 4.2-15: Außenzahnradpumpe mit zwei Zahnradpaaren (Bosch-Rexroth)

• Zahnradeinheiten mit Innenverzahnung

Innenverzahnte Pumpen weisen gegenüber den außenverzahnten Pumpen einige systembedingte Vorteile auf. Die Kombination von Innenzahnrad und Außenzahnrad führt zu einem wesentlich längeren Zahneingriff.

Dadurch ergibt sich eine bessere Dichtwirkung und ein größerer Saug- und Druckwinkel. Je nach Verzahnungsart erfolgt das Füllen und Entleeren der Zahnlücken über einen Winkel von bis zu 180°. Das führt zu geringeren Strömungs- und Füllverlusten in der Pumpe. Der Druckraum kann sehr klein gehalten werden, was kurze Dichtelemente, geringere Lagerbelastung und weniger Reibung bewirkt. **Bild 4.2-16** zeigt gebräuchliche Verzahnungsarten für Innenzahnradpumpen. Die Trochoidenverzahnung konnte sich allerdings nur in Ausnahmen am Markt behaupten.

Sichellose Zahnradpumpen (**Bild 4.2-17**) hingegen haben den Vorteil einer besonders kompakten Bauweise. Abgedichtet wird die Verzahnung der Antriebswelle gegenüber dem Hohlrad mit Dichtelementen aus Kunststoff, die in die Zahnköpfe des Hohlrades integriert sind. Die Dichtelemente werden durch das Fluid im Hochdruckbereich an die Zähne des Innenrades angepresst. Hierdurch werden in Abhängigkeit vom Betriebspunkt Verlagerungen der Bauteile kompensiert, so dass der Spalt zwischen dem Innen- und dem Hohlrad stets abgedichtet ist.

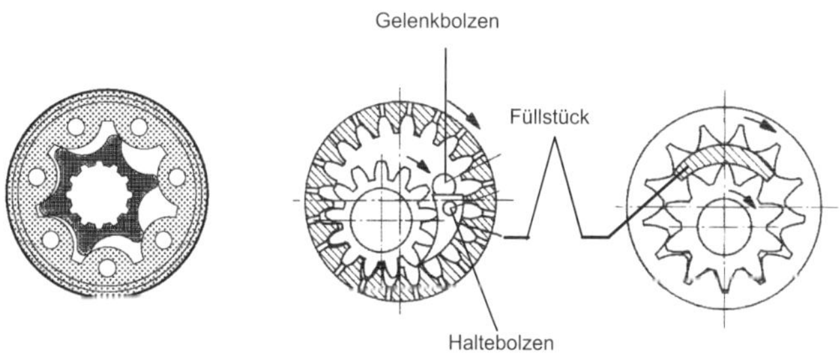

Sauer Danfoss — Trochoiden-Verzahnung | Bosch-Rexroth — Evolventen-Verzahnung | Bucher — Trunniger-Verzahnung

Bild 4.2-16: Verzahnungsarten innenverzahnter Zahnradpumpen

Innenzahnradpumpen haben aufgrund der zentrischen Anordnung der Antriebswelle günstigere Anbaumaße und können leicht zu Mehrfachpumpen kombiniert werden, indem sie auf einer Welle aneinander geflanscht werden.

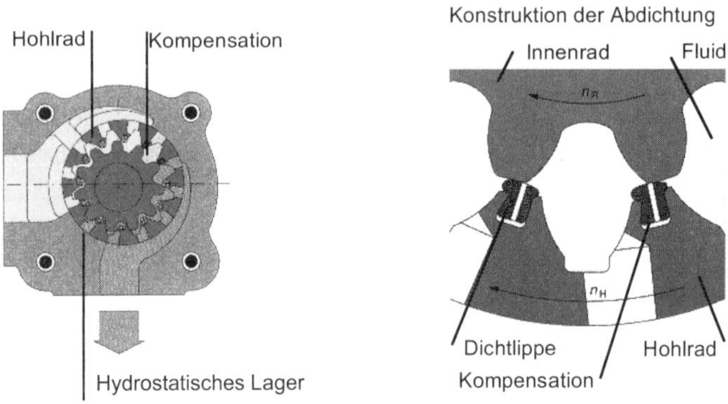

Bild 4.2-17: Sichellose Innenzahradpumpe (Voith)

Zur Verbesserung des Wirkungsgrades werden auch bei Innenzahnradpumpen verschiedene Methoden der Kraftkompensation angewendet. Zur Verringerung der Leckverluste werden durch Kompensationsdruckfelder die Dichtspalte auch bei hohem Druck klein gehalten. **Bild 4.2-18** zeigt die Anordnung radialer und axialer Kompensationsfelder.

Ein weiterer wesentlicher Vorteil der innenverzahnten Pumpen besteht im günstigeren **Geräuschverhalten**. Eine spezielle Evolventenkurzverzahnung und der wesentlich größere Saug- und Druckwinkel führt zu einer zehnmal geringeren Förderstrompulsation als bei Außenverzahnung. Hinzu kommt, dass mit kleinen Ritzel-Zähnezahlen eine Tendenz hin zu niedrigen Zahneingriffsfrequenzen ensteht. Das führt ebenfalls zu einem niedrigeren Schallpegel, da die dB(A)-Kurve die Schalleistung bei tiefen Frequenzen niedriger bewertet.

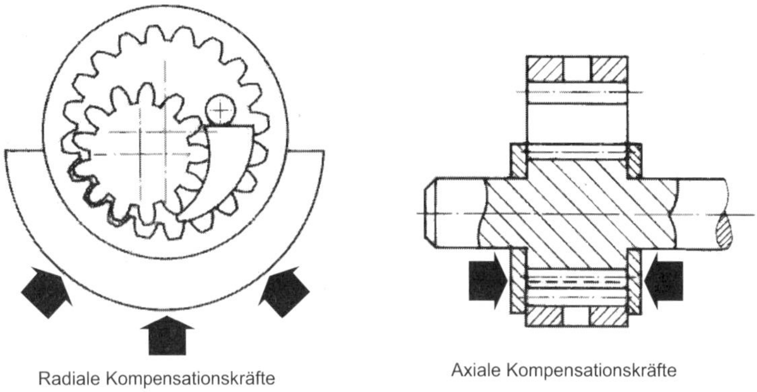

Bild 4.2-18: Innenzahnradpumpe mit Kraftkompensation (Bosch-Rexroth)

- ## Zahnringpumpen und -motoren

Die Vorteile der innenverzahnten Pumpen treffen auch auf die Zahnringpumpe zu, bei der nicht ein halbmond- oder kommaförmiges Füllstück den Druck- vom Saugraum trennt, sondern eine besondere Ausbildung der Zähne die Abdichtung zwischen Zahnring und innerer Zahnscheibe gewährleistet. Eine spezielle Entwicklung ist der in **Bild 4.2-19** gezeigte Orbit-Motor.

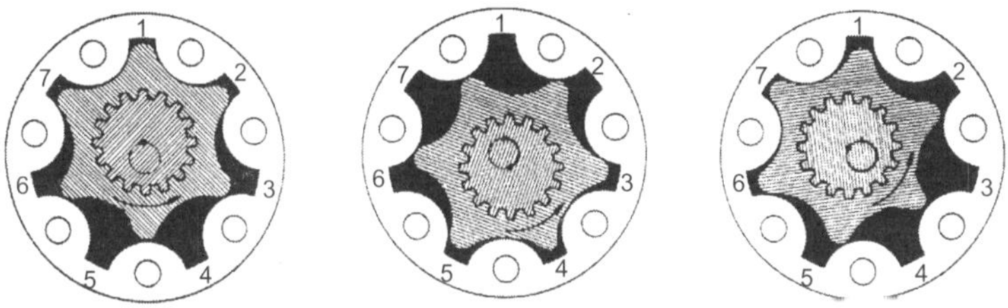

Bild 4.2-19: Orbitmotor (Sauer-Danfoss)

Das Verdrängerprinzip unterscheidet sich grundsätzlich von dem der nur rotierenden Bewegung des normalen Zahnradverdrängers. Durch eine planetenartige Bewegung des Innenrades in dem feststehenden Außenrad ist ein hohes Schluckvolumen des Motors pro Umdrehung gegeben, was hohe Abtriebs momente bei kompakter Bauweise erlaubt. Bei einer Umdrehung der Welle wird das Verdrängervolumen von 6 mal 7 Zahnlücken gefördert.

- **Schraubenpumpen**

Schraubenpumpen bestehen aus einem Gehäuse mit zwei oder mehreren sich drehenden Schraubenspindeln, welche die Bewegung direkt oder über Zahnräder übertragen. Die Schraubenspindeln wälzen sich aufeinander ab. Die Förderräume werden aus zwei Flanken einer Spindel, einem Gang der Gegenspindel und dem Gehäuse gebildet. Dieser abgeschlossene Raum bewegt sich in axialer Richtung **ohne Volumenänderung** vorwärts.

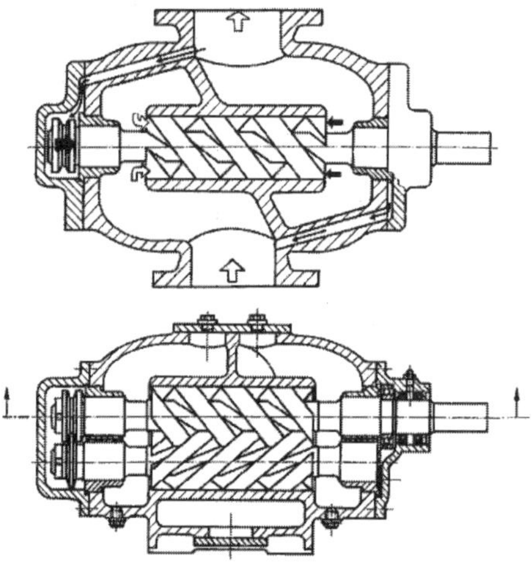

Bild 4.2-20: Schraubenpumpe (Leistritz)

Ein Nachteil der Schraubenpumpe ist die große Reibung und daher der relativ niedrige Wirkungsgrad. Aufgrund der klein zu haltenden Leckverluste und der hohen Flächenbelastungen ist eine relativ hohe Viskosität erforderlich. Um eine ausreichende Schmierung und eine nicht zu hohe Leckage zu erreichen, werden Viskositäten von 30 bis 80 mm^2/s benötigt [4.7].

Die Schraubenpumpe ist pulsationsarm, es entsteht pro Gewindegang eine Verdrängung je Umdrehung. Ein weiterer Vorteil ist die Entlastbarkeit der Spindeln von Axial- und Radialkräften.

4.2.3.2 Verdrängerprinzip Flügel

Bei den Flügelverdrängern wird entsprechend der Anordnung der Flügel im Rotor oder im Gehäuse die Hauptbauarten Flügelzellen- und Sperrflügeleinheiten unterschieden. Beide lassen sich ein- und mehrhubig ausführen. Einhubige Flügelzellenpumpen sind verstellbar. Die Ausführung der Sperrflügeleinheit als Rollflügelmotor ermöglicht eine reibungsarme Drehmomentübertragung für Servoanwendungen.

- **Flügelzelleneinheiten mit Kreisbahn im Stator**

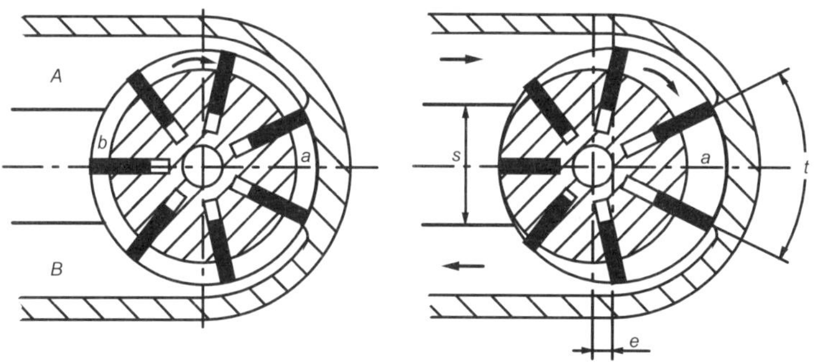

Bild 4.2-21: Schema einer Flügelzelleneinheit mit kreisförmigem Stator

Vorteilhaft ist die einfache Fertigung des Stators. Der Stator kann gegenüber dem Rotor verschiebbar angeordnet werden, so dass sich eine Verstellmöglichkeit für das Verdrängervolumen ergibt.

Der Abstand zwischen dem Stator- und dem Rotormittelpunkt wird mit **Exzentrizität** bezeichnet.

Bei Exzentrizität e = 0 ist der Förderstrom Q = 0, da das bei a geförderte Volumen über b in den Saugraum zurückgelangt (**Bild 4.2-21**). Andererseits gilt:

$$e \neq 0 \Rightarrow a \neq b \Rightarrow Q \neq 0$$

Die Richtung der Exzentrizität bestimmt die Förderrichtung. Auf der Seite des in Drehrichtung größer werdenden Raumes zwischen den Flügeln wird angesaugt. Ein bzw. zwei Flügel über den Stegen t und s trennen Saug- und Druckraum. Der Trennsteg muss so breit sein, dass er zwei Flügel überdeckt. Aber er darf auch nicht breiter sein, da sonst die im Raum a befindliche Flüssigkeit komprimiert bzw. expandiert wird.

Gefördert wird auf der Seite des in Drehrichtung kleiner werdenden Raumes zwischen den Flügeln. Für den gezeichneten Zustand geben die Pfeile die Förderrichtung an.

Bei einhubigen Flügelzellenpumpen ist der Rotor nicht gegen radiale Druckkräfte entlastet. Deshalb sind nur begrenzte Drücke möglich. Da der Druck auf eine große Fläche wirkt, ist die Lagerbelastung sehr hoch. Ebenso ist die Reibung an den Flügeln hoch, da sich die druckbelasteten Flügel im Schlitz radial bewegen müssen.

Durch Verändern der Exzentrizität e ist eine Verstellung des Hubvolumens und die Förderrichtungsumkehr möglich.

Der Förderstrom pulsiert bei dieser Pumpenbauart zum einen aufgrund der sich periodisch ändernden Dichtspalte, da abwechselnd ein oder zwei Flügel dichten und daher ein variabler Leckstrom entsteht. Zum anderen pulsiert der Förderstrom aufgrund der sich ändernden Flügellänge. Da die Flügel in den Rotor eintauchen, ändert sich das Volumen im Druckraum und führt zur **Volumenstrompulsation**.

- **Flügelzelleneinheiten mit Kurvenbahn im Stator**

Abweichend von den Flügelzellenpumpen, deren Stator eine Kreisbahn besitzt, hat der Stator der in **Bild 4.2-22** dargestellten Pumpe eine Kurvenbahn. Da der Rotor gegenüber dem Stator nicht verschiebbar ist, ist der Förderstrom nicht veränderlich.

Durch die symmetrische Anordnung von zwei Saug- und Druckräumen ist der Rotor **druckentlastet**. Die Lager können kleiner dimensioniert werden, und es sind höhere Drücke möglich.

In den Bereichen des Stators, die den Sauganschluss vom Druckanschluss trennen (Bild 4.2-22), erfolgt keine Hubbewegung der druckbelasteten Flügel. Reibung und Verschleiß werden so verringert. Auch hier müssen die Stege zwei Flügel überdecken.

Eine Abdichtung an der Flügelaußenkante kann durch Fliehkraft oder bei höheren Anforderungen an den volumetrischen Wirkungsgrad durch Druckbeaufschlagung der Flügelunterseiten sichergestellt werden. Dabei werden die Flügel weitgehend hydrostatisch entlastet.

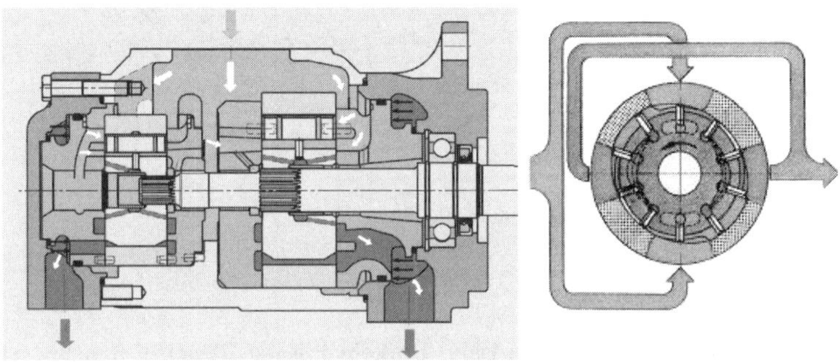

Bild 4.2-22: Zweistufige und zweihubige Flügelzellenpumpe (Parker-Denison, Bosch-Rexroth)

Bei Förderrichtungsumkehr oder bei einem Wechsel der Drehrichtung werden bei Motoren die Flügel von Federn nach außen gedrückt, da ein hydraulisches Andrücken in diesem Fall versagt.

Bild 4.2-23 zeigt einen Flügelzellenmotor, dessen Hubvolumen in Stufen veränderbar ist. Bei diesem Motor lassen sich durch ein im Motor eingebautes Schieberventil drei verschiedene Schluckvolumina einstellen. Der von der Pumpe zugeführte Volumenstrom beaufschlagt paarweise angeordnete Arbeitskammern mit unterschiedlichen Hubhöhen. Die Beaufschlagung der Kammern A bzw. B oder A und B ergibt drei verschiedene Motordrehzahlen.

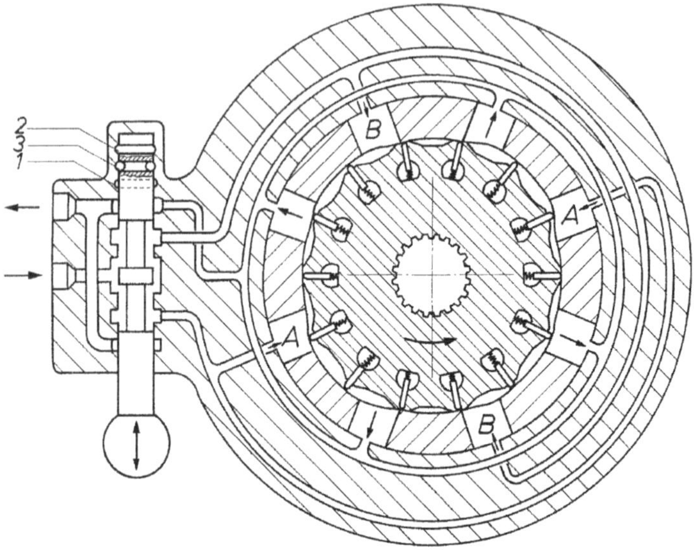

Bild 4.2-23: Stufenschaltmotor (Jahns)

- **Sperrflügelpumpen**

Bild 4.2-24 zeigt die **kinematische Umkehrung** der Flügelzellenpumpe in Form einer Deri-Pumpe.

Bei einer Deri-Pumpe drehen sich zwei um 90° versetzte Drehkolben an zwei im feststehenden Gehäuse geführten Flügeln vorbei, die Saug- und Druckräume voneinander trennen. Die Drehkolben haben Kurvenbahnen, die möglichst so geformt werden, dass die Förderung über dem Drehwinkel konstant bleibt. Selbst bei theoretisch konstantem Förderstrom treten durch Kompressionsverluste Ungleichförmigkeiten auf, wenn die Nut mit angesaugtem Flüssigkeitsvolumen mit der Druckseite in Verbindung tritt. Die Pulsation des Druckes ist daher größer als es anzunehmen wäre. Die Flügel werden über Wippfedern und durch den auf die Kopfseite wirkenden Flüssigkeitsdruck gegen die Drehkolben gepresst.

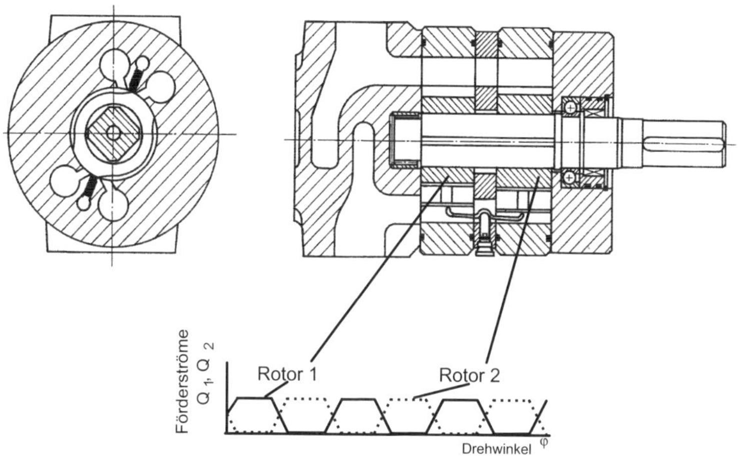

Bild 4.2-24: Sperrflügelpumpe (Sauer-Danfoss)

4.2.3.3 Verdrängerprinzip Kolben

Zylinder und Bohrung lassen sich sehr genau bearbeiten und passen. Die erzielbaren Spiele liegen zwischen 3 und 6 µm. Daher sind hohe Drücke von 250 bis 500 bar ohne große Leckverluste möglich. Normale Drehzahlen liegen bei etwa 1500 bis 3000 min^{-1}. Es lassen sich **volumetrische Wirkungsgrade** von 0,95 bis 0,98 erzielen.

Nach Anordnung der Kolben zur Triebwelle kann die Kolbeneinheiten in Axialkolbeneinheiten, Radialkolbeneinheiten und Reihenkolbeneinheiten eingeteilt werden. Bei diesen drei Bauarten sind viele Varianten möglich. Es kann noch einmal nach folgenden Merkmalen unterschieden werden. Das Hubvolumen pro Umdrehung ist konstant oder variabel. Die Arten der Druckbeaufschlagung bei Radialkolbenmaschinen kann von innen oder außen erfolgen. Die Trennung der Druckräume kann über Steuerspiegel zwangsgesteuert oder über Ventile druckgesteuert realisiert werden.

- **Axialkolbenmaschinen**

Je nach Erzeugung der Hubbewegung wird bei Axialkolbeneinheiten die Taumelscheibenbauart, die Schrägscheibenbauart und die Schrägachsenbauart unterschieden.

Bild 4.2-25 zeigt einen Axialkolbenmotor in **Taumelscheibenbauart**. Die Kolbentrommel steht fest, die schrägstehende Taumelscheibe und der Radialverteiler rotieren mit der Welle. Die Taumelscheibe erzeugt die Hubbewegung der Kolben, die Steuerscheibe verbindet je nach Bewegungsrichtung der Kolben die entsprechenden Zylinderräume mit der Saug- bzw. Druckseite.

Bild 4.2-25: Axialkolbenmotor in Taumelscheibenbauart (Hydroleduc)

Günstig sind bei dieser Bauart der einfache Aufbau, die geringe Zahl von Leckstellen, die einen guten volumetrischen Wirkungsgrad ermöglichen, und die kurzen Flüssigkeitswege. Nachteilig sind die Massenkräfte durch die dynamisch nicht auswuchtbare Taumelscheibe. Eine Möglichkeit der Volumenverstellung ist hier nicht ohne erheblichen Aufwand möglich und wird nicht realisiert.

Eine weitverbreitete Bauart für Axialkolbenmaschinen sind die **Schrägscheibenmaschinen**. **Bild 4.2-26** zeigt einen Schnitt durch eine solche Pumpe.

Die Kolbentrommel rotiert mit den Kolben, während der Steuerspiegel und die Schrägscheibe feststehen. Durch Veränderung des Winkels der Schrägscheibe ist eine Verstellung des Förderstromes und eine Förderrichtungsumkehr bei gleicher Drehrichtung möglich. Damit ein Saugbetrieb möglich ist, muss das Abheben der Kolben(-schuhe) von der Schrägscheibe über Niederhalter oder Federn verhindert werden. Auch bei dieser Bauart liegen die Vorteile in dem einfachen und kompakten Aufbau und den kurzen Flüssigkeitswegen. Hinzu kommt die **einfache Verstellung** des Hubvolumens. Durch hydrostatische Entlastung der Kolbenkräfte werden Lagerkräfte und Verschleiß reduziert, allerdings müssen hierfür etwas höhere Leckverluste in Kauf genommen werden.

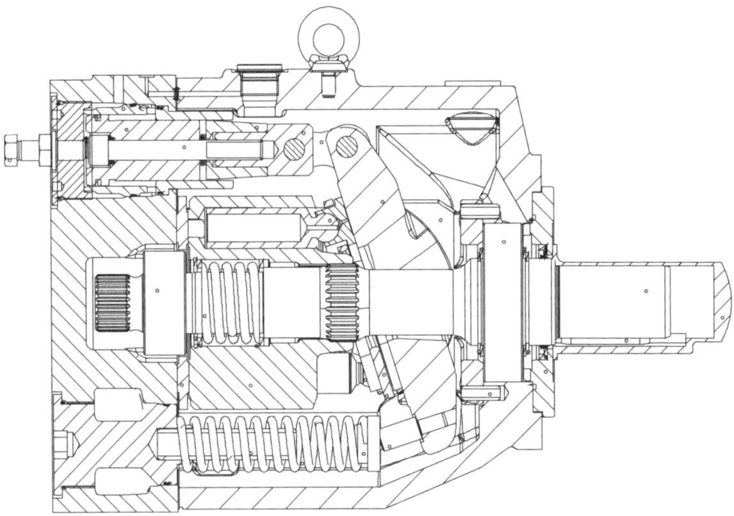

Bild 4.2-26: Pumpe in Schrägscheibenbauart (Parker)

Hauptnachteil dieser Bauart ist jedoch die Art der Umsetzung des Antriebsmomentes in eine Druckkraft oder umgekehrt. **Bild 4.2-27** zeigt zur Erläuterung die Kräfte an Kolben, Kolbentrommel und Schrägscheibe.

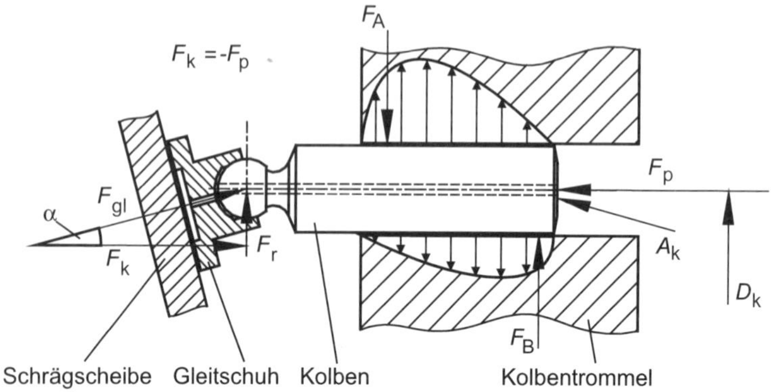

Bild 4.2-27: Kräfte an Kolbentrommel und Kolben bei der Schrägscheibenbauart [4.11]

Die Kolbenkraft F_k, d. h. die Druckkraft, wirkt in Richtung der Kolbenachse. Die Schrägscheibe kann aber wegen der Gleitlagerung der Kolbenschuhe nur Kräfte senkrecht zu ihrer Oberfläche aufnehmen. Die so entstehende Querkraft F_r wirkt auf den Kolben und muss von einem Kräftepaar F_A und F_B in der Kolbenführung aufgenommen werden. Je nach Drehwinkelstellung der Kolbentrommel erzeugt die Querkraft beim Motor einen Teil des Abtriebsmomentes. Durch die Querkräfte wird die Kolbenführung stark belastet, und besonders bei großen Schwenkwinkeln werden die Schmierverhältnisse am Kolben bei niedrigen Drehzahlen schlecht [4.14]. Die Reibkräfte zwischen Kolben und Buchse lassen sich durch Simulationen [4.10; 4.20]berechnen. Weiterhin lassen sich die Reibkräfte durch Werkstoffmaßnahmen verringern [4.2].

Der Förderstrom der in **Bild 4.2-27** schematisch wiedergegebenen Pumpe ist

$$Q = zA_k D_k n \tan\alpha \qquad (4.2\text{-}10)$$

Eine Axialkolbenpumpe in **Schrägachsenbauart** zeigt **Bild 4.2-28**. Hier wird die gesamte Kolbentrommel gegen die Antriebsachse verschwenkt. Das bringt Vorteile bei der Kraftübertragung, wie **Bild 4.2-30** zeigt.

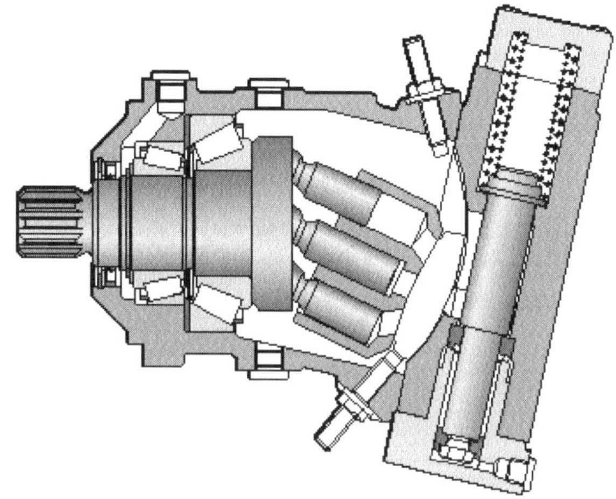

Bild 4.2-28: Axialkolbeneinheit in Schrägachsenbauart (Bosch Rexroth)

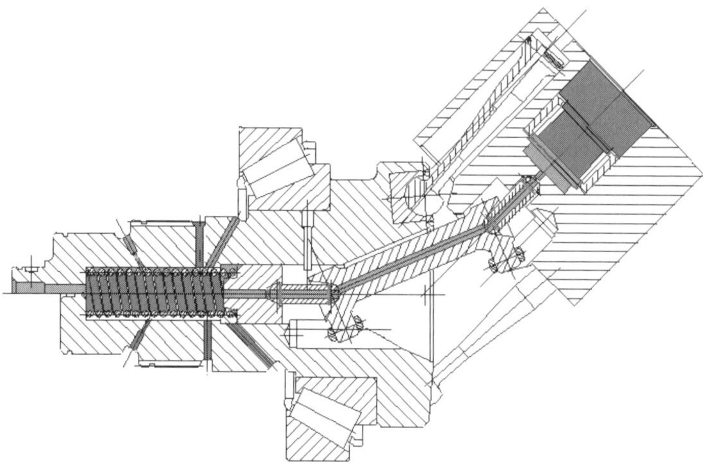

Bild 4.2-29: Axialkolbeneinheit in Schrägachsenbauart - Großwinkelmaschine (Sauer-Danfoss)

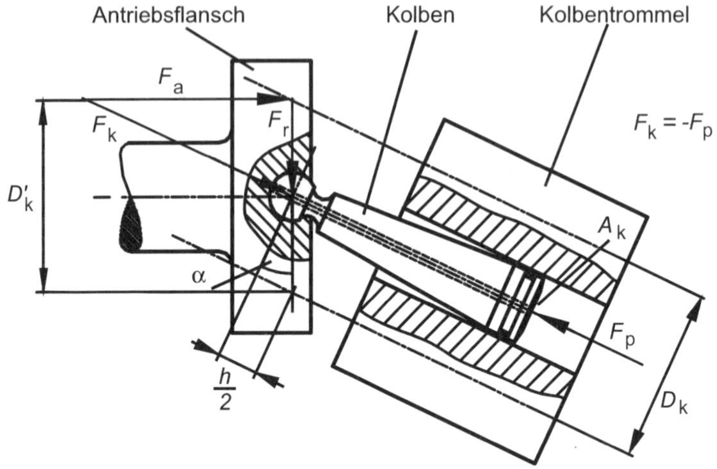

Bild 4.2-30: Kräfte an Kolbentrommel und Kolben bei der Schrägachsenbauart

Da Kolben, Kolbentrommel und Antriebsflansch gemeinsam rotieren, können die Kolben über Pleuel und Kugelgelenke fest im Triebflansch gelagert werden. Die Lagerung über Pleuel ist notwendig, da sich der Lochkreis der schrägstehenden Kolbentrommel als Ellipse auf dem Flansch abbildet. D'_k in **Bild 4.2-30** ist größer als D_k. Die Pleuel sind auf dem Flansch in einem Lochkreis mit einem mittleren Durchmesser D_{Fl} gelagert.

Der Förderstrom der Schrägachseneinheit lässt sich näherungsweise nach der folgenden Gleichung berechnen:

$$Q \approx z A_k D_k n \tan\alpha \qquad (4.2\text{-}11)$$

Durch die Kugelkopflagerung kann die Kolbenkraft direkt in den Triebflansch übertragen werden, wo sie sich in eine axiale und eine radiale Komponente zerlegt.

Das Moment entsteht also direkt am Triebflansch, die Kolben bleiben weitgehend querkraftfrei. Deshalb sind bei der Schrägachsenbauart Schwenkwinkel bis 45° möglich, bei der Schrägscheibenbauart dagegen nur bis 18°, bei einigen Herstellern bis 22°. Beim Einsatz als Motor hat diese Bauart aufgrund der geringeren Kolbenreibung ein gutes **Anlaufverhalten**, was bei gut optimierten Schrägscheibenpumpen aber auch erreicht werden kann.

Nachteile dieser Bauart sind der höhere Bauaufwand, da Pleuel und Kugelkopf in Kolben und Triebflansch gelagert werden müssen. Die hohen **Axialkräfte** am Abtrieb müssen von groß dimensionierten Axiallagern aufgenommen werden. Verstellbare Schrägachsenpumpen sind fast doppelt so teuer wie entsprechende Schrägscheibenpumpen. Bei der Verstellung muss die gesamte Trommel mit ihrer großen Masse bewegt werden. Ungünstig ist auch, dass die Kolbentrommel beim Drehen von den Pleueln mitgenommen werden muss. Bei Drehzahlschwankungen und bei schnellen Drehrichtungswechseln kann es zu Pleuelbrüchen kommen. Zudem sind zur Flüssigkeitsführung Drehdurchführungen im Schwenklager erforderlich. Das führt zu hohen Druckverlusten.

Neuere Konstruktionen vermeiden diesen Nachteil durch einen verschiebbaren Steuerspiegel, der auf einem Kreissegment mit Langlöchern zur Flüssigkeitszufuhr und -abfuhr gleitet. Dieser Segmentmotor hat allerdings einen eingeschränkten Verstellbereich. Die Maschine wird vorwiegend als Motor eingesetzt, da sie nicht durch Null schwenkbar ist.

Der volumetrische Wirkungsgrad ist etwas besser als bei der Schrägscheibenbauart, da weniger hydrostatische Entlastungen nötig sind. Vor- und Nachteile der Schrägscheiben- und Schrägachsenbauart sind in **Bild 4.2-31** zusammengefasst.

Im folgenden wird der **Steuerspiegel** bei Axialkolbeneinheiten betrachtet. Der Steuerspiegel übernimmt in Axialkolbenmaschinen die zwei Aufgaben der Umsteuerung der Kolbenräume zwischen Saug- und Druckseite und die Axiallagerung der Kolbentrommel.

Ein sphärischer, d. h. gewölbter Steuerspiegel wie in Bild 4.2-28 dient gleichzeitig als Radiallager und wird vorwiegend bei Schrägachseneinheiten eingesetzt. Neben dem ebenen und sphärischen Steuerspiegel gibt es bei Radialkolbenmaschinen zylindrische Steuerspiegel **(Bild 4.2-34)**, die auch Steuerzapfen genannt werden. Die Funktion des Steuerspiegels und die Vorgänge beim Umsteuern werden in **Bild 4.2-32** verdeutlicht.

	Schrägscheiben - Bauart	Schrägachsen - Bauart
Vorteile	-Ölzu- und -abführung mit geringen Strömungsverlusten -einfacher Aufbau -unempfindlich gegen Drehschwingungen -geringe Reibung durch hydrostatische Entlastung -geringe Baugröße und Masse -Durchtriebsmöglichkeit der Welle -geringere Herstellkosten	-keine Querkräfte am Kolben -weniger hydrostatische Enlastungen, daher weniger Leckverluste -geringere Schmutzempfindlichkeit
Nachteile	-Momentenübertragung durch Querkräfte am Kolben -keine großen Schwenkwinkel möglich -zusätzliche Leckverluste durch zahlreiche hydrostatische Entlastungen	-hohe Strömungsverluste durch mehrfach gekrümmte Kanäle -Schwenkdurchführungen erforderlich (außer Segment-Motor) -axiale Wälzlager erforderlich -aufwendiger Aufbau -bei Drehschwingungen des Antriebs Gefahr des Pleuelbruches

Bild 4.2-31: Vor- und Nachteile der Schrägscheiben- und Schrägachsenbauart

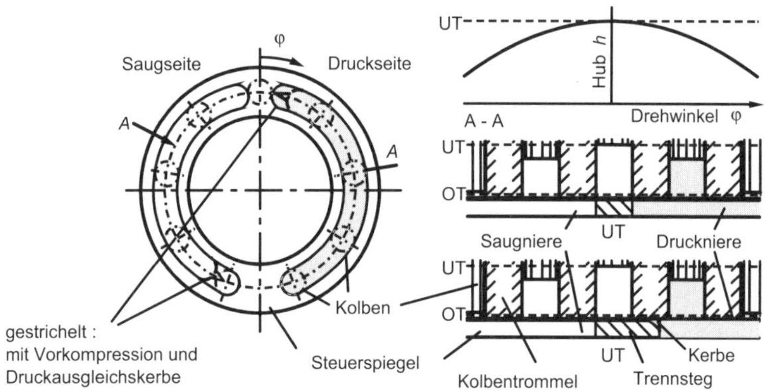

Bild 4.2-32: Steuerspiegel einer Axialkolbenpumpe

Der Steuerspiegel hat zwei nierenförmige Schlitze, über welche die Zylinderräume in der Kolbentrommel mit dem Saug- bzw. Druckanschluss verbunden werden. Die Schnitte AA rechts in Bild 4.2-32 zeigen als Abwicklung die Saugniere, den Trennsteg und die Druckniere des Steuerspiegels sowie die

Kolbentrommel mit den Kolben. Im Bereich der Saugniere machen die Kolben einen Hub vom Steuerspiegel weg, wie das Diagramm rechts oben in Bild 4.2-32 zeigt. Dabei füllen sich die Zylinderräume mit Druckflüssigkeit aus dem Sauganschluss der Pumpe.

Im unteren Totpunkt (UT) wird der Zylinderraum vom Trennsteg abgeschlossen, dessen Breite etwas größer als die Zylinderöffnungslänge auf der Trommel sein muss, um einen Kurzschluss zwischen Saug- und Druckanschluss zu verhindern. Beim Weiterdrehen der Kolbentrommel wird das noch drucklose Volumen mit der unter Hochdruck stehenden Druckniere verbunden. Fluid aus dem Druckanschluss strömt als Kompressionsflüssigkeit in den Zylinderraum zurück. Das führt zu einer schlagartigen Kompression des Zylindervolumens und einer intensiven Geräuschanregung. Maßnahmen zur Geräuschminderung an Kolbenpumpen setzen deshalb am Spiegel an, um den Umsteuervorgang trotz hoher Drehzahl langsamer und damit leiser zu machen.

In Bild 4.2-32 ist rechts unten eine verbesserte Ausführung dargestellt. Der Steg zwischen Saug- und Druckniere wurde verbreitert, und zwar in Richtung Druckniere. Das angesaugte Volumen im Zylinderraum wird wieder im oberen Totpunkt vom Sauganschluss getrennt, bleibt dann aber für einen bestimmten Drehwinkel geschlossen. Der Kolbenhub h, der während dieser Drehung erfolgt, komprimiert das abgeschlossene Volumen bereits. Dieser Vorgang heißt **Vorkompression**. Die Verbindung zum Druckraum erfolgt zudem nicht schlagartig, sondern zuerst wird nur ein enger Drosselquerschnitt, die **Entlastungskerbe,** zur Druckniere freigegeben. So erfolgt der Druckausgleich zwischen Zylindervolumen und Druckraum langsamer, und die zu überbrückende Druckdifferenz ist wegen der Vorkompression geringer. Beim Übergang vom Druck- zum Saugraum sind ähnliche Maßnahmen erforderlich. Bei Axialkolbenmotoren müssen Druckausgleichskerben auf beiden Seiten der Stege angebracht werden, da beide Drehrichtungen möglich sind.

Neben seiner Steuerfunktion dient der Steuerspiegel auch zur Aufnahme der **Axialkräfte** auf die Kolbentrommel. Dabei wird der Steuerspiegel als hydrostatische Entlastung ausgebildet. Im Gegensatz zum hydrostatischen Lager wird dabei die druckbeaufschlagte Lagerfläche etwas kleiner ausgelegt, als es der Lagerbelastung entspricht. Dadurch ist sichergestellt, dass die Kolbentrommel immer am Steuerspiegel anliegt, und dass die Leckverluste gering bleiben. Ein hydrodynamischer Schmierfilm nimmt im Betrieb die verbleibende Restkraft auf. Deshalb können im Betrieb der Axialkolbenmaschinen bei niedrigen Drehzahlen Probleme auftreten, da Mischreibung vorliegt. Das gleiche gilt auch für die **hydrostatische Entlastung** der Kolbenschuhe auf der Schrägscheibe.

Die axialen Lagerkräfte sind bei Axialkolbenmaschinen nicht konstant. Die Resultierende der Kolbenkräfte ändert periodisch Lage und Größe mit der Drehung der Kolbentrommel. Die Größe der Lagerkraft hängt davon ab, wie viel Kolben gerade mit dem Druckraum verbunden sind. Die Lage des Kolbenschwerpunktes wandert auf einer Bahn, deren Form von der Kolbenzahl, d. h. dem Teilungswinkel, und der Form der Steuerspiegelschlitze abhängt. **Bild 4.2-33** soll das veranschaulichen. Zwei Grenzfälle für die Schwerpunktbahn sind dargestellt. Wenn im gleichen Augenblick ein Kolben die Druckniere erreicht, in dem ein anderer zur Saugniere geöffnet wird, z. B. bei drehsymmetrischem Steuerspiegel und gerader Kolbenzahl, ergibt sich die links dargestellte Form. Es stehen immer gleich viele Kolben unter Druck. Bei einer Drehung der Kolbentrommel um den Teilungswinkel α wandert der Schwerpunkt auf einem Radius e_m (m = Zahl der druckbeaufschlagten Kolben) ebenfalls um den Winkel α. Im Umsteuerpunkt springt der Schwerpunkt wieder zum Anfang seiner Bahn, die also mit der Kolbenfrequenz f_K durchlaufen wird.

$$f_K = zn \qquad (4.2\text{-}12)$$

mit $z \triangleq$ Kolbenzahl

$n \triangleq$ Drehzahl

Der andere Grenzfall liegt vor, wenn zwischen Eintritt eines Kolbens in die Druckniere und Eintritt eines anderen in die Saugniere eine halbe Kolbenteilung liegt, wie in Bild 4.2-33 rechts dargestellt ist. Dann sind jeweils bei einer siebenkolbigen Pumpe drei bzw. vier Kolben belastet. Der Kräfteschwerpunkt wandert also jeweils für den halben Teilungswinkel auf der Bahn mit dem Radius e_3 bzw. e_4. Praktisch erfolgt der Übergang von der einen auf die andere Bahn nicht schlagartig, sondern genau wie die verlangsamte Druckumsteuerung allmählich. Die Bahnkurve erhält dadurch eine abgerundete Form.

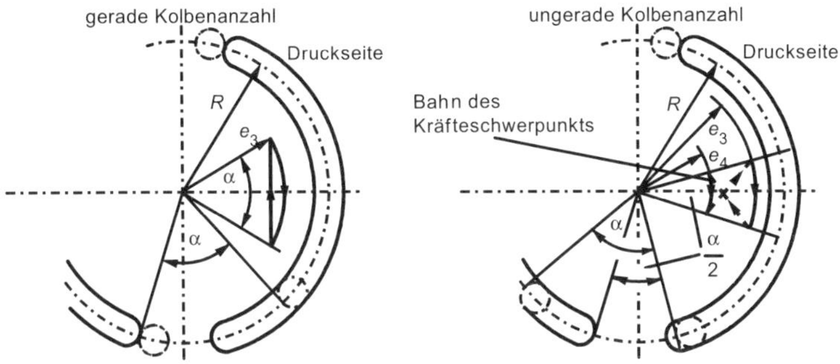

Radius der Schwerpunktbahn : $e_3 = \frac{R}{3} \cdot (1 + 2 \cdot \cos \alpha)$ 3 Kolben belastet

$e_4 = \frac{R}{2} \cdot (\cos \frac{3}{2}\alpha + \cos \frac{\alpha}{2})$ 4 Kolben belastet

Bild 4.2-33: Bahn der Resultierenden der Axialkräfte

Durch die Veränderungen am Steuerspiegel zur Geräuschminderung verschiebt sich der Kräfteschwerpunkt im Uhrzeigersinn aus der Schwenkachse heraus. Dadurch entsteht an der Schwenkscheibe ein Moment, das von einer Verstellvorrichtung aufgenommen werden muss.

- **Radialkolbeneinheiten**

Bei den Radialkolbenmaschinen stehen die Kolbenachsen und die Antriebsachse senkrecht aufeinander. Die Zylinder sind sternförmig um die Antriebsachse angeordnet. Es wird Radialkolbenmaschinen zwischen nach innen beaufschlagten Maschinen mit äußerer Kolbenabstützung und außen beaufschlagten mit innerer Kolbenabstützung unterschieden.

Bei den **innen beaufschlagten** Maschinen erfolgt die Flüssigkeitszufuhr und -abfuhr durch einen zylindrischen Steuerzapfen auf die einzelnen Kolben, die sich nach außen über Gleitschuhe oder Rollen auf einem exzentrisch angeordneten Hubring oder auf einer Kurvenbahn abstützen. **Bild 4.2-34** zeigt eine einhubige, verstellbare Radialkolbenpumpe.

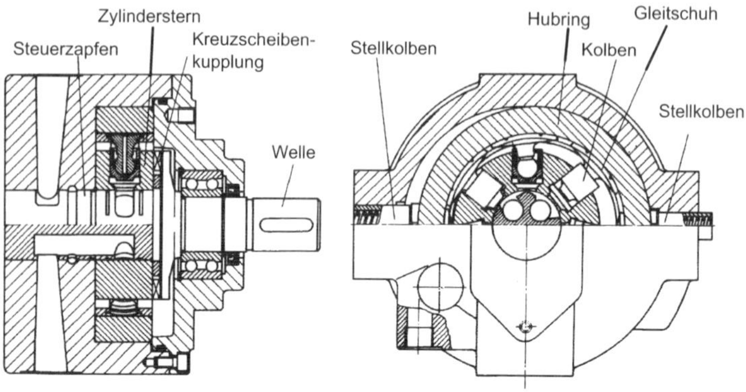

Bild 4.2-34: Verstellbare Radialkolbenpumpe (Moog)

Der mit den Kolben umlaufende Zylinderstern wird über eine Kreuzscheibenkupplung von der Welle angetrieben. In dem Zylinderstern ist der zylindrische Steuerzapfen angeordnet, der die Umsteuerung, d. h. die Verbindung der Zylinderräume mit der Saug- bzw. Druckseite bewirkt. Hinsichtlich der Geräuschminderung sind hier ähnliche Maßnahmen wie bei Steuerspiegeln erforderlich.

Über hydrostatisch entlastete Gleitschuhe stützen sich die Kolben auf dem verschiebbaren Hubring ab. Damit ein Saugbetrieb möglich ist, werden sie über Ringe am Hubring gehalten, wobei das Ansaugen des Fluids durch die Fliehkräfte unterstützt wird.

Durch Verschieben des Hubringes um die Exzentrizität e aus der Mittellage ergibt sich ein Hub h = 2 e der Kolben. Hubvolumen und Förderrichtung der Pumpe lassen sich also durch Verschieben des Hubringes ändern.

Bei Radialkolbenmaschinen sind die Hublängen zwar geringer als bei Axialkolbenmaschinen, dafür werden aber die Kolbendurchmesser erheblich größer ausgeführt. Bei gleichem Bauvolumen haben Radialkolbenmaschinen deshalb in der Regel das größere Hub- bzw. Schluckvolumen. Wie in **Bild 4.2-35** dargestellt, gilt dies besonders für die mehrhubigen Einheiten.

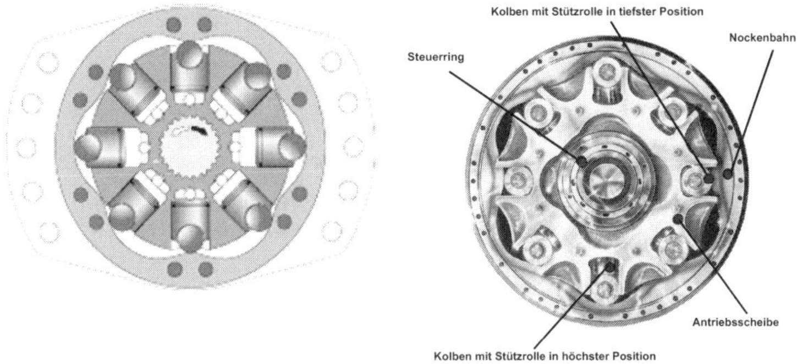

Bild 4.2-35: Mehrhubiger Radialkolbenmotor mit äußerer Kolbenabstützung (BoschRexroth, Hägglunds)

Es handelt sich um einen sogenannten Radnabenmotor. Der feststehende Zylinderstern bildet die Nabe, die am Fahrzeug angeflanscht ist. Auf das äußere Gehäuse mit der Kurvenbahn wird direkt die Felge geschraubt. Da der zentrale Steuerzapfen mit umlaufen muss, ist hier eine Drehdurchführung erforderlich.

Durch das große Schluckvolumen von Radialkolbenmotoren können kleine Drehzahlen ohne mechanisches Getriebe durch hydraulische Untersetzung realisiert werden. Die Ausgangsdrehzahl des Getriebes ergibt sich dabei durch Multiplikation der Eingangsdrehzahl mit dem Quotienten aus dem Fördervolumen der Pumpe und dem Schluckvolumen des Motors:

$$n_2 = \frac{V_1}{V_2} n_1 \tag{4.2-13}$$

Dabei steht gleichzeitig ein hohes Abtriebsmoment zur Verfügung, das dem Motorschluckvolumen proportional ist. **Bild 4.2-36** zeigt einen **außen beaufschlagten** Radialkolbenmotor.

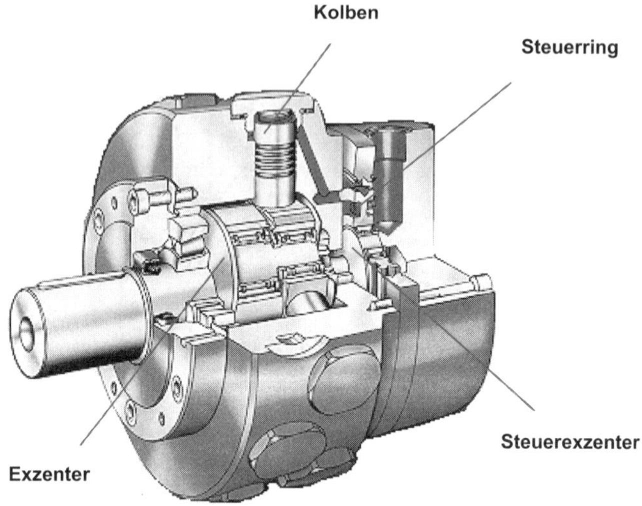

Bild 4.2-36: Innen abgestützter Radialkolbenmotor (Düsterloh)

Die im Gehäuse sternförmig angeordneten Zylinder stehen hier fest. Zur Erzeugung der Hubbewegung finden verschiedene Getriebeprinzipien Verwendung, wie Schubkurbel, Kurbelschleife oder der einfache Exzenter (Bild 4.2-36). Die Flüssigkeitsverteilung erfolgt in diesem Beispiel durch einen axialen Steuerspiegel auf der dem Wellenende abgewandten Seite des Motors. Durch diese Bauart ist ein selbsttätiges Nachstellen bei Verschleiß gegeben. Dadurch können die Leckverluste gering gehalten werden.

4.2.3.4 Ungleichförmigkeit von Verdrängereinheiten

Rotierende Verdrängereinheiten - seien es Pumpen oder Motoren - wirken durch das Zusammenspiel mehrerer Einzelverdränger, z. B. Kolben oder Zähne. Die Arbeitsweise der einzelnen Verdränger ist stark ungleichförmig, da jeder Pumpbewegung eine gleichlange Saugbewegung folgt. Dazwischen können zusätzliche Arbeitspausen liegen, wie dies bei Außenzahnradpumpen der Fall ist.

Durch das Zusammenfassen mehrerer zeitlich versetzt arbeitender Verdränger in einer Maschine wird ein Ausgleich der Ungleichförmigkeiten erreicht. Dieser Ausgleich ist in Wirklichkeit unvollkommen. Es bleibt eine Ungleichförmigkeit, die periodisch mit der Verdrängerfrequenz

$$f = 2zn \quad (z = ungerade)$$

$$f = zn \quad (z = gerade) \tag{4.2-14}$$

mit $z \triangleq$ Anzahl der Verdrängerräume

$n \triangleq$ Drehzahl

oder deren Vielfachen auftritt. Je größer die Anzahl der Verdränger, desto geringer ist grundsätzlich die Amplitude der Schwankung, die Frequenz steigt allerdings, was unter Umständen die Wirksamkeit der Störung noch vergrößert.

Bei Pumpen macht sich ein schwankender Volumenstrom auf der Druckseite als Geräuschanregung und als dynamische Belastung des Systems bemerkbar. Auf der Saugseite kann durch einen periodischen Druckabfall unter die Kavitationsgrenze erhöhter Verschleiß durch Erosion auftreten.

Bei Motoren schwankt das übertragene Moment oder die Drehzahl. Besonders beim Langsamlauf kann es unter Umständen zum Stillstand kommen, wenn die Leckage einen hohen Wert annimmt bzw. das Abtriebsmoment nicht mehr die erforderliche Größe hat. Das bedeutet, dass bestimmte Motoren unterhalb einer Mindestdrehzahl nicht einwandfrei laufen können.

• Förderstrompulsation von Pumpen

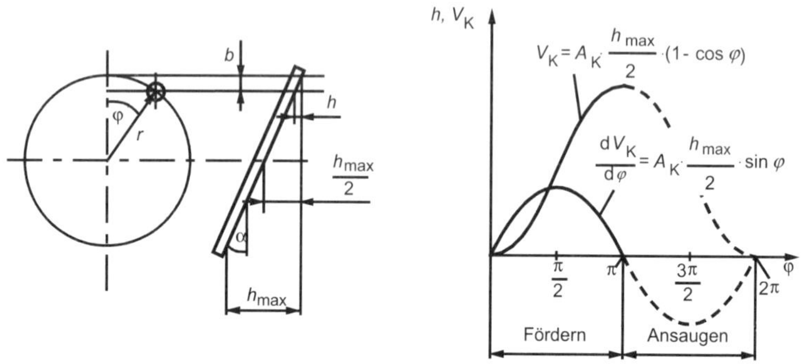

Bild 4.2-37: Berechnung des Förderstromes einer Schrägscheibenpumpe

Zur Untersuchung der Förderstrompulsation soll am Beispiel der Schrägscheibenpumpe zunächst der kinematisch bedingte Anteil betrachtet werden. Die Volumenförderung der einzelnen Kolben addiert sich dabei zu einem Gesamtvolumenstrom.

Aus **Bild 4.2-37** ergibt sich für den Kolbenhub einer Schrägscheibenpumpe

$$h(\varphi) = \frac{h_{max}}{2}\frac{b}{r};\; b(\varphi) = r(1 - cos\varphi) \qquad (4.2\text{-}15)$$

$$h(\varphi) = \frac{h_{max}}{2}(1 - cos\varphi) \qquad (4.2\text{-}16)$$

Für den Verlauf des verdrängten Volumens eines Kolbens über dem Umfang gilt dann:

$$V_K(\varphi) = \frac{h_{max}}{2}(1 - cos\varphi)A_K \qquad (4.2\text{-}17)$$

Aus der Ableitung ergibt sich die Änderung des Zylindervolumens bzw. des drehzahlbezogenen Fördervolumenstromes über dem Drehwinkel:

$$\frac{dV_K}{d\varphi} = \frac{h_{max}}{2}A_K\,sin\varphi \qquad (4.2\text{-}18)$$

$$\frac{dV_K}{d\varphi} = \frac{1}{\omega}\frac{dV_K}{dt} = \frac{Q_K}{\omega} \tag{4.2-19}$$

Der rechte Teil von Bild 4.2-37 zeigt qualitativ den Verlauf des Volumens, den ein Kolben bei seiner Bewegung begrenzt, und den Verlauf des Förderstromes, der sich hieraus ergibt. Durch graphische Summation der an der Gesamtförderung beteiligten Kolben berechnet sich der in **Bild 4.2-38** qualitativ dargestellte Verlauf des drehzahlbezogenen Fördervolumenstromes in Abhängigkeit vom Drehwinkel für eine 3-, 4- und 5-Kolbenpumpe.

Die mathematische Summation der aus der Gesamtförderung beteiligten z Kolben bei einem Teilungswinkel von 2π/z lautet:

$$\sum \frac{dV_K}{d\varphi} = \frac{h_{max}}{2} A_K \left[sin\,\varphi + sin\left(\varphi + \frac{2\pi}{z}\right) + sin\left(\varphi + \frac{4\pi}{z}\right) + \right.$$

$$\left. ...+sin\left(\varphi + \frac{n\pi}{z}\right)\right] \tag{4.2-20}$$

mit

$$n = 2(z-1)$$

Wird einer der Summanden negativ, so bedeutet das, dass der zugehörige Kolben die Förderseite verlässt und in die Saugseite eintritt. Der entsprechende Summand ist dann zu streichen, da der Kolben nicht mehr fördert.

Der mittlere drehzahlbezogene Fördervolumenstrom pro Umdrehung ist

$$\left[\sum \frac{dV_K}{d\varphi}\right]_{mittel} = A_K h_{max} \frac{z}{2\pi} \tag{4.2-21}$$

Die kinematische Volumenstrompulsation oder der Ungleichförmigkeitsgrad nach Thoma beschreibt das Verhältnis aus Wechselanteil zu Gleichanteil mit

$$\delta = \frac{\left[\sum \frac{dV_K}{d\varphi}\right]_{max} - \left[\sum \frac{dV_K}{d\varphi}\right]_{min}}{\left[\sum \frac{dV_K}{d\varphi}\right]_{mittel}} 100\% = \frac{\Delta Q}{Q_{mittel}} 100\% \tag{4.2-22}$$

Für Kolbenzahlen $z \geq 3$ kann die kinematische Volumenstrompulsation unter der Annahme der Förderung reiner Sinushalbwellen näherungsweise berechnet werden mit:

$$\delta' = 1 - cos\frac{90°}{z} \quad \textit{für ungerade Kolbenzahlen} \tag{4.2-23}$$

$$\delta' = 1 - cos\frac{180°}{z} \quad \textit{für gerade Kolbenzahlen} \tag{4.2-24}$$

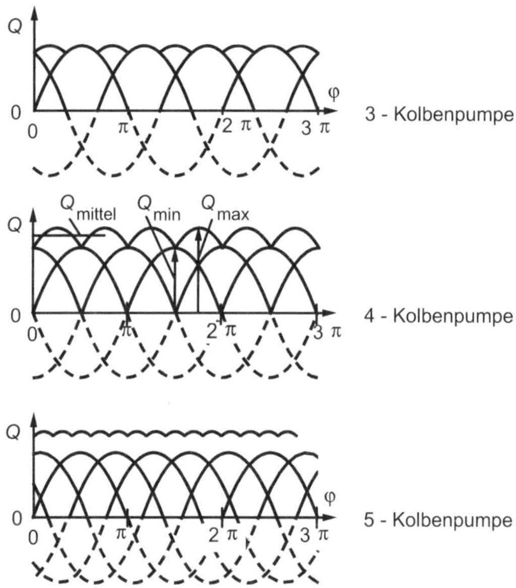

Bild 4.2-38: Pulsation des bezogenen Fördervolumenstroms über dem Drehwinkel

In **Bild 4.2-39** sind die so berechneten kinematischen Volumenstrompulsationen zusammengestellt. Diese Verläufe gelten für den Fall, dass keine Druckänderung durch den Kolbenhub stattfindet und im Zylinderraum Hochdruck herrscht, sobald dieser mit der Hochdruckniere verbunden ist. Eine weitere Voraussetzung für die Gültigkeit ist ein Nichtförderwinkel von $\varphi_{NF} = 0°$. Der Nichtförderwinkel ist der Winkel, der nach Passieren des Totpunktes bis zum Einsteuern in die Druckniere durchfahren werden muss. Bild 4.2-39 zeigt, dass unter diesen Umständen die relative Schwankung des Volumenstromes eines Kolbens mit ungerader Zylinderzahl ebenso groß ist, wie die einer Pumpe mit doppelter Zylinderzahl.

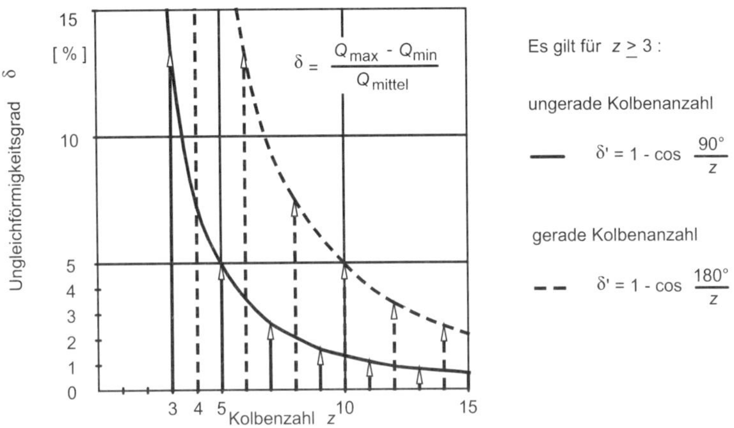

Bild 4.2-39: Kinematische Volumenstrompulsation bei Kolbenpumpen mit idealer und druckloser Umsteuerung

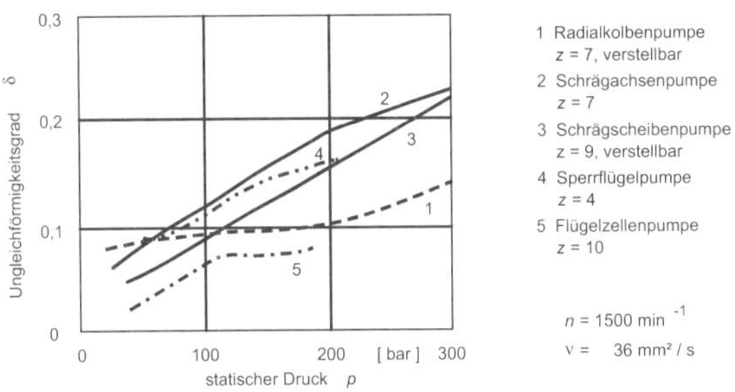

Bild 4.2-40: Gemessener Pulsationsgrad von Pumpen [4.17]

Die am Ausgang einer Pumpe messbare Druck- und Volumenstrompulsation ist aber in der Regel um eine Größenordnung höher als die theoretische Pulsation aufgrund der Hubgesetze, wie aus **Bild 4.2-40** für verschiedene Pumpentypen hervorgeht.

Diese Diskrepanz soll im folgenden schrittweise erläutert werden. Auf Grund der geometrischen Gegebenheiten in einer Verdrängereinheit ergibt sich die kinematische Volumenstrompulsation. Dabei werden die Volumina betrachtet, die durch die Kolben in die Anschlussniere verdrängt werden (Bild 4.2-38 und **Bild 4.2-41**).

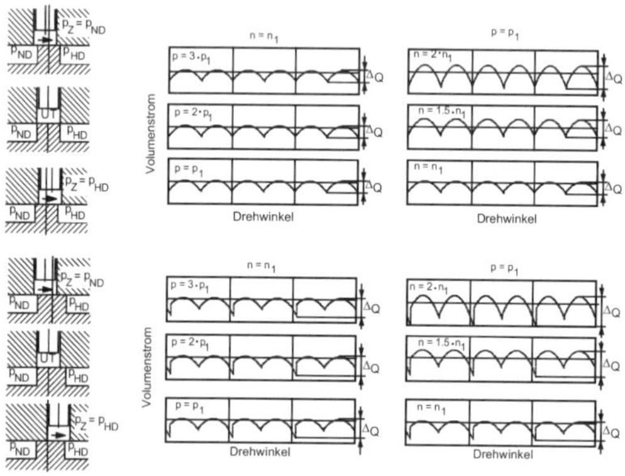

Bild 4.2-41 Kinematische Volumenstrompulsation bei Umsteuerung ohne und mit Nichtförderwinkel [4.9]

Bild 4.2-41 zeigt die kinematisch bedingte Pulsation für eine Neun-Kolben-Pumpe. In der oberen Reihe ist die Pulsation ohne Berücksichtigung des Nichtförderwinkels dargestellt. Der Zylinderraum eines Kolbens wird sofort nach dem Totpunkt mit der Anschlussniere verbunden. In der unteren Reihe des Bildes ist die Pulsation für einen Nichtförderwinkel $\varphi_{NF} > 0°$ dargestellt. Der Trennsteg zwischen Nieder- und Hochdruckniere wurde vergrößert, so dass der Zylinderraum eines Kolbens erst einige Grad nach dem Totpunkt mit der Anschlussniere verbunden wird.

Bild 4.2-41 zeigt im Vergleich zwischen den oberen und den unteren Diagrammen, dass ein Nichtförderwinkel $\varphi_{NF} > 0°$ die kinematisch bedingte Pulsation vergrößert, da jeder Kolben nach Durchschreiten des Totpunktes bis zum Einsteuern in die Anschlussniere keinen Förderanteil leistet. Darüber hinaus zeigt Bild 4.2-41 im Vergleich der rechten und der linken Diagramme, dass sich die kinematische Pulsation nicht mit dem Betriebsdruck sondern mit der Drehzahl ändert. Wird der absolute Pulsationswert auf den mittleren Vo lumenstrom bezogen, so ergibt sich der kinematische Volumenstrompulsationsgrad δ_Q.

$$\delta_Q = \frac{\Delta Q}{Q_{mittel}} \tag{4.2-25}$$

Dieser ist abhängig von der Anzahl der Kolben und dem Nichtförderwinkel. Zur Abschätzung des Pulsationsgrades unter Berücksichtigung des Nichtförderwinkels stehen für Pumpen mit ungerader Kolbenzahl folgende Näherungsgleichungen zur Verfügung [4.19].

$$\varphi_{NF} < \frac{180°}{z}:$$

$$\delta_Q = \delta_0 + 2{,}345 \cdot 10^{-2} \cdot \sqrt{\delta_0} \cdot \varphi_{NF} + 1{,}7 \cdot 10^{-4} \cdot \varphi_{NF}^2 \tag{4.2-26}$$

$$\frac{180°}{z} \leq \varphi_{NF} < \frac{270°}{z}:$$

$$\delta_Q = 3{,}85\delta_0^{1{,}04} + 2{,}345 \cdot 10^{-2} \cdot \sqrt{\delta_0} \cdot \varphi_{NF} + 5{,}063 \cdot 10^{-4} \cdot \varphi_{NF}^2 \tag{4.2-27}$$

$$\varphi_{NF} \geq \frac{270°}{z}: \; \delta_Q = \frac{2\pi}{z} \cdot \frac{sin\varphi_{NF}}{1 + cos\varphi_{NF}} \tag{4.2- 28}$$

mit

$$\delta_0 = \frac{\pi}{2 \cdot z} \cdot tan\frac{45°}{z};$$

$$z = Kolbenzahl; \; [\varphi_{NF}] = °$$

Eine Neun-Kolben-Pumpe weist demnach günstigenfalls ($\varphi_{NF} = 0°$) einen kinematischen Volumenstrompulsationsgrad von $\delta_{Q,min} = 1.5$ % auf. Für eine Sieben-Kolben-Einheit errechnet sich ein Wert von $\delta_{Q,min} = 2{,}5\%$.

Bisher wurde der Betrachtung ein rechteckförmiger Druckverlauf im Zylinderraum eines Kolbens vorausgesetzt. Im weiteren soll berücksichtigt werden, dass nach dem Totpunkt für den Wechsel des Druckniveaus eine bestimmte Zeit benötigt wird, die eine Nichtförderphase darstellt. Daher soll im folgen den zwischen dem geometrischen Einsteuerwinkel φ_{Ein} und dem Nichtförderwinkel φ_{NF} unterschieden werden. Nach Durchfahren des geometrischen Einsteuerwinkels wird der Zylinderraum eines Kolbens mit der Anschlussniere verbunden. Nach Durchfahren des Nichtförderwinkels ist der Wechsel des Druckniveaus abgeschlossen.

Der Nichtförderwinkel, der sich aus dem Wechsel des Druckniveaus ergibt, berechnet sich aus der Zeit, die für den Druckwechsel benötigt wird und der Drehzahl.

$$\varphi_{NF} = \omega t_{DW} = 2\pi n t_{DW} \tag{4.2-29}$$

Die für den Druckwechsel benötigte Zeit ergibt sich aus dem Druckaufbau im Zylinderraum

$$\dot{p} = \frac{E'_{Öl}}{V_0} \sum Q \tag{4.2-30}$$

Der Druck im Zylinder berechnet sich durch Integrieren.

$$p = \int_0^{t_{DW}} \dot{p}\, dt = \frac{E'_{Öl}}{V_0} \int_0^{t_{DW}} \sum Q\, dt \tag{4.2-31}$$

Da der Druckwechsel in einem relativ kleinen Winkelbereich stattfindet wird das Zylinderraumvolumen als konstant angesetzt.

$$V_0 = V_{UT} \tag{4.2-32}$$

Der Volumenstrom durch die freigegebene Fläche ergibt sich aus der Blendengleichung.

$$\sum Q = \alpha A \sqrt{\frac{2\Delta p}{\rho}} \tag{4.2-33}$$

Die durchströmte Fläche zwischen Zylinderniere und Anschlussniere entwickelt sich in erster Näherung linear.

$$A = \frac{A_{Niere}}{\varphi_{Niere}} \cdot \varphi = \frac{A_{Niere}}{\varphi_{Niere}} \cdot \omega \cdot t \qquad (4.2\text{-}34)$$

Durch Einsetzen ergibt sich

$$p = \frac{E'_{Öl}}{V_{UT}} \alpha \sqrt{\frac{2\Delta p}{\rho}} \frac{A_{Niere}}{\varphi_{Niere}} \omega \frac{t_{DW}^2}{2} \qquad (4.2\text{-}35)$$

Durch Auflösen nach t_{DW} ergibt sich nun die für den Druckwechsel benötigte Zeit.

$$t_{DW} = \sqrt{\frac{V_{UT}}{E'_{Öl}} \cdot \frac{\varphi_{Niere}}{A_{Niere}} \cdot \frac{1}{\alpha \cdot \omega} \cdot \sqrt{2 \cdot \rho \cdot \Delta p}} \qquad (4.2\text{-}36)$$

Basierend auf einer Neun-Kolben-Pumpe ergeben sich unter Berücksichtigung der für den Druckwechsel benötigten Zeit die in **Bild 4.2-42** gezeigten Nichtförderwinkel und kinematischen Volumenstrompulsationsgrade.

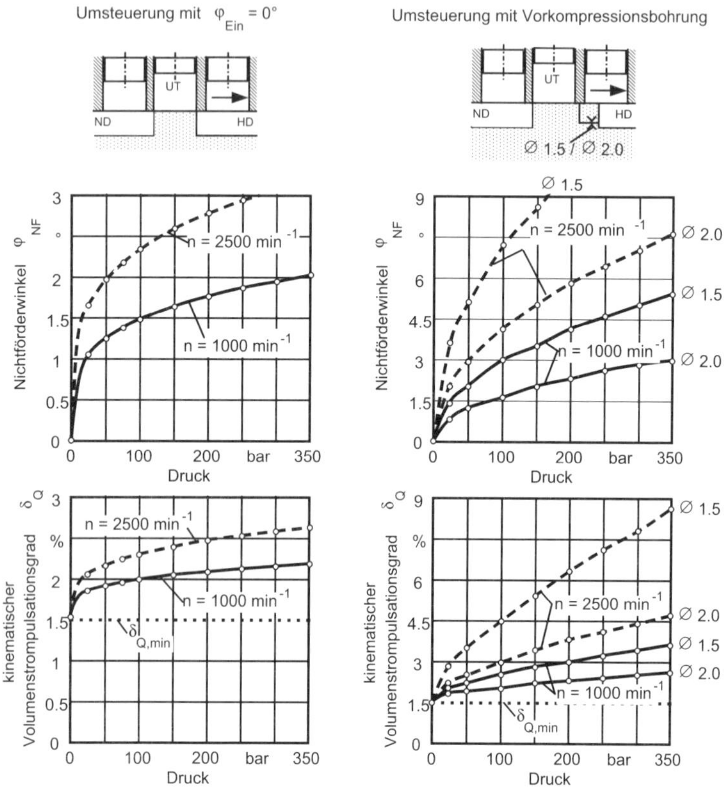

Bild 4.2-42: Nichtförderwinkel und Volumenstrompulsationsgrade einer 9-Kolben-Pumpe bei Berücksichtigung des Druckwechsels

Den Diagrammen in der linken Spalte liegt ein geometrischer Einsteuerwinkel $\varphi_{Ein} = 0°$ zugrunde. In der rechten Spalte ist die Umsteuerung über Bohrungen gezeigt. Bohrungen haben die gleiche Aufgabe wie Steuerkerben. Typische Bohrungsdurchmesser sind 1,5 und 2 mm. Die Abschätzung zeigt, dass selbst bei geometrisch idealer Umsteuerung ein Winkelbereich überdeckt wird, in dem keine Förderung erfolgt, obwohl der Zylinder bereits mit der Anschlussniere in Verbindung steht. Zu beachten ist, dass dieser Abschätzung eine konstante Druckdifferenz zugrunde liegt. Tatsächlich wird diese aber ü ber der Zeit durch den angestrebten Druckausgleich und durch Leckagen abnehmen und in der Folge die Pulsation weiter verstärken.

Zusätzlich sind kompressionsbedingte Pulsationen zu berücksichtigen. Diese treten auf, wenn Volumina unterschiedlichen Druckniveaus miteinander verbunden werden. Bei schlitzgesteuerten Kolbenmaschinen trifft dies im Bereich der Umsteuerung zu. Wird bei Pumpen der Zylinderraum mit der Hochdruckniere verbunden, kommt es zu einem Zurückfließen von Druckflüssigkeit, was einen Einbruch im Gesamtvolumenstrom zur Folge hat. Dieser Einbruch erhöht die Ungleichförmigkeit über die kinematische Volumenstrompulsation hinaus. Allgemeine Näherungsgleichungen für die kompressionsbedingten Pulsationen können nicht angegeben werden, da diese entscheidend von der konstruktiven Gestaltung der Umsteuerbereiche abhängen. Kompressionsbedingte Volumenstrompulsationen treten sowohl bei geradzahligen als auch bei ungeradzahligen Kolbenzahlen mit einfacher Kolbenfrequenz auf. Die kompressionsbedingten Pulsationen sind oft um eine Größenordnung größer als die kinematischen Pulsationen. Ziel pulsationsmindernder Maßnahmen bei Kolbeneinheiten muss sein, in erster Linie die kompressionsbedingten Pulsationen zu mindern. Zum Zeitpunkt, in dem ein Zylinderraum mit einer Anschlussniere verbunden wird, müssen in beiden Volumina weitestgehend angeglichene Drücke herrschen. Darüber hinaus darf der Nichtförderwinkel nicht zu groß werden, da ansonsten der Anteil der kinematischen Volumenstrompulsation zu groß wird.

Aus der Volumenstrompulsation resultiert im angeschlossenen Leitungssystem eine Druckpulsation. Werden die gemessenen Pulsationsverläufe einer Kolbeneinheit betrachtet, dann fallen Pulsationen auf, die weder der kinematischen noch der kompressionsbedingten Pulsation zugeordnet werden können (**Bild 4.2-43**). Die Pulsationsamplitude wird deutlich von diesen Anteilen bestimmt.

Diese überlagerten Schwingungen treten bei höheren Drehzahlen auf und sind eine Folge der kapazitiven und induktiven Widerstände in einer Verdrängereinheit.

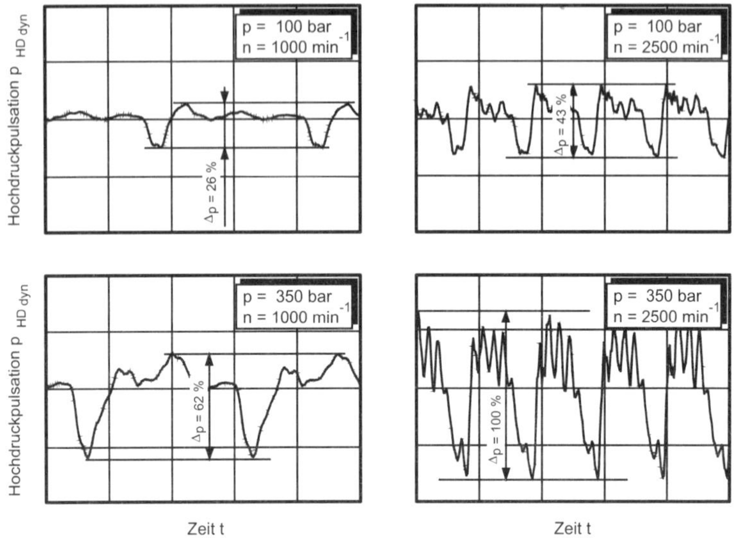

Bild 4.2-43: Ausprägung einer der kinematischen und der kompressionsbedingten Pulsation überlagerten Druckschwingung

Da die Pulsation arbeitspunktabhängig ist, ist eine Anpassung der Vorkompression in der Praxis bei einer schlitzgesteuerten Pumpe nur bedingt durchführbar. Durch Konstruktionen mit kleinem Totvolumen und hohen Zylinderzahlen kann die Amplitude jedoch minimiert werden. Neben diesen **Primär-** können **Sekundärmaßnahmen,** wie z. B. Rohrschalldämpfer, eingesetzt werden, um die Ausbreitung der Druckwellen zu verhindern. Zu den Sekundärmaßnahmen gehören ebenfalls Optimierungen der Gehäusestruktur [4.3], [4.4], [4.12]. Die hier am Beispiel der Schrägscheibenpumpe behandelten Zusammenhänge gelten sinngemäß auch für andere Pumpenbauarten. Eine Berechnung und Auslegung von Axialkolbenmaschinen ist in [4.16] beschrieben.

- **Drehmomentpulsation von Motoren**

Bei einem Kolbenmotor besteht zwischen der Winkelgeschwindigkeit der Abtriebswelle und dem zugeführten Volumenstrom folgende Beziehung:

$$Q_2 = \frac{dV}{dt} = \frac{d\varphi}{dt}\sum\frac{dV_K}{d\varphi} \qquad (4.2\text{-}37)$$

Ist der zugeführte Volumenstrom Q konstant, so verändert sich die Winkelgeschwindigkeit dφ/dt, da, wie für die Kolbenpumpe bereits gezeigt, das Volumen pro Drehwinkel $\sum$ dV_K / dφ schwankt.

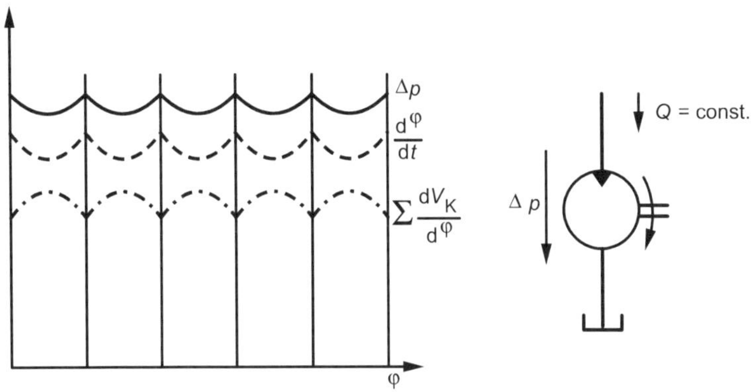

Bild 4.2-44: Prinzipieller Verlauf der Druckdifferenz, der Winkelgeschwindigkeit und des Volumenstroms in Abhängigkeit des Drehwinkels

Den prinzipiellen Verlauf der Winkelgeschwindigkeit dφ/dt, des Volumens pro Drehwinkel $\sum$ dV_K / dφ und der Druckdifferenz Δp zeigt **Bild 4.2-44**.

Bei dieser Betrachtung wurde nur der kinematische Einfluss auf die Ungleichförmigkeit betrachtet. Bei höheren Drehzahlen und größeren Massenträgheitsmomenten wird die Ungleichförmigkeit der Drehbewegung durch die Trägheitskräfte reduziert.

Vor allem bei niedrigen Drehzahlen wird die Ungleichförmigkeit durch die Drehwinkelabhängigkeit des Reibmomentes und der Leckverluste erheblich größer [4.15]. **Bild 4.2-46** zeigt für einen Axialkolbenmotor in Schrägachsen- und Schrägscheibenbauart den Verlauf des effektiven Motormomentes. Bei konstantem Druck und konstanter **Zwangsdrehung**. Der Schrägachsenmotor ist mit 7 Kolben konstruiert weist ein Schluckvolumen von 45 cm^3/U auf. Der Schrägscheibenmotor weist ebenfalls ein Schluckvolumen von 45 cm^3/U auf, besitzt aber 9 Kolben. Die Messwerte wurden bei einem Druck von 300 bar und einer Drehzahl von 0,1 min^{-1} aufgenommen. Deutlich sind die 7 Kolben bei der Schrägachse und die 9 Kolben bei der Schrägscheibe zu erkennen. Werden die Momentenverhältnisse verglichen, weist die Schrägachse ein besseres Verhältnis, also eine Wirkungsgrad auf, der über dem der Schrägscheibe liegt. Dies ist bedingt durch die Konstruktion einer Schrägachsenmaschine, die über die Kolben keine Querkräfte aufnimmt und somit weniger Reibung verursacht. Optimierte Schrägscheibenmaschinen können jedoch während des Anlaufens einen höheren Wirkungsgrad aufweisen [4.18].

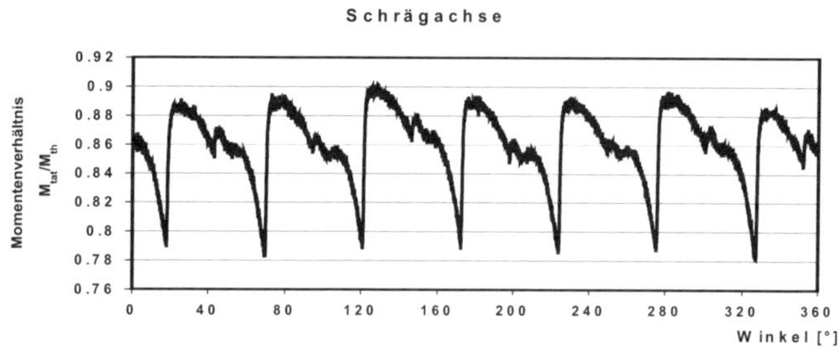

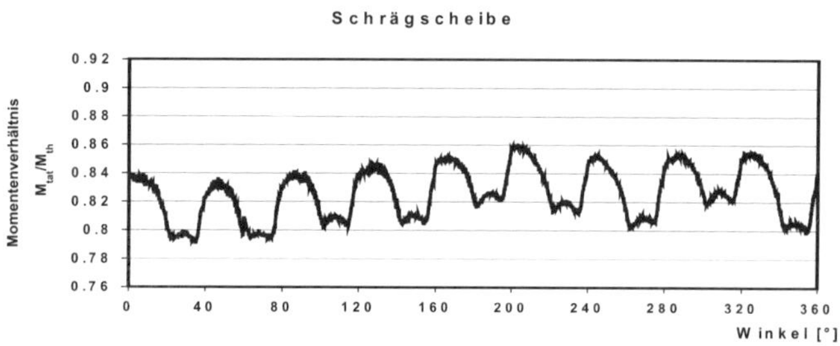

Bild 4.2-45: Gemessener Verlauf des Drehmomentes eines Schrägachsen- und Schrägscheibenmotors

Aus dem Momentenverlauf ist die kinematische Ungleichförmigkeit des Motors noch zu erkennen. Der Leckvolumenstromverlauf in **Bild 4.2-46** zeigt jedoch Leckagespitzen, die mit der kinematischen Ungleichförmigkeit nicht zu erklären sind. Ein Langsamlauf ist nur mit einem Volumenstrom möglich, der größer ist als die Leckagespitzen. Anderenfalls würde der Motor in bestimmten Winkelstellungen stehen bleiben.

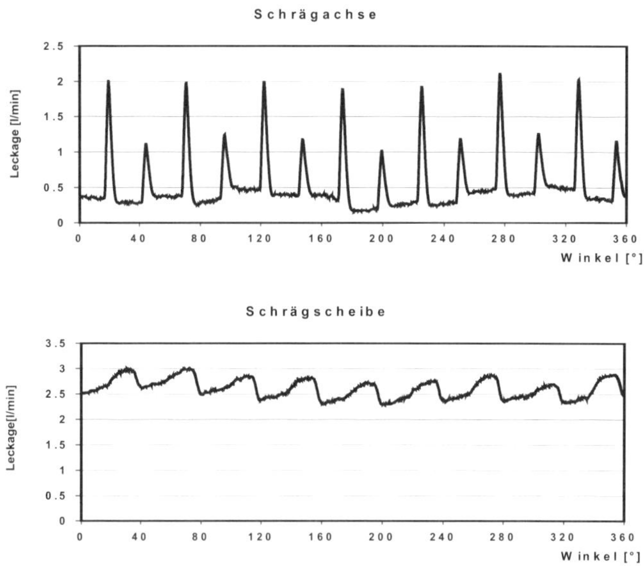

Bild 4.2-46: Gemessener Verlauf des Volumenstromes eines handelsüblichen Schrägachsen- und Schrägscheibenmotors

4.2.4 Hydraulische Linearmotoren

Die Umformung der hydraulischen Leistung in eine geradlinige Arbeitsbewegung geschieht durch Zylinder und Kolben. Der Arbeitszylinder bildet im hydraulischen Kreislauf den Verbraucher.

- **Einfachwirkender Zylinder**

Einfachwirkende Zylinder haben nur eine Kolbenfläche, wie in **Bild 4.2-47** zu sehen ist. Für diese Bauart wird auch der Begriff **Plungerzylinder** verwendet. Die Kolbenstange dient direkt als Kolben. Der Vorteil dieser Bauart ist der einfache, robuste Aufbau. Der Rückzug erfolgt durch Eigengewicht, Feder oder andere Mittel. Bei großen hydraulischen Pressen werden häufig auch getrennte Rückzugzylinder eingesetzt.

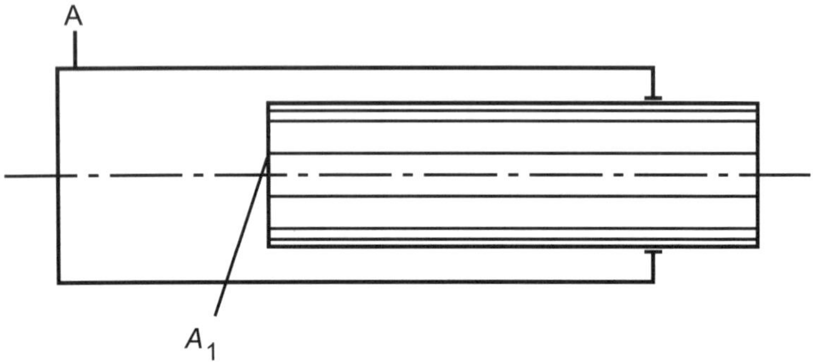

Bild 4.2-47: Schema eines einfach wirkenden Zylinders

- **Doppeltwirkender Zylinder**

Beim doppeltwirkenden Zylinder sind beide Kolbenseiten druckbeaufschlagt. Er kann also in beide Richtungen hydraulisch betätigt werden.

Bild 4.2-48 zeigt einen ausgeführten Zylinder mit verschieden großen Kolbenflächen, einen sogenannten Differentialzylinder. Bei einseitiger Kolbenstange ergeben sich im Normalfall unterschiedliche Kräfte bei gleichem Druck, und unterschiedliche Geschwindigkeiten bei gleichem Volumenstrom.

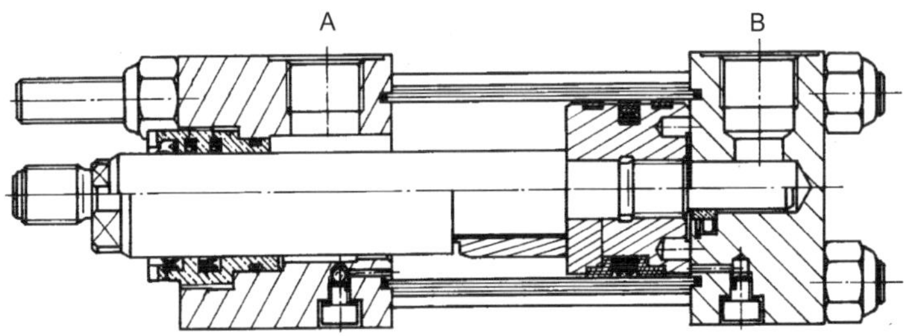

Bild 4.2-48: Doppeltwirkender Zylinder mit einseitiger Kolbenstange (Bosch-Rexroth)

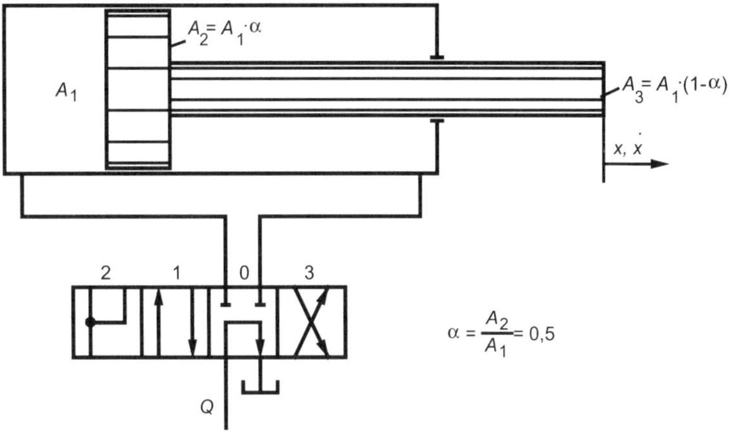

Bild 4.2-49: Differentialzylinder mit Eilgangschaltung

Mit der sogenannten Differentialschaltung, dem Kurzschluss zwischen Anschlüssen A und B beim Ausfahren der Kolbenstange, kann jedoch die gleiche Geschwindigkeit in beide Richtungen realisiert werden, wenn das Flächenverhältnis

$$\alpha = \frac{A_2}{A_1} = 0{,}5 \qquad (4.2\text{-}38)$$

ist. Diese Schaltungsart wird häufig auch als **Eilgangschaltung** bezeichnet, da in eine Richtung bei entsprechender Schaltung zwei unterschiedliche Geschwindigkeiten bei unterschiedlicher Nutzlast möglich sind. Die verschiedenen Schaltungsmöglichkeiten sind in **Bild 4.2-49** angedeutet.

Beim Gleichgangzylinder **(Bild 4.2-50)** mit zweiseitiger Kolbenstange sind Geschwindigkeiten und Kräfte in beiden Bewegungsrichtungen gleich groß.

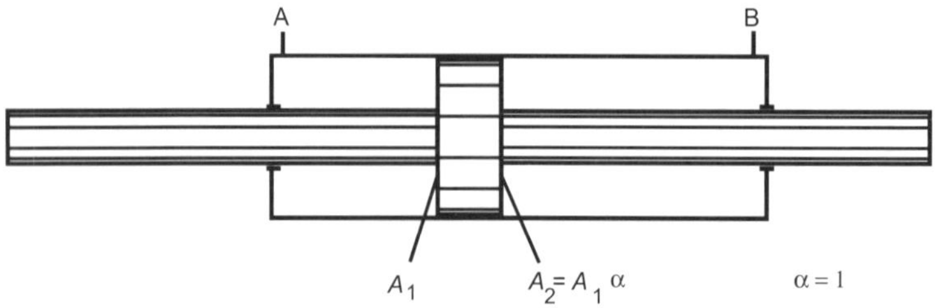

Bild 4.2-50: Schema eines doppeltwirkenden Zylinders mit beidseitiger Kolbenstange

Teleskopzylinder **(Bild 3.2-51)** werden verwendet, um große Hübe bei kleiner Baulänge erzeugen zu können. Sowohl einfach- als auch doppeltwirkende Ausführungen sind möglich.

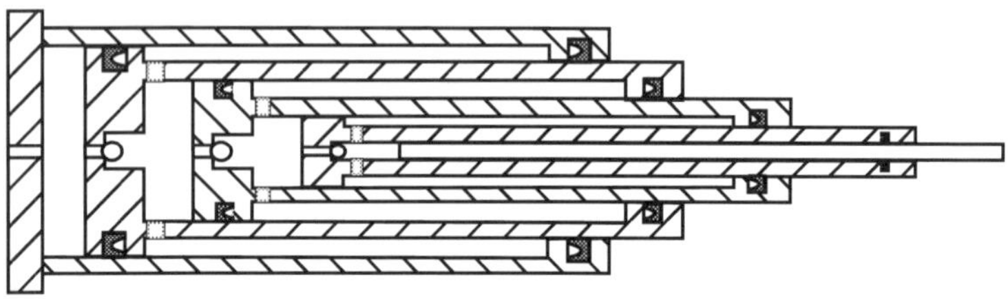

Bild 4.2-51: Teleskopzylinder für konstante Geschwindigkeit (Teha)

- ## Schwenkmotoren

Mit Hilfe hydraulischer Schwenkmotoren können Druckkräfte in Drehmomente und Volumenströme in Drehbewegungen umgesetzt werden.

Innerhalb der Hydraulik schließen die hier beschriebenen Schwenkantriebe die Lücke zwischen langsamlaufenden Rotationsmotoren, mit denen beliebige Drehbewegungen realisiert werden.

Schwenkmotoren decken den Bereich bis etwa 360° ab und benötigen wenig Bauraum. Im Gegensatz zu Langsamläufern und Schubkurbelantrieben ist bei Schwenkmotoren das abgegebene Drehmoment unabhängig von der Winkelstellung. Unterschieden werden verschiedene Arten von hydraulischen

Schwenkantrieben nach den Bauformen: Es gibt Flügel-, Drehkolben-, Zahnstangen- und Spindelmotoren (**Bild 4.2-52**).

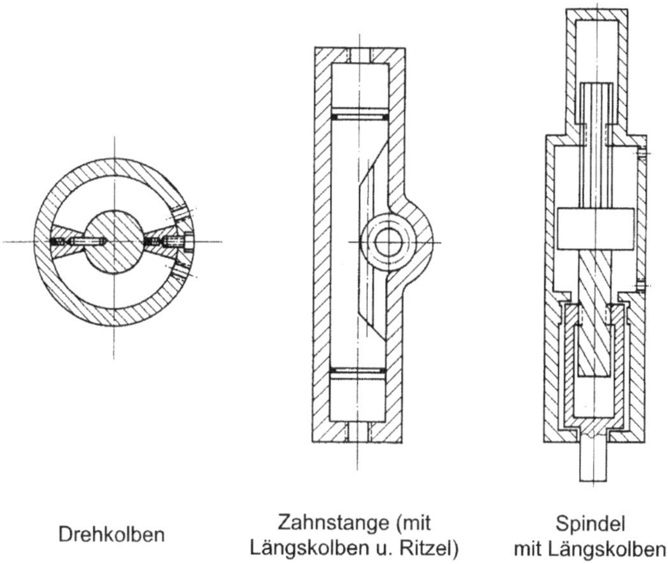

Bild 4.2-52: Bauarten von Schwenkmotoren

Schwenkantriebe in Flügelbauart zeichnen sich durch eine besonders kompakte Bauart aus. Da die Flügel auf der Achse des Motors verschweißt sind oder mit der Achse ein Schmiedeteil bilden, können mit dem Flügelmotor Druckkräfte spielfrei in Drehmomente umgewandelt werden. Die Druckkräfte können über einen oder zwei Flügel auf den Schwenkarm übertragen werden.

Bei Schwenkantrieben mit zwei Flügeln ist das Drehmoment höher, der maximal erreichbare Schwenkwinkel beträgt allerdings nur etwa 100°. Bei der Bauform mit nur einem Flügel werden etwa 200° erreicht.

Die Druckkammern dieser Motoren müssen radial und axial gegeneinander abgedichtet werden. Dazu werden glasfaserverstärkte Teflondichtungen eingesetzt, die mit Viton oder Pebunandichtungen hinterlegt werden. Trotz der aufwendigen Dichtung ist die **interne Leckage** zwischen den Druckkammern deutlich höher als zwischen Zylinderkammern in Linearantrieben.

- **Endlagendämpfung**

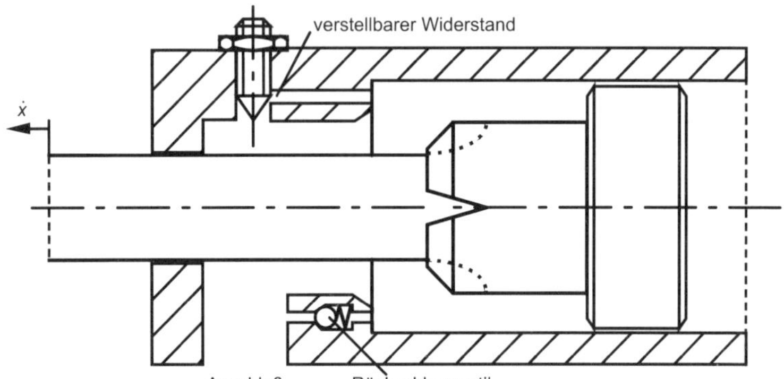

Bild 4.2-53: Schema der Endlagendämpfung

Um Massenkräfte in den Endlagen der Zylinder niedrig zu halten, werden sogenannte Endlagendämpfungen verwendet. Diese sollen möglichst nur in einer Richtung als wegabhängige Dämpfung wirksam sein. Ein stirnseitiger Kolbenbund **(Bild 4.2-53)** schließt kurz vor der linken Endlage des Kolbens den freien Rücklauf des Fluides. Das im Zylinderraum verbleibende Flüssigkeitsvolumen kann nur über einen wegabhängig veränderlichen Widerstand durch Längsschlitze abgeführt werden. Es wird eine konstante Verzögerung über einen gewissen Zeitraum als idealen Verlauf angestrebt, wie es in **Bild 4.2-54** dargestellt ist. Es muss also bei abnehmender Geschwindigkeit ein konstanter Druckabfall am Dämpfungswiderstand anliegen. Das wird durch eine Querschnittsabnahme der Schlitze erreicht, die nach einer Quadratwurzelfunktion verläuft. Die Auslegung ist nur bei Abbremsung einer Masse ohne äußere Störkraft gültig. Aus fertigungstechnischen Gründen wird oft einem von außen fest einstellbaren Widerstand, der ebenfalls in Bild 4.2-53 angedeutet ist, der Vorzug gegeben.

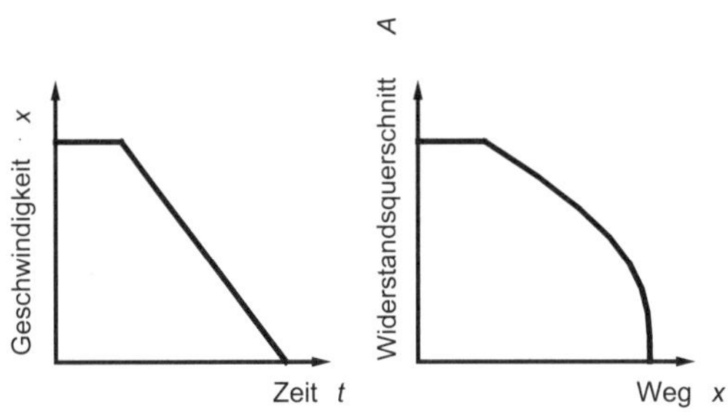

Bild 4.2-54: Idealer Geschwindigkeitsverlauf bei Endlagendämpfung

- **Druckübersetzer**

Mittels Druckübersetzer ist die Erhöhung eines vorhandenen Druckes möglich. Das Prinzip zeigt **Bild 4.2-55**. Aufgrund des Kräftegleichgewichts gilt

$$p_2 = \frac{A_1}{A_2} p_1 \tag{4.2-39}$$

wenn der Einfluss der Reibkräfte vernachlässigt wird.

Die Druckübersetzung ist also gleich dem Flächenverhältnis. Das primärseitige Druckmedium muss nicht unbedingt Öl sein, sondern es kann auch Pressluft, Dampf oder Wasser verwendet werden. Ein günstiger Anwendungsfall ergibt sich für **Klemm- und Spannfunktionen**, da hier hohe Drücke bei geringen Hüben der Spannzylinder benötigt werden.

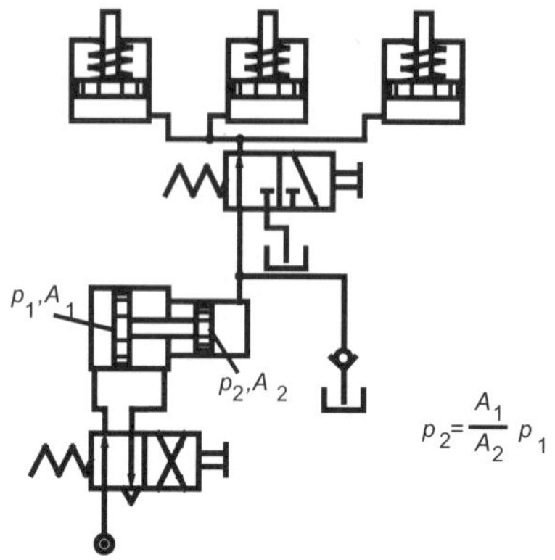

Bild 4.2-55: Spann- und Haltekreis mit pneumatisch-hydraulischem Druckübersetzer

4.3 Strömungsmaschinen

Wegen einiger spezieller Eigenschaften, die ihren Einsatz manchmal vorteilhaft erscheinen lassen, sei kurz das Verhalten der Kreiselpumpen behandelt.

In **Bild 4.3-1** ist das Läuferrad einer Kreiselpumpe schematisch dargestellt. Die Zentrifugalkraft am Kreisring wird wie folgt bestimmt:

Teilchen des Ringes:

$$dm = b \cdot dr \cdot dl \cdot \rho \tag{4.2-40}$$

Zentrifugalkraft:

$$dZ = dm \cdot \omega^2 \cdot r = \omega^2 \cdot r \cdot b \cdot \rho \cdot dr \cdot dl \tag{4.2-41}$$

ausgedrückt als Druck:

$$dp = \frac{dZ}{b \cdot dl} = \rho \cdot \omega^2 \cdot r \cdot dr \tag{4.2-42}$$

Durch Integration über den Läuferradius ergibt sich:

$$p_2 - p_1 = \rho \cdot \omega^2 \cdot \frac{r_2^2 - r_1^2}{2} \tag{4.2-43}$$

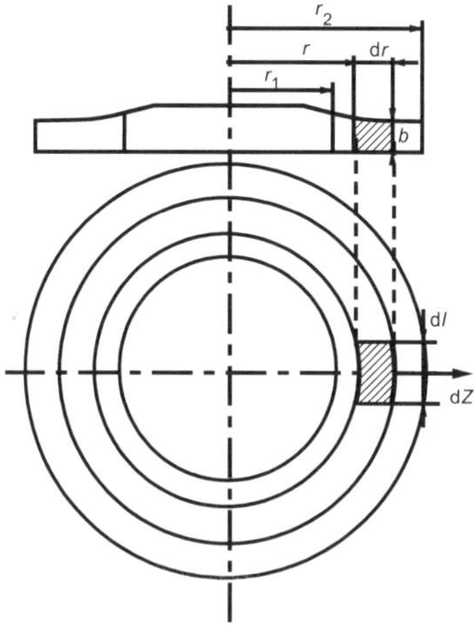

Bild 4.3-1: Abmessungen des Läuferrades einer Kreiselpumpe

Mit $\omega\, r_1 = u_1$ der Umfangsgeschwindigkeit als Produkt von Winkelgeschwindigkeit und Radius am Eingang und $\omega\, r = u$ der Umfangsgeschwindigkeit beim Radius r lautet die Gleichung

$$p - p_1 = \frac{\rho}{2}\left(u^2 - u_1^2\right) \qquad (4.2\text{-}44)$$

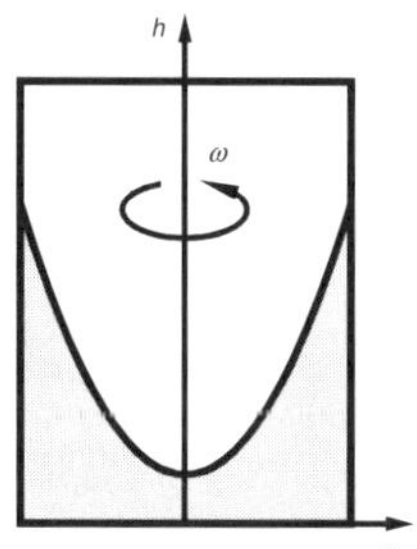

Bild 4.3-2: Wasserverteilung in einem rotierenden Behälter

Der Druck wächst also mit dem Quadrat des Radius bzw. dem Quadrat der Umfangsgeschwindigkeit an. **Bild 4.3-2** zeigt diese Tatsache am Beispiel der

Druckverteilung in einem rotierenden Behälter. Die hierbei auftretende Parabel gibt die Druckverteilung als statischen Druck wieder.

Bei unendlich vielen Schaufeln wird das Medium zwangsgeführt, d. h. w_1 und w_2 tangieren die Schaufeln, und die Flüssigkeit tritt ohne Stoß ein. Bei Nenn-Liefermenge einer Kreiselpumpe geschieht das auch trotz endlicher Schaufelzahl im optimalen Betriebspunkt. Da das Medium zwischen den Schaufeln jedoch nicht geführt wird, liegt in den übrigen Betriebspunkten eine verringerte Leistung vor.

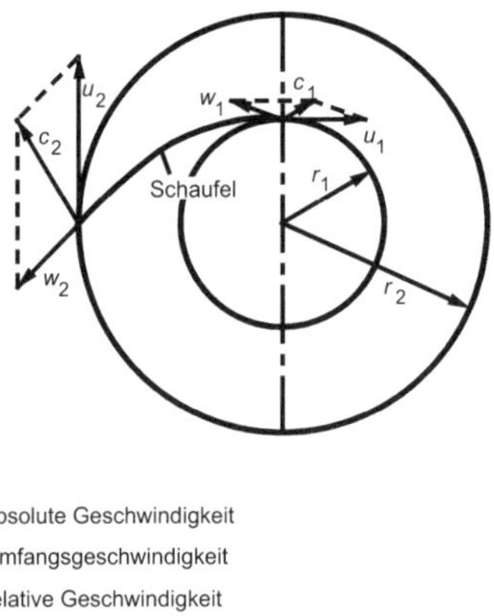

Bild 4.3-3: Geschwindigkeiten am Läuferrad

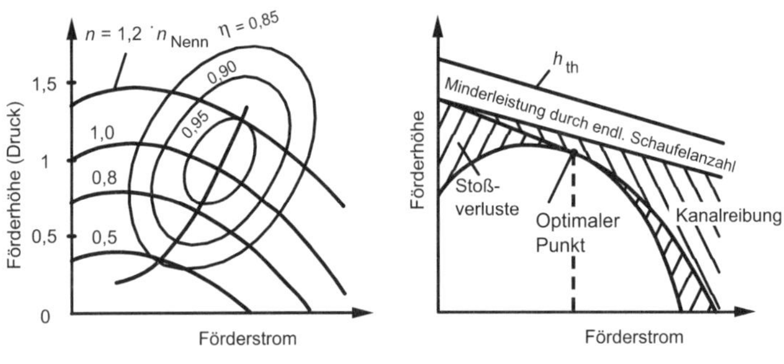

Bild 4.3-4: Kennlinien von Kreiselpumpen

Wie die Kennlinien in **Bild 4.3-4** zeigen, ist die mögliche Förderhöhe, d. h. der maximale Druck, erheblich vom Förderstrom abhängig. Zudem wird der Druck von der Viskosität des Mediums beeinflusst. In der Hydraulik werden Kreiselpumpen daher nur für **Hilfsfunktionen** eingesetzt, wie z. B. als Umwälzpumpen für Filter-, Heiz- und Kühlkreisläufe und als Füllpumpen besonders bei Pumpen mit verstellbarem Hubvolumen. Vorteile der Kreiselpumpen sind, dass kein Druckbegrenzungsventil erforderlich ist, kaum **Pulsation** von Druck und Förderstrom auftritt, keine berührenden Teile vorhanden sind, so dass sogar schlammige Medien gefördert werden können und diese Pumpen ein sehr geringes **Laufgeräusch** aufweisen.

4.4 Literatur zu Kapitel 4

4.1	Backé, Wolfgang	Grundlagen der Ölhydraulik; Umdruck zur Vorlesung an der RWTH Aachen, 10.Auflage 1994
4.2	Bebber, David van	PVD-Schichten in Verdrängereinheiten zur Verschleiß- und Reibungsminimierung bei Betrieb mit synthetischen Estern, Dissertation RWTH Aachen, 2003
4.3	Bergemann, Martin	Systematische Untersuchung des Geräuschverhaltens von Kolbenpumpen mit ungerader Kolbenanzahl, Dissertation RWTH Aachen, 1993
4.4	Breuer-Stercken, Andreas	Systematische Untersuchung von Strukturschwingungen im Hinblick auf die Entwicklung geräuscharmer Kolbenpumpen. Dissertation RWTH Aachen, 1999
4.5	Fiebig, Wieslaw	Schwingungs- und Geräuschverhalten der Verdrängerpumpen und hydraulischen Systeme, Habilitation Uni Stuttgart, 2000
4.6	Findeisen, D.; Findeisen, F.	Ölhydraulik. 4. Aufl., Springer Berlin, 1994
4.7	Geimer, Marcus.	Messtechnische Untersuchung und Erstellung von Berechnungsgrundlagen zur Ermittlung der Einsatzgrenze dreispindeliger Schraubenpumpen. Dissertation RWTH Aachen, 1995
4.8	Ivantysyn, Jaroslav und Monika	Hydrostatische Pumpen und Motoren – Konstruktion und Berechnung. Vogel Verlag Würzburg, 1993
4.9	Jarchow, Marcus.	Maßnahmen zur Minderung hochdruckseitiger Pulsationen hydrostatischer Schrägscheibeneinheiten. Dissertation Aachen, 1997

4.10	Kleist, Alexander	Berechnung von Dicht- und Öllagerfugen in hydrostatischen Maschinen. Dissertation RWTH Aachen, 2002
4.11	Matthies, Hans Jürgen; Renius, Karl Theodor	Einführung in die Ölhydraulik. 4. Aufl., Teubner Stuttgart, 2003
4.12	Müller, Benedikt	Einsatz der Simulation zur Pulsations- und Geräuschminderung hydraulischer Anlagen, Dissertation RWTH Aachen, 2002
4.13	Oberem, Richard	Untersuchung der Tribosysteme von Axialkolben-Schrägscheibenmaschinen der HFA-Hydraulik, Dissertation RWTH Aachen, 2002
4.14	Renius, Karl Theodor	Untersuchung zur Reibung zwischen Kolben und Zylindern bei Schrägscheiben-Axialkolbenmaschinen. VDI Verlag Düsseldorf, 1974
4.15	Renvert, Peter	Vergleich von Prüfverfahren zur Untersuchung des Anlauf- und Langsamlaufverhaltens von Hydromotoren. Dissertation RWTH Aachen, 1981
4.16	Sanchen, Günter	Auslegung von Axialkolbenpumpen in Schrägscheibenbauweise mit Hilfe der numerischen Simulation. Dissertation RWTH Aachen, 2003
4.17	Theissen, Heinrich	Die Berücksichtigung instationärer Rohrströmung bei der Simulation hydraulischer Anlagen, Dissertation RWTH Aachen, 1983
4.18	Welschof, Bernward	Die Zukunft gehört den Schrägscheiben... denn der Stand der Technik bleibt nicht stehen. 4. IFK, Dresden 2004
4.19	Welschof, Bernward	Analytische Untersuchungen über die Einsatzmöglichkeit einer sauggedrosselten Hydraulikpumpe zur Leistungssteuerung, Dissertation RWTH Aachen, 1992
4.20	Wieczorek, Uwe	Ein Simulationsmodell zur Beschreibung der Spaltströmung in Axialkolbenmaschinen der Schrägscheibenbauart. Fortschritt-Berichte VDI Reihe 7, Nr. 443, VDI Verlag Düsseldorf, 2003

5 Ventile

neu bearbeitet von Dipl.-Ing. T. Kohmäscher

5.1 Definitionen und Normen

In der DIN/ISO 1219 findet man folgende Beschreibung zu Ventilen:

„Ventile sind Geräte zur Steuerung oder Regelung von Start, Stop und Richtung sowie Druck oder Durchfluss (Volumenstrom) des von der Hydraulikpumpe geförderten oder in einem Behälter gespeicherten Druckmittels“.

Sie lassen sich prinzipiell nach ihrer Bauart, nach der Ansteuerung und der Art der Verstellung unterscheiden.

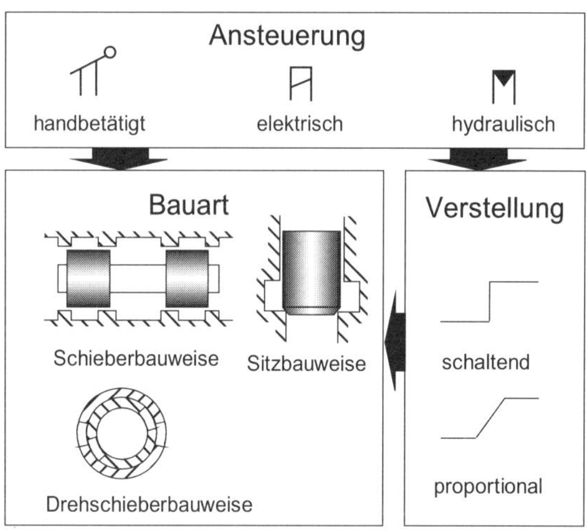

Bild 5.1-1: Unterscheidungsmerkmale von Ventilen (nach DIN ISO 1219)

Je nach Kombination dieser Merkmale können die Ventile für bestimmte Aufgaben ausgelegt werden. In diesem Kapitel werden zunächst einmal die unterschiedlichen Bauarten von Ventilen aufgezeigt, wobei auch die auf den Ventilschieber wirkenden Kräfte und deren Kompensation betrachtet werden.

Im nächsten Kapitel wird auf die Ansteuerung von Ventilen eingegangen. Oft findet sie in elektrischer Form statt und ist daher ein wichtiges Hilfsmittel für die Automatisierung von Bewegungsabläufen. Bei mobilen Anlagen, z. B. Baumaschinen, oder zur Erfüllung von Sicherheitsfunktionen ist die Betätigung der Ventile mit Muskelkraft noch häufig anzutreffen. Darauffolgend werden die Wegeventile behandelt, die sich in Schaltventile und in Proportional- und Servoventile unterscheiden lassen.

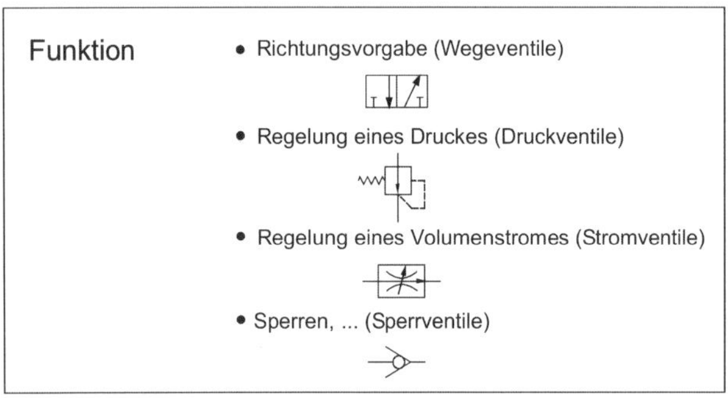

Bild 5.1-2: Ventilfunktionen und deren Wirkprinzip (nach DIN ISO 1219)

Während Schaltventile meist nur unstetige Steuerungsfunktionen ausüben, werden Proportional- und Servoventile zur Regelung von Druck oder Volumenstrom eingesetzt. Anschließend werden die Sperr-, Druck- und Stromregelventile behandelt, also Ventile, die direkt zur Ausübung einer bestimmten Funktion vorgesehen sind. Oft lassen sich diese Funktionen durch die Zusammenschaltung mehrerer 2-Wege-Einbauventile erreichen, welche abschließend in diesem Kapitel behandelt werden.

Die Baugröße der Industrieventile wird in Form von standardisierten **Nenngrößen** (NG) angegeben, wobei der Zahlenwert den ungefähren Innendurchmesser der Anschlussbohrung in der Ventilplatte angibt. Für jede Nenngröße gibt es jeweils ein Lochbild nach der CETOP-Norm, so dass Ventile verschiedener Hersteller in der Regel auf den gleichen vorgefertigten Block aufgeschraubt werden können. Häufig benutzte Nenngrößen sind 6, 10, 16, 25 und 32. Für die Blockeinbaumaße der 2-Wege-Einbauventile gilt entsprechendes.

In der Mobilhydraulik sind Sonderanfertigungen häufiger anzutreffen. Hier kann wegen der meist größeren Serien eines Schaltungstyps durch Verzicht auf universell einsetzbare Bauelemente eine zusätzliche Kosten- und Gewichtseinsparung erreicht werden.

5.2 Bauarten

Wegeventile werden als **Sitz- und Schieberventile** ausgeführt. Die Einsatzbedingungen bestimmen die Bauform des Grundsteuerelementes. **Sitzventile** werden als Kugel-, Kegel- und Tellersitzventile ausgeführt. Sie haben den Vorteil, die gesperrten Wege hermetisch abzudichten.

Die Gruppe der **Schieberventile** umfasst Flach-, Dreh- und Längsschieberventile. Die Längsschieberventile, die auch Kolbenschieberventile oder Kolbenventile genannt werden, finden in Hydrauliksteuerungen vorrangig Anwendung. Hohe Drücke und große Volumenströme können mit relativ geringem Aufwand bei kleinem Bauvolumen beherrscht werden.

5.2.1 Längsschieberventile

Wichtige Unterscheidungsmerkmale bei Kolbenschieberventilen sind die Anzahl der gesteuerten Anschlüsse und mögliche Anzahl der Schaltstellungen, die Durchflusssituation in Nullstellung und die Art der Betätigung des Kolbenschiebers.

Ein Wegeventil mit 4 Anschlüssen und 3 Schaltstellungen wird als 4/3-Wegeventil bezeichnet. Der Pumpenanschluss wird mit P bezeichnet, der Tankanschluss mit T und die Arbeitsanschlüsse mit A und B.

Aus einem 4/3-Wegeventil entsteht durch Verschließen eines Verbraucheranschlusses ein 3/3-Wegeventil. Kolbenschieberventile mit mehr als 4 Anschlüssen und mehr als 3 Schaltstellungen sind in der Industriehydraulik selten, werden in der Mobilhydraulik jedoch häufig als handbetätigte Ventile eingesetzt.

In **Bild 5.2-1** ist ein 4/3-Wegeventil dargestellt, das in Mittelstellung alle Verbindungen sperrt. Dieses Ventil wird vorwiegend in Speicherkreisen eingesetzt, aber auch, um z. B. einen Arbeitskolben in seiner Ruhelage zu arretie ren. Ein Kolbenschieberventil hat bei einer Druckdifferenz zwischen den Kammern immer einen Leckagestrom, da das Dichtelement des Schiebers nur ein Ringspalt ist, der eine Spalthöhe von etwa 3 bis 10 µm hat. Aufgrund des Lecköls zwischen Schieber und Gehäuse ist die Absperrung der einzelnen Anschlüsse unvollkommen, d. h. bei äußeren Lasten tritt ein Kriechen des Zylinders auf. Wenn eine hermetische Abdichtung erforderlich ist, müssen zusätzlich Sperrventile eingesetzt werden.

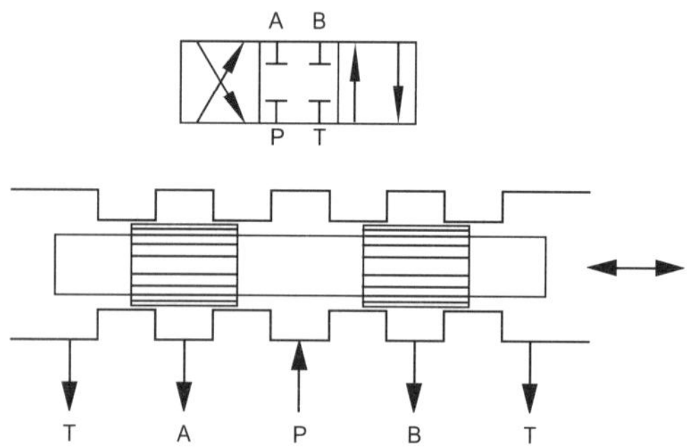

Bild 5.2-1: 4/3 Wegeventil mit gesperrten Anschlüssen in der Mittelstellung

Das Verhältnis von Kolbenstegbreite auf dem Ventilschieber zur Breite der Nutausdehnung im Gehäuse wird als Überdeckung bezeichnet.

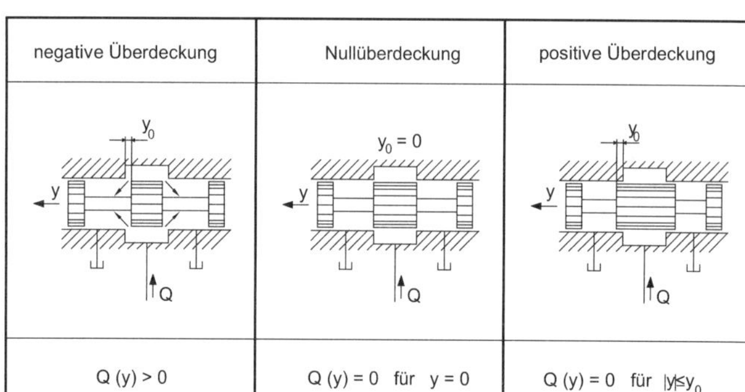

Bild 5.2-2: Überdeckungsverhältnisse am Steuerschieber

Die drei möglichen Überdeckungsverhältnisse negative Überdeckung, Nullüberdeckung und positive Überdeckung werden in **Bild 5.2-2** am Beispiel eines Steuerschiebers mit zwei gegensinnig verstellbaren, blendenförmigen Widerständen erläutert.

Abhängig von der Art der Überdeckung stellen sich Zusammenhänge zwischen dem Volumenstrom und der Auslenkung des Ventilschiebers ein. Die Überdeckungsverhältnisse werden im Umdruck „Servohydraulik" ausführlicher erläutert [5.10].

Durch eine Variation des Ventilschiebers wird eine große Anzahl von verschiedenen Durchflussituationen möglich, ohne das Ventilgehäuse zu verändern. Zwei dieser Variationen werden nun vorgestellt.

Bild 5.2-3 zeigt ein 4/3-Wegeventil, das in der Mittelstellung die Pumpe mit den beiden Verbrauchern verbindet (negative Überdeckung). Bei dieser Freigangstellung kann ein gleichflächiger Zylinder oder Rotationsmotor durch eine äußere Last verstellt werden. Durch die Kolben des Steuerschiebers wird das Ventil in drei Kammern geteilt, man spricht daher von einem 3-Kammer-Ventil.

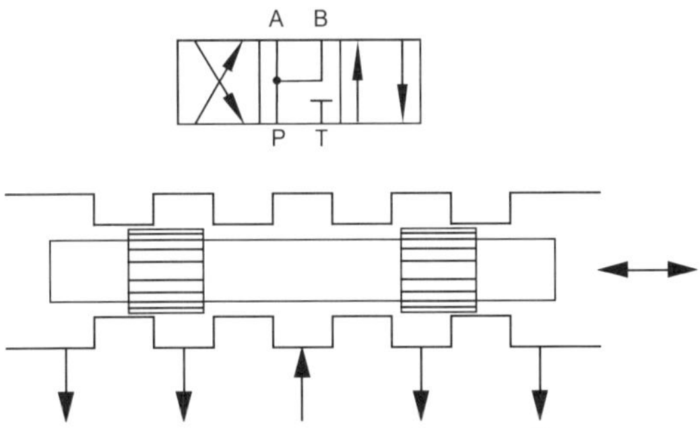

Bild 5.2-3: 4/3 Wegeventil mit einer Mittelstellung, bei welcher die Pumpe mit beiden Verbrauchern verbunden ist

Bild 5.2-4 zeigt die Pumpenumlaufstellung an einem 4/3-Wegeventil, die zur Energieeinsparung einen drucklosen Umlauf der Druckflüssigkeit durch das Ventil ermöglicht. In der Nullstellung fördert die Pumpe durch den hohlge bohrten Schieber in die linke und rechte Gehäusekammer. Diese Kammern sind meistens durch einen Kanal im Gehäuse verbunden.

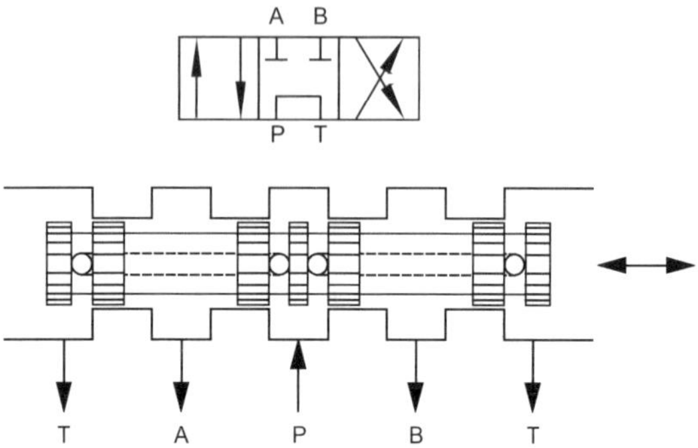

Bild 5.2-4: 4/3 Wegeventil mit Umlauf in der Mittelstellung

5.2.2 Betätigungskräfte am Längsschieberventil

Der Betätigung eines Steuerschiebers wirken mehrere Kräfte entgegen, welche nachfolgend mit ihren Bestimmungsgleichungen angegeben sind.

Die Beschleunigungskraft folgt aus dem Newton'schen Gesetz

$$F_a = m\,\ddot{x} \tag{5.2-1}$$

die Coulomb'sche Reibung (Festkörperreibung) aus

$$F_{RC} = r\;sign(\dot{x}) \tag{5.2-2}$$

die Newton'sche Reibung (Flüssigkeitsreibung, viskositäts- und geschwindigkeitsabhängig) aus

$$F_{RN} = d\,\dot{x} \tag{5.2-3}$$

die Federkraft (proportional zum Hub) aus

$$F_F = c\,x \tag{5.2-4}$$

die Strömungskräfte aus

$$F_{Str} = f(Q, \dot{Q}) \tag{5.2-5}$$

und die Druckkräfte aus

$$F_p = A\,\Delta p \tag{5.2-6}$$

Unter den oben aufgeführten Kräften auf den Kolbenschieber haben die Strömungskräfte eine relativ hohe Bedeutung. Sie resultieren aus der Geschwindigkeitsänderung der strömenden Druckflüssigkeit in Betrag und/oder Richtung beim Durchströmen der Ventilkammer. In **Bild 5.2-5** ist die Strömungskraft an einem vereinfacht dargestellten Wegeventil aufgeführt. Ihre Berechnung erfolgt durch Anwendung des Impulssatzes aus Gleichung 2.5-3. Da der Schieber in einer Hülse geführt wir, werden nur die Axialkomponenten der Kräfte betrachtet.

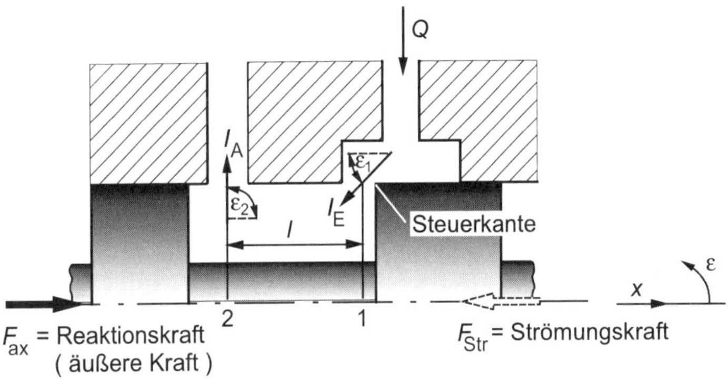

Bild 5.2-5: Reaktionskräfte an einem Steuerschieber

Damit der Steuerschieber in Ruhe bleibt, erfordert die aus der Flüssigkeitsbewegung resultierende Strömungskraft F_{Str} eine entgegengerichtete, äußere axiale Reaktionskraft F_{ax}, die das Stellelement des Ventils aufbringen muss.

$$F_{ax} = F_{Str} \tag{5.2-7}$$

Zunächst wird angenommen, dass die Drücke vor und hinter dem Ventil unabhängig von der Stellung des Steuerschiebers jeweils konstant bleiben. Betrachtet wird das Öffnen bzw. das Schließen des Steuerschiebers in einem solchen **Konstantdrucksystem**.

Ist die Steuerkante (siehe Bild 5.2-5) eine Einströmkante („–" für instationären Volumenstrom in negative Koordinatenrichtung) bei öffnendem Steuerschieber ($\Delta p = \text{konst} \Rightarrow \partial Q/\partial t > 0$), so liefert der Impulssatz:

$$F_{ax} = F_{Str} = I_{aus} - I_{ein} - I_{instationär} \tag{5.2-8a}$$

$$F_{ax} = F_{Str} = \rho\, Q\, v_2 \cos\varepsilon_A - \rho\, Q\, v_1 \cos\varepsilon_E - \rho\, l \frac{\partial Q}{\partial t} \tag{5.2-8b}$$

$\rho\, Q\, v_2\ \cos\varepsilon_A - \rho\, Q\, v_1\ \cos\varepsilon_E$: *stationärer Anteil*

$\rho\, l \frac{\partial Q}{\partial t}$: *instationärer Anteil*

v_1 : *Eintrittsgeschwindigkeit*

v_2 : *Austrittsgeschwindigkeit*

Alle Winkel werden im mathematisch positiven Sinn von der x-Achse aus gezählt, so dass hier für $\varepsilon_A = \varepsilon_2 = 90°$ und $\varepsilon_E = \varepsilon_1 + 180°$ anzusetzen ist.

Der stationäre Anteil der Strömungskraft in x-Richtung wirkt unabhängig von der Durchflussrichtung und der Steuerkante immer in Schließrichtung. Damit die Steuerkante aber geöffnet bleibt, muss eine äußere Kraft am Steuerschieber vorhanden sein. Damit folgt die Gleichung für die äußere **Reaktionskraft** an der Einströmkante aus (5.2-8) zu

$$F_{ax} = \rho\, Q\, v_2 \cos 90° - \rho\, Q\, v_1 \cos(\varepsilon_1 + 180°) - \rho\, l \frac{\partial Q}{\partial t}$$

$$\Leftrightarrow F_{ax} = \rho\, Q\, v_1\ \cos\varepsilon_1 - \rho\, l \frac{\partial Q}{\partial t} \tag{5.2-9}$$

Wird für das betrachtete Beispiel die Durchströmungsrichtung umgekehrt so wird die Ausströmkante zur Steuerkante und es folgt:

$$F_{ax} = \rho\, Q\, v_1 \cos\varepsilon_1 + \rho\, l \frac{\partial Q}{\partial t} \tag{5.2-10}$$

wobei nun mit v_1 die Geschwindigkeit im Ausströmquerschnitt gemeint ist.

Die Gleichungen 5.2-9 und 5.2-10 lassen die folgenden Aussagen zu: Bei konstanter Druckdifferenz ist der stationäre Anteil der Strömungskraft wie auch der Volumenstrom proportional dem Schieberweg. Der stationäre Anteil wirkt daher wie eine Schließ- oder Zentrierfeder.

Der instationäre Anteil der Strömungskraft ändert sein Vorzeichen in Abhängigkeit von der Durchflussrichtung und der Veränderung des Durchflusses über der Zeit. Er beschreibt die Kraft zum Beschleunigen der Flüssigkeitsmasse im Schieberraum.

Wird der Steuerschieber z. B. geöffnet, so muss die Flüssigkeitsmasse im Schieberraum beschleunigt werden, d. h. $dQ/dt > 0$. Ist die Steuerkante dann die Einströmkante, so wirkt die Beschleunigungskraft $\rho \cdot l \cdot dQ/dt$ in der positiven x-Richtung auf den Steuerschieber (siehe Bild 5.2-5), die Beschleunigungskraft versucht also den Steuerschieber weiter zu öffnen.

Bei konstanter Druckdifferenz ist der instationäre Anteil der Strömungskraft proportional der Schiebergeschwindigkeit, er wirkt daher je nach Strömungsrichtung wie eine positive oder negative Dämpfung.

Die bisherigen Betrachtungen gelten für eine konstante Druckdifferenz über dem Ventilschieber. Diese Bedingung kann jedoch durch äußere Einflüsse verletzt werden. Eine Beschleunigung oder Verzögerung der Flüssigkeitsmasse im Ventil, d. h. ein dQ/dt, kann bei konstanter Ventilöffnung von außen auf den Steuerschieber einwirken, indem sich die Drücke vor oder hinter dem Ventil ändern. Ferner können sich die Volumenstromänderungen durch Druckvariation und die Volumenstromänderungen durch das Öffnen oder Schließen des Steuerschiebers überlagern.

Die über den Impulssatz berechnete Wirkung der Reaktionskraft am Steuerschieber bei stationärer Strömung ergibt sich anschaulich, wenn man die Druckverteilung auf den Ringflächen des Steuerschiebers **(Bild 5.2-6)** betrachtet. Die im Bereich der Steuerkante hohe Strömungsgeschwindigkeit bedingt nach der Bernoullischen Gleichung (2.2-20) einen niedrigeren statischen Druck, der dann auf den Steuerschieber in der betreffenden Zone einwirkt. Der Druck auf dem linken Schieberbund erzeugt eine größere stationäre Kraft nach links. Der resultierenden Kraft (stationäre Strömungskraft) muss eine äußere Kraft entgegenwirken, damit der Schieber in seiner Position verbleibt [5.8].

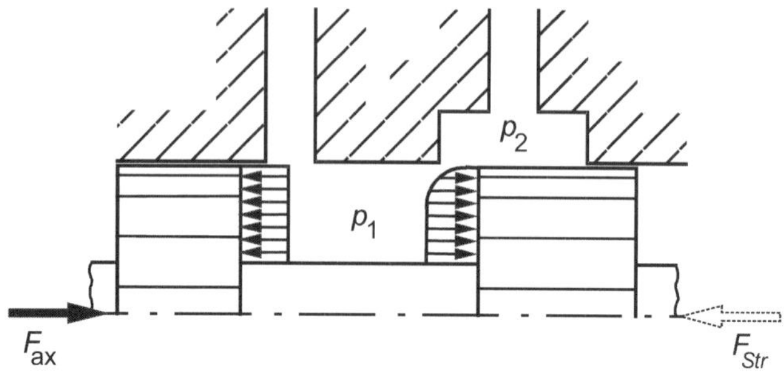

Bild 5.2-6: Druckverteilung an den Ringflächen eines Steuerschiebers (stationärer Druckanteil)

Diese Überlegungen werden nun auf ein Steuerventil, das von einer Konstantpumpe mit Druckbegrenzungsventil versorgt wird, angewendet. Bei kleiner Steuerventilöffnung liefert die Pumpe mehr Volumenstrom als verbraucht wird, so dass der Versorgungsdruck vom Druckbegrenzungsventil konstant gehalten wird **(Konstantdrucksystem, Bild 5.2-7; linker Teil)**.

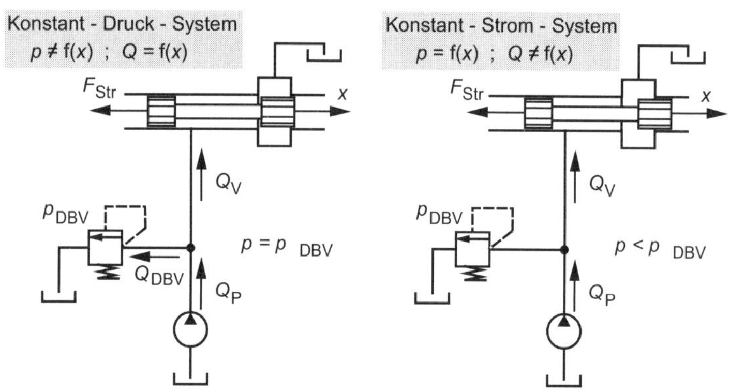

Bild 5.2-7: Stationäre Strömungskraft F_{Str} an einer Steuerkantenöffnung x bei einem Wegeventil

Bei großer Öffnung wird der volle Pumpenstrom verbraucht, der sich auch bei weiterem Öffnen nicht erhöhen kann **(Konstantstromsystem, Bild 5.2-7; rechter Teil)**. Die Kraft-Weg-Funktion ist daher in zwei Bereiche unterteilt, die im folgenden erläutert werden sollen.

Vernachlässigt man den instationären Term des Impulssatzes, so ergibt sich der stationäre Teil der Strömungskraft an einer Steuerkante zu

$$F_{Str} = F_{ax} = \rho \, v_1 \, Q \cos \varepsilon_1 . \tag{5.2-11}$$

Bei kleiner Ventilöffnung – es fließt weniger Volumenstrom über das Ventil als die Pumpe liefert, und der Druck ist konstant – ist die Geschwindigkeit:

$$v_1 = v = \frac{Q}{A} = \alpha_D \sqrt{\frac{2\,\Delta p}{\rho}} \tag{5.2-12}$$

Damit ist

$$F_{ax} = \alpha_D \sqrt{\frac{2\,\Delta p}{\rho}} \, Q \, \rho \cos \varepsilon_1 . \tag{5.2-13}$$

Der Volumenstrom durch die Steuerkantenöffnung ist nach Gleichung 2.3-32

$$Q = \alpha_D A \sqrt{\frac{2}{\rho}} \sqrt{\Delta p} \tag{5.2-14}$$

mit der Ringfläche (Ventilschieberhub x)

$$A = d \pi x . \tag{5.2-15}$$

Eingesetzt ergibt sich

$$F_{Str} = F_{ax} = 2 \alpha_D^2 \, d \, \pi \, x \, \Delta p \cos \varepsilon_1 \tag{5.2-16}$$

mit

$$\Delta p = p_1 - p_2 \tag{5.2-17}$$

Bei großer Ventilöffnung ist statt Δp die Variable Q konstant, d. h. der Volumenstrom ist bekannt.

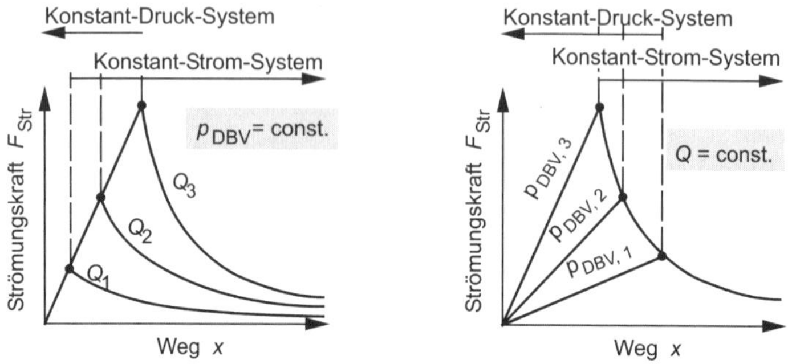

Bild 5.2-8: Schematischer Verlauf der stationären Strömungskraft F_{Str} als Funktion der Steuerkantenöffnung x bei einem Wegeventil

Die Elimination von Δp in Gleichung 5.2-16 mit Hilfe von Gleichung 5.2-14 liefert

$$F_{Str} = F_{ax} = \frac{\rho\, Q^2 \cos\varepsilon_1}{d\,\pi\, x}. \tag{5.2-18}$$

Die Strömungskraft ist also zu Beginn der Steuerkantenöffnung linear von x abhängig. Sobald die Öffnung so groß ist, dass ein Konstant-Strom-System vorliegt, fällt die Strömungskraft hyperbelförmig mit x ab. **Bild 5.2-8** zeigt schematisch diese Zusammenhänge. Aus dem linken Teil dieses Bildes kann außerdem entnommen werden, wie das Maximum der Strömungskraft bei größeren Pumpenströmen ansteigt, wenn der eingestellte Maximaldruck konstant bleibt. Im rechten Bildteil ist gezeigt, wie das Kraftmaximum bei konstantem Pumpenstrom ansteigt, wenn der Maximaldruck erhöht wird.

Die Gleichungen 5.2-16 und 5.2-18 sind äquivalent und können mittels Gleichung 5.2-14 ineinander umgewandelt werden. Welche Beziehung im einzelnen zweckmäßiger anzuwenden ist, hängt jeweils von den gegebenen Größen ab.

Neben den Strömungskräften führen auch einseitig statische Druckbelastungen in radialer oder axialer Richtung zu erhöhten Betätigungskräften am Steuerschieber. Um diese zu vermeiden, werden konstruktiv Entlastungsmaßnahmen vorgesehen.

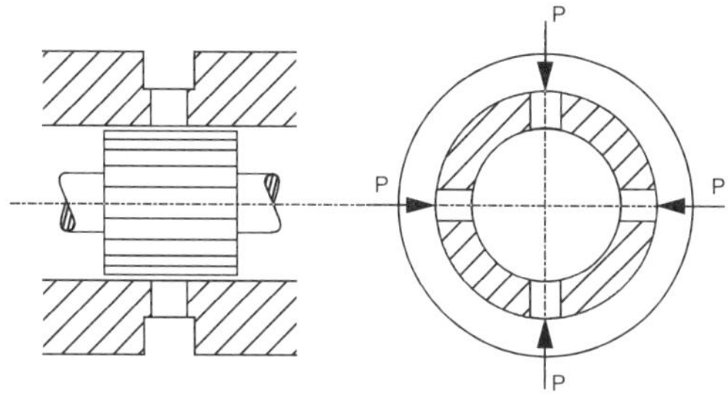

Bild 5.2-9: Radiale Entlastung eines Steuerschiebers durch symmetrisch angeordnete Bohrungen

Radialkräfte auf den Steuerschieber können zum Klemmen führen und entstehen durch eine ungleichmäßige Druckverteilung über dem Schieberumfang, die unter anderem aus einer asymmetrischen Anströmung resultieren kann. Als Gegenmaßnahmen werden die Bohrungen an den Ein- und Auslässen der Ventilkammern symmetrisch angeordnet **(Bild 5.2-9)**, und Umfangskerben in den Steuerschieber eingebracht **(Bild 5.2-10)**.

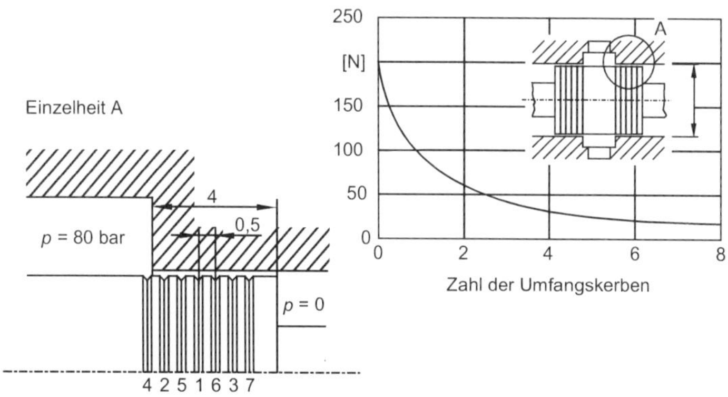

Bild 5.2-10: Radiale Entlastung eines Steuerschiebers durch Umfangskerben

Formfehler, die eine Abweichung des Schiebers von der zylindrischen Form zur Folge haben, können ebenfalls Ursache für radiale Klemmkräfte an Steuerschiebern sein, wie in **Bild 5.2-11** dargestellt ist.

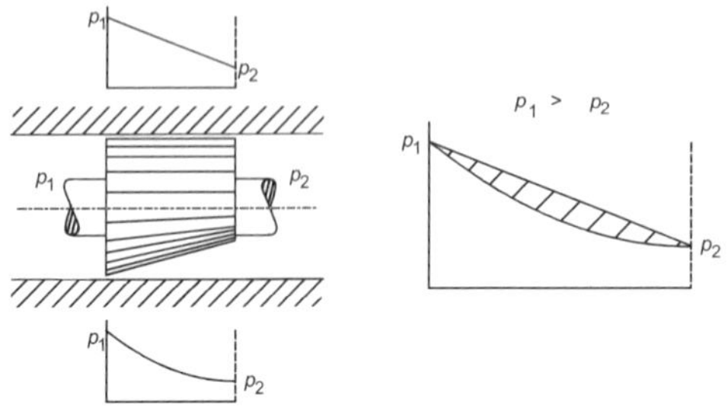

Bild 5.2-11: Formfehler an einem Steuerschieber

Axialkräfte werden durch ungleiche Flächen (A_1, A_2) hervorgerufen **(Bild 5.2-12)**. Nimmt in dem dargestellten Beispiel der Rückdruck große Werte an, wird auch die resultierende Axialkraft groß. Abhilfe kann hier durch zusätzliche Leckölleitungen geschaffen werden, die tote Schieberräume entlasten **(Bild 5.2-13).**

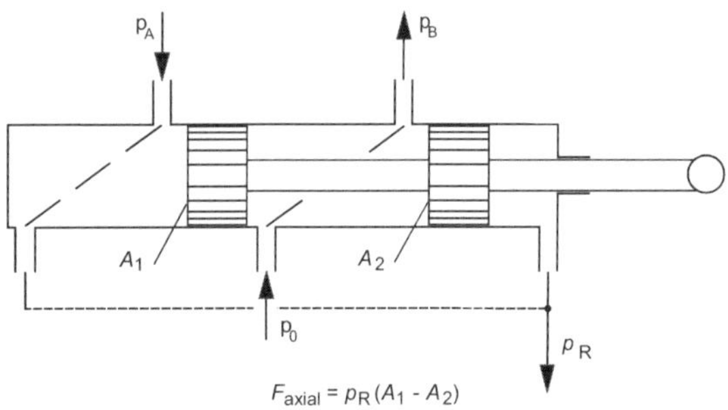

Bild 5.2-12: Axiale Druckkräfte an einem Schieber (3-Kammer-Ventil)

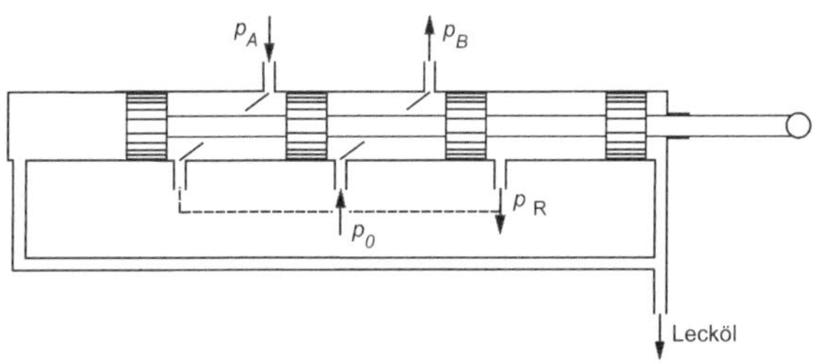

Bild 5.2-13: Axiale Entlastung eines Schieber (5-Kammer-Ventil)

5.2.3 Drehschieberventile

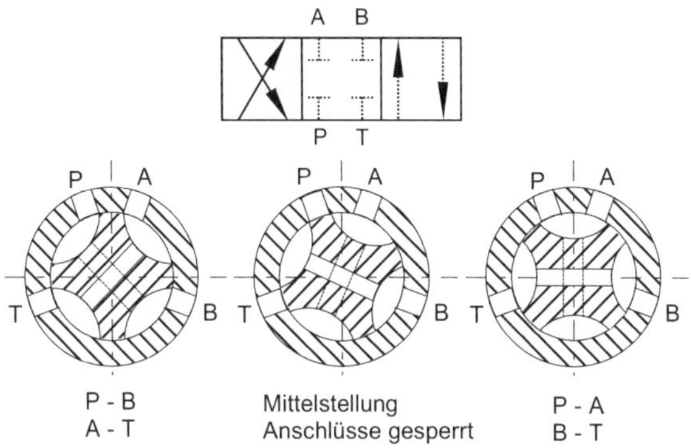

Bild 5.2-14: 4/3 Wegeventil in Drehschieberbauweise

Neben dem axialen Verschieben eines Schiebers in einer Bohrung lässt sich auch durch das Verdrehen eines Schiebers eine Ventilfunktion aufbauen. **Bild 5.2-14** zeigt das Funktionsprinzip eines 4/3-Wege-Drehschieberventils. Der Pumpenanschluss lässt sich wahlweise mit dem Verbraucheranschluss A oder B verbinden, wobei jeweils der andere mit dem Tank verbunden ist. Neben den Nuten im Dreh-Ventilschieber werden auch die Querbohrungen im Schieber für die Steuerung des Volumenstromes genutzt. Dreh- und Längsschieberprinzip lassen sich auch in einem Ventil kombinieren, so dass mit Hilfe eines Ventils zwei Verbraucher gleichzeitig betätigt werden können. Ventile dieser Art findet man daher z.T. in der Mobilhydraulik.

5.2.4 Sitzventile

Im Gegensatz zu Schieberventilen wird bei Sitzventilen der Volumenstrom durch einen Kegel oder eine Kugel abgesperrt, wie in **Bild 5.2-15** dargestellt ist. Das Andrücken in den Ventilsitz erfolgt entweder durch den Öldruck, durch eine Feder oder durch einen Elektromagneten.

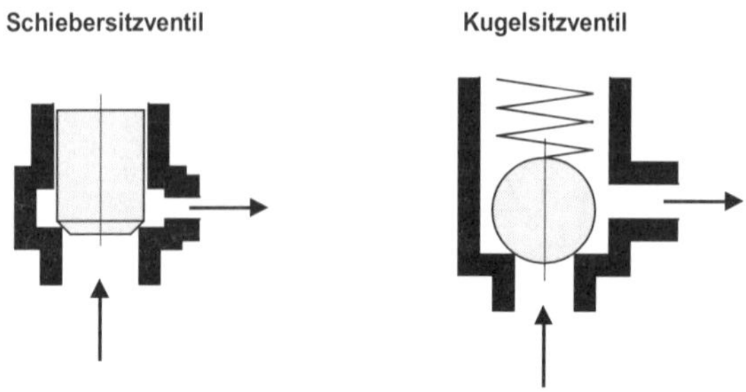

Bild 5.2-15: Funktionsprinzip von Sitzventilen

Der Vorteil der Sitzventile gegenüber den Schieberventilen liegt darin, dass eine vollständige Absperrung des Volumenstromes möglich ist. Bei Schieberventilen kommt es aufgrund der prinzipbedingten Spalte zwischen Ventilschieber und Gehäusebohrung immer zu Leckölströmen. Die Sitzventile sind jedoch nur für kleinere Volumenströme geeignet und für anspruchsvolle Regelungsaufgaben weniger gut geeignet, weil ihr Kegel- oder Kugelkörper zum Schwingen neigt.

Bild 5.2-16 zeigt ein Sonderventil aus der Wasserhydraulik, das als Sitzventil ausgeführt ist. Als Schließelement wurde eine Kugel verwendet, die von der Rückstellfeder in den Kugelsitz gedrückt wird. Ventile für die Wasserhydraulik werden zumeist in Sitzbauweise konstruiert um die Leckage des niederviskosen Wassers, das als Druckmedium eingesetzt wird, zu minimieren. Das stromlos geöffnete 3/2-Wege-Kugelsitzventil wird über einen Hebel von einem Schaltmagneten betätigt. Alternativ steht bei Stromausfall eine Handnotbetätigung zu Verfügung. Über die Einstellschraube kann eine Justage der Kugelposition vorgenommen werden.

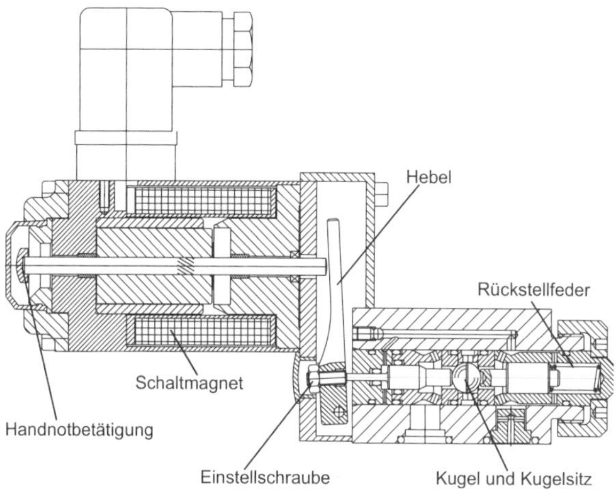

Bild 5.2-16: Kugelsitzventil mit Schaltmagnet und Wegübersetzung (Dr. Breit GmbH)

5.3 Ansteuerung von Ventilen

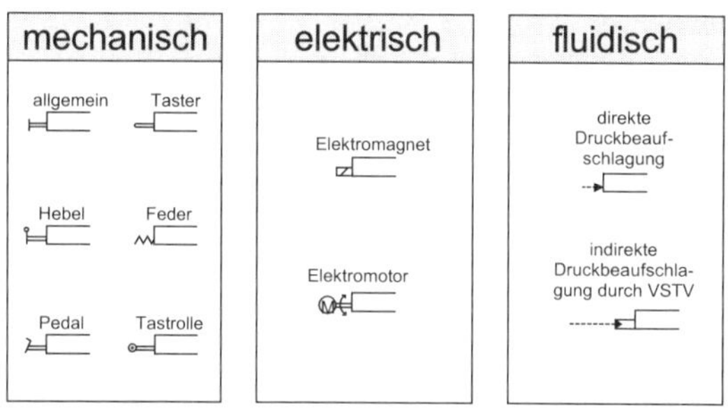

Bild 5.3-1: Betätigungsmittel für Ventile (nach DIN ISO 1219) (VSTV = Vorsteuerventil)

Bild 5.3-1 zeigt eine vertiefende Übersicht über die unterschiedlichen Möglichkeiten zur Ansteuerung von Ventilen und die zugeordneten Schaltzeichen, die in Bild 5.1-1 bereits vorgestellt worden sind.

5.3.1 Mechanische Betätigungsmittel

Mechanische Betätigungsmittel, wie Taster, Pedale, Hebel etc., haben den Nachteil, dass sie in ihren Stellkräften begrenzt sind und für viele Steuerungsaufgaben zu ungenau sind.

Die einfachste Betätigung eines Ventil ist die Handbetätigung mit einem Hebel. In **Bild 5.3-2** ist ein Hebel dargestellt, der über den Mitnehmer den Ventilschieber bewegt. Mit zwei Schrauben auf der linken Seite des Gehäuses wird der Hub des Ventilschiebers in beide Richtungen begrenzt und eingestellt.

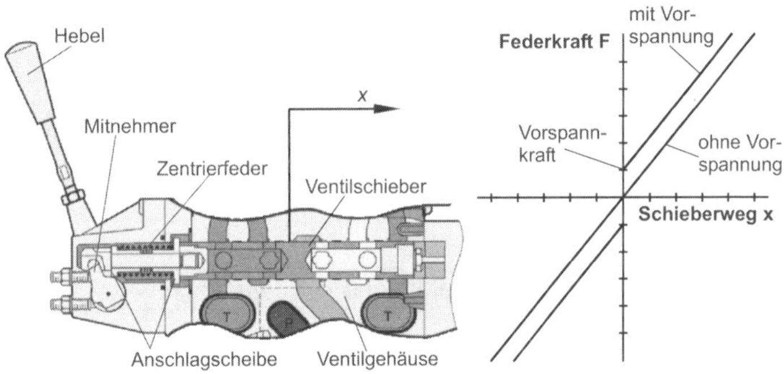

Bild 5.3-2: Prinzip der Federzentrierung und Hebelbetätigung (Sauer Danfoss)

Ein Besonderheit der mechanischen Betätigungsmittel stellt die Federzentrierung dar, die aus einer oder zwei Federn geringer Steifigkeit aufgebaut werden kann. Bei dem Aufbau mit nur einer Feder (Bild 5.3-2, links) wird diese zwischen zwei Anschlagscheiben über eine Schraubenverbindung vorgespannt eingebaut. Je nach Richtung der Auslenkung wird entweder die eine oder die anderen Anschlagscheibe im Gehäuse festgehalten und so die Rückstellkraft der Feder erzeugt. Das Vorspannen einer Feder mit geringer Federkonstante erfordert eine große Kraft für die Auslenkung des Ventilschiebers aus der Mittellage, die für große Hübe nur noch gering ansteigt (Bild 5.3-2, rechts). Der Ventilschieber wird so bei der Nichtbetätigung sicher in einer definierten Mittellage positioniert.

5.3.2 Elektromagnetische Ansteuerung

Am häufigsten wird in der Hydraulik die **elektromagnetische Ansteuerung** von Ventilen eingesetzt. Sie ist die Voraussetzung für die Realisierung von anspruchsvollen Steuerungs- und Regelungsaufgaben.

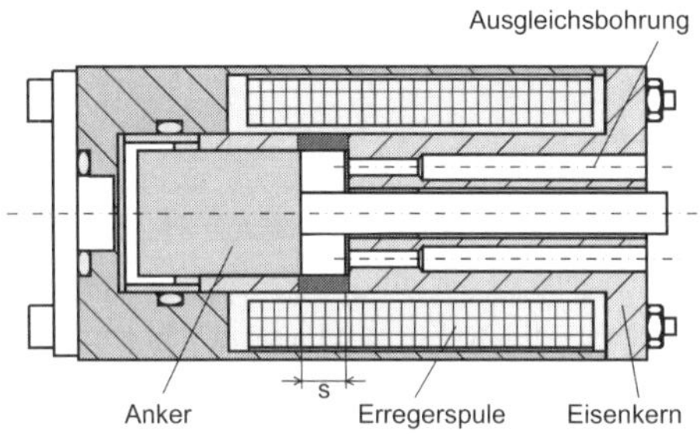

Bild 5.3-3: Schaltmagnet (Magnet-Schultz)

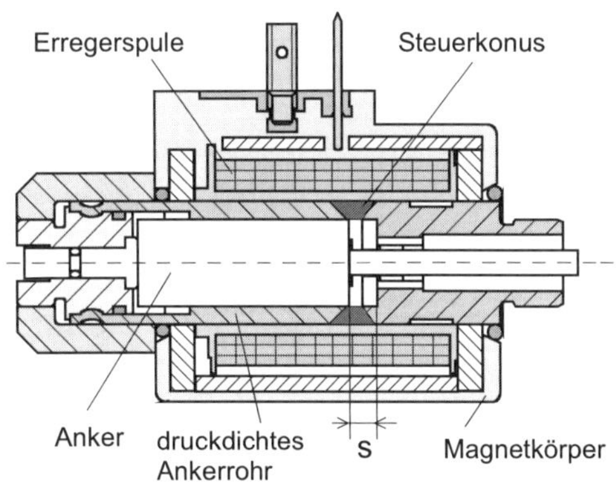

Bild 5.3-4: Proportionalmagnet (Magnet-Schultz)

Elektromagnete werden als Gleichstrom- oder Wechselstrommagnete ausgeführt, wobei für die Ansteuerung von Hydraulikventilen üblicherweise Gleichstrommagnete eingesetzt werden. **Bild 5.3-3** zeigt den Aufbau eines einfachen Gleichstrom-Schaltmagneten für den direkten Anbau an ein Ventil. Die Hauptbestandteile sind der Druckanker, der Eisenkern und die Magnetspule. Um das Fluidvolumen ab- bzw. zuzuführen, welches durch die Bewe gung des Ankers verdrängt wird, sind noch zusätzliche Ausgleichsbohrungen eingebracht. Mit einem solchen Magneten lassen sich zunächst nur Schaltvorgänge realisieren. Zur Realisierung von Steuerungs- oder Regelfunktionen ist jedoch eine stufenlose Verstellung des Ventilschiebers durch den Magneten erforderlich. Für solche Zwecke werden spezielle Proportionalmagnete verwendet, bei denen der Verlauf der Magnetfeldlinien durch nicht magnetisierbares Material in einem sogenannten **Steuerkonus** an die jeweilige Aufgabe angepasst wird (**Bild 5.3-4**).

Der Unterschied zwischen einem Schalt- und einem Proportionalmagneten ist in **Bild 5.3-5** durch den Vergleich der Magnetkraft-Hubkennlinien dargestellt. Die Diagramme zeigen jeweils für die beiden Magnettypen die resultierende Magnetkraft für unterschiedliche Stromstärken in Abhängigkeit des Magnethubes *s*.

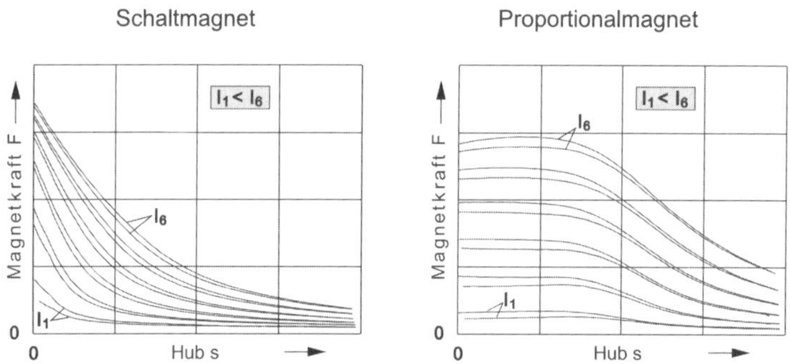

Bild 5.3-5: Magnetkraft-Hubkennlinien (statisch)

Beim Schaltmagneten wird die Magnetkraft größer, je kleiner der Hub *s* wird, weil der Arbeitsluftspalt *s* geringer und somit der magnetische Fluss größer wird. Durch den Einbau des nichtmagnetischen Steuerkonus beim Proportionalmagnet wird der magnetische Fluss bei kleiner werdendem Hub so verändert, dass die Magnetkraft im optimalen Fall nicht vom Hubweg beeinflusst wird. Dabei werden große Anteile der magnetischen Feldlininen radial aus dem Anker herausgeführt, so dass diese keine axiale Kraftkomponente erzeugen. Der Nachteil einer günstigeren Kennlinie ist jedoch, dass die maximale Haltekraft bei einem Proportionalmagneten geringer ist, als die eines Schaltmagneten gleicher Baugröße.

Bei den in Bild 5.3-3 und 4 dargestellten Magneten handelt es sich um sogenannte „nasse" Magnete, bei denen sich der Anker in der Druckflüssigkeit bewegt. Bei „trockenen" Magneten wird der Flüssigkeitsraum des Ventils gegen den Magneten abgedichtet.

Bei dem Proportionalmagneten in Bild 5.3-4 befindet sich der Anker in einem druckdichten Ankerrohr, welches mit dem Ventil verschraubt ist. Die Erregerspule wird über das Ankerrohr geschoben und kann somit ausgetauscht werden, ohne den Flüssigkeitsbereich zu öffnen. Weiterere Vorteile dieser inzwischen sehr verbreiteten Bauweise sind die höhere Druckfestigkeit und die geringeren Reibungsverluste an Dichtungen.

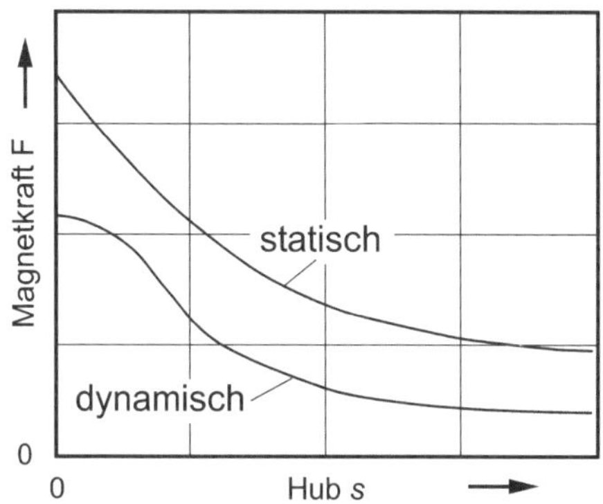

Bild 5.3-6: Statische und dynamische Kennlinie eines Gleichstrom-Schaltmagneten

Bei den in Bild 5.3-5 dargestellten Messkurven handelt es sich um statische Kennlinien, d. h. die Kräfte wurden in der Ruhelage des Ankers für den jeweiligen Magnethub gemessen. Durch die Bewegung des Ankers kommt es jedoch zu einer Änderung des magnetischen Flusses in der Erregerwicklung, die eine der angelegten Spannung entgegenwirkende Spannung induziert. Hierdurch sinkt der Strom durch die Spule und somit die Magnetkraft in Abhängigkeit der Hubgeschwindigkeit (**Bild 5.3-6**).

In **Bild 5.3-7** sind für einen Gleichstrommagneten Spannung, Strom und Hub in Abhängigkeit von der Zeit bei einem Ein- und Ausschaltvorgang dargestellt. Wie aus dem Stromverlauf zu erkennen ist, erreicht der Magnet seinen Nennstrom gebremst durch die Gegeninduktion erst erhebliche Zeit nach dem

Einschalten. Die Gegeninduktion ist nur während der Zeit der Ankerbewegung t_1 wirksam.

Zu Beginn des Schaltvorganges besitzt das System die Induktion L_0. Durch die Bewegung des Ankers und die neue Position am Ende der Bewegung verändert sich die Induktion des Systems und erreicht den Wert L_1.

Neben den bisher vorgestellten Gleichstrommagneten werden auch Wechselstrommagneten hergestellt. Da der Strom durch die Spule beim Wechselstrommagneten nicht durch den ohmschen Widerstand (Gleichstrommagnet), sondern durch die Induktivität bestimmt wird, schaltet der Wechselstrommagnet erheblich schneller als der Gleichstrommagnet. Dennoch verliert der Wechselstrommagnet in der Hydraulik wegen der integrierten Verstärkerkarten mit Gleichstromausgang immer mehr an Bedeutung [5.7, 5.5].

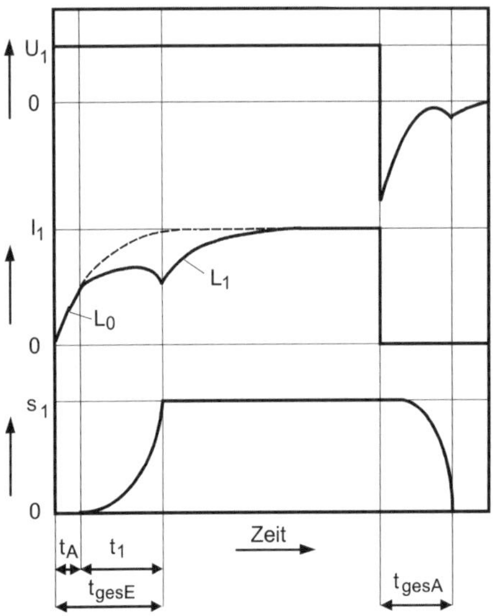

Bild 5.3-7: Schaltvorgang Gleichstrommagnet

5.3.3 Hydraulische Ansteuerung

Sind zur Betätigung eines Ventilschiebers größere Kräfte notwendig, weil sehr große Volumenströme gesteuert werden sollen, ist eine direkte Betätigung des Schiebers durch mechanische oder elektromagnetische Betätigungseinrichtungen nicht mehr zu realisieren. In solchen Fällen setzt man **hydraulische Vorsteuerungen** ein (indirekte Betätigung), bei denen eine Druckdifferenz an den Stirnflächen des Ventilschiebers zur Auslenkung genutzt wird (Kapitel 5.5).

In **Bild 5.3-8** wird ein hydraulisch vorgesteuertes Schaltventil dargestellt. Das auf der hydraulischen Hauptsteuerstufe montierte Schaltventil kleiner Nenngröße beaufschlagt die Steuerkammern der Hauptstufe mit dem Steuerdruck. Schaltet der Schaltmagnet 1 und lenkt den Ventilschieber der Vorsteuerstufe nach rechts aus, so wird die rechte Steuerkammer der Hauptventilschiebers mit Druck beaufschlagt und die linke Steuerkammer wird zum Tank hin entspannt. Daraufhin wird der Ventilschieber wird nach links ausgelenkt. Auf diese Weise lassen sich große Volumenströme mit kleiner elektrischer Leistung schalten.

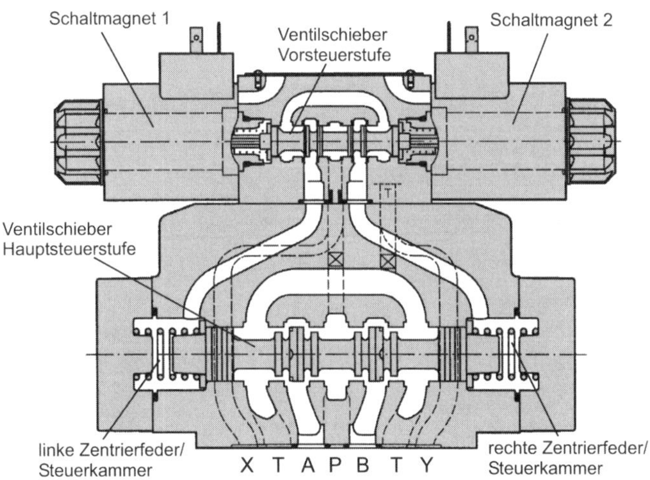

Bild 5.3-8: Zweistufiges Schaltventil (Parker-Denison)

Wird in Bild 5.3-8 das Ventil kleiner Nenngröße in der Vorsteuerstufe durch eine entsprechende Steuerplatte ersetzt, so stehen die Steueranschlüsse X und Y an der Hauptstufe zur Verfügung, um die linke und rechte Steuerkammer mit Druck zu beaufschlagen. Die Steuerdrücke werden in diesem Fall extern über Druckminderventile, Druckbegrenzungsventile oder andere Prinzipien erzeugt. Hierbei spricht man auch von einer hydraulischen Fernsteuerung, die z. B. in Baggern großer Leistungsklasse eingesetzt wird.

Bild 5.3-9 zeigt als Beispiel für eine hydraulische Vorsteuerung ein zweistufiges Proportionalventil. Hierbei wird der federzentrierte Hauptventilschieber von einem elektromagnetisch angesteuerten Ventil kleinerer Nenngröße betätigt. Dazu werden die Steuerkammern an beiden Enden des Ventilschiebers mit verschiedenen Drücken beaufschlagt, so dass die resultierende Kraft den Hauptventilschieber gegen die Zentrierfedern auslenkt. Die Positionen von Hauptventilschieber und Vorsteuerventilschieber werden mit Hilfe von Wegsensoren und der integrierten Elektronik geregelt [5.10].

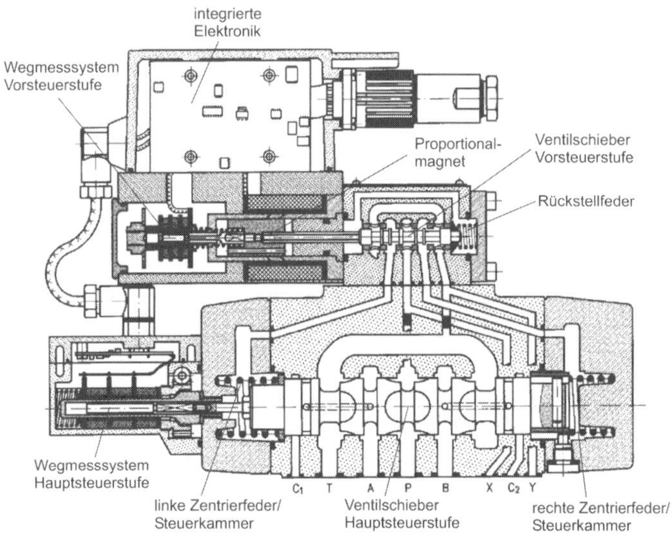

Bild 5.3-9: Zweistufiges Proportionalventil (Bosch Rexroth)

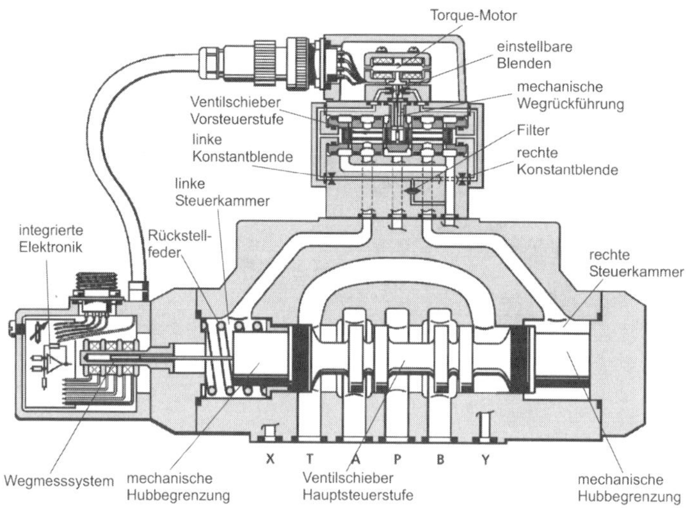

Bild 5.3-10: Dreistufiges Proportionalventil (Moog)

Bei dem dreistufigen Proportionalventil in **Bild 5.3-10** wird ein Servoventil mit Düse-Prallplatte-Vorsteuerung als Vorsteuerstufe eingesetzt. Auf diese Weise werden Volumenströme von bis zu 1.500 l/min erreicht. Der Hauptstufenventilschieber befindet sich in einem Positionsregelkreis und wird durch eine Feder zurückgestellt. Die Vorsteuerstufe besitzt eine mechanische Wegrückführung.

5.4 Schaltventile

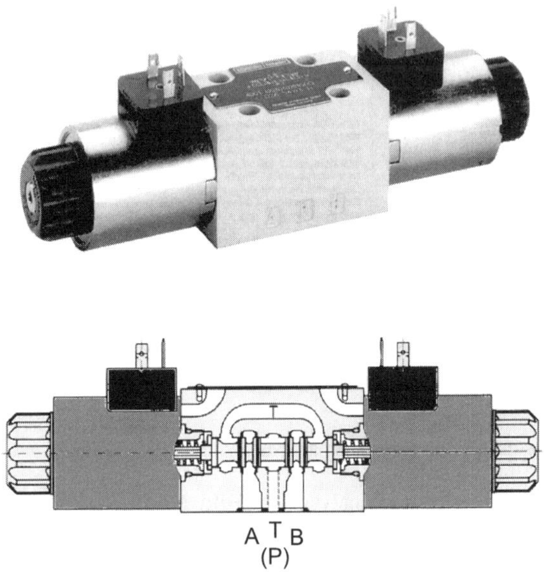

Bild 5.4-1: Magnetbetätigtes 4/3-Wegeventil NG 6 (Parker-Denison)

Schaltventile sind Wegeventile mit festgelegten Schaltstellungen und damit unstetige Elemente (siehe Bild 5.1-1). In **Bild 5.4-1** ist ein magnetbetätigtes Kolbenschieberventil NG 6 dargestellt, welches in Bild 5.3-8 als Vorsteuerventil verwendet wird. Die beiden Magnete sind Druckmagnete (Gleichspannungsmagnete), die Zurückschaltung des Ventilschiebers in die Mittelstellung erfolgt durch Federkraft. Die Magnete sind lediglich auf das Ankerrohr aufgeschoben und mit einer Schraube fixiert. Sie lassen sich daher schnell und ohne Öffnung des Ölkreises austauschen.

Der zulässige Druck im Tankanschluss T des Ventils beträgt bei vielen Ausführungen, u.a. wegen der Abdichtung des Ventilstößels, nur wenige bar. Es sind jedoch auch Wegeventile wie das oben gezeigte auf dem Markt, die eine Druckbelastung des Tankanschlusses von bis zu 210 bar zulassen.

Beim Durchströmen eines Ventils treten Druckverluste auf. Bei gegebener Nenngröße ist dieser Druckverlust von der Größe des Volumenstromes, von der konstruktiven Ausführung und von der Betriebsviskosität abhängig. In **Bild 5.4-2** ist für ein Kolbenschieberventil der Nenngröße 10 der Druckverlust als Funktion des Volumenstromes dargestellt.

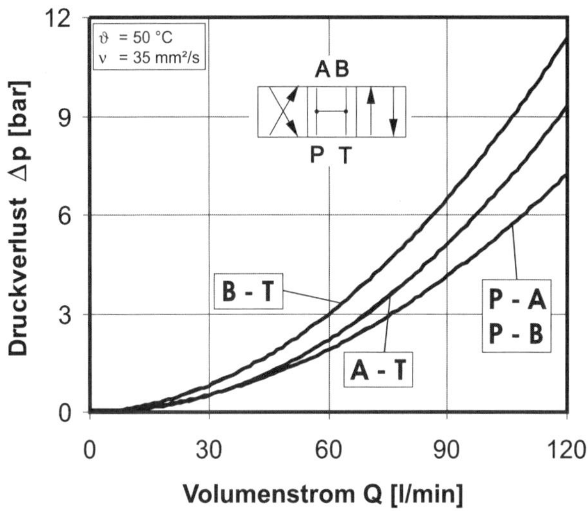

Bild 5.4-2: Druckverlust eines Kolbenschieberventils NG 10 in Abhängigkeit vom Volumenstrom

5.5 Proportional- und Servoventile

Servo- und Proportionalventile sind elektrohydraulische Umformer, bei denen die Ventilstellung stetig verstellbar und proportional zu einem elektrischen Eingangssignal ist. Sie sind in elektrohydraulischen Systemen die stetigen Bindeglieder zwischen dem elektrischen Signalkreis und dem hydraulischen Leistungsteil. Die Unterschiede beider Ventilarten liegen im Aufbau, in den statischen und dynamischen Eigenschaften sowie im Preis.

Das **Servoventil**, das zunächst für die Flugzeughydraulik entwickelt wurde, wird in der Stationärhydraulik dort eingesetzt, wo sehr hohe Anforderungen an die statische Genauigkeit oder an das Zeitverhalten gestellt werden. Wegen seiner hervorragenden statischen und dynamischen Eigenschaften und der hohen Leistungsverstärkung wird es oft für anspruchsvolle Regelaufgaben eingesetzt [5.10]. Es ist teurer und in der Wartung, insbesondere der Filterung, aufwendiger als das Proportionalventil.

Das **Proportionalventil** vereinigt die Eigenschaften der stetigen Verstellbarkeit von Servoventilen mit der Robustheit konventioneller Schaltventile. Größe und Richtung des Volumenstroms zu einem Verbraucher können stetig beeinflusst werden. Die Ansteuerung kann in der Mobilhydraulik auch von Hand erfolgen. Proportionalventile werden meist einstufig ausgeführt und sind daher unempfindlicher hinsichtlich der Verschmutzungsanfälligkeit.

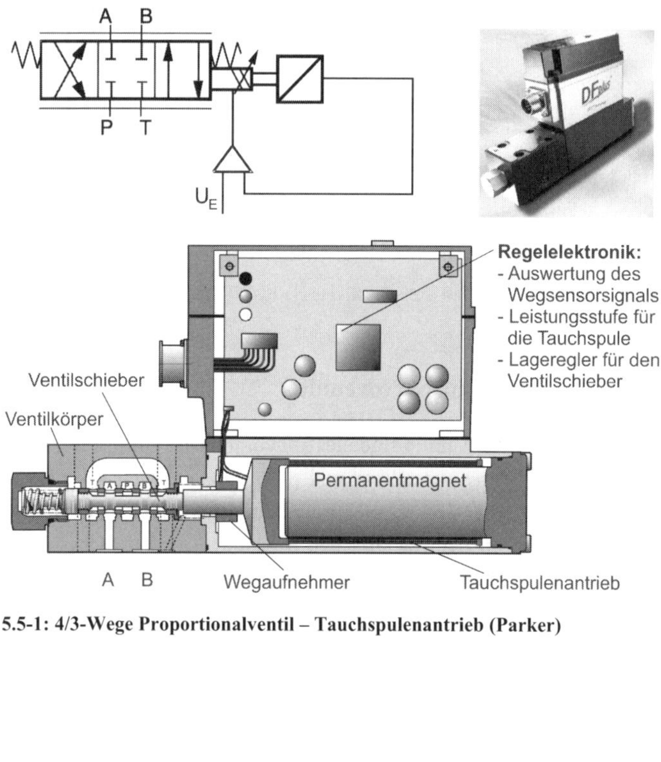

Bild 5.5-1: 4/3-Wege Proportionalventil – Tauchspulenantrieb (Parker)

Historisch gesehen sind die Proportionalventile durch allmähliche Verfeinerung aus den Schalt-Wegeventilen hervorgegangen. Die Grenzen zwischen Servo- und Proportionalventilen hinsichtlich stationärem und dynamischem Verhalten verschwimmen heute zunehmend. **Bild 5.5-1** zeigt ein modernes einstufiges 4/3 Proportionalwegeventil, auch Regelventil genannt. In der Symboldarstellung wird die stetige Ventilfunktion durch zwei Linien parallel zum Ventilgrundsinnbild angedeutet. Die stetige Positionierung des Schiebers erfolgt in einem elektrischen Lageregelkreis. Die Lage des Schiebers wird von einem hochauflösenden Wegmesssystem aufgenommen, das im Aktorgehäuse integriert ist. Ein elektrisches Eingangssignal U_e am Verstärker bewegt den Steuerschieber mit dem Tauchspulenantrieb gegen die Zentrierfedern. Die Regelelektronik sowie die Leistungsstufe für die Tauchspule sind direkt auf das Ventil aufgesattelt. Mit diesem Ventil der Baugröße NG 6 lassen sich Volumenströme bis zu 40 l/min bei einem Druckabfall von 70 bar im Ventil bei kurzgeschlossenen Verbrauchern (35 bar pro Steuerkante) stetig steuern.

Durch den Lageregelkreis werden Störgrößen (Strömungs- und Reibungskräfte) weitgehend ausgeregelt, und die statischen Kennwerte wie Hysterese und Ansprechempfindlichkeit können kleiner als 1% gehalten werden. Dies sind für Proportionalventile ungewöhnlich gute Werte, sie sind vergleichbar mit denen von Servoventilen. Das gleiche trifft auch für das dynamische Verhalten sowie für die stationären Kennwerte ‘Volumenstrom- und Druck-Signalfunktion’ zu.

Konventionelle Proportionalwegeventile weisen i.a. eine schlechtere Dynamik auf. Dies ist u.a. auch darauf zurückzuführen, dass die Ventilschieber langhubiger ausgeführt sind. Sie verfügen aus fertigungstechnischen Gründen in der Regel über eine positive Überdeckung und es ergibt sich eine entsprechende Totzone in der Nulllage. Sie sorgt dafür, dass bei einer Störung (z. B. Stromausfall) der federzentrierte Steuerschieber die Mittellage sicher einnimmt und ein Blockieren des Verbrauchers durch Absperren der Verbraucheranschlüsse bei geringen Leckagewerten sicherstellt (Fail-Safe). Bei Bedarf kann durch geeignete Maßnahmen im elektrischen Signalteil diese Totzone kompensiert werden.

In den letzten Jahren hat der Einsatz der Proportionalventile stark zugenommen, da sie gegenüber Schaltungen mit einfachen Wegeventilen mehr Funkti onen, wie beispielsweise weiches Anfahren, ermöglichen. Auch Einsparungen bei Bauelementen, wie mehrere festeingestellte Drosseln für verschiedene Geschwindigkeiten, sind möglich. Inzwischen sind auch Proportionalventile auf dem Markt, die durch Entfeinerung teurer Servoventile entstanden sind, sowie die zuvor bereits erwähnten einfach aufgebauten Ventile mit hochwertigen statischen und dynamischen Eigenschaften. Eine klare Trennung zwischen Proportional- und Servoventilen ist daher heute kaum mehr möglich.

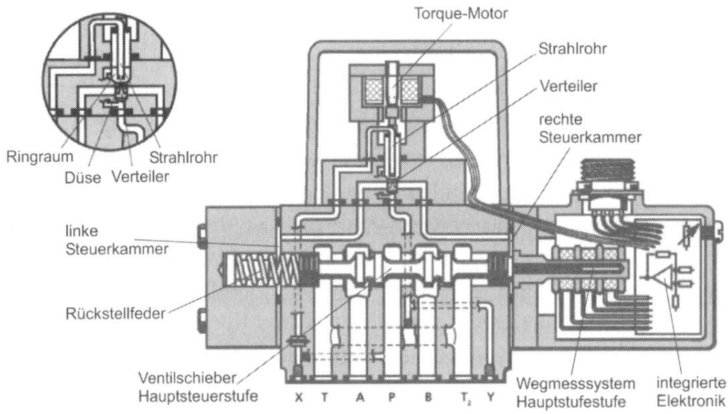

Bild 5.5-2: Zweistufigess Proportionalventil (Moog)

In **Bild 5.5-2** wird mit dem Strahlrohrprinzip eine weitere Art der Vorsteuerung in einem zweistufigen Proportionalventil vorgestellt. Hierbei trifft ein Fluidstrahl auf eine Wand und erzeugt dort eine vom Volumenstrom, durch eine bestimmte Düsengeometrie und vom Abstand abhängige Druckverteilung. Diese baut über zwei Signalleitungen, die den Druck an zwei unterschiedlichen Stellen des Profils abnehmen, in den Steuerkammern des Hauptventilschiebers unterschiedliche Druckniveaus auf. Der federrückgestellte Hauptventilschieber wird über die Druckdifferenz zwischen den Steuerkammern positioniert. Die Position wird von der integrierten Elektronik mittels Wegmesssystem erfasst und geregelt.

Bei kleinen elektrischen Eingangsleistungen (ca. 20 mW) ermöglichen **Servoventile** die Steuerung von hydraulischen Ausgangsleistungen bis über 100 kW. **Bild 5.5-3** zeigt dagegen den Aufbau eines zweistufigen Servoventils mit Düse-Prallplatte-Vorsteuerung. Das elektrische Eingangssignal wirkt auf den Torque-Motor, dessen Anker proportional dem Eingangsstrom ausgelenkt wird. Mit dem Anker ist die Prallplatte verbunden, die mit den beiden Düsen die Vorsteuerstufe (einstellbare Blenden) bildet. Bei Auslenkung des Ankers wird eine Druckdifferenz erzeugt, die den Hauptsteuerschieber verschiebt. Dabei wird über die Rückführfeder (mechanische Wegrückführung) die Prallplatte und auch der Anker wieder in die Mittellage gebracht, so dass die Druckdifferenz auf den Stirnflächen des Ventilschiebers zu Null wird und der Schieber in der Position verharren kann. Der Ventilschieber nimmt dabei eine dem Eingangsstrom proportionale Position ein.

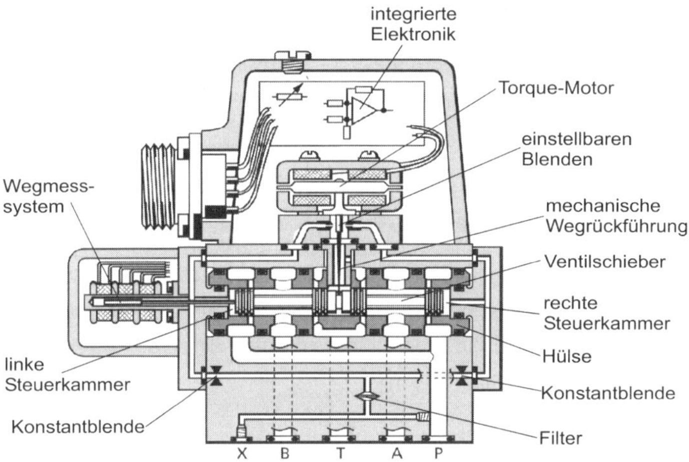

Bild 5.5-3: Zweistufiges Servoventil (Moog)

Für normale Wegeventile zur Richtungssteuerung sind möglichst geringe Drosselverluste, also ein möglichst geringer Druckabfall, gewünscht.

Bei Proportional- und Servoventilen benötigt man zur Steuerung prinzipbedingt den Strömungswiderstand, damit mit ihnen eine Leistungssteuerung möglich ist. Die Angabe der Nennvolumenströme dieser Ventile ist unterschiedlich definiert. Bei Proportionalventilen wird er bei einem Druckabfall von 5 bar je Steuerkante und bei Servoventilen von 35 bar je Steuerkante angegeben. Dies bedeutet, dass sich bei gleicher Nennvolumenstromdefinition die Steuerquerschnitte um den Faktor $\sqrt{35/5} = 2{,}65$ unterscheiden.

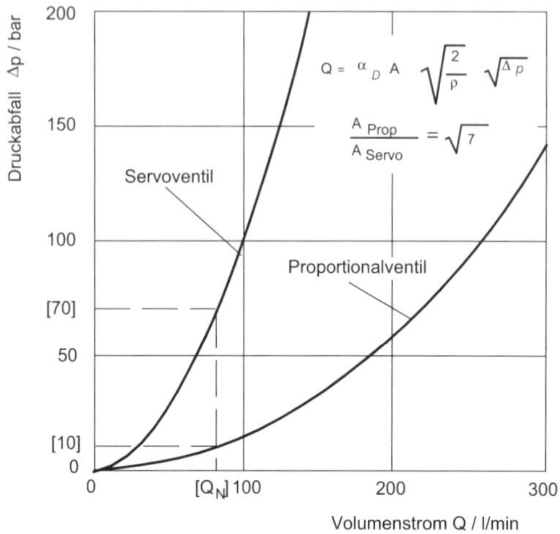

Bild 5.5-4: Durchflusskennlinien von Proportional- und Servoventil mit gleichem Nennvolumenstrom beim maximaler Ansteuerung

Damit unterscheiden sich die durchsetzbaren Volumenströme bei gleicher Druckdifferenz um denselben Faktor. **Bild 5.5-4** zeigt die Durchflusskennlinien für ein Servo- und ein Proportionalventil mit gleichem Nenndurchfluss bei maximaler Ansteuerung.

Ausführliche Angaben über Aufbau, Wirkungsweise und Einsatz von Servoventilen sind in dem Umdruck zur Vorlesung "Servohydraulik" zu finden [5.10].

5.6 Sperrventile

Sperrventile ermöglichen einen Volumenstrom in nur einer Richtung, die andere Richtung wird gesperrt. Als dichtendes Element werden in Sperrventilen meistens **Sitzelemente** wie Kugeln oder Kegel eingesetzt.

Bild 5.6-1 zeigt ein federbelastetes Rückschlagventil für den Leitungseinbau. Bei dieser Ausführung ist der Durchfluss nur von rechts nach links möglich.

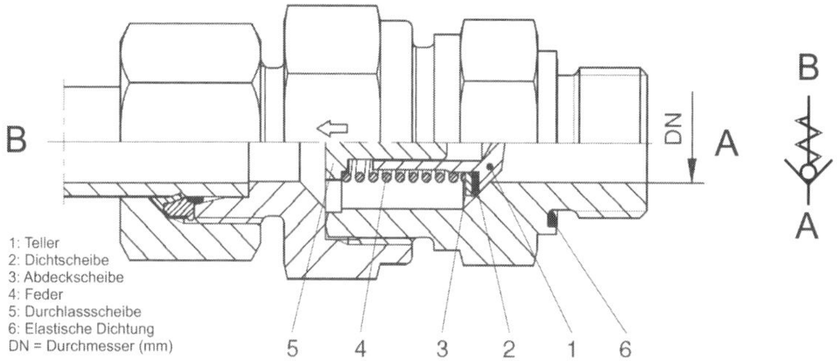

Bild 5.6-1: Sperrventil für Rohrleitungseinbau (Parker)

Bei entsprechender konstruktiver Gestaltung ist es möglich, die Sperrung eines Rückschlagventils durch eine Fernbetätigung aufzuheben. Diese entsperrbaren Rückschlagventile werden häufig bei Zylindersteuerungen angewendet.

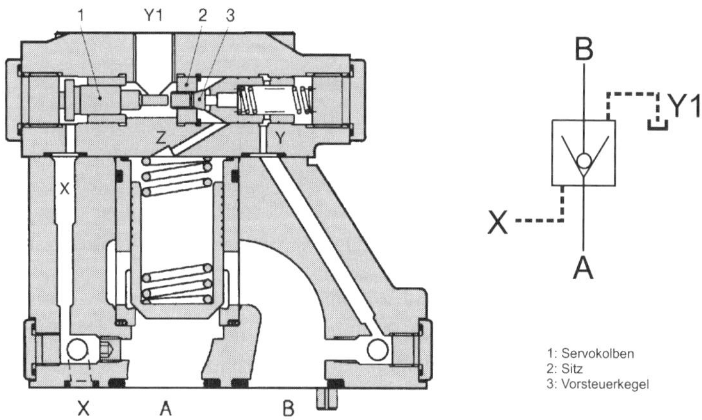

Bild 5.6-2: Vorgesteuertes entsperrbares Rückschlagventil (Parker-Denison)

Hier sollen sie in der Nullstellung des Wegeventils ein Absinken des Kolbens unter Last, verursacht durch die Leckverluste des Steuerschiebers, verhindern.

In **Bild 5.6-2** ist ein entsperrbares Rückschlagventil dargestellt. Von Anschluss B nach Anschluss A ist ein Durchfluss nur möglich, wenn am Anschluss X Steuerdruck anliegt und das Rückschlagventil entsperrt ist. Dabei wird die Rückseite der Hauptstufe durch die Vorsteuerung entlastet, so dass die Ringfläche der Hauptstufe im Druckraum B ausreicht, um sie gegen die Feder zu öffnen.

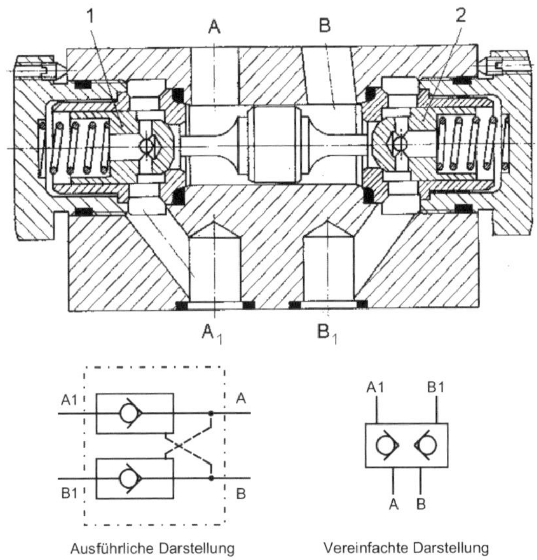

Bild 5.6-3: Entsperrbares Zwillingsrückschlagventil oder Sperrblock (Bosch Rexroth)

Wenn bei einem doppelt wirkenden Zylinder die Last sowohl ziehend als auch drückend angreifen kann, beide Zylinderanschlüsse also in der Nullstellung des Wegeventils aus Sicherheitsgründen hermetisch abgeschlossen sein müssen, werden zwei entsperrbare Rückschlagventile, die meistens in Form eines Zwillingsrückschlagventils vereinigt sind, benötigt. **Bild 5.6-3** zeigt ein solches entsperrbares Zwillingsrückschlagventil, das auch häufig **Sperrblock** genannt wird, dazu wird die ausführliche und die vereinfachte, symbolische Darstellung eines Sperrblocks gezeigt.

Die Anordnung eines Sperrblocks im Hydraulikkreis stellt **Bild 5.6-4** dar. Wenn das Wegeventil die Verbindungen P mit A und B mit T herstellt, wird das Rückschlagventil 1 (Bild 5.6-3) durch den Pumpendruck direkt geöffnet, während das Rückschlagventil 2 mit Hilfe des Steuerschiebers, der sich durch den Pumpendruck nach rechts verschiebt, geöffnet wird.

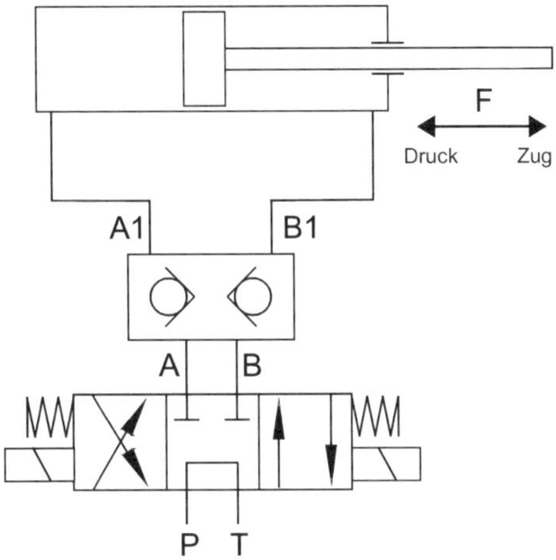

Bild 5.6-4: Anordnung des Sperrblocks im Hydraulikkreis

Die Aufgabe des Sperrblocks ist das leckstromfreie Absperren der Kolbenseiten zur Sicherung bei Ausfall der Pumpe sowie bei einem Leitungsbruch oder beim Abreißen eines Schlauches. Diese Anwendung ist besonders bei Kranen von Bedeutung.

5.7 Druckventile

Die Einhaltung eines konstanten Druckes ist eine der wichtigsten Aufgaben hydraulischer Regelungen. Neben der reinen Sicherheitsfunktion, d. h. der Druckbegrenzung, ist die Realisierung konstanter Arbeitsbedingungen für mehrere hydraulische Verbraucher sowie die Steuerung von Kräften und Momenten eine wichtige Aufgabe der Druckregelung. Druckregelungen können mit Ventilen oder mit Verstellpumpen aufgebaut werden, wobei allerdings für Sicherheitsfunktionen immer möglichst einfach aufgebauten Ventilen der Vorzug gegeben wird.

Bei den Druckregelventilen wird zwischen den Druckbegrenzungsventilen und Druckminderventilen unterschieden **(Bild 5.7-1)**. Beim Druckbegrenzungsventil wird der Vordruck p_0 begrenzt und ein Überschreiten des durch die Federkraft vorgegebenen Wertes verhindert (Sicherheitsfunktion). Dagegen wird beim Druckminderventil der Druck hinter dem Ventil p_1 auf einen durch die Federkraft vorgegebenen Wert geregelt, wobei p_0 größer als p_1 sein muss.

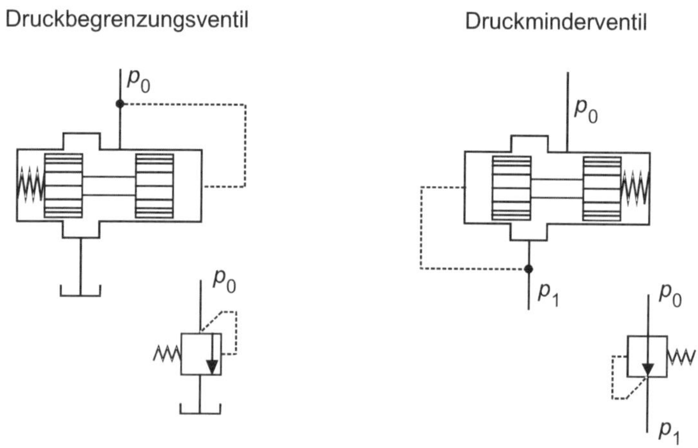

Bild 5.7-1: Prinzipdarstellung von Druckregelventilen

5.7.1 Druckbegrenzungsventile

Ein Druckbegrenzungsventil kann in einer Hydraulikanlage grundsätzlich zwei verschiedene Funktionen erfüllen. Als Sicherheitsventil soll es nur in Notfällen öffnen, damit der Druck nicht unzulässig groß wird. Im Normalbetrieb ist das Ventil immer geschlossen. Als Druckbegrenzungsventil dient es zur Einstellung und Konstanthaltung des Systemdrucks. Im Normalbetrieb ist es geöffnet und lässt einen Teil des Pumpenförderstromes abfließen. Aus energetischer Sicht sollte diese Ausführung vermieden werden, da der Volumenstrom bei vollem Druck abgelassen wird.

In der Bauart unterscheidet man direktgesteuerte und vorgesteuerte Ventile. In **Bild 5.7-2** ist ein direktgesteuertes Druckbegrenzungsventil mit druckseitig angeordnetem Dämpferkolben dargestellt. Über den Spalt zwischen Dämpferkolben und Hülse baut sich der Druck verzögert in dem Dämpferraum auf, wenn der Druck vor dem Ventil ansteigt. Durch die Veränderung der Federspannung wird der Druck bestimmt, bei dem der Kegel vom Sitz abhebt.

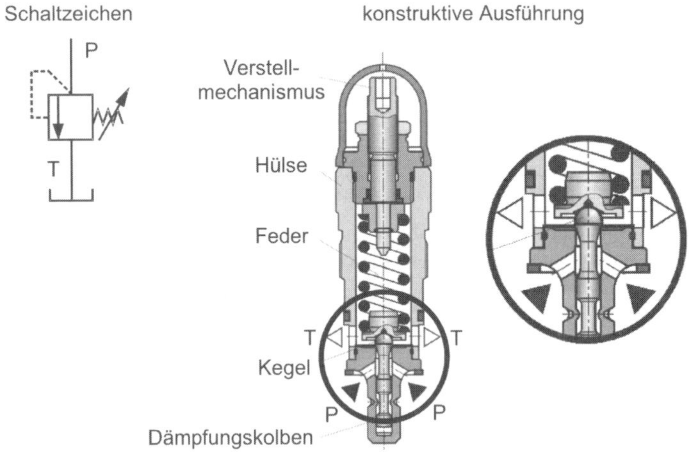

Bild 5.7-2: Direktgesteuertes Druckbegrenzungsventil (Bosch Rexroth)

Als ideales **stationäres Verhalten** eines Druckbegrenzungsventils wird ein konstanter Druck vor dem Ventil angestrebt, der von der Größe des durch das Ventil fließenden Volumenstromes unabhängig ist. Aus der in **Bild 5.7-3** wiedergegebenen Messung geht hervor, dass dieser Idealzustand nicht ohne weiteres erreichbar ist.

Vielmehr ist das stationäre Verhalten der **direktgesteuerten Druckbegrenzungsventile** von der Federkraftcharakteristik und von den am am Kolben angreifenden Strömungskräften abhängig. Mit steigendem Volumenstrom, d. h. mit größer werdendem Kolbenhub nimmt die Federkraft entsprechend der Federkennlinie zu, womit ein Druckanstieg verbunden ist. Die durch die einzelnen Kraftanteile verursachten Abweichungen sind in **Bild 5.7-4** schematisch dargestellt.

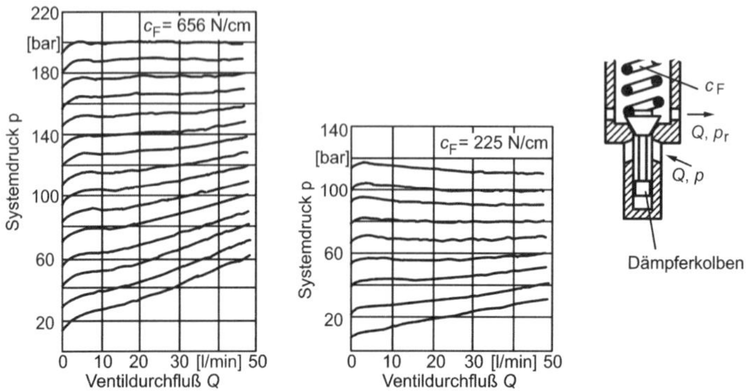

Bild 5.7-3: Kennlinienfelder eines direktgesteuerten Druckbegrenzungsventils mit verschiedenen Federsteifigkeiten [5.6]

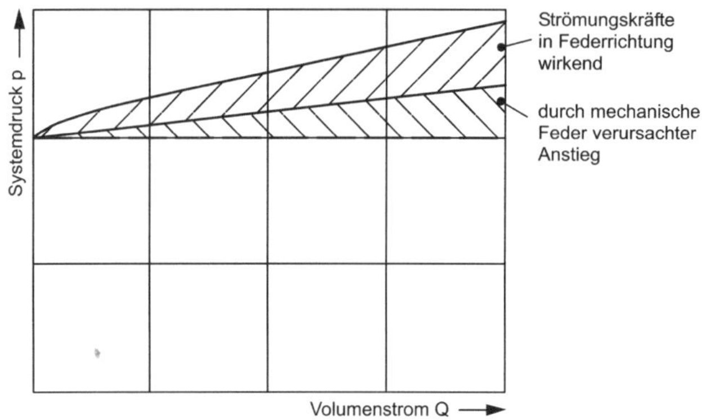

Bild 5.7-4: Stationäre Kennlinie eines direktgesteuerten Druckbegrenzungsventils

Je nach konstruktiver Gestaltung des Ventilschiebers wirken die Strömungskräfte in oder entgegen der Federkraft. Wirken sie in Richtung der Federkraft, wie in Bild 5.7-4 angenommen, so haben sie einen zusätzlichen Druckanstieg zur Folge. Im anderen Fall wird der durch die Feder verursachte Druckanstieg verringert. Die auftretenden Strömungskräfte liegen in der gleichen Größenordnung wie die durch den Kolbenweg x verursachte Zunahme der Federkraft c_F.

Die Druckverteilungen an einem Ventilkegel bei einem Volumenstrom von Q = 10 l/min und Q = 20 l/min sind in **Bild 5.7-5** rechts dargestellt. Der linke Teil zeigt zum Vergleich die Druckverteilung bei geschlossenem Druckbegrenzungsventil.

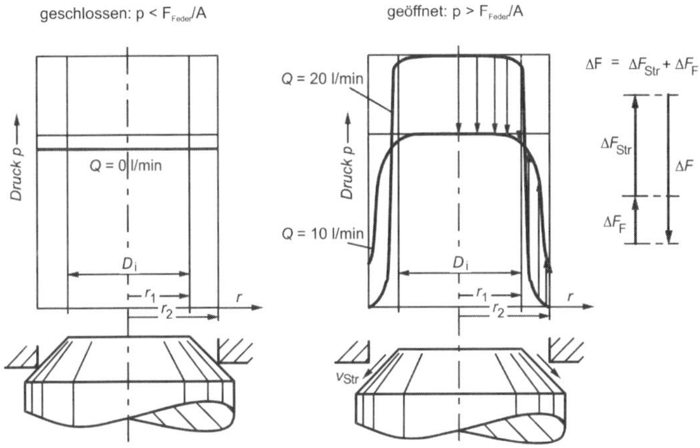

Bild 5.7-5: Druckverteilung an einem Ventilkegel ohne Volumenstrom und bei einem Volumenstrom von Q = 10 l/min und Q = 20 l/min

Die mit der Volumenstromänderung verbundene Änderung der Druckverteilung ist die Folge einer Kraftänderung ΔF am Ventilkegel. Diese Kraftänderung ΔF wird aus der Zunahme der Federkraft ΔF_F und aus der Zunahme der Strömungskraft ΔF_{Str} gebildet.

$$\Delta F = \Delta F_F + \Delta F_{Str} \qquad (5.7\text{-}1)$$

In der Anordnung von Ventilkegel und Sitz nach Bild 5.7-2, bei der die Strömung nicht umgelenkt wird, wirkt die Strömungskraft in Federkraftrichtung. Dadurch wird, wie Bild 5.7-4 zeigt, bei steigendem Volumenstrom ein zusätzlicher Druckanstieg erzeugt.

Wird jedoch eine Strömungsumlenkung vorgenommen, wie sie beispielsweise in **Bild 5.7-6** gezeigt wird, wirkt die Strömungskraft F_{Str} entgegen der Federkraft. Dadurch erreicht man eine Verbesserung des stationären Verhaltens, wie im rechten Teil des Bildes qualitativ dargestellt ist. Erwünscht ist das so genannte Gleichdruckverhalten, bei dem der Druck p mit steigendem Volumenstrom konstant bleibt.

Die charakteristischen **dynamischen Eigenschaften** von Druckbegrenzungsventilen sind die Dämpfung von Druckschwingungen und die Höhe der Druckspitze bei plötzlicher Belastung.

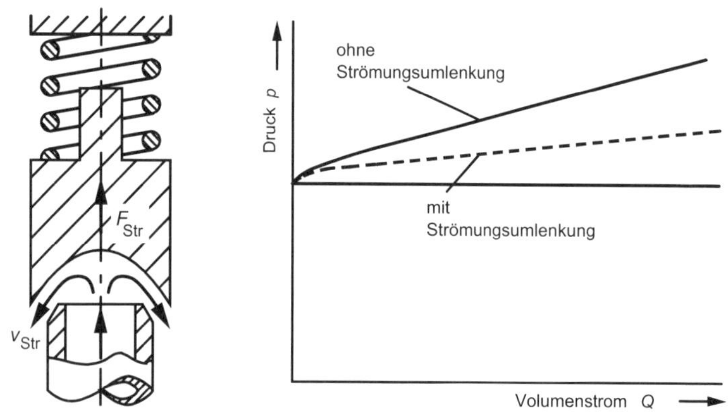

Bild 5.7-6: Ausnutzung der Strömungskraft zur Verbesserung des stationären Verhaltens

Im Gegensatz zum stationären Verhalten, das nur durch das Ventil und die konstruktive Gestaltung des Ventilschiebers bestimmt wird, ist das dynamische Verhalten weitgehend vom angeschlossenen Hydraulikkreis abhängig. In **Bild 5.7-7** ist das System schematisch dargestellt.

Der Hydraulikkreis wird hier durch die Pumpe, ein konzentriertes Volumen V_0 und durch ein Wegeventil zum Verbraucher vereinfacht berücksichtigt. Ein Druckbegrenzungsventil (DBV) schützt das System vor dem Aufbau eines zu hohen Drucks. Zur Dämpfung besitzt das DBV einen Dämpferkolben. Der Ventilkolben hebt sich beim Überschreiten des eingestellten Drucks vom Ventilsitz ab und lässt einen Volumenstrom Q_V abströmen.

Das Verhalten des dargestellten Systems wird durch den Wirkungsplan in **Bild 5.7-8** beschrieben. Aus einem Vergleich der zu- und abfließenden Volumenströme ergibt sich, ob und wie sich der Systemdruck p vor dem Ventil ändert. Die doppelt umrahmten Blöcke stellen Nichtlinearitäten dar. Die Massenkräfte werden gegenüber den Dämpfungskräften vernachlässigt.

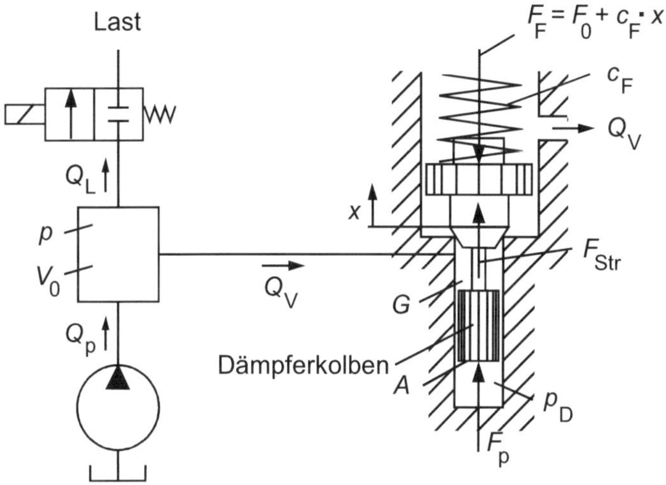

Bild 5.7-7: Schematische Darstellung des Systems Pumpe - Leitung - Druckbegrenzungsventil [5.3]

Die entsprechenden Gleichungen des Systems ohne Berücksichtigung der Strömungs- und Federkräfte sowie mit der linearisierten Durchflussfunktion

$$Q_V = f(p, x) \approx B_p p + B_x x \tag{5.7-2}$$

lauten:

$$p = \frac{E_{Ol}}{V_0} \int \left[Q_p - Q_L - B_p p - B_x x \right] dt \tag{5.7-3}$$

$$x = \int \left[\frac{G}{A} p - \frac{G}{A^2} F_0 \right] dt \tag{5.7-4}$$

In den Systemgleichungen ist die Größe G der Leitwert des laminaren Spaltwiderstandes am Dämpferkolben.

Die Werte B_p und B_x können durch Linearisierung der Durchflussgleichung

$$Q_V = B\,x\,\sqrt{p} \tag{5.7-5}$$

im Arbeitspunkt aus dem Durchflussbeiwert B des Ventilsitzes abgeleitet werden.

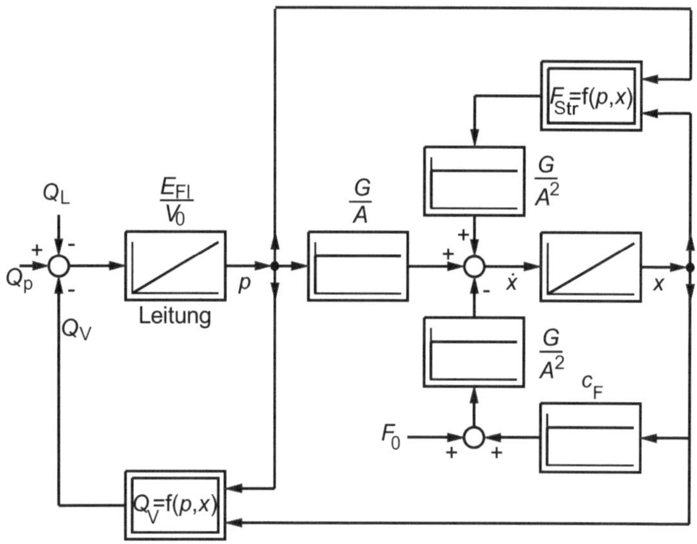

Bild 5.7-8: Vereinfachter Wirkungsplan eines direktgesteuerten Druckbegrenzungsventils mit Leitung [5.3]

Das dynamische Verhalten eines direktgesteuerten Druckbegrenzungsventils kann mit der in **Bild 5.7-9** (rechts) gezeigten Versuchsanordnung beurteilt werden. Dabei wird der Druck p und der Ventilhub x aufgezeichnet, wenn der Verbraucheranschluss bei vorher drucklosem System schlagartig durch ein Wegeventil geschlossen wird. Es erfolgt der Übergang vom Zustand p = 0 auf $p = p_{soll}$. Die entsprechenden Übergangsfunktionen sind in Bild 5.7-9 dargestellt.

Falls die hydraulische Kapazität nicht vom Druck abhängt, wird der Druck zunächst linear über der Zeit ansteigen. Ist der Einstelldruck p_{soll} bei $t = t_1$ erreicht, so wird die Federvorspannkraft überwunden, und das Ventil beginnt zu öffnen. Die Druckanstiegsgeschwindigkeit nimmt von diesem Zeitpunkt an ab, da ein Teil des Pumpenstroms bereits über den Ventilsitz abströmen kann. Der Druck wird aber so lange weitersteigen, bis der gesamte Pumpenstrom abfließen kann ($t = t_2$). Der Ventilkörper öffnet jedoch noch weiter, so dass der Druck abfällt. In Abhängigkeit von der Dämpfung schwingen Druck und Kolbenweg auf ihre stationären Werte ein. Das Ventil darf nicht zu stark gedämpft sein, da sonst sehr große Druckspitzen auftreten.

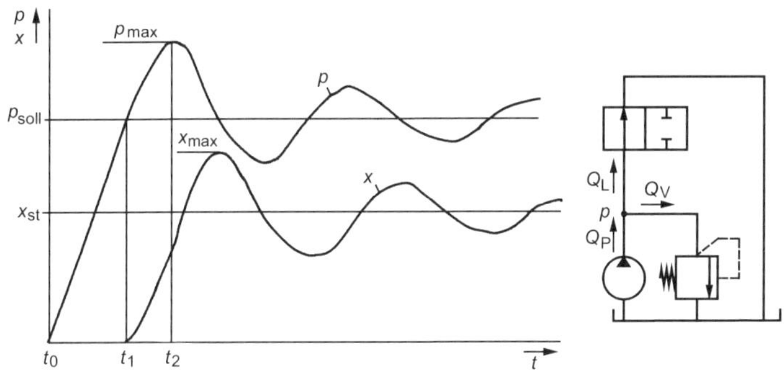

Bild 5.7-9: Übergangsfunktion eines direktgesteuerten Druckbegrenzungsventils [5.3]

Für ein direktgesteuertes Druckbegrenzungsventil, bei dem die Dämpfungskräfte gegenüber den Massenkräften überwiegen, können für einen Arbeitspunkt (p_B; Q_B; x_B) die dynamischen Kenngrößen aus den Systemgleichungen abgeleitet werden [5.3, 5.4].

Für die Eigenkreisfrequenz gilt:

$$\omega_0 = \sqrt{\frac{B\, p_R^{1/2}\, G\, E_{Fl}}{V_0\, A}} \qquad (5.7\text{-}6)$$

und für den Dämpfungsgrad

$$D = \frac{1}{4}\sqrt{\frac{B\, x_R^{1/2}\, A\, E_{Fl}}{p_B^{3/2}\, V_0\, G}} \qquad (5.7\text{-}7)$$

Aus **Bild 5.7-10** gehen die Zustandsgrößen p_B, Q_B und x_B des Arbeitspunktes AP hervor.

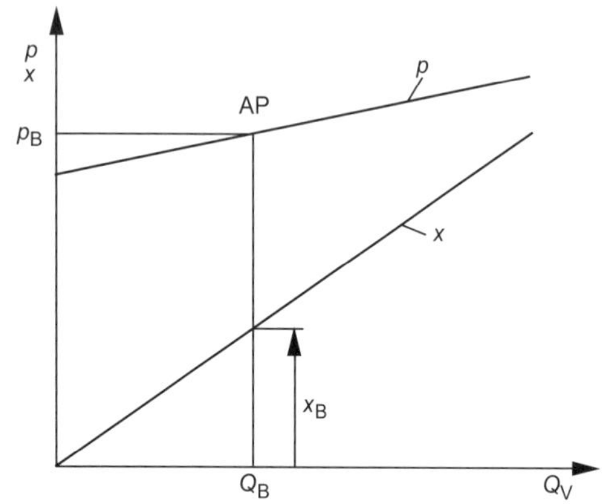

Bild 5.7-10: Prinzipieller Verlauf von Druck p und Ventilhub x eines direktgesteuerten Druckbegrenzungsventils [5.3]

Direktgesteuerte Druckbegrenzungsventile werden im allgemeinen nur bis zu Drücken von etwa 300 bar und bis zu Volumenströmen von etwa 150 l/min eingesetzt. Eine Ausnahme bilden hier die durch den TÜV abnahmepflichtigen Ventile, die grundsätzlich direktgesteuert sein müssen. Bei hohen Drücken und großen Volumenströmen werden die notwendigen Federkräfte sehr groß.

Deshalb werden insbesondere bei großen Volumenströmen **vorgesteuerte Druckbegrenzungsventile** eingesetzt. **Bild 5.7-11** zeigt ein vorgesteuertes Druckbegrenzungsventil. Vorgesteuerte Druckbegrenzungsventile bestehen aus der sogenannten Vorsteuerstufe, dem Messglied, und der Hauptstufe, dem Stellglied. Im geschlossenen Zustand herrscht auf beiden Seiten des Hauptsteuerkolbens der gleiche Druck.

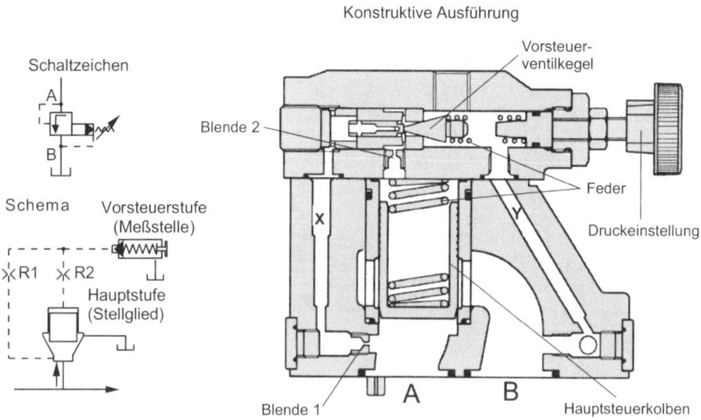

Bild 5.7-11: Vorgesteuertes Druckbegrenzungsventil (Parker-Denison)

Wird der am Vorsteuerventil eingestellte Druck überschritten, öffnet der Vorsteuerkolben. Hierdurch entsteht durch den Druckabfall an den Blenden 1 und 2 am Hauptsteuerkolben eine Druckdifferenz, so dass dieser sich gegen die Federkraft öffnet und den Abfluss für große Volumenströme freigibt.

Am Vorsteuerkolben treten nur geringe Volumenströme und damit auch nur kleine Strömungskräfte auf. Daher erreicht man bei vorgesteuerten Ventilen flachere stationäre Kennlinien $p = f(Q)$ als bei direktgesteuerten Ventilen, d. h. das erstrebte Gleichdruckverhalten kann in einem größeren Betriebsbereich realisiert werden. Aus diesem Grunde werden vorgesteuerte Druckbegrenzungsventile teilweise auch schon bei geringen Volumenströmen von etwa 50 l/min eingesetzt. Als weiterer Vorteil ergibt sich bei den vorgesteuerten Druckbegrenzungsventilen die Möglichkeit der Fernsteuerung. Vorgesteuerte Druckbegrenzungsventile sind jedoch konstruktiv aufwendiger und damit teurer als direktgesteuerte Ventile.

Eine besondere Form der Druckbegrenzungsventile sind die Gegendruck- oder Zuschaltventile. Sie dienen zur Aufrechterhaltung eines Vorspanndruckes in einer Anlage. **Bild 5.7-12** zeigt ein solches Zuschaltventil neben einer einfachen und einer komplexen schematischen Darstellung. Der Druck p_1 muss über die Kolbenfläche eine durch die Feder einstellbare Kraft erreichen, damit ein Volumenstrom über den Ringkanal zum Verbraucher fließen kann. Das abfließende Öl wirkt nicht auf die Kolbenrückseite und beeinflusst das Ventil in seiner Schließwirkung nicht. Das Zuschaltventil kann auch als Sicherheitsventil Verwendung finden.

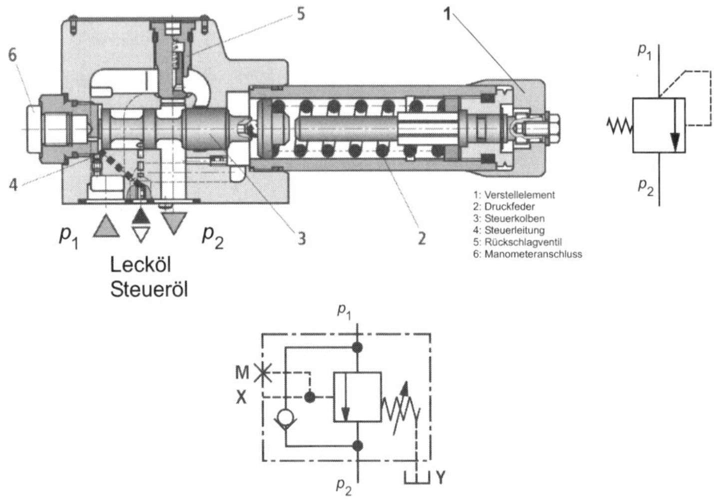

Bild 5.7-12: Schema und Schaltsymbol eines Zuschaltventils (Bosch Rexroth)

5.7.2 Druckminderventile

Soll in einem Teil eines Hydraulikkreislaufes ein geringerer, aber konstanter Druck als der eingestellte Pumpendruck herrschen, so kann man das mit Druckminder- oder Druckregelventilen erreichen. Die Wirkungsweise dieser Ventile beruht auf dem Vergleich von Druckkräften mit Federkräften. Die gewünschte Druckreduzierung lässt sich dabei über veränderliche Federvorspannungen erreichen.

Das in **Bild 5.7-13** dargestellte Druckminderventil stellt gleichermaßen eine Druckbegrenzungsfunktion im Niederdruckbereich zu Verfügung. Der steigende Regeldruck in Anschluss P2 lenkt den Regelkolben gegen die Feder aus, schließt somit die Blende zur Hochdruckseite und erhöht den Durchflusswiderstand. Mit weiterem Ansteigen des Druckes im Niederdruckbereich wird der Regelkolben gleichermaßen weiter gegen die Federn bewegt. Das Öffnen zum Tank bei zu großem Niederdruck stellt die Druckbegrenzungsfunktion dar.

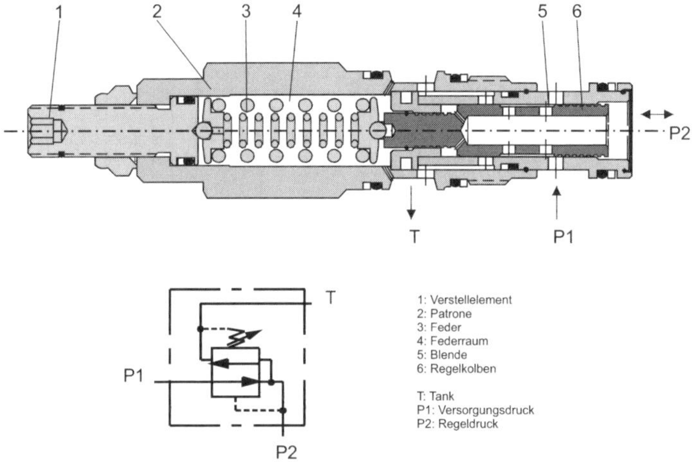

Bild 5.7-13: Direktbetätigtes Druckminderventil (Sun Hydraulik)

5.8 Stromregelventile

Aufgabe der Stromregelventile ist es, den Volumenstrom unabhängig von der am Ventil anliegenden Druckdifferenz und der Temperatur des Druckmediums konstant zu halten. Um diese Aufgabe erfüllen zu können, hat das Stromregelventil einen eingebauten Regelkreis.

Bild 5.8-1 zeigt den prinzipiellen Aufbau eines 2-Wege-Stromregelventils. Der Druckregelkreis wird durch einen Fühler und ein Stellglied gebildet. Der Fühler für die an der Messblende anliegenden Druckdifferenz $p_1 - p_2$, ist ein federbeaufschlagter Kolben, auf dessen Kolbenflächen die Drücke p_1 und p_2 geführt werden. Bei einer Änderung der Druckdifferenz $p_1 - p_2$ ergibt sich eine proportionale Verstellung des Weges x am Fühler und damit eine Verstellung des Stellgliedes. Das Stellglied ist ein hydraulischer blendenförmiger Widerstand. Fühler und Stellglied zusammen bilden die Druckwaage, die bei ausgeführten Stromreglern als federbelasteter Steuerschieber realisiert ist.

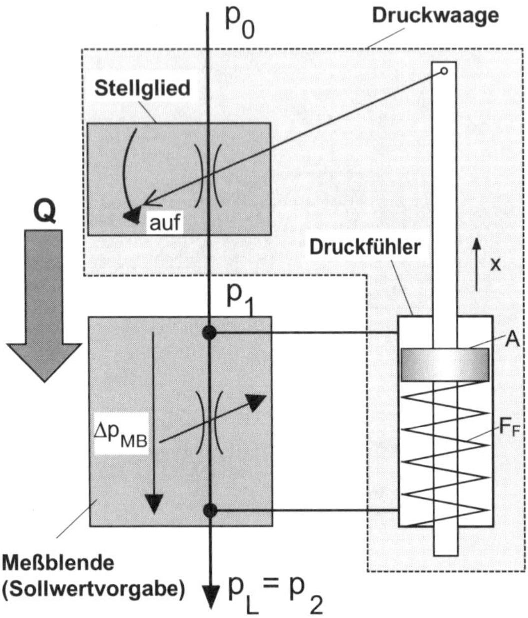

Bild 5.8-1: Prinzipieller Aufbau eines 2-Wege-Stromregelventils mit vorgeschalteter Druckwaage

Bei **2-Wege-Stromregelventilen** sind Messblende und Druckwaage in Reihe geschaltet. Dabei kann die Druckwaage vor- oder nachgeschaltet werden.

In **Bild 5.8-2** ist ein 2-Wege-Stromregler mit **vorgeschalteter Druckwaage** schematisch und symbolisch dargestellt. Bei Vernachlässigung der Strömungs- und Reibungskräfte gilt für das Gleichgewicht an der Druckwaage

$$p_1\, A = p_L\, A + F_F \tag{5.8-1}$$

$$p_{MB} = p_1 - p_L = \frac{F_F}{A} \approx \text{ const.} \tag{5.8-2}$$

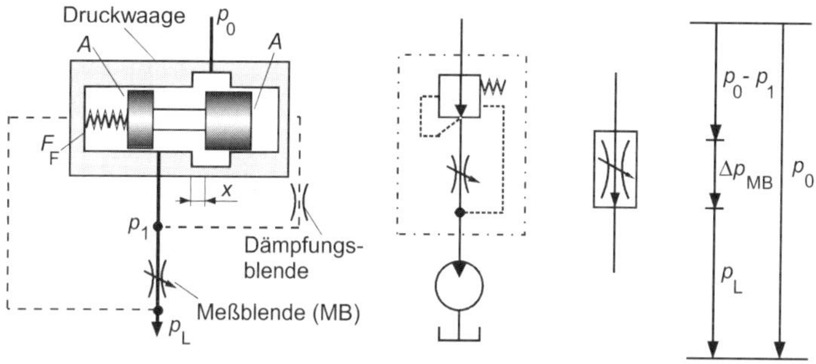

Bild 5.8-2: 2-Wege-Stromregler mit vorgeschalteter Druckwaage

Wenn die Druckdifferenz p_{MB} an der Messblende konstant ist, ist auch, sofern Temperatureinflüsse unberücksichtigt bleiben, der Volumenstrom über die Messblende konstant. 2-Wege-Stromregler mit vorgeschalteter Druckwaage werden im Zulauf zum Verbraucher angeordnet, weil dann die Druckwaage auf Laständerungen des Verbrauchers schnell reagieren kann. Der Lastdruck p_L wirkt direkt auf die Druckwaage.

Bild 5.8-3 zeigt einen 2-Wege-Stromregler mit **nachgeschalteter Druckwaage** in schematischer und symbolischer Darstellung. Vernachlässigt man wieder Strömungs- und Reibungskräfte, so ergibt sich das Gleichgewicht an der Druckwaage zu

$$(p_0 - p_L)A = p_1 A + F_F \tag{5.8-3}$$

$$p_{MB} = p_0 - p_L - p_1 = \frac{F_F}{A} \approx const. \tag{5.8-4}$$

Der Vorteil dieser Bauart liegt in der guten Ansprechempfindlichkeit auf Druckänderungen des vorgeschalteten Gerätes. Daher werden 2-Wege-Stromregler mit nachgeschalteter Druckwaage bevorzugt im Rücklauf vom Verbraucher eingesetzt. Die Druckdifferenz $\Delta p = (p_0 - p_L) - p_1$ wirkt direkt auf die Druckwaage.

Im allgemeinen gilt die Regel, dass die Messblende an der Seite mit den stärksten Druckschwankungen liegen soll.

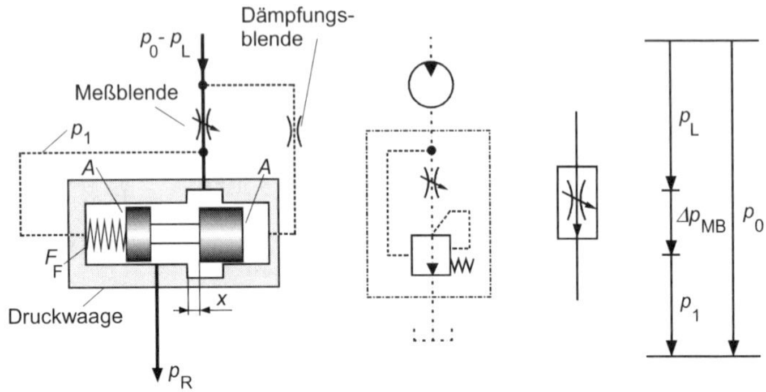

Bild 5.8-3: 2-Wege-Stromregler mit nachgeschalteter Druckwaage

Eine konstruktive Ausführung des 2-Wege-Stromreglers ist in **Bild 5.8-4** zu sehen. Die Regelung des Volumenstroms von A nach B erfolgt an der Drosselstelle (3). Der Drosselquerschnitt wird durch Drehen des Verstellelementes (2) zwischen der Drosselstelle (3) und dem Drosselbolzen (4) eingestellt. Zur druckunabhängigen Konstanthaltung des Volumenstromes im Kanal B ist der Drosselstelle (3) eine Druckwaage (5) nachgeschaltet.

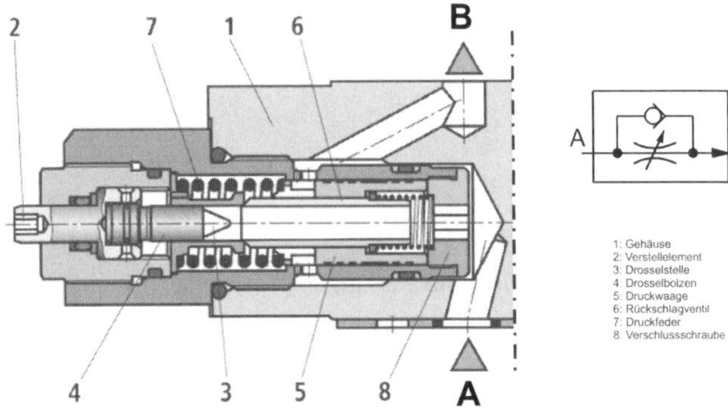

Bild 5.8-4: 2-Wege-Stromregler (Bosch Rexroth)

Die Druckwaage (5) wird durch die Druckfeder (7) gegen die Verschlussschraube (8) gedrückt und bleibt somit bei nicht durchströmtem Ventil in geöffneter Stellung. Wird das Ventil durchströmt, übt der in Kanal A anstrehen de Druck eine Kraft auf die Druckwaage (5) aus. Diese geht in Regelstellung bis ein Kräftegleichgewicht vorliegt. Steigt der Druck im Kanal A an, bewegt sich die Druckwaage (5) so lange in Schließrichtung, bis wieder ein Kräftegleichgewicht vorliegt. Durch das ständige Nachregeln der Druckwaage wird ein konstanter Volumenstrom erreicht.

Der freie Rückstrom von Kanal B nach Kanal A erfolgt über das Rückschlagventil (6).

Das statische Verhalten eines 2-Wege-Stromreglers ist in **Bild 5.8-5** dargestellt. Aufgetragen ist der Volumenstrom Q als Funktion der am Ventil anliegenden Druckdifferenz $p = p_0 - p_L$ mit dem Einstellwert E an der Messblende als Parameter.

Man kann in Bild 5.8-5 drei Funktionszonen unterscheiden.

In der Zone 1 ist die Druckdifferenz am Schieber kleiner als die Federvorspannung. Der Stromregler verhält sich wie ein konstanter Widerstand.

Die Zone 2 ist die Arbeitszone des Stromreglers. Die Kennlinie hat meist eine positive oder negative Steigung, je nach dem Verhältnis von Strömungskraft und Federkraft an der Druckwaage. Bei hohen Volumenströmen überwiegt die Strömungskraft und die Steigung wird negativ. Bei kleinen Strömen ist die Steigung positiv.

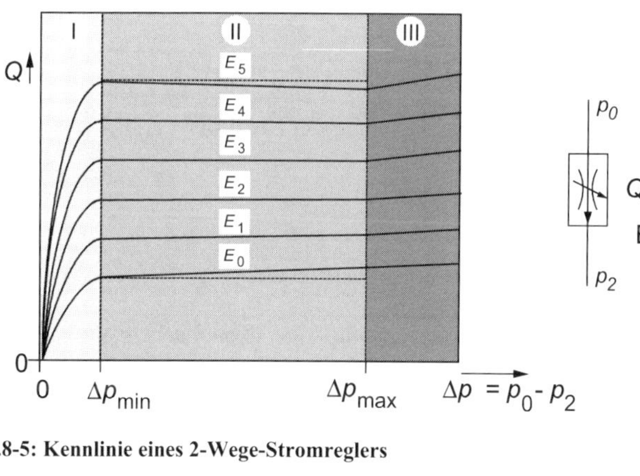

Bild 5.8-5: Kennlinie eines 2-Wege-Stromreglers

In Zone 3 ändert sich für sehr große Druckabfälle die Steuerkantenöffnung nur wenig und der Gesamtwiderstand des Reglers bleibt annähernd konstant. Damit verliert der Stromregler seine Funktionsfähigkeit und stellt einen konstanten Widerstand dar.

Für normale Stromreglerbauarten ist p_{min} etwa 3 % bis 6 % von p_{max}, wobei p_{max} ca. 300 bar beträgt. Fehlereinflüsse auf die Funktion des Stromregelventils sind die Temperatur sowie die Reaktionskräfte der Strömung auf den Schieber der Druckwaage. Ebenso verursacht die trockene Reibung eine Hysterese. Die geschwindigkeitsabhängige Reibung und Dämpfung begrenzt die Ansprechgeschwindigkeit des Ventils bei Druckschwankungen [5.11].

Während für quasistatische Zustände und Zustandsänderungen das Verhalten des Stromreglers allein durch das Kennfeld

$$Q = f((p_0 - p_2), E) \tag{5.8-5}$$

beschrieben wird, ergibt sich bei sehr schnellen Zustandsänderungen außerdem eine Abhängigkeit von der Zeit.

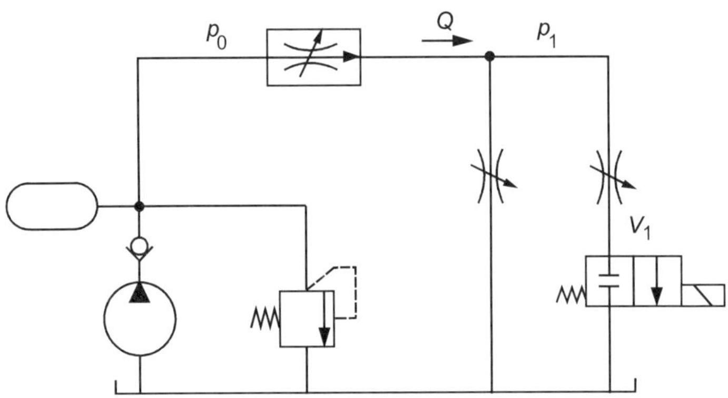

Bild 5.8-6: Messaufbau zur Untersuchung von Stromreglern

Den Versuchsaufbau zur Untersuchung des dynamischen Verhaltens von Stromreglern zeigt **Bild 5.8-6**. Durch Betätigen des Wegeventils V_1 kann die Druckdifferenz $p_0 - p_1$ sprungförmig geändert und damit ein Lastsprung simuliert werden.

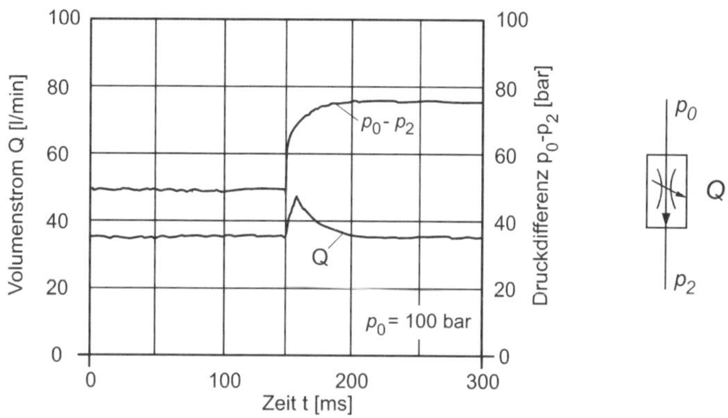

Bild 5.8-7: Dynamisches Verhalten von Stromregelventilen mit vorgeschalteter Druckwaage bei sprungförmiger Änderung der Last

In **Bild 5.8-7** sind Volumenstrom und Druckdifferenz als Funktion der Zeit bei einem Schaltvorgang dargestellt. Bei geschlossenem Ventil V_1 ist zunächst eine konstante Druckdifferenz $p_0 - p_1$ und damit auch ein der gewählten Einstellung entsprechender, konstanter Volumenstrom Q vorhanden. Bei t = 150 ms wird durch das plötzliche Öffnen des Wegeventils eine sprungförmige Änderung der Druckdifferenz $p_0 - p_2$ am Stromregler erzeugt. Dies entspricht einem Lastabfall. Der Steuerschieber der Druckwaage kann nicht augenblicklich die entsprechende Regelposition erreichen, da der zum Verschieben des Steuerkolbens nötige Volumenstrom durch eine Dämpfungsblende gering gehalten wird (vgl. Bild 5.8-2). Bis der Steuerkolben die Regelposition erreicht, fließt durch die zu weit geöffneten Steuerkanten der Druckwaage ein gegenüber dem Sollwert erhöhter Volumenstrom zum Verbraucher (siehe Bild 5.8-7).

Erhöht man die Sprungweite, dies ist der Betrag, um den der Lastdruck p_2 sprungförmig verändert wird, so nimmt die kurzfristige Abweichung des Volumenstroms Q vom Sollwert Q_{soll} zu. Die größtmögliche Abweichung ergibt sich bei Zustandsänderungen, deren Ausgangszustand durch einen gesperrten Verbraucheranschluss gekennzeichnet ist. Da keine Druckdifferenz zwischen Ventileingang und -ausgang vorhanden ist, befindet sich der Schieber der Druckwaage durch die Federkraft dann in seiner Endlage (siehe linken Teil des **Bildes 5.8-8**).

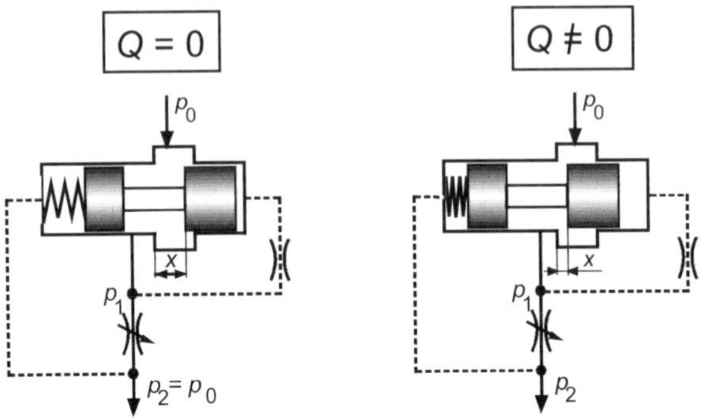

Bild 5.8-8: Positionen des Steuerschiebers eines Stromregelventils beim Anfahrsprung

Wird nun der Verbraucher, also das Wegeventil, zugeschaltet, ergibt sich ein ungewollt großer Volumenstrom über das Stromregelventil bis die Druckwaage die Regelposition erreicht (siehe rechten Teil des **Bildes 5.8-8**).

Hierdurch wird der Verbraucher stärker beschleunigt als vorgesehen ist. Diesen Vorgang nennt man **Anfahrsprung**. Da dieses dynamische Fehlverhalten prinzipbedingt ist, kann es nur durch schaltungstechnische Maßnahmen vermieden werden.

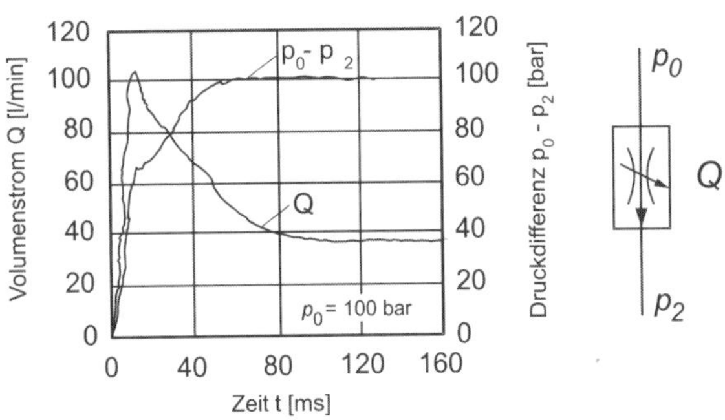

Bild 5.8-9: Dynamisches Verhalten von Stromregelventilen mit vorgeschalteter Druckwaage beim Anfahrsprung

Bild 5.8-9 zeigt den Volumenstrom und die Druckdifferenz als eine Funktion der Zeit für einen Anfahrsprung. Bis zum Zeitpunkt t = 0 ist das Ventil V_1

geschlossen, die Druckdifferenz p_0 - p_2 und der Volumenstrom Q also gleich Null. Zum Zeitpunkt t = 0 öffnet das Ventil V_1. Druckdifferenz und Volumenstrom ändern sich sprungförmig, wobei der Volumenstrom kurzzeitig zu große Werte annimmt. Erst nach ca. 100 ms erreicht der Volumenstrom seinen Einstellwert.

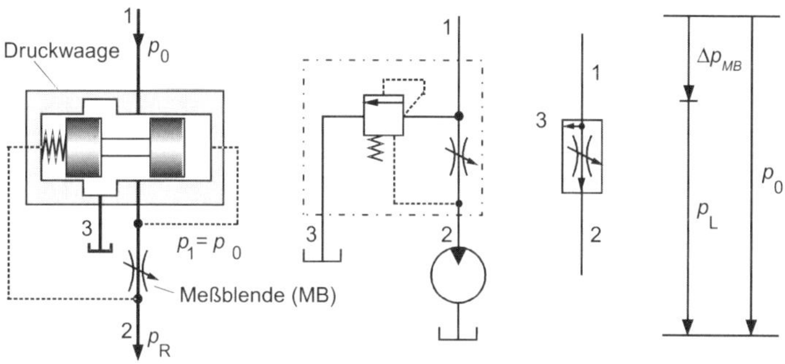

Bild 5.8-10: 3-Wege-Stromregler

In **Bild 5.8-10** ist ein **3-Wege-Stromregler** schematisch und symbolisch dargestellt. Hierbei handelt es sich um die Parallelschaltung von zwei Strömungswiderständen, der Druckwaage und der Messblende. Der zufließende Ölstrom wird in einen geregelten Ausgangsstrom über die Messblende und in einen Reststrom über die Druckwaage aufgeteilt. Der Eingangsdruck p_0 ist lastabhängig, da die Messblende für eine gewählte Einstellung einen konstanten Widerstand darstellt. Da sich also p_0 in Abhängigkeit vom Lastdruck p_L ändert, ist eine Parallelschaltung mehrerer 3-Wege-Stromregler nicht möglich. In diesem Falle würden die Eingangsdrücke p_0 aller Stromregler durch den Stromregler mit dem geringsten Druck p_0 bestimmt. Gegenüber dem 2-Wege-Stromregler ist der 3-Wege-Stromregler energetisch gesehen also der günstigere Regler. Er lässt sich jedoch nur dann einsetzen, wenn nur ein Verbraucher vorhanden ist.

Als weitere Stromventile sind u.a. die **Stromteilerventile** von Bedeutung. **Bild 5.8-11** zeigt die Widerstandsdarstellung, das Gerätebild und die Druckbilanz für ein Stromteilerventil. Es besteht aus zwei Widerstandshalbbrücken [5.10]. Jede Halbbrücke wird aus einem Konstantwiderstand (Messblende) und einem veränderlichen Steuerwiderstand (Stellglied) gebildet. Die Steuerwiderstände 3 und 4 sind in einer Druckwaage vereinigt.

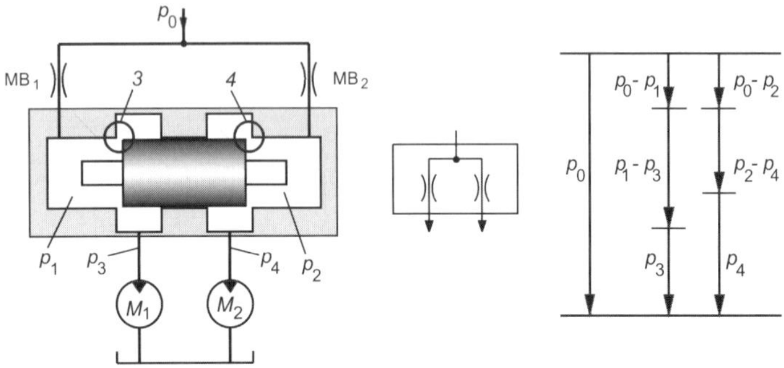

Bild 5.8-11: Volumenstromteiler

An den beiden Konstantwiderständen MB_1 und MB_2 liegt im Eingang der Eingangsdruck p_0. Es wird zunächst angenommen, dass die Widerstände 1 und 2 gleich sind. Die Zwischendrücke p_1 und p_2 (siehe Bild 5.8-11) werden mit der Druckwaage verglichen. Ist p_1 ungleich p_2, wandert der Steuerschieber aus und verändert die Steuerwiderstände 3 und 4, so dass $p_1 = p_2 = p$ wird. Dann liegt an den beiden Konstantwiderständen die gleiche Druckdifferenz $\Delta p = p_0 - p$ an. Die Volumenströme zu den beiden Verbrauchern M_1 und M_2 sind damit auch bei ungleichen Drücken p_3 und p_4 gleich groß. Die Druckbilanz in beiden Verbraucherzweigen zeigt, dass die Summe der Druckabfälle in Konstantwiderstand, Steuerwiderstand und Verbraucher jeweils gleich der gesamten verfügbaren Druckdifferenz p_0 ist.

Der zur Verfügung stehende Volumenstrom kann auch in jedem anderen Verhältnis durch das gezeigte Stromteilerventil aufgeteilt werden, wenn man die Querschnittsflächen der Konstantwiderstände in dem gewünschten Verhältnis ausführt.

Die Genauigkeit der Stromaufteilung hängt von der Reibung des Regelkolbens, insbesondere von der trockenen Reibung, von den Reaktionskräften der Ölströmung auf den Regelkolben, von der Druckdifferenz zwischen p_3 und p_4 und von der Änderungsgeschwindigkeit der Drücke p_3 und p_4 ab.

5.9 Wege-Einbauventile

Bis zum Anfang der 70er Jahre bestand der überwiegende Anteil industriell angewendeter Hydrauliksysteme aus Zusammenschaltungen von einzelnen Ventilen und Geräten. Insbesondere bei einer größeren Anzahl unterschiedlicher Funktionen und höheren Leistungen steigt bei solchen Systemen der Bauaufwand unverhältnismäßig hoch an.

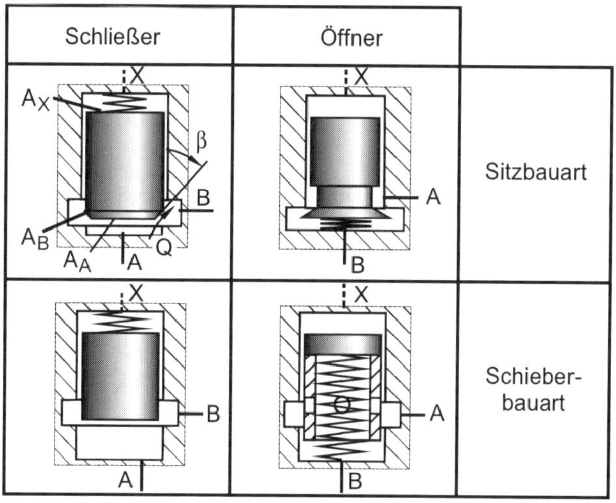

Bild 5.9-1: Schematische Darstellung von 2-Wege-Einbauventilen

Aus diesem Grund entstand die Schaltungstechnik mit 2-Wege-Einbauventilen (Cartridge-Bauweise), die heute im Pressenbau, bei Kunststoffmaschinen und im Schwermaschinenbau ihren festen Platz hat. Hierbei handelt es sich um hydraulisch gesteuerte Einzelwiderstände, die als Sitz- oder Schieberventile ausgeführt und als Öffner oder Schließer gestaltet werden. **Bild 5.9-1** zeigt diese vier Grundausführungen in schematischer Darstellung.

Die praktische Ausführung eines solchen Einbauventils ist in **Bild 5.9-2** dargestellt. Das eigentliche Einbauventil wird hierbei in einen Steuerblock eingesetzt und mit einer Abdeckplatte, die den Anschluss für das Vorsteuerventil enthält, befestigt.

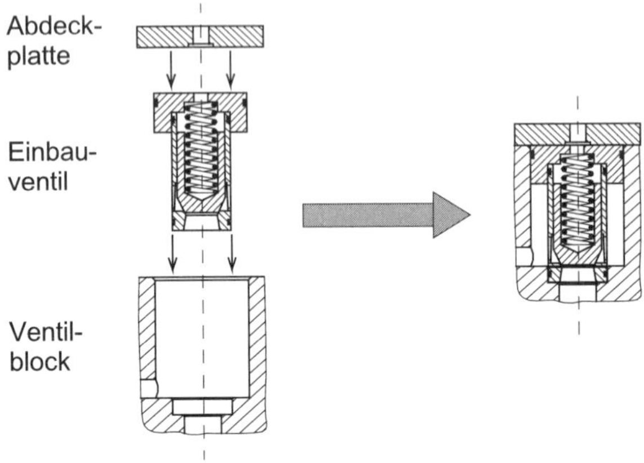

Bild 5.9-2: Prinzip der Cartridge-Bauweise (Schließer in Sitzbauweise)

Einzeln gesteuerte Widerstände benötigen jeweils eine Vorsteuerung. Die Vorsteuerung wird bei Schaltfunktionen mit Wegeventilen kleiner Nenngröße vorgenommen. Das für die Vorsteuerung benötigte Steueröl wird entweder der Druckseite entnommen oder von einer getrennten Steuerpumpe geliefert **(Bild 5.9-3)**.

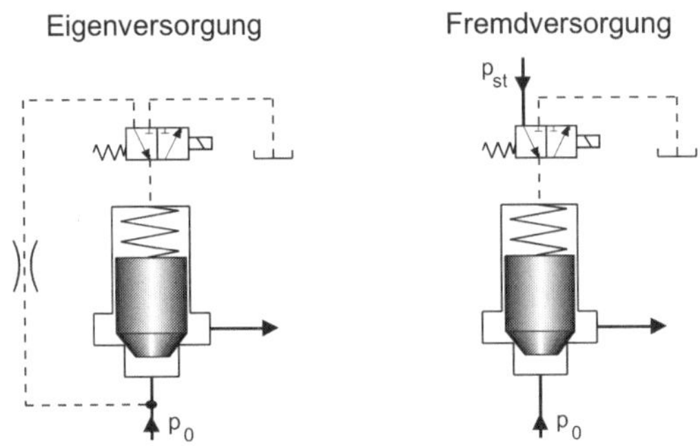

Bild 5.9-3: Vorsteuerungen von 2-Wege-Einbauventilen

Im ersten Fall spricht man von einer **Eigenversorgung** des Ventils, welche stets lastabhängig ist. Der zweite Fall wird als **Fremdversorgung** bezeichnet, die lastunabhängig und deswegen immer dann erforderlich ist, wenn beson ders hohe Anforderungen an Schaltsicherheit und -schnelligkeit gestellt werden.

Für Regelfunktionen wird die Vorsteuerung mit stetig wirkenden Ventilen kleiner Nenngröße ausgeführt.

Am Beispiel eines 3/2-Wegeventils und eines Druckbegrenzungsventiles ist in **Bild 5.9-4** dargestellt, wie aus Einbauventilen mit entsprechenden Vorsteuerungen die jeweiligen Funktionen realisiert werden.

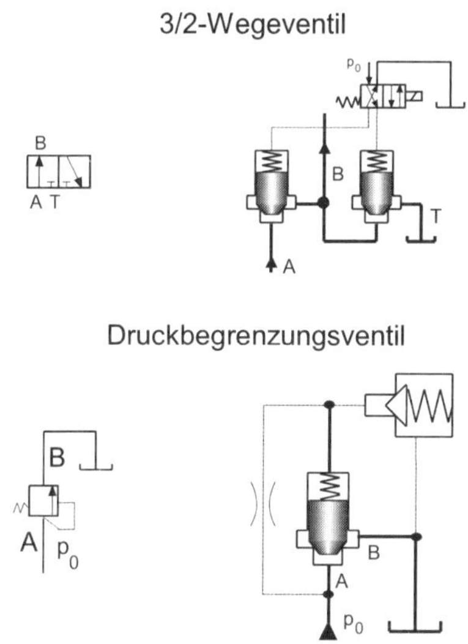

Bild 5.9-4: Funktionseinheiten aus 2-Wege-Einbauventilen

Das Grundprinzip des Schaltungskonzeptes mit 2-Wege-Einbauventilen besteht in der konsequenten Trennung des **Leistungs- und Signalteiles** einer Steuerung. Dabei geht man davon aus, dass zur Steuerung der Größen Druck und Volumenstrom für einen Verdrängerraum nur jeweils zwei hydraulische Widerstände erforderlich sind, nämlich ein Eingangswiderstand und ein Ausgangswiderstand. Für einen hydraulischen Rotations- oder Linearmotor mit zwei Verdrängerräumen wird man also im Normalfall vier 2-Wege-Einbauventile benötigen, mit denen der Antrieb in beide Richtungen verfahren werden kann. Diese vier Strömungswiderstände übernehmen sowohl Schalt funktionen zur Bestimmung der Bewegungsrichtung als auch Regelfunktionen zur Beeinflussung von Drücken in und von Volumenströmen zu den Verdrängerräumen.

Bild 5.9-5 zeigt das Grundprinzip einer Schaltung mit 2-Wege-Einbauventilen. Im Leistungsteil der Steuerung liegen nur die vier 2-Wege-Einbauventile, die nach der Leistung für den jeweiligen Verdrängerraum dimensioniert sein müssen. Die Steuerelemente in der Vorsteuerung sind von wesentlich geringerer Nenngröße, da sie nur die Signale zur Steuerung der 2-Wege-Einbauventile zu erzeugen oder zu übertragen haben.

Bei den Schaltungen mit 2-Wege-Einbauventilen ist die Anzahl der Strömungswiderstände im Leistungsteil, die vor allem bei hohen Leistungen den baulichen Aufwand bestimmen, auf das Mindestmaß reduziert worden. In die Vorsteuerung gelangen sowohl Signale von außen als auch steuerungsinterne Signale, die mechanisch, hydraulisch oder elektrisch übertragen werden. Der Trennstrich zwischen Leistungs- und Signalteil der Steuerung verläuft innerhalb der hydraulischen Steuerung.

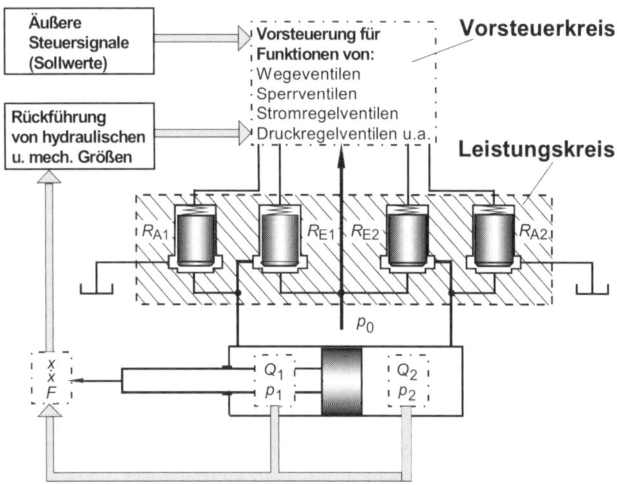

Bild 5.9-5: Schema einer Steuerung mit 2-Wege-Einbauventilen

Die Vorteile einer Steuerung mit 2-Wege-Einbauventilen gegenüber einer Steuerung mit Einzel-Bauelementen sind der geringere bauliche Aufwand, besonders bei großen Volumenströmen und zahlreichen Funktionen einer Steuerung, und die rationellen, einfachen Fertigungsmöglichkeiten, wodurch sie kostengünstig werden. Darüber hinaus hat die Steuerung mit 2-Wege-Einbauventilen ein günstiges dynamisches Verhalten, und bei der Inbetriebnahme einer Steuerung kann das **dynamische Verhalten** einzelner Ventile mit geringerem Aufwand gezielt beeinflusst werden, indem Drosselwiderstände ausgetauscht werden. Die Ersatzteilhaltung ist einfacher und preiswerter als bei anderen Systemen.

Diesen Vorteilen steht insbesondere der Nachteil entgegen, dass bei Steuerungen mit 2-Wege-Einbauventilen aus einzelnen Gerätebausteinen jeweils neue Systeme entstehen. Die jeweils erforderliche dynamische Abstimmung der Systeme und ihre Wartung setzen ein entsprechendes Know-how voraus [5.10].

5.10 Literatur zu Kapitel 5

5.1	Backé, W.	Grundlagen der Ölhydraulik, Umdruck zur Vorlesung an der RWTH Aachen, 10. Auflage 1994
5.2	Backé, W.	Steuerungs- und Schaltungstechnik II, Umdruck zur Vorlesung an der RWTH Aachen, 4. Auflage 1993
5.3	Brodowski, W.	Beitrag zur Klärung des stationären und dynamischen Verhaltens direktwirkender Druckbegrenzungsventile, Dissertation RWTH Aachen, 1973
5.4	Geißler, G.	Optimierung und Einsatzgrenzen von Druckventilen, Dissertation TU Dresden, 2002
5.5	Kallenbach, E.	Elektromagnete, B.G. Teubner Stuttgart, 1994
5.6	Latour, C.	Strömungskraftkompensation in hydraulischen Sitzventilen, Dissertation RWTH Aachen, 1996
5.7	Linsmeyer, K.	Elektromagnetische Aktoren, Verlag Moderne Industrie, 1995
5.8	Lu, Y.-H.	Entwicklung vorgesteuerter Proportionalventile mit 2-Wege-Einbauventil als Stellglied und mit geräteinterner Rückführung, Dissertation RWTH Aachen, 1981

5.9	Matthies, H. J. Renius, K. T.	Einführung in die Ölhydraulik, 4. Auflage, Teubner Verlag / GWV Fachverlage GmbH, Wiesbaden 2003
5.10	Murrenhoff, H.	Servohydraulik, Umdruck zur Vorlesung, 2. Auflage 2002
5.11	Schlayer, H.	Druck- und Temperaturregelung bei ölhydraulischen Mengenregelventilen, Dissertation TU Stuttgart, 1959
5.12	Zehner, F.	Vorgesteuerte Druckventile mit direkter hydraulisch-mechanischer und elektrischer Druckmessung, Dissertation RWTH Aachen, 1987

6 Weitere Komponenten

neu bearbeitet von Dipl.-Ing. Martin Goerres

Neben den bisher behandelten Bauelementen sind zur Funktion eines Hydraulikkreislaufes noch andere Einrichtungen, wie Behälter, Kühler, Filter, Dichtungen, Hydrospeicher, Sensoren oder Leitungen zum Transport der Flüssigkeit erforderlich, die in den folgenden Abschnitten erläutert werden.

6.1 Behälter

Der Behälter in Hydrauliksystemen hat mehrere Aufgaben zu erfüllen. Er dient

- dem Ausgleich der Differenz zwischen gleichzeitig angesaugtem und zurücklaufendem Flüssigkeitsvolumen,
- der Abführung der Wärmeenergie, die durch Verlustleistung entsteht,
- dem Ausgleich externer Leckverluste,
- der Beruhigung des Öls, um ein möglichst laminares Wiederansaugen zu ermöglichen, sowie
- dem Abscheiden von Luft, Wasser und Feststoffen.

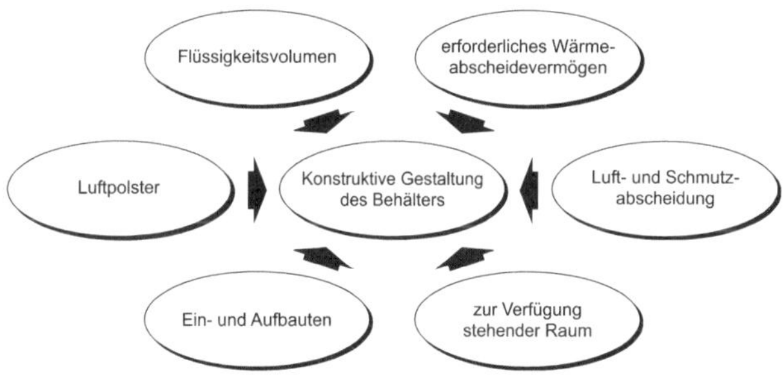

Bild 6.1-1: Einflussgrößen auf die konstruktive Gestaltung des Behälters

Vielfach dienen der Deckel oder die Seitenwände des Behälters zum Anbau von Pumpen, Steuergeräten, Filtern, Kühlern usw. Die Behälterkonstruktion muss den spezifischen Anforderungen des jeweiligen Hydrauliksystems gerecht werden. In **Bild 6.1-1** sind die Einflussgrößen zusammengefasst, die bei der Auslegung von Behältern berücksichtigt werden müssen.

6.1.1 Behältergröße

Die Behältergröße wird häufig nach der zu erwartenden Verlustleistung bestimmt. Dabei errechnet man aus dem geschätzten Gesamtwirkungsgrad der Anlage, der zulässigen Beharrungstemperatur und den Abstrahlbedingungen die erforderliche Behälterfläche bzw. die Verweilzeit der Flüssigkeit im Behälter.

Als Anhaltswert für das Flüssigkeitsvolumen V im Behälter gilt

$$V = \Delta t \cdot Q \qquad (6.1\text{-}1)$$

mit Δt, der durchschnittlichen Verweilzeit in Minuten und Q, dem durchschnittlichen Volumenstrom in l/min.

Anwendung	Δt
Stationärhydraulik	3...5 min
Mobilhydraulik	1...2 min
Flughydraulik	0,5...1 min

Bild 6.1-2: Durchschnittliche Verweilzeit bei verschiedenen Anwendungen

Die Verweilzeit des Mediums im Behälter von drei bis fünf Minuten gewährleistet normalerweise auch eine genügende Luft-, Wasser- und Feststoffabscheidung im Tank, wenn entsprechende zusätzliche Vorkehrungen getroffen werden (siehe Kapitel 6.1.2). Aus Gewichtsgründen wird im Fahrzeugbau und besonders im Flugzeugbau der Behälter kleiner ausgelegt, **Bild 6.1-2**.

Reicht die sich ergebende Behältergröße zur Einhaltung der gewünschten Beharrungstemperatur nicht aus, muss zusätzlich ein Kühler vorgesehen werden (siehe Kapitel 6.2).

Werden vorübergehend große Flüssigkeitsvolumina in einem Teil der Anlage außerhalb des Tanks gespeichert, so muss die Behältergröße nach der Differenz zwischen maximal und minimal aufzunehmendem Volumen berechnet werden (z. B. bei hydraulischen Pressen).

Die maximale Höhe des Flüssigkeitsspiegels soll etwa 80 bis 90 % der Behälterhöhe betragen. Der sich daraus ergebende Freiraum ist zur Abscheidung von Luftblasen oder bei der Bildung von Oberflächenschaum notwendig. Bei luftdicht abgeschlossenen Behältern wird durch das Luftpolster eine Schwankung des Flüssigkeitsspiegels ausgeglichen. Bei manchen Anlagen ist auch eine Vorspannung des Flüssigkeitsvolumens notwendig, z. B. durch die Erhöhung des Druckes im Luftpolster von außen.

Weiter müssen bei Festlegung der Behältergröße Einbauten oder Aufbauten von Pumpen, Filtern, Kühlern, Heizungen und Verrohrungen berücksichtigt werden.

6.1.2 Konstruktive Gestaltung

Nach Festlegung der Größe kann die Konstruktion des Behälters unter Berücksichtigung der an ihn gestellten Anforderungen durchgeführt werden.

Der äußere Aufbau des Behälters ist abhängig von den Ein- und Aufbauten von Pumpen, Steuergeräten usw., den Platzverhältnissen am Standort, den Transportmöglichkeiten zum Standort und der pro Zeiteinheit abzuscheidenden Menge an Fremdstoffen oder Luftblasen. Für den Abscheidevorgang ist ein großflächiger Behälter mit geringer Füllhöhe vorteilhaft.

Bild 6.1.-3 zeigt die schematische Darstellung von Behältern mit verschiedenen Möglichkeiten für die Anordnung von Saug- und Rücklaufleitungen, Trenn- und Umlenkblechen sowie Sieben.

Die Mündung der **Saugleitung** sollte mindestens 30 mm über dem Behälterboden liegen, damit kein abgelagerter Schmutz oder kein abgeschiedenes Wasser angesaugt wird. Zur Vergrößerung des Einlaufquerschnitts sollte die Mündung unter 45° abgeschrägt werden. Der Rohrquerschnitt ist so groß zu wählen, dass die Strömungsgeschwindigkeit den Wert 1 m/s nicht überschreitet. Um die Druckverluste in der Saugleitung gering zu halten, soll die

Leitung möglichst kurz sein und keine oder nur wenige Krümmer und Verengungen aufweisen.

Rücklaufleitungen müssen unterhalb des geringsten Flüssigkeitsstandes einmünden, damit beim Einströmen der Flüssigkeit keine Luft mitgerissen wird. Die Abschrägung der Rohrmündung um 45° zur Verringerung der Austrittsgeschwindigkeit ist zweckmäßig. Saug- und Rücklaufleitungen sind so weit wie möglich auseinander zu legen, damit heißes Öl nicht direkt wieder angesaugt wird, ohne dass eine ausreichende Verweilzeit zur Wärmeabfuhr und zur Luft- und Schmutzabscheidung gegeben ist.

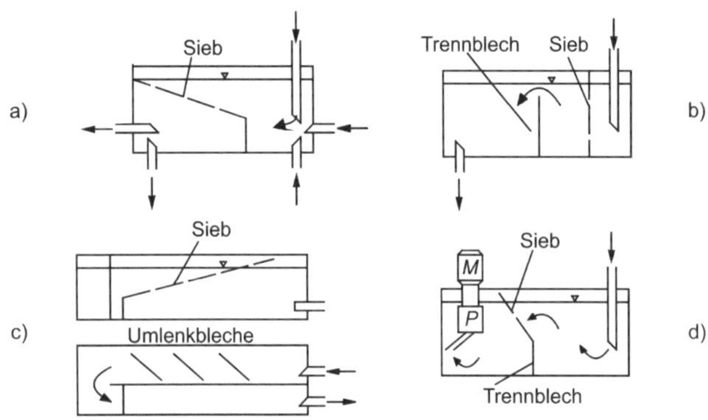

Bild 6.1-3: Verschiedene Möglichkeiten für die Anordnung von Saug- und Rücklaufleitungen, Trenn- und Umlenkblechen und Sieben

Durch den Einbau von **Trennblechen (Bild 6.1-3b)** wird eine Trennung in Saug- und Rücklaufkammer vorgenommen. Dadurch wird eine Beruhigung der strömenden Flüssigkeit erreicht und die in den Behälter eingetretene Flüssigkeit an die Oberfläche geleitet. Dies dient der Erleichterung der Luftblasenabscheidung. Die Schwankungen des Flüssigkeitsspiegels sind bei der Höhe des Trennbleches zu beachten. Schräg angeordnete Siebe fördern die Luftblasenabscheidung. Die Neigung der Siebe zur Oberfläche sollte etwa 30° betragen und die Maschenweite etwa 100 bis 300 µm. Durch Umlenkbleche wird die einströmende Flüssigkeit zur günstigeren Wärmeabfuhr an die Behälterwände geleitet.

Luftfilter dienen zur Belüftung bei Änderung des Flüssigkeitsstandes. Die Filter müssen Staub aus der Umgebung abfangen.

Wenn **Wasser** in den Druckkreislauf gelangt, kann dies zu Korrosion und Kavitationsschäden führen. Durch den ständigen Luftwechsel im Tank wird dem System Feuchtigkeit in Form von Dampf entzogen; denn die angesaugte kalte Außenluft kann bei Erwärmen auf Betriebstemperatur zusätzliche Feuchtigkeit aufnehmen [6.24]. Bei vorgespanntem Tank wird dieser Luftaustausch allerdings erschwert. Um größere Wassermengen entfernen zu können, muss der Behälterboden schräg und an der tiefsten Stelle mit einer Ablassschraube versehen sein. Wenn man unter den Behälterdeckel eine Auffangwanne für abtropfendes Kondenswasser anordnet, ist bereits eine wesentliche Verbesserung erreicht. Einige Filterwerkstoffe können der Druckflüssigkeit auch Wasser entziehen.

Zum Befüllen des Tanks ist ein **Einfüllstutzen**, möglichst verschließbar und mit einem Sieb von 100 bis 200 μm Maschenweite, vorzusehen. Der Luftfilter kann auch gleichzeitig als Einfüllstutzen ausgelegt werden.

Zur Entleerung des Behälters muss eine **Ablassschraube** vorgesehen werden. Eine völlige Entleerung ist nur möglich, wenn der Behälterboden geneigt und die Ablassschraube an der tiefsten Stelle ist. In den Trennblechen sind Öffnungen am Boden vorzusehen.

Ein **Flüssigkeitsstandsanzeiger**, wie der Peilstab oder das außenliegendes Anzeigerohr, sollten gut erreichbar angebracht werden.

Zur Vermeidung von Rost durch Kondenswasser ist ein mediumfester **Innenanstrich** vorzusehen. Vorsicht ist bei schwerentflammbaren Flüssigkeiten geboten, da die Verträglichkeit nicht immer gegeben ist.

Zur Reinigung sollte der Behälter jederzeit von außen zugänglich sein, entweder durch einen abnehmbaren Deckel oder ein seitliches **Mannloch**. Dabei muss beachtet werden, dass der Zugang zu allen Teilen des Behälters auch dann gewährleistet ist, wenn Trennbleche und Siebe eingebaut sind. Die Öffnungen müssen luft- und schmutzdicht abgedichtet werden, und ein mediumfestes Dichtungsmaterial muss verwendet werden.

6.2 Kühlung und Heizung

Die Betriebstemperatur in stationären hydraulischen Anlagen sollte 50 °C bis 60 °C nicht überschreiten, da eine höhere Temperatur größere innere und äußere Leckage, eine geringe Lebensdauer der Dichtungen und eine schnellere Alterung der Druckflüssigkeit bedeutet. In der Mobilhydraulik werden auch Temperaturen bis 80 °C akzeptiert, weil damit der Kühler entweder vermieden oder zumindest verkleinert werden kann.

In vielen Fällen lässt sich die obere Temperaturgrenze durch die richtige Wahl des Behälters und durch möglichst geringe Verluste im Kreislauf ohne Kühler einhalten. Bei Anlagen mit Drosselsteuerungen, z. B. in der Servohydraulik, wo hohe Verlustleistungen entstehen, ist der Einbau eines Kühlers meist unumgänglich. Für diese Aufgabe kommen Öl-Luft- oder Öl-Wasserkühler in Frage. Bei der Berechnung der Kühlergröße ist von der anfallenden Verlustleistung die durch Abstrahlung und Konvektion an die Umgebung abgegebene Wärme abzuziehen. Bei Luftkühlung ist mit 20 °C bis 25 °C Temperaturdifferenz zwischen Kühlmittel und Druckmedium zu rechnen, während man bei Wasserkühlung von 30 °C bis 35 °C Temperaturdifferenz ausgehen kann. **Bild 6.2-1** zeigt einen wassergekühlten sowie einen luftgekühlten Ölkühler.

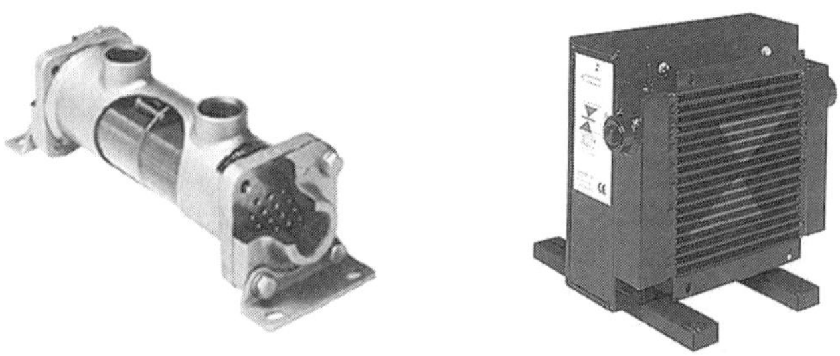

Bild 6.2-1: Wassergekühlter (links, Universal Hydraulik GmbH) bzw. luftgekühlter (rechts, Bühler Mess- und Regeltechnik GmbH) Ölkühler

Beim wassergekühlten Kühler fließt das Druckmedium durch Rohre mit Turbulenzeinlagen zur Erhöhung des Wärmeübergangs. Diese Rohre werden in Gegenrichtung vom Kühlwasser umflossen. Beim luftgekühlten Kühler sorgt ein Ventilator für einen Kühlluftstrom durch den Kühler. Diese Form wird in stationären Anlagen meist nur für kleine Kühlleistungen eingesetzt. **Tabelle 6.2-1** stellt Vor- und Nachteile dieser Kühler gegenüber.

Ist die Einhaltung einer Betriebstemperatur für die Funktion der Maschine wichtig, so arbeitet man zweckmäßigerweise mit einem Temperaturregler, der z. B. bei Wasserkühlung den zufließenden Wasserstrom in Abhängigkeit von der Temperatur des Mediums regelt.

	Wasserkühlung	Luftkühlung
Vorteile	Kleiner, günstiger Kühler; gute Regelbarkeit; geräuschloser Betrieb	Geringe Betriebskosten; keine Wartung; Leckage sofort sichtbar; kein Installationsaufwand
Nachteile	Teures Wasser; gesonderte Installation notwendig; Folgeschäden bei Korrosion für Anlage und Umwelt	Anschaffung 3-4 mal teuerer als Wasserkühlung; Belastung durch Ventilatorgeräusch und Zugluft; größerer Platzbedarf; in Räumen häufig Frischluft- und Abluftführung notwendig

Tabelle 6.2-1: Vorteile und Nachteile von luft- und wassergekühltem Ölkühler

Eine Heizung ermöglicht auch bei geringer Anlagenbelastung oder beim Anfahren der Anlage das Einhalten einer konstanten Betriebstemperatur. Es ist dafür zu sorgen, dass an den Heizstäben keine örtliche Überhitzung des Druckmediums auftritt. Bei Verwendung einer Umwälzpumpe darf die eingebrachte flächenbezogene Heizleistung 2 W/cm² nicht überschreiten, ohne Pumpe sind maximal 0,5 W/cm² zulässig. [6.18]

6.3 Filter

Wie bereits in Kapitel 3.5 „Verschmutzung von Druckflüssigkeiten“ erwähnt, ist in hydraulischen Systemen die Integration von Filtern zur Aufrechterhaltung der Betriebsfunktionen und zur Vermeidung von überhöhtem Verschleiß notwendig.

6.3.1 Funktionsweise von Filtern

Bei den Filterprinzipien, die in der Hydraulik eingesetzt werden, unterscheidet man im wesentlichen zwischen **Oberflächenfiltern** (Siebfiltern) und **Tiefenfiltern** (Faserstofffiltern).

Die Funktionsweise eines Oberflächenfilters beruht darauf, dass die Porengröße der Filterfläche kleiner ist als die Partikel, die abgeschieden werden sollen. Die Abscheidung der Partikel erfolgt daher wie bei einem Sieb nur an der Oberfläche. Nachteil der reinen Oberflächenfiltration ist meistens, dass das Filtermedium schnell verstopft und der gesamte Filter somit nur über eine geringe Schmutzaufnahmekapazität verfügt. Das Filtermedium besteht bei Siebfiltern meistens aus einem Maschengewebe aus Metall oder Kunststoff.

Bild 6.3-1: Neues Filtervlies [6.4]

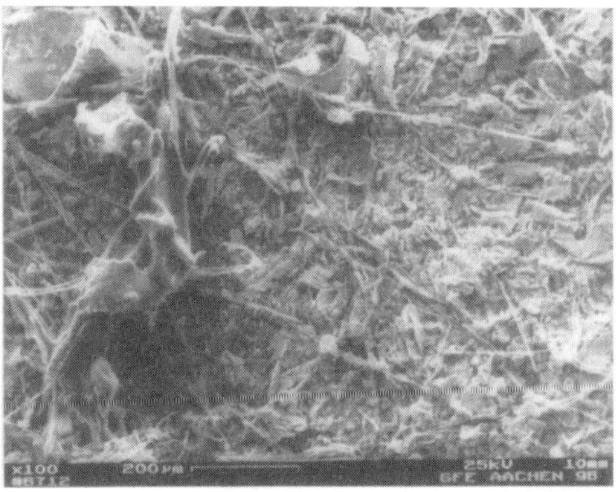

Bild 6.3-2: Gebrauchtes Filtervlies [6.4]

Im Gegensatz hierzu erfolgt bei einem Tiefenfilter die Abscheidung der Partikel hauptsächlich in der Tiefe des Mediums. Dies geschieht durch unstrukturierte Vliese, beispielsweise aus Kunststoff- oder Glasfasern, deren Porengröße größer als der Durchmesser der abzuscheidenden Partikel ist. Aufgrund von Haftmechanismen lagern sich die Partikel an die Fasern an. Partikel, die größer sind als die reale Porengröße des Vlieses, werden an der Oberfläche abgeschieden. Mit zunehmendem Schmutzgehalt des Vlieses erfolgt eine Verminderung der Porengröße, so dass der Anteil der Oberflächenfiltration größer wird. **Bild 6.3-1** zeigt die Aufnahme eines solchen Filtervlieses im Neuzustand, auf dem die unregelmäßige Struktur zu erkennen ist. Die Aufnahme eines gebrauchten Vlieses ist in **Bild 6.3-2** dargestellt. Hier ist schon deutlich der Aufbau eines Filterkuchens zu erkennen, der zu einem Anstieg der Druckdifferenz am Filter führt [6.4].

Aufgrund der relativ großen Poren stellt ein Tiefenfiltervlies im Gegensatz zu einem Oberflächenfilter nur einen geringen Strömungswiderstand dar, was in Verbindung mit der hohen Schmutzaufnahmekapazität für den Einsatz in der Hydraulik sehr vorteilhaft ist.

Ein Nachteil der Tiefenfilter gegenüber den Oberflächenfiltern ist die Tatsache, dass sie nicht wieder zu säubern sind, weil die Haftkräfte zwischen den Partikeln und den Fasern mit den üblichen Reinigungsverfahren nicht überwunden werden können. Dieser Nachteil wird jedoch durch ihre hohe Schmutzaufnahmekapazität kompensiert, so dass in der Hydraulik überwiegend Tiefenfilterelemente eingesetzt werden.

Der Vollständigkeit halber sei erwähnt, dass neben den üblichen Tiefenfiltern auch Filter angeboten werden, die den Schmutz mit Hilfe von elektrostatischen Kräften aus der Druckflüssigkeit abscheiden. Neben den Feststoffpartikeln werden bei diesem Filterprinzip auch Oxidationsprodukte aus dem Druckmedium entfernt. Der Einsatz von elektrostatischen Filtern erfolgt üblicherweise im Nebenstrom.

6.3.2 Filterkenngrößen

Zur Beurteilung der Abscheideleistung von Hydraulikfiltern sind zwei Kenngrößen von Bedeutung: der ***β*-Wert** und die **Schmutzaufnahmekapazität**.

Beide Kenngrößen werden im sogenannten „Multi-pass Test“ nach ISO 16889 ermittelt. Wie in **Bild 6.3-3** dargestellt, gibt der β-Wert das Verhältnis von Partikeln vor dem Filter zu Partikeln hinter dem Filter an. Die Angabe des β-Wertes erfolgt immer für eine bestimmte Partikelgröße. Anstelle des β-Wertes wird häufig auch der Abscheidegrad ε verwendet, der den Anteil aller Partikel angibt, die vom Filter zurückgehalten werden und der direkt aus dem β-Wert berechnet werden kann.

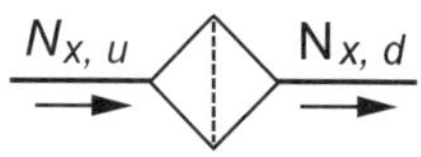

u	upstream (vor Filter)
d	downstream (nach Filter)
x	Partikelgröße [µm]
N_x	Partikelanzahl > x µm / ml

β - Wert:

$$\beta_x = \frac{N_{x,u}}{N_{x,d}}$$

Abscheidegrad:

$$\varepsilon_x = \frac{N_{x,u} - N_{x,d}}{N_{x,u}} = 1 - \frac{1}{\beta_x}$$

Bild 6.3-3: Definition des β-Wertes und des Abscheidegrades

Die Schmutzaufnahmekapazität eines Filters ist die Menge an Schmutz, die der Filter abscheiden kann, ohne einen bestimmten Differenzdruck zu überschreiten.

Bild 6.3-4 zeigt beispielhaft das Abscheidespektrum eines Hydraulikfilters, wie es in einem Multi-Pass-Test ermittelt wurde. Es stellt die β-Werte in Abhängigkeit der Partikelgröße dar, wobei in diesem Bild zu erkennen ist, dass mit zunehmender Partikelgröße eine bessere Abscheidung stattfindet. In der Hydraulik wird zur Beschreibung der **Filterfeinheit** diejenige Partikelgröße angegeben, für die der gemessene β-Wert größer oder gleich 75 ist. Bei der Verwendung des Begriffes der Filterfeinheit sollte man sich jedoch darüber im klaren sein, dass ein Element durch diesen Wert alleine nur sehr grob charakterisiert ist, und dass auch Partikel, die kleiner als die angegebene Filterfeinheit sind, zu einem hohen Grad abgeschieden werden.

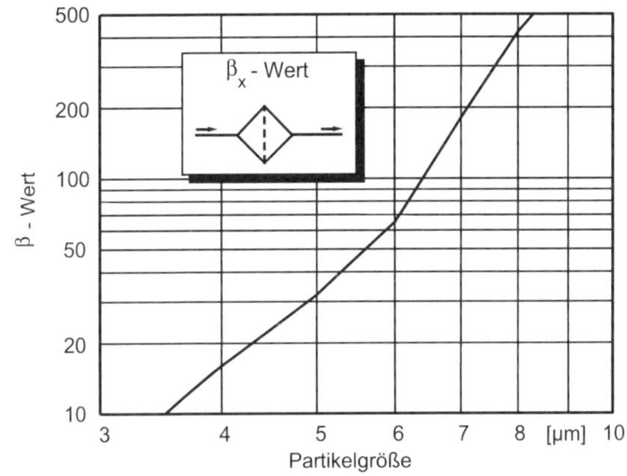

Bild 6.3-4: Abscheidespektrum eines Tiefenfilters

6.3.3 Bauarten und Anordnung von Filtern

Ein in der Hydraulik eingesetzter Filter besteht üblicherweise aus einem Filtergehäuse und einem Filtereinsatz bzw. Filterelement. Das Filtergehäuse dient im wesentlichen zur Aufnahme des Filterelementes und zum Anschluss an das Hydrauliksystem. **Bild 6.3-5** zeigt den Querschnitt durch einen kompletten Filter, bestehend aus Filtergehäuse und Filterelement.

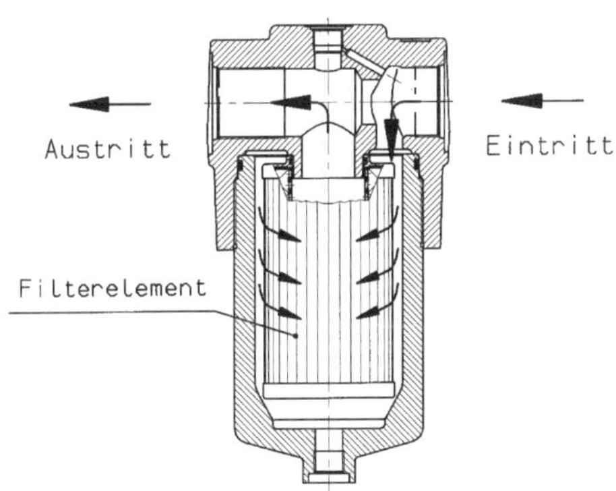

Bild 6.3-5: Querschnitt durch einen Hydraulikfilter (Hydac)

Bild 6.3-6 zeigt den typischen Aufbau eines druckstabilen Filterelementes. Das eigentliche Filtervlies ist hierbei noch in Schutzvliese und -gewebe eingebunden. Die zusammengelegten Filterschichten werden gefaltet (plissiert), um eine größere Filterfläche zu erhalten. Um auch größeren Differenzdrücken standhalten zu können, befindet sich im Inneren noch ein Stützrohr. In den beiden Endkappen ist das gefaltete Vlies schließlich verklebt. Die Durchströmung erfolgt üblicherweise von außen nach innen.

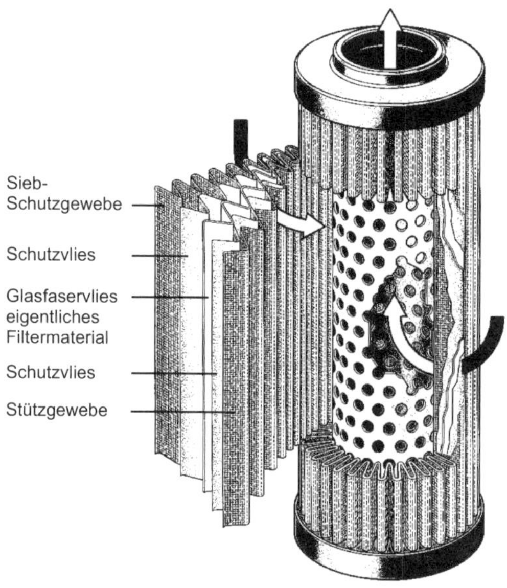

Bild 6.3-6: Aufbau eines Filterelementes (Argo)

Bezüglich ihrer Anordnung und ihrer Funktion im System sind unterschiedliche Bezeichnungen für die einzelnen Filter gebräuchlich, welche im folgenden erläutert werden. Die unterschiedlichen Anordnungen sind in **Bild 6.3-7** dargestellt.

Eine Unterscheidung bezüglich der Funktion wird durch die Bezeichnung **Arbeits-** oder **Schutzfilter** durchgeführt. Ein Schutzfilter hat die Aufgabe, schmutzempfindliche Komponenten vor groben Partikeln zu schützen, um plötzlichen Betriebsausfällen vorzubeugen. Arbeitsfilter (auch Systemfilter genannt) sollen das Einhalten einer vorgegebenen Reinheitsklasse gewährleisten, d. h. diese Filter müssen auch feinere Partikel mit einer hohen Abscheiderate zurückhalten.

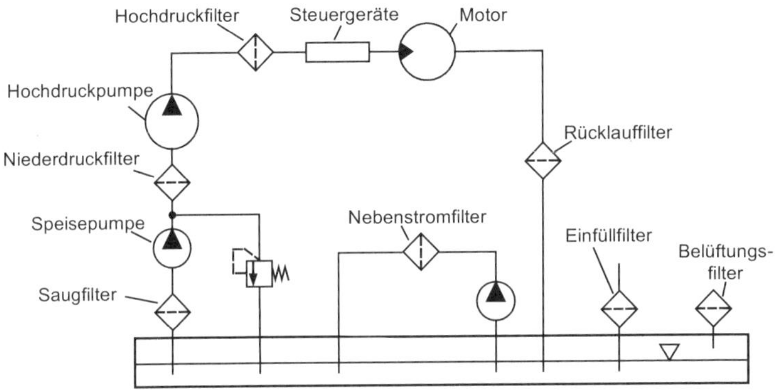

Bild 6.3-7: Anordnungsmöglichkeiten von Filtern

Ein typischer Schutzfilter ist der **Saugfilter**, welcher direkt vor der Pumpe eingebaut wird, um diese vor groben Schmutzpartikeln aus dem Tank zu schützen. Beim Einsatz von Saugfiltern kann aufgrund eines hohen Druckabfalls am Filter Kavitation an der Pumpe auftreten. Die Filterfläche und die Porengröße sollten deswegen möglichst groß sein. Um ein Auftreten von Kavitation bei Erreichen der maximalen Schmutzaufnahmekapazität des Filters zu vermeiden, ist eine Verschmutzungsanzeige empfehlenswert. Andernfalls ist ein regelmäßiges Wartungsintervall für diesen Filtertyp vorzusehen. Ein Saugfilter kann immer nur ein reiner Schutzfilter sein, der nicht für die Einhaltung einer bestimmten Reinheitsklasse des Gesamtsystems zuständig ist.

Alle Filter zwischen Pumpe und Verbraucher werden als **Druckfilter** bezeichnet, wobei die meisten Hersteller je nach maximal zulässigem Druck zwischen Nieder-, Mittel- und Hochdruckfilter unterscheiden. Die Filtergehäuse müssen festigkeitsmäßig hierbei sowohl hinsichtlich des statischen Druckes als auch hinsichtlich der dynamischen Druckkräfte ausgelegt werden. Weil die Filterelemente selbst während des Betriebs auch höheren Druckdifferenzen standhalten müssen, sind die Folgekosten beim Einsatz von Hochdruckfiltern deutlich größer als beim Einsatz von Niederdruckfiltern. Hinzu kommt, dass bei größeren Filteranlagen, die Druckbehälterverordnung zu berücksichtigen ist. Der Einsatz von Hochdruckfiltern ist jedoch notwendig, wenn beispielsweise hochwertige Servoventile auch vor feineren Partikeln geschützt werden müssen.

Zum Schutz von hochwertigen Komponenten werden häufig sogenannte **Last-Chance Filter** eingesetzt. Hierbei handelt es sich üblicherweise um relativ grobe Metallgewebefilter mit einer Porengröße im Bereich von 50 bis 100µm, die die betreffende Komponente vor groben Verschleißteilen schützen sollen, falls beispielsweise der Systemfilter ausfällt oder durch den Schaden an einer anderen Komponente grobe Partikel entstehen.

Zur Reinigung der in den Behälter zurückfließenden Flüssigkeit werden **Rücklauffilter** eingesetzt. Diese können auch als Systemfilter zur Einhaltung der Reinheitsklasse wirksam sein, wenn sichergestellt ist, dass die Anlage kontinuierlich über diesen Filter einen ausreichend großen Volumenstrom fördert. Für diesen Zweck können einerseits normale Leitungsfilter eingesetzt werden, andererseits bieten die meisten Filterhersteller aber auch spezielle Rücklauffilter an, die zum Beispiel für einen direkten Tankeinbau vorgesehen sind.

In größeren Anlagen werden häufig Filter im Nebenkreis, auch **Nebenstromfilter** genannt, eingesetzt. Eine separate Pumpe sorgt hierbei unabhängig vom Hauptkreis für eine Förderung der Druckflüssigkeit durch einen Filter und stellt somit die notwendige Systemreinheit her. Insbesondere bei Anlagen mit geringen oder stark schwankenden Volumenströmen ist der Einsatz eines solchen Nebenstromkreislaufs empfehlenswert. In einen solchen Kreislauf kann auch ein Kühler integriert werden. Ein zusätzlicher Vorteil der Nebenstromfiltration ist, dass der Filterwechsel ohne Stillegung der Gesamtanlage durchgeführt werden kann. Mobile Nebenstromaggregate können für einen begrenzten Zeitraum an ein Hydrauliksystem angeschlossen werden, um die Schmutzpartikel in bestimmten Wartungsintervallen aus der Flüssigkeit zu entfernen. Diese Maßnahme kann ebenfalls ohne Betriebsunterbrechung erfolgen. Das Aggregat selber kann somit für die Reinigung mehrerer Anlagen eingesetzt werden. Ein Nachteil der Nebenstromfiltration ist der Bedarf einer zusätzlichen Pumpe. Weiterhin ist der Nebenstromfilter ein reiner Arbeitsfilter, der keinerlei Schutzfunktion hat.

Belüftungsfilter haben eine nicht zu vernachlässigende Bedeutung in einem Filterkonzept, da ein beachtlicher Teil der Verschmutzung häufig über ungeeignete Belüftungseinrichtungen in die Anlage gelangt. Besonders bei Anlagen mit vielen Zylindern treten häufig Volumenschwankungen der Flüssigkeitsfüllung im Tank auf, die über entsprechende Belüftungsfilter durch Ansaugen von Luft ausgeglichen werden müssen. Allgemein sollte die Filterfeinheit von Belüftungsfiltern genauso fein gewählt werden, wie die des feinsten Filters im System.

Um eine Anlage zu befüllen, werden häufig **Einfüllfilter** verwendet, um den groben Schmutz aus dem Frischöl zurückzuhalten.

6.3.4 Durchflussverhalten von Filtern

Filter stellen in einem System hydraulische Widerstände dar. Der Druckabfall, der bei einer Durchströmung hervorgerufen wird, ist durch die Bauart des Filters und durch die Menge des eingelagerten Schmutzes bestimmt.

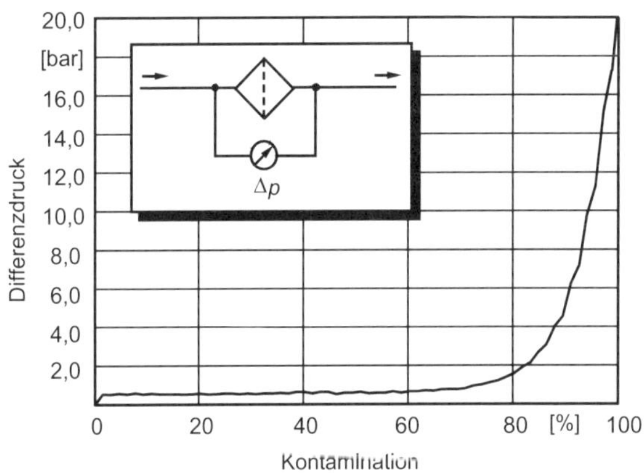

Bild 6.3-8: Druckdifferenz an einem Tiefenfilter

Bild 6.3-8 zeigt die Druckdifferenz eines Tiefenfilterelementes bei konstantem Volumenstrom in Abhängigkeit des Kontaminationsgrades. Charakteristisch ist hierbei, dass der Differenzdruckanstieg erst zu einem Zeitpunkt beginnt, wenn der Filter bereits eine große Schmutzmenge aufgenommen hat.

Bei der Anlagenauslegung muss somit berücksichtigt werden, dass stark verschmutzte Filterelemente zu hohen Druckdifferenzen am Filtergehäuse führen können. In Extremfällen können hierdurch die Filtergehäuse und Filterelemente sowie die vor dem Filter angeordneten Komponenten mechanisch überlastet werden.

Zum Schutz gegen zu hohe Differenzdrücke können Überströmventile (Bypass-Ventile) parallel zum Filter eingesetzt werden, die ab einem bestimmten Differenzdruck öffnen. Ein Nachteil beim Öffnen des Bypassventils ist natürlich, dass unfiltrierte Druckflüssigkeit zu den nachfolgenden Komponenten gelangt.

6.4 Verbindungselemente

Zur druckfesten, leckfreien Verbindung von hydraulischen Bauelementen stehen Rohre und Schläuche mit genormten Anschlüssen, genormte Anschlussplatten, Verkettungen und selbstgefertigte Blöcke zur Verfügung.

Für alle Verbindungsmöglichkeiten gilt, dass beim Zusammenbau auf größte Sauberkeit zu achten ist. Späne, Grate, Schweißperlen und Zunder können später zu Funktionsstörungen führen. Vor der Inbetriebnahme ist die Anlage zu spülen [6.3, 6.13, 6.18].

6.4.1 Rohr- und Schlauchleitungen

Die Auslegung von Rohr- und Schlauchleitungen erfolgt üblicherweise nach stationären Kriterien, nach dem maximal auftretendem Druck in der Leitung und nach dem durchfließenden Volumenstrom. Der Volumenstrom bestimmt den Innendurchmesser eines Rohres, der Druck die Wandstärke. Man ist bestrebt, den Innendurchmesser so groß zu wählen, dass die Strömungsgeschwindigkeiten klein sind. Dann liegt eine laminare Strömungsform vor, und es treten nur geringe Druckverluste in der Leitung auf. In der Praxis haben sich dafür die in **Bild 6.4-1** dargestellten Strömungsgeschwindigkeiten bewährt.

Der erforderliche Rohr- oder Schlauchquerschnitt A ergibt sich aus dem Volumenstrom Q und der Strömungsgeschwindigkeit v zu:

$$A = \frac{Q}{v} \qquad (6.4\text{-}1)$$

Zu beachten ist, dass die zulässigen Drücke bei gleicher Bauform und damit Wandstärke mit steigendem Durchmesser abfallen.

Druckbereich	Strömungsgeschwindigkeit
$p < 50$ bar	$v = 4$ m/s
$p = 50 \dots 100$ bar	$v = 4 \dots 5$ m/s
$p = 100 \dots 200$ bar	$v = 5 \dots 6$ m/s
$p > 200$ bar	$v = 6 \dots 7$ m/s

Bild 6.4-1: Auslegung von Rohr- und Schlauchleitungen

In der Hydraulik werden verschiedene Rohrsorten verwendet, die beispielsweise für nahtlose Präzisionsstahlrohre in DIN EN 10305-4 genormt sind. Die Auswahl der Rohre wird am besten an Hand von Herstellertafeln vorgenommen.

Diese Rohre lassen sich mit einfachen, handbetätigten Vorrichtungen bis zu einem Durchmesser von 25 mm kalt biegen. Bei der Verlegung ist besonders auf Sauberkeit zu achten. Nach dem Schweißen oder Warmbiegen größerer Durchmesser muss der schwer lösbare Zunder im Rohr durch besondere Maßnahmen wie z. B. Beizen entfernt werden.

Schlauchleitungen werden aus verschiedenen Gründen in Hydraulikanlagen eingesetzt. Sie finden Verwendung als Verbindung zwischen relativ zueinander bewegten Anschlussstellen, bei wechselweisem Anschluss verschiedener Teile, zur Minderung von stoßartigen Druckänderungen und zur Vermeidung der Übertragung von mechanischen Schwingungen.

Die Schläuche bestehen im Allgemeinen innen und außen aus elastischen Materialien, in die zur Erhöhung der Festigkeit der Schlauchwandung Fasern oder Drähte in einer oder mehreren Lagen eingebettet sind. Die Schläuche werden nach Belastbarkeit in

- Niederdruckschläuche bis 30 bar
- Hochdruckschläuche bis 200 bar und

- Höchstdruckschläuche bis 700 bar

eingeteilt.

Für ihre Anbringung steht eine Reihe verschiedener Möglichkeiten zur Verfügung. **Bild 6.4-2** zeigt die wichtigsten dabei zu beachtenden Regeln. So sind beispielsweise Winkelverschraubungen anstelle scharfer Schlauchbögen zu verwenden und es ist genügend Schlauchlänge für eine offenen Bogen vorzusehen.

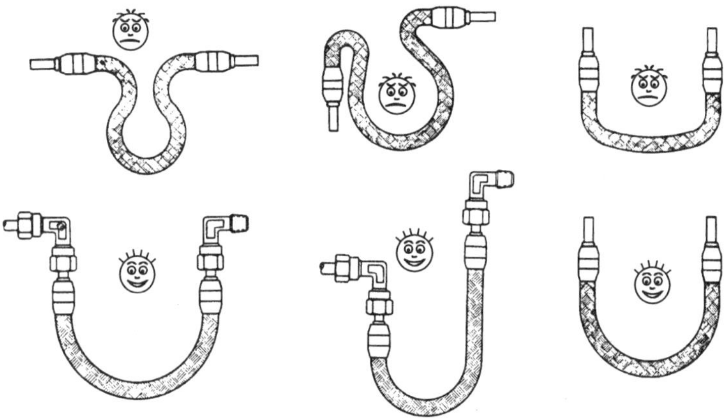

Bild 6.4-2: Falscher und richtiger Schlaucheinbau (Ermeto)

Schläuche besitzen aufgrund ihrer Elastizität eine gewisse Speicherwirkung. Infolge dieser Dehnbarkeit sind sie in der Lage, Schwingungen und Druckspitzen abzubauen. Für diese Aufgabe werden oft auch spezielle „Dehnschläuche" eingesetzt, die z. B. Druck- und Volumenstrompulsationen einer Pumpe reduzieren sollen. In **Bild 6.4-3** ist die Volumenaufnahme eines 1 m langen Hochdruckschlauches in Abhängigkeit vom Druck dargestellt. Die Volumenaufnahme ist durch die Elastizität der Schlauchwandung und durch die Kompressibilität der Druckflüssigkeit bedingt. Die Volumenaufnahme des Schlauches erfolgt primär durch die radiale Aufdehnung des Schlauches und weniger aufgrund einer Längenänderung.

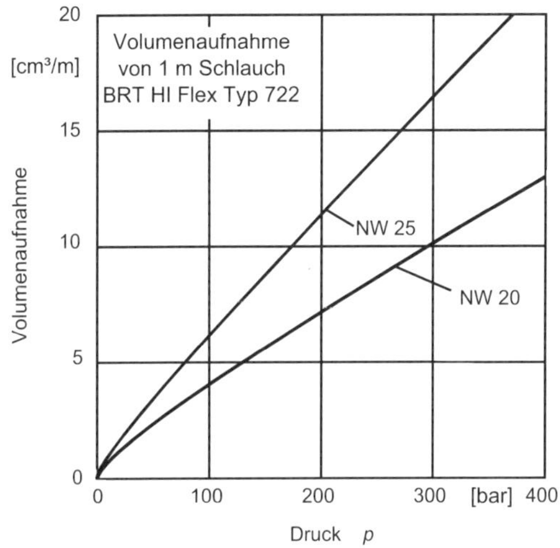

Bild 6.4-3: Volumenspeicherung durch Schläuche

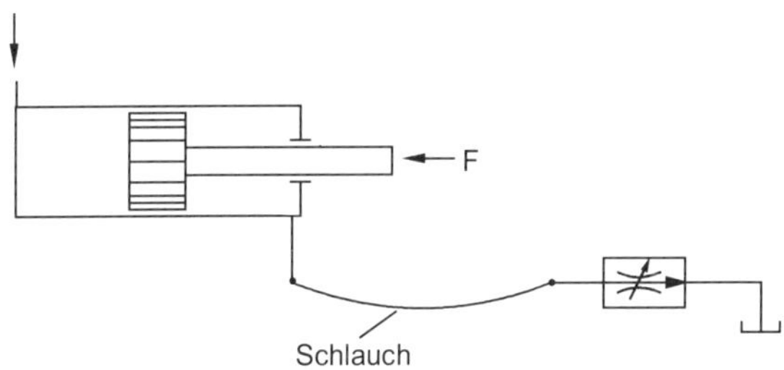

Bild 6.4-4: Falsche Anordnung eines Schlauches vor einem 2-Wege-Stromregelventil im Kreislauf

Die Volumenaufnahme der Schläuche ist bei geregelten Antrieben sehr nachteilig. Durch die Elastizität einer Schlauchverbindung wird die Eigenfrequenz des Antriebes erniedrigt. **Bild 6.4-4** zeigt ein weiteres Beispiel, bei dem ein Schlauch nachteilige Auswirkungen hat.

Das Stromregelventil sorgt für einen konstanten Abfluss des Druckmediums, unabhängig von den Druckänderungen vor dem Ventil. Die Zwischenschaltung eines Schlauches bringt ein Element hinein, das bei Druckänderung ein unterschiedlich großes Volumen speichern kann. Steigt die Kraft *F* an, so wird der Druck im Zylinderringraum und im Schlauch geringer. Der Schlauch zieht sich etwas zusammen, und der Schlitten bewegt sich kurzzeitig mit geringerer Geschwindigkeit, weil zusätzlich Druckmedium aus dem Schlauch frei wird. Je größer das Verhältnis der Schlauchkapazität relativ zur Kolbenfläche bzw. zum zeitlichen Abflussvolumen ist, umso ungünstiger wird der Einfluss der Schlauchkapazität auf den Funktionsablauf. Statt einer gleichförmigen Bewegung erhält man einen mit der Wechsellast veränderlichen Vorschub.

6.4.2 Anschlussarmaturen

Die gebräuchlichsten Armaturen zum Anschluss von Rohren und Schläuchen an die Bauelemente sind Schneidring-, Bördel- und Stoßverschraubungen nach ISO 8434 Teil 1 bis 3. **Bild 6.4-5** zeigt auf der linken Seite die konventionelle Form der **Schneidringverschraubung** nach DIN 2353. Dabei übernimmt der Schneidring sowohl Halte- als auch Dichtfunktion. Rechts daneben ist eine Verschraubung mit einem elastomeren Dichtelement dargestellt, bei der diese beiden Funktionen voneinander getrennt sind. Dadurch lässt sich die Leckage an Verschraubungen vermeiden.

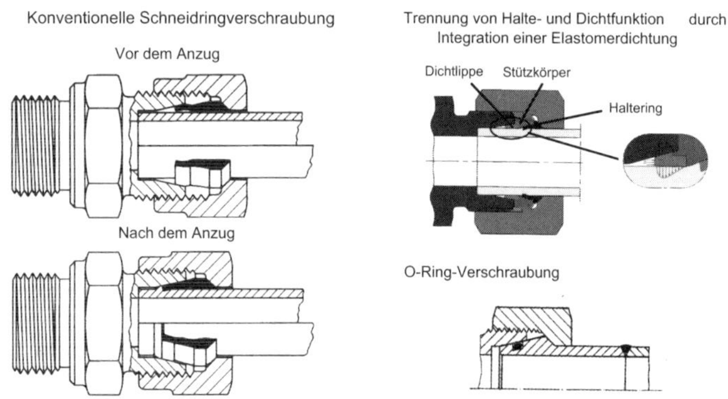

Bild 6.4-5: Schneidringverschraubungen (Parker-Hannifin, Ermeto)

Bis zu einem Rohraußendurchmesser von ca. 40 mm werden heute überwiegend die genannten Verschraubungssysteme verwendet. Für Schneidringverschraubungen sind die DIN 3859, DIN 3861, DIN 2353 und DIN EN 1333 maßgebend. Für den bauteilseitigen Anschluss kommen Einschraubungen versehen mit zölligem Rohrgewinde oder metrischem Feingewinde in Frage, die mit einem Kupferring abgedichtet werden. Verschraubungen mit metallischer Dichtung können nur in begrenztem Umfang gelöst und erneut wieder abgedichtet werden.

Bei extremer Schwingungsbeanspruchung der Rohrleitung werden bei Rohren bis ca. 38 mm Außendurchmesser häufig O-Ring-Verschraubungen eingesetzt. Der Kegel der Verschraubung wird an das Rohrende angeschweißt, die Dichtfunktion übernimmt der O-Ring, Abb. 6.4-5. Die Anschlussmaße der Anschweißkegelverschraubung sind die gleichen wie bei der Schneidringverschraubung.

Überall dort, wo kurze Rohrstücke nur radial zur Rohrachse montiert werden können, benutzt man **Stoßverschraubungen**. Für Rohraußendurchmesser von mehr als 38 mm sind Flanschverbindungen gebräuchlich. Die Stutzen werden meistens angeschweißt wie beispielsweise bei der **SAE Flanschverbindung**.

6.4.3 Anschlussplatten

Ventile werden im allgemeinen nicht mit Gewindeanschlüssen sondern zum Aufschrauben auf eine Anschlussplatte geliefert. In der Anschlussplatte sind die Gewinde zum Rohranschluss enthalten. Der Vorteil ist, dass das Ventil ausgetauscht werden kann, ohne irgendeine Verschraubung zu lösen. Die Abdichtung zwischen Ventil und Platte wird durch O-Ringe gewährleistet.

Für jede Ventilgröße und -bauart gibt es u.a. nach DIN 24340 genormte Anschlussbilder, so dass Ventile verschiedener Hersteller auf die gleiche Anschlussplatte geschraubt werden können. Ebenso können z. B. Schaltwegeventile gegen Proportionalwegeventile gleicher Größe getauscht werden.

6.4.4 Anschlussblöcke und Verkettungen

Räumlich nahe beieinanderliegende Bauelemente einer hydraulischen Steuerung können unter weitgehender Vermeidung von Rohrverbindungen auf einen gemeinsamen Anschlussblock oder Steuerblock aufgeschraubt werden. Der Block hat außen die genormten Anschlussbilder der Bauelemente, sowie Anschlüsse für Druckversorgung, Tank und Verbraucher. Alle Verbindungen zwischen den Bauelementen werden durch Bohrungen im Inneren des Blocks hergestellt. Der Block wird aus Gusseisen, Gussstahl oder Aluminium für eine Schaltung speziell gefertigt.

Vorteile dieser Bauweise sind der kompakte, montagefreundliche Aufbau, die Verwendung von 2-Wege-Einbauventilen ist möglich, es gibt keine Dichtigkeitsprobleme und die Geräuschemission ist gering.

Dem steht nachteilig gegenüber, dass der Konstruktionsaufwand höher ist und nachträgliche Änderungen schwierig sind.

Bei größeren Serien überwiegen die Vorteile. Um auch bei kleinen Serien die Vorteile der Blockbauweise nutzen zu können, hat die Industrie Verkettungssysteme entwickelt. Hierbei handelt es sich um Baukastensysteme, bei denen eine Blockfunktion durch Aneinanderreihen verschiedener Scheibenelemente erreicht wird. Für die Elemente reichen wenige Grundtypen aus, die in Serie hergestellt werden können. Für einen zweidimensionalen Aufbau stehen Längs- und Höhenverkettungen zur Verfügung.

6.5 Hydrospeicher

Hydrospeicher finden in der Ölhydraulik schon lange Anwendung, insbesondere als Energiespeicher, als Dämpfer um Druckstöße abzufangen oder als hydropneumatisches Federelement. Hydrospeicher sind in der Lage, ein bestimmtes Flüssigkeitsvolumen unter Druck aufzunehmen und mit geringen Verlusten wieder abzugeben. Der Aufbau besteht prinzipiell aus einem druckfesten Gehäuse, einer Gasfüllung, die meistens aus **Stickstoff** besteht, und einem Trennelement, d. h. einem Kolben oder einem Elastomer.

In **Bild 6.5-1** sind drei verschiedene Bauarten der Speicher dargestellt, die in Hydrauliksystemen eingesetzt werden. Die baugruppenspezifischen Eigenschaften (**Tabelle 6.5-1**) beeinflussen zusammen mit anderen Kenngrößen die Speicherauswahl.

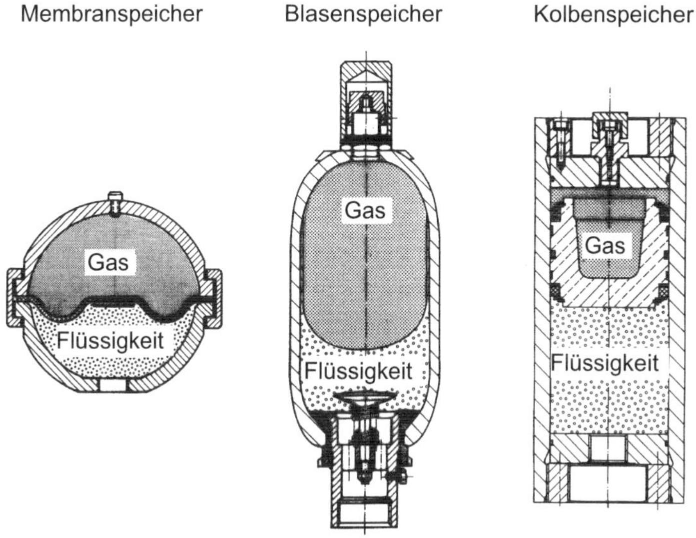

Bild 6.5-1: Bauarten von Hydrospeichern

	Kolbenspeicher	Blasenspeicher	Membranspeicher geschraubt	Membranspeicher geschweißt
Baugröße [l]	0,5 - 1200	0,2 – 450	0,1 - 10	0,2 – 2
max. Druck [bar]	800	1000	750	250
Volumenstrom [l/s]	< 400	< 140	< 150	< 150
max. Druckverhältnis p_2/p_0	keine Einschränkung	4:1	10:1	8:1
Nutzungsgrad	< 0,9	< 0,7	< 0,9	< 0,75
Austauschbarkeit des Trenngliedes	austauschbar	austauschbar	austauschbar	nicht austauschbar
Wartung	wartungsintensiv	wartungsarm	wartungsfrei	wartungsfrei

Tabelle 6.5-1: Bauarten von Hydrospeichern

In der Ölhydraulik ist der **Blasenspeicher** am Weitesten verbreitet. Die Funktionsweise wird in **Bild 6.5-2** verdeutlicht. Der größte Anwendungsbereich liegt bei 5 l bis 50 l Gesamtvolumen. Er ist kompakt und wartungsarm, unterliegt jedoch wegen der Elastomerblase gewissen Einschränkungen im Betrieb.

Um die Blase nicht zu sehr zu dehnen, sollte das charakteristische Druckverhältnis zwischen max. Betriebsdruck p_2 und Gasfülldruck p_0 nicht größer als 3 bis 4 sein (mit Relativdrücken zu berechnen). Ein kleines Verhältnis erhöht die Lebensdauer der Blase. Aus dem gleichen Grund soll auch das Ölvolumen nicht ganz entnommen werden. Blasenspeicher reagieren sehr trägheitsarm, sie sind daher sehr gut für schnelle Austauschvorgänge geeignet. Sie können waagerecht eingebaut werden, doch ist der senkrechte Einbau mit Ölanschluss nach unten deutlich günstiger.

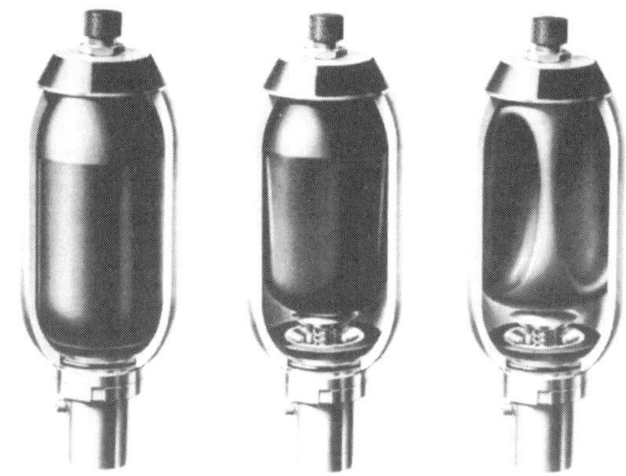

Bild 6.5-2: Funktionsweise eines Blasenspeichers (Olaer)

Der **Membranspeicher** ist die übliche Bauform für kleine Gesamtvolumina (< ca. 2 l). Er zeichnet sich durch gute Dichtheit und lange Lebensdauer aus. Membranspeicher können beliebig eingebaut werden und arbeiten praktisch trägheitsfrei. Sie eignen sich daher gut als Pulsations- und Stoßdämpfer und sind zudem sehr preiswert.

Dagegen ist der **Kolbenspeicher** durch die gehonte Innenfläche konstruktiv am Aufwendigsten. Durch die Masse des Kolbens und die Reibung der Dichtung ist seine Reaktionszeit größer. Auch verursacht die Dichtung - je nach Bauart - eine Verringerung des nutzbaren Druckes um 2 bis 10 bar. Bei sehr kleinen Volumenströmen in den oder aus dem Speicher können Stick-Slip-Erscheinungen auftreten. Die Kolbengeschwindigkeit ist in der Regel auf ca. 2 bis 3,5 m/s beschränkt (in Sonderanwendungen bis zu 10 m/s) und begrenzt damit den maximalen Volumenstrom. Sein Vorteil liegt bei den großen Nutz volumina, die vollständig entnommen werden können. Der Kolbenspeicher ist der geeigneteste Speicher für nachgeschaltete Gasflaschen.

Da von Speichern Energie in sehr kurzer Zeit freigesetzt werden kann, muss der Unfallverhütung besondere Aufmerksamkeit gewidmet werden. In der **Betriebssicherheitsverordnung** (BetrSichV) [6.23], die der Umsetzung der europäischen Druckgeräterichtlinie dient, werden „Besondere Vorschriften für überwachungsbedürftige Anlagen" definiert. Mit dem vollständigen Inkrafttreten der Betriebssicherheitsverordnung ist gleichzeitig die Druckbehälterverordnung außer Kraft getreten.

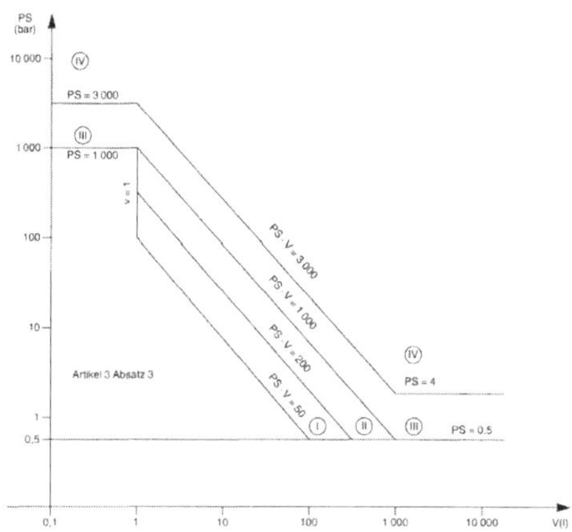

Diagramm 2

Behälter gemäß Artikel 3 Nummer 1.1 Buchstabe a) zweiter Gedankenstrich

Bild 6.5-3: Kategorieeinteilung von Druckbehältern für ungefährliche Fluide, wenn das Volumen größer als 1 Liter und das Produkt PS*V größer als 50 bar*Liter ist

Laut der europäische **Druckgeräterichtlinie** muss der Hersteller sein Druckgerät einem sogenannten Konformitätsbewertungsverfahren unterziehen. In diesem Rahmen erfolgt zunächst eine Unterscheidung der Druckgeräte anhand der Befüllung mit gefährlichen (z. B. entzündlich, giftig, brandfördernd, ...) oder ungefährlichen Fluiden. Anhand des maximal zulässigen Drucks (PS), des Volumens (V) und des Produktes dieser beiden Faktoren erfolgt anschließend die Zuordnung des Druckbehälters zu Diagrammen, die in Anhang II der

Richtlinie aufgeführt sind. Mit Hilfe dieser Diagramme kann der Druckbehälter anhand des maximal zulässigen Drucks (PS) und des Volumens (V) einer bestimmten Kategorie zugeordnet werden. Beispielhaft ist in **Bild 6.5-3** das Diagramm für einen Druckbehälter für ungefährliche Fluide aufgeführt, wenn das Volumen größer als 1 Liter und das Produkt PS*V größer als 50 bar*Liter ist.

Während die europäische Druckgeräterichtlinie nur die Themen Auslegung, Konstruktion und Bau von Druckgeräten regelt, werden in der Betriebssicherheitsverordnung auch die Prüfung vor Inbetriebnahme sowie wiederkehrende Prüfungen definiert. Grundlage für die Einstufung von Druckgeräten in unterschiedliche Prüfintervalle ist die Kategoriezuordnung entsprechend der europäische Druckgeräterichtlinie. So muss beispielsweise bei Hydrospeichern nach den Kategorien III und IV im Diagramm 2 (Bild 6.5-3) alle 2 Jahre eine äußere Prüfung, alle 5 Jahre eine innere Prüfung und alle 10 Jahre eine Festigkeitsprüfung erfolgen.

Sicherheitstechnische Aspekte für Hydrospeicher werden auch in der europäischen Norm DIN EN 982 „Sicherheit von Maschinen - Sicherheitstechnische Anforderungen an fluidtechnische Anlagen und deren Bauteile – Hydraulik“ [6.16] behandelt. Ebenso behandelt die „Ausführungsrichtlinie – Fluidtechnik hydraulisch. Allgemeine Regeln für Systeme“ (ISO 4413) sicherheitstechnische und funktionale Aspekte [6.17]. Die DIN 24 552 „Hydrospeicher in Hydrosystemen, Begriffe, Allgemeine Anforderungen“ [6.15] kann ebenfalls als zusätzliches Regelwerk herangezogen werden.

Anhand eines Kolbenspeichers lassen sich die unterschiedlichen Betriebszustände, wie in **Bild 6.5-4** gezeigt ist, am besten darstellen. Im Zustand "0" hat der Hydrospeicher ein Gasvolumen von V_0, dem maximalen Gasvolumen. In diesem Zustand herrscht der Vorfüll- oder auch Vorspanndruck p_0, der für eine Temperatur ϑ_0 angegeben wird. Der untere Arbeitsdruck wird mit p_1 und der obere Arbeitsdruck mit p_2 bezeichnet. Mit der Bezeichnung p_3 ist der höchste Systemdruck gemeint, also der Druck, bei welchem das Sicherheitsventil öffnet.

Als Faustregel kann der **Vorfülldruck** mit

$$p_0 = 0{,}9 p_1 \qquad (6.5\text{-}1)$$

(mit Relativdrücken zu berechnen) und der Maximaldruck mit

$$p_3 = 1{,}1\, p_2 \qquad (6.5\text{-}2)$$

angenommen werden.

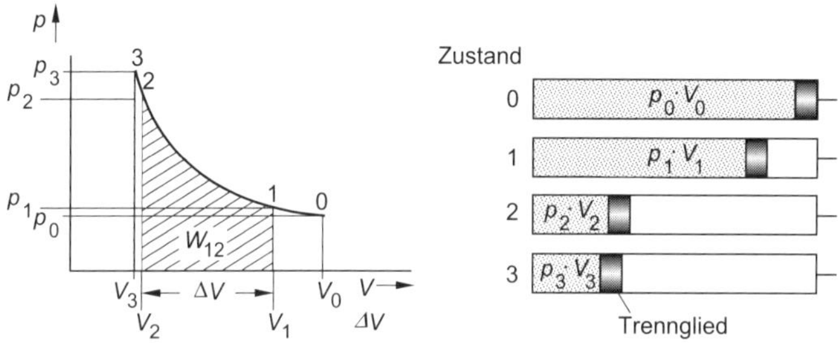

Bild 6.5-4: Betriebskenngrößen eines Hydrospeichers

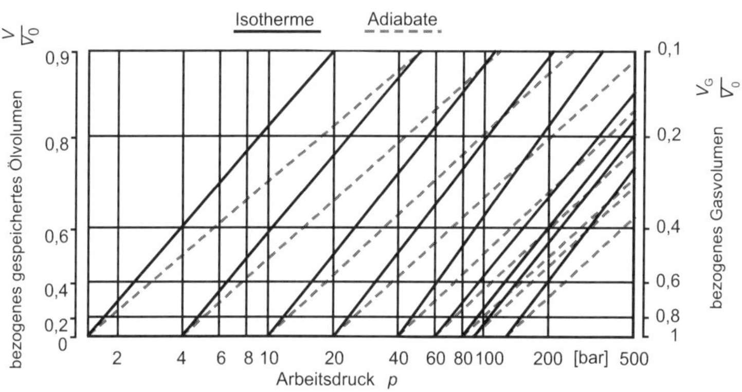

Bild 6.5-5: Arbeitsdiagramm eines Hydrospeichers

Im Arbeitsdruckbereich $\Delta p = p_2 - p_1$ kann ein Volumen $\Delta V = V_1 - V_2$ entnommen werden. Dieses Volumen wird als **Entnahmemenge** bezeichnet. Die Größe des austauschbaren Volumens richtet sich nach der Art der Zustandsänderung des Speichergases. Es ist leicht einzusehen, dass bei einer **schnellen, adiabaten** Expansion der Druck bei gleicher Entnahmemenge weiter abfällt, da die Temperatur sinkt, als bei einer **langsamen, isothermen** Expansion. Die wahre Art der Zustandsänderung liegt zwischen diesen idealisierten Grenzen. Der Ladezustand des Hydrospeichers kann für diese Extrema aus einem Diagramm, wie es in **Bild 6.5-5** gezeigt ist, entnommen werden.

6.5.1 Zustandsänderungen des Speichergases

Unter der Voraussetzung, dass die Temperatur des Gases konstant bleibt, spricht man von einer isothermen Zustandsänderung. Für diesen Fall gilt, dass das Produkt aus Druck und Volumen konstant ist. Damit folgt direkt die Bestimmungsgleichung für die Entnahmemenge ΔV_i bei isothermer Zustandsänderung.

$$\Delta V_i = V_1\left(1-\frac{p_1}{p_2}\right) \qquad (6.5\text{-}3)$$

Geht man allerdings davon aus, dass die Flüssigkeit auch schnell entnommen wird, ist die Annahme einer konstanten Temperatur falsch. Weil keine Energie zwischen Speichergas und Umgebung ausgetauscht wird, handelt es sich um eine adiabate Zustandsänderung. Für diesen Fall gilt, dass das Produkt aus Druck und Volumen hoch Isentropenexponent konstant ist. Aus der Gleichung

$$p v^{\kappa} = const \qquad (6.5\text{-}4)$$

folgt für die Entnahmemenge bei adiabater Zustandsänderung

$$\Delta V_a = V_1\left[1-\left(\frac{p_1}{p_2}\right)^{\frac{1}{\kappa}}\right] \qquad (6.5\text{-}5)$$

Der Isentropenexponent κ beträgt für ideale zweiatomige Gase 1,4. Bei höheren Drücken oder niedrigen Temperaturen muss das Realgasverhalten berücksichtigt werden. Dieses geschieht entweder durch Korrekturfaktoren aus den Katalogen der Hersteller oder durch Verwendung eines entsprechend gemittelten Isentropenexponenten aus **Bild 6.5-6**

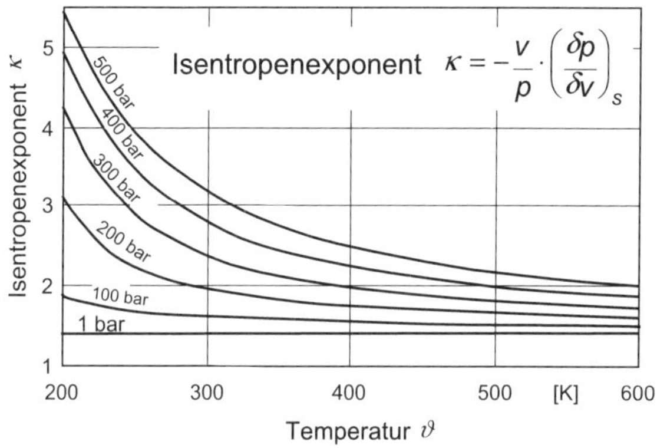

Bild 6.5-6: Isentropenexponent von Stickstoff

Die Änderung der Temperatur für eine adiabate Zustandsänderung kann nach der Beziehung

$$\vartheta_2 = \vartheta_1 \left(\frac{p_2}{p_1} \right)^{\frac{\kappa-1}{\kappa}} \tag{6.5-6}$$

oder

$$\vartheta_2 = \vartheta_1 \left(\frac{V_1}{V_2} \right)^{\kappa-1} \tag{6.5-7}$$

bestimmt werden.

Im Falle einer adiabaten Zustandsänderung ist das verfügbare Volumen bei vorgegebener Druckdifferenz kleiner als bei isothermer Zustandsänderung, weil die Temperaturänderung eine gleichzeitige Druck- bzw. Volumenänderung bewirkt. Speicher sollten daher aus Sicherheitsgründen unter der Annahme einer adiabaten Zustandsänderung ausgelegt werden.

6.5.2 Nutzungsgrad

Soll an einem Speicher möglichst viel Arbeit bei einer vorgesehenen Baugröße V_0 und zulässigem oberen Arbeitsdruck p_2 verrichtet werden, stellt sich die Frage bei welchem Druck p_1 die Zustandsänderung am zweckmäßigsten be ginnt. Die an einem Gasvolumen geleistet Volumenänderungsarbeit bestimmt sich nach

$$W_{12} = -\int_{V_1}^{V_2} p dV \qquad (6.5\text{-}8)$$

Unter Verwendung des Zusammenhanges zwischen Druck und Volumen folgt für eine isotherme Zustandsänderung

$$W_{12i} = V_1 p_1 \, ln\left(\frac{p_2}{p_1}\right) \qquad (6.5\text{-}9)$$

und für eine adiabate Zustandsänderung

$$W_{12a} = \frac{V_1 p_1}{\kappa - 1}\left[\left(\frac{p_2}{p_1}\right)^{\frac{\kappa-1}{\kappa}} - 1\right] \qquad (6.5\text{-}10)$$

Trägt man nun beispielsweise Gleichung 6.5-9 graphisch auf, ist deutlich ein Maximum für einen bestimmten Wert des Druckverhältnisses p_1/p_2 erkennbar **(Bild 6.5-7)**.

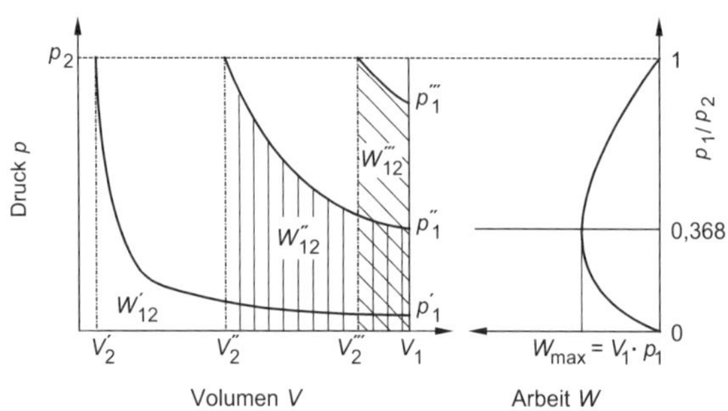

Bild 6.5-7: Volumenänderungsarbeit in Abhängigkeit des unteren Arbeitsdruckes p_1

Die analytische Bestimmung erfolgt durch partielle Differentation der Gleichungen 6.5-9 und 6.5-10 nach p_1 und die anschließende Berechnung der Nullstellen.

Bei einer isothermen Zustandsänderung beträgt das optimale Druckverhältnis

$$\left(\frac{p_1}{p_2}\right)_{opt,i} = 0{,}368 \qquad (6.5\text{-}11)$$

mit der aufgenommenen Arbeit

$$W_{12i} = 0{,}368 p_2 V_1 \qquad (6.5\text{-}12)$$

und für die adiabate Zustandsänderung mit $\kappa = 1{,}4$

$$\left(\frac{p_1}{p_2}\right)_{opt,a} = 0{,}308 \qquad (6.5\text{-}13)$$

mit der aufgenommenen Arbeit

$$W_{12a} = 0{,}308 p_2 V_1 . \qquad (6.5\text{-}14)$$

Diese Gleichungen zeigen, dass ein Speicher mehr Energie aufnehmen oder auch abgeben kann, wenn er langsam, d. h. isotherm betrieben wird.

6.5.3 Dynamik von Hydrospeichern

Werden Speicher eingesetzt, um bei einem plötzlich ansteigenden oder abfallenden Volumenstrombedarf eine Druckänderung in der Versorgung zu dämpfen, so ist die Eigendynamik des Speichers von entscheidender Bedeutung. Diese Eigendynamik wird von zwei Größen maßgeblich beeinflusst, der **Kapazität** des Speichers und der **Induktivität** der angeschlossenen Rohrleitung.

Die Eigenkreisfrequenz dieses Systems berechnet sich nach

$$\omega_0 = \sqrt{\frac{1}{L_H C_H}} \qquad (6.5\text{-}15)$$

mit der Speicherkapazität

$$C_H = \frac{1}{\kappa}\frac{V_m}{p_m} \qquad (6.5\text{-}16)$$

mit dem Gasvolumen V_m, dem Gasdruck p_m und der Rohrinduktivität

$$L_H = \frac{\rho \cdot l}{A} \qquad (6.5\text{-}17)$$

im Arbeitspunkt. In Gleichung 6.5-17 bedeutet ρ die Dichte des Druckmediums, l die Länge und A die Querschnittsfläche der Anschlussleitung. Die wahre Rohrinduktivität ist speziell bei kleinen Rohrdurchmessern größer als nach Gleichung 6.5.17 berechnet wird, was zu einer etwas geringeren Eigenkreisfrequenz führt. In **Bild 6.5-8** sind die Ergebnisse einer Messung der Eigenkreisfrequenz dargestellt.

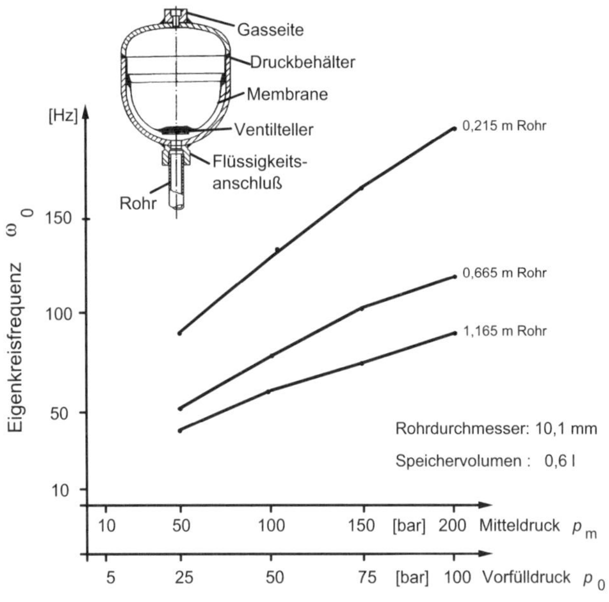

Bild 6.5-8: Eigenfrequenzen eines Hydrospeichers mit angeschlossener Rohrleitung

Werden an eine Rohrleitung noch weitere Rohrleitungen mit anderen Durchmessern angeschlossen, so müssen die hydraulischen Einzelinduktivitäten addiert werden. Es gilt

$$L_{H,ges} = L_{H,1} + L_{H,2} + \ldots \qquad (6.5\text{-}18)$$

Bei Kolbenspeichern kann die Masse des Kolbens m_K ebenfalls in eine Induktivität umgerechnet werden. Dieses geschieht mit der Gleichung

$$L_{H,Kolben} = \frac{m_K}{{A_K}^2}. \qquad (6.5\text{-}19)$$

Die Flüssigkeitsfüllung des Speichers wird genau wie die Flüssigkeit in den Rohrleitungen berücksichtigt. Sie kann jedoch oft wegen der meist sehr großen Querschnittsfläche gegenüber der Rohrfüllung vernachlässigt werden.

6.5.4 Anwendungen von Hydrospeichern

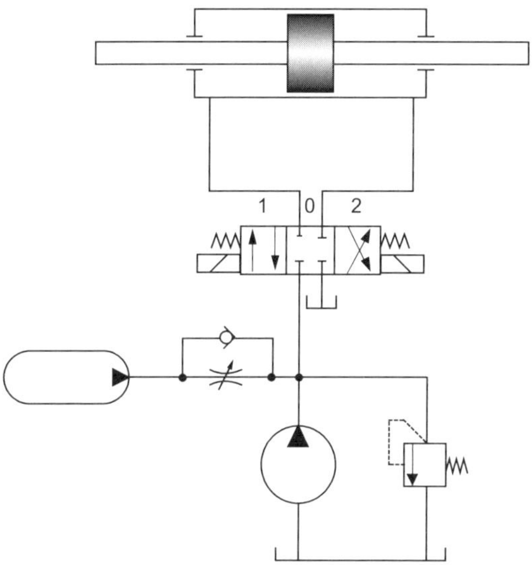

Bild 6.5-9: Speicher zum Abbau von Stößen

Hydrospeicher werden in hydraulischen Anlagen überwiegend zur Deckung eines kurzfristigen hohen Leistungsbedarfs, der Verkürzung von Arbeitszyklen, dem Betrieb von Nebenkreisen, der Notversorgung, der Kompensation von Leckagen, der Dämpfung von Druckstößen oder der Aufnahme von Bremsenergie eingesetzt. Nachfolgend sind einige Schaltungsbeispiele für einen Teil dieser Anwendungen aufgeführt.

In der in **Bild 6.5-9** gezeigten Schaltung werden Schaltstöße, wie sie bei der Umkehr der Bewegung auftreten können, gedämpft. Das Drosselrück schlagventil in der Speicherzuleitung dient der Leistungsbegrenzung beim Entleeren des Speichers.

In **Bild 6.5-10** ist der Speicher zur Aufrechterhaltung eines Druckes eingesetzt. Die Pumpe fördert nach dem Spannen in den Speicher. Nachdem der Spanndruck erreicht ist, fördert die Pumpe drucklos über das Abschaltventil in den Tank. Die dann auftretenden Leckagen werden vom Speicher gedeckt.

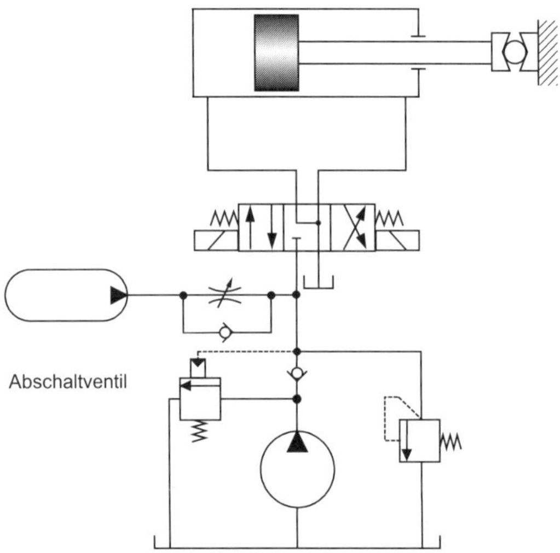

Bild 6.5-10: Speicher zur Aufrechterhaltung eines Druckes

Die Deckung eines kurzfristigen hohen Druckflüssigkeitsbedarfs, wie er beispielsweise in Vorschubeinheiten im Eilgang auftritt, kann ebenfalls mittels eines Speichers erfolgen (**Bild 6.5-11**). Der Eilgang erfolgt mit der Pumpe und dem Niederdruckspeicher. Wird das Ventil K betätigt, schaltet sich der Hochdruckspeicher zu. Ein Rückschlagventil trennt den Hochdruckspeicher vom Niederdruckteil. Nachdem der Niederdruckspeicher aufgeladen ist, wird die Pumpe über das Abschaltventil in den Rücklauf geschaltet. Die Verlustleistung, die zu einer unnötigen Erwärmung des Öles führt, wird damit stark reduziert. [6.11, 6.18]

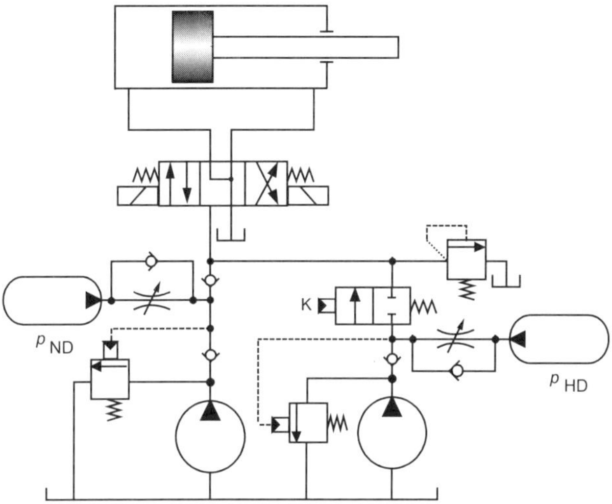

Bild 6.5-11: Speicher für kurzzeitigen hohen Druckflüssigkeitsbedarf

6.6 Dichtungen

In der Fluidtechnik kommt den Dichtungen die Aufgabe zu, einerseits den Austritt des Druckmediums aus dem Betriebsraum und andererseits das Eindringen von Staub und Schmutz in das System zu verhindern. Sie müssen neben diesen Primärforderungen

- eine gute Verträglichkeit mit dem Druckmedium aufweisen,
- durch Formelastizität z. B. Durchmessertoleranzen ausgleichen können,
- bei jeder Arbeitstemperatur voll funktionsfähig sein,
- möglichst reibungsarm und abriebfest sein,
- eine möglichst hohe Lebensdauer haben und
- leicht einzubauen und auszutauschen sein.

Dichtungen für die Fluidtechnik unterteilen sich in dynamische und statische Dichtungen, wobei sich die dynamischen noch einmal nach ihrer Bewegungs form in linear und rotatorisch wirkende Dichtungen unterscheiden lassen, **Bild 6.6-1**.

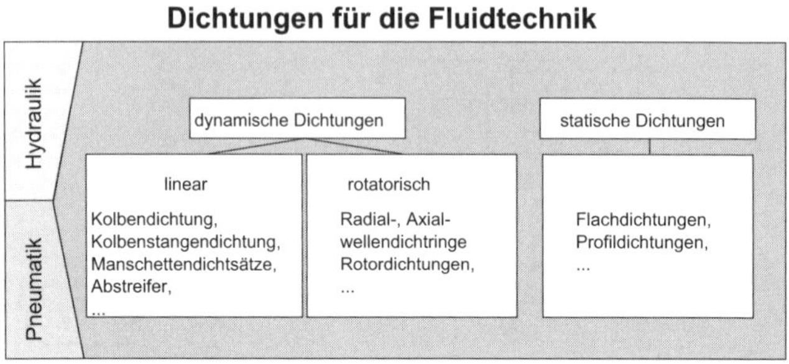

Bild 6.6-1: Einteilung der Dichtungen

Durch die Montage der Dichtung wird eine Vorspannung auf das Dichtelement aufgebracht, die eine Voraussetzung für das Einleiten des Dichtvorganges ist. Die Vorspannung wird von der Höhe der Verpressung, der Form der Dichtung und der Formänderungsfestigkeit des Werkstoffes bestimmt. Ihre notwendige Größe richtet sich nach dem Druck.

6.6.1 Statische Dichtungen

Das klassische statische Dichtelement ist der O-Ring. Er ist die am weitesten verbreitete Dichtung, weil er leicht zu montieren und zu warten ist und wenig Einbauraum benötigt **(Bild 6.6-2)**. Sie sind in DIN 3771 und ISO 3601 genormt. Wird er entsprechend den Vorgaben der Hersteller eingebaut und ist der Einbauraum so steif, dass auch ein Druckanstieg nicht zur Aufweitung der Nut und damit zum Verlust der Vorspannung führt, dichtet er leckagefrei ab [6.8]. Um sein Extrusionsverhalten zu verbessern, wird er oft zusammen mit einem Stützring eingesetzt. Das Verdrillen des O-Ringes in der Nut lässt sich mit den Dichtungsformen Rechteck- und Quadring verhindern. In Steuergeräten, wie z. B. Ventilen, kommen neben O- und Rechteckring oft spezielle Dichtringe zum Einsatz, die teilweise auch gewebeverstärkt angeboten werden. Schrauben oder Sensoren werden zum Teil mit Dichtungen aus einem metallischen Grundkörper mit einem anvulkanisiertem Elastomer (z. B. USIT-Ring) abgedichtet.

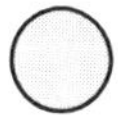 O-Ring	• einfacher Aufbau, einfache platzsparende Nutgestaltung • vielfältig in der Verwendung • preiswert	
Dichtungsformen	veränderte Eigenschaften gegenüber dem O-Ring	Anwendungs-beispiele
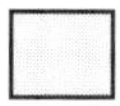 Rechteck-Ring	• kein Walken der Dichtung in der Nut • größere Anlage bzw. Dichtfläche	• Deckelabdichtungen axial und radial • Flanschverbindungen • Ventilabdichtungen
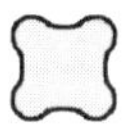 Quad- oder X-Ring	• Verdrillsicherung bei der Montage • Anpreßkraft geringer als beim O-Ring • kein störender Preßgrat	• auf Grund der geringen Anpreßkräfte kann der Quad-Ring auch zur Abdichtung gering zueinander bewegter Bauteile eingesetzt werden
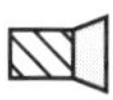 USIT-Ring	• Stahlring verhindert eine zu hohe Verpressung des Elastomerteiles	• Einschraubstutzen • Flanschverbindungen • Schottverschraubungen

Bild 6.6-2: Statische Dichtungen - Geometrie, Eigenschaften und Anwendungsbeispiele

6.6.2 Dynamische Dichtungen

Beim dynamischen Abdichtvorgang handelt es sich um einen komplexen Vorgang, auf den viele Parameter und Größen Einfluss haben. **Bild 6.6-3** gibt exemplarisch eine Übersicht über die komplexen Zusammenhänge bei der dynamischen Abdichtung einer Kolbenstange. Wird ein infinitesimal kleiner Zeitabschnitt des Abdichtvorgangs beobachtet, lässt sich dieser durch die entstehenden Spaltströmungen und Reibung abstrahieren [6.6].

Struktur und Eigenschaften dieses tribologischen Systems ergeben sich aus den Eigenschaften von Dichtung, Fluid, Gegenlauffläche und Umgebungsmedium. Als Eingangsgrößen des Systems sind unter anderem Beanspruchungen wie Geschwindigkeit, Temperatur und Druck zu nennen. Als Ausgangsgrößen ergeben sich beispielsweise die Leckage als Integral der Spaltströmungen über der Zeit, und die Reibungsenergie, die in Form von Schwingungsanregung oder Wärme ins System zurückgeführt wird. Diese Wechselwirkungen führen zu Veränderungen der Struktur des Systems (z. B. in Form von Verschleiß) sowie zu Rückwirkungen auf die Eingangsgrößen [6.6].

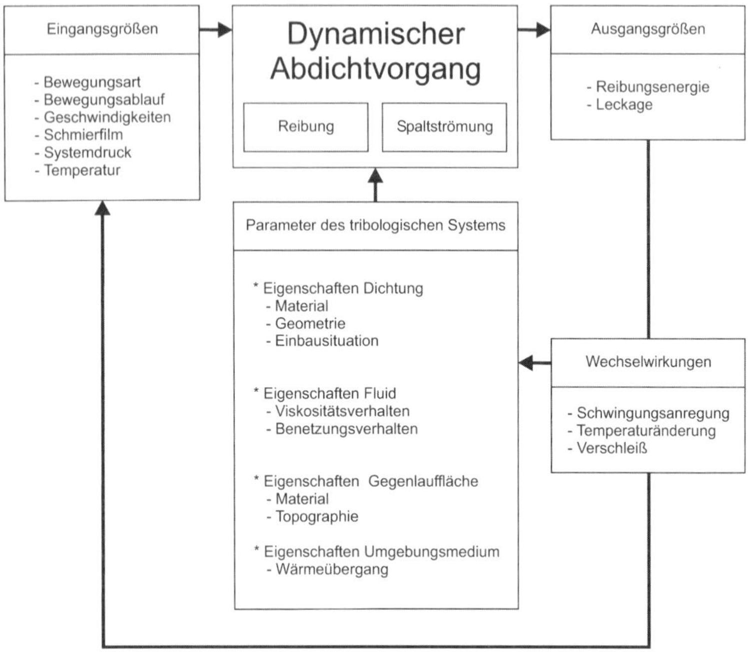

Bild 6.6-3: Struktur eines dynamischen Abdichtvorgangs am Beispiel einer Kolbenstangendichtung [6.6]

Eine optimale Dichtung stellt daher immer einen Kompromiss bezüglich der Abstimmung auf die unterschiedlichen Eingangs- und Ausgangsgrößen dar. Aufgrund dieser Komplexität empfiehlt es sich für den Konstrukteur und Anwender auf den langjährigen Erfahrungen der Hersteller aufzubauen. Diese spiegeln sich in den Gestaltungsrichtlinien und Auswahltabellen der Herstellerkataloge wieder (siehe z. B. [6.19, 6.21, 6.22]). Basierend auf diesen empirischen Erfahrungswerten sind in den beiden folgenden Unterkapiteln die wichtigsten Bauformen von Linear- und Rotationsdichtungen aufgeführt. Weitergehende Untersuchungen sind derzeit Gegenstand der Forschung. Exemplarisch seien hier für die Lineardichtungen [6.1] und [6.20] genannt.

6.6.2.1 Lineardichtungen

Um den Verschleiß einer dynamischen Dichtung gering zu halten, wird für die Funktionstüchtigkeit der Abdichtung ein Schmierfilm benötigt. Eine trocken laufende Dichtung wäre innerhalb kurzer Zeit aufgrund der großen Reibungswärme zerstört. Ziel dieser Abdichtungen ist es daher, dynamische Dichtheit zu erreichen [6.5]. Darunter versteht man, dass die beim Ausfahren der Kolbenstange hinausgeförderte Leckagemenge beim Einfahren zurückgefördert wird.

Dynamische Dichtungen für Linearbewegungen lassen sich in die Gruppen der Lippendichtungen und der Kompaktdichtungen unterteilen. Die Lippendichtungen gliedern sich in Nutringe und in Dachmanschettensätze, siehe **Bild 6.6-4**.

 Grundtyp	**Lippendichtungen:** Einsatz im Niederdruckbereich Anpreßkraft durch die Verformung der Lippen geringe Reibungskräfte, geringer Verschleiß geringe Leckage muß in Kauf genommen werden	
Varianten	Verbesserungen gegenüber Grundtyp	Anwendungs-beispiele
	Extrusionsvermeidung durch anvulkanisierten Stützring	hochbelastete Zylinder (Schockdruck, Schmutz, große Spalte), schwere Mobilhydraulik, Teleskophydraulik
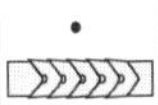	Dachmanschettensätze: hohe Dichtheit, Reibungskraft kann durch axiale Verpressung der Manschettensätze verstellt werden	Kolbenstangen / Plunger in der Hydraulik für den robusten Einsatz
 Grundtyp	**Kompaktdichtungen:** Einsatz im Hochdruckbereich gute Dichtwirkung, hohe Reibungskräfte / hoher Verschleiß	
Varianten	Verbesserungen gegenüber Grundtyp	Anwendungs-beispiele
	Extrusionsvermeidung durch anvulkanisierten Stützring, Schiermittel im Gewebematerial vermindert die Reibung, Schmiermitteldepot zwischen Dichtkanten	Mittlere und schwere Mobilhydraulik, Bergbauhydraulik, Schiffshydraulik
	gute Gleiteigenschaften durch Primärdichtung (PTFE-Ring), kein Stick-Slip-Effekt, Vorspannung durch Sekundärdichtung (O-Ring)	Kolbenstangen in Steuerzylindern, servogesteuerte Anlagen, Werkzeugmaschinen, Schnellschließzylinder, Baumaschinen

Bild 6.6-4: Beispiele für typische Kolben- und Kolbenstangendichtungen

Durch die Montage verformt sich hauptsächlich die Dichtlippe, so dass die Vorpressung verhältnismäßig gering ist. Daher erhält man im Niederdruckbe reich relativ niedrige Reibungskräfte. Durch Integration eines (anvulkanisierten) Backringes, der die Spaltextrusion verhindert, eignet sich diese Dichtung auch für höhere Drücke. Aus mehreren Lippendichtungen zusammengesetzte Dichtungssätze, sogenannte Dachmanschettensätze, zeigen eine sehr gute Dichtwirkung, rufen aber auch sehr große Reibungskräfte hervor. Lippendichtungen werden sowohl als Kolben- als auch als Kolbenstangendichtung eingesetzt. Als Kolbendichtung werden allerdings aufgrund der unsymmetrischen Form zwei Stück benötigt.

Kompaktdichtungen besitzen ein geschlosseneres Profil und rufen daher schon bei der Montage höhere Anpresskräfte hervor. Ihr Anwendungsgebiet liegt daher im Hochdruckbereich. Auch hier findet man zahlreiche Varianten, die zum Teil symmetrisch aufgebaut sind, also auch als Kolbendichtung in Frage kommen. Als Sonderbauform der Kompaktdichtungen gelten auch die gummivorgespannten Kunststoffdichtungen, die in der Regel aus einem gefüllten PTFE-Dichtring und einem Elastomer-Vorspannelement bestehen. Diese Dichtungen verursachen sehr wenig Reibung, verhindern aber nicht vollständig die Leckage. Hier finden sich sowohl symmetrische als auch unsymmetrische Bauformen.

6.6.2.2 Rotationsdichtungen

Die Rotationsdichtungen lassen sich in die Radial- und Axialwellendichtringe sowie Dichtungen für Schwenkbewegungen (Rotordichtungen) unterteilen, **Bild 6.6-5**. Radialwellendichtringe eignen sich nur zur Abdichtung von Räumen mit geringem Druckunterschied. Sie finden sich in sehr vielen Variationen, sind aber keine speziell für die Fluidtechnik entwickelten Dichtungen. Eine Sonderform der Radialwellendichtringe stellen die Axialwellendichtringe dar. Im Gegensatz zu den anderen Rotationsdichtungen erfolgt der Abdichtvorgang bei diesen durch axiale Abstützung der Dichtlippe.

Dichtungen für Schwenkbewegungen dienen zur Abdichtung von Drehdurchführungen wie sie z. B. in mobilen Anwendungen benötigt werden. Von diesen Dichtungen wird verlangt, dass sie auch bei hohen Druckunterschieden zuverlässig abdichten, ohne großen Verschleiß hervorzurufen [6.7].

Rotationsdichtungen:		
 Grundtyp	• zur Abdichtung von Räumen mit geringem Druckunterschied, für Rechts- und Linkslauf • radiale Verpressung durch Dichtlippe und Schraubenzugfeder • Staublippe gegen Verschmutzung und Korosionsgefahr	
Varianten	Eigenschaften	Anwendungsbeispiele
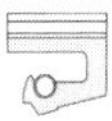 Radialwellendichtring	• Gewebelagen ersetzen den Metallring, der die Dichtung in der Einbaunut hält	• Wellendurchführungen an Walzwerken • Schwermaschinenbau • Schiffbau
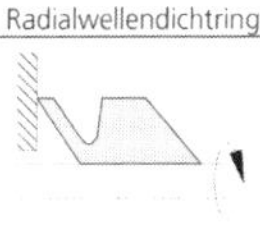 Axialwellendichtring	• im Gegensatz zu den anderen Rotationsdichtungen erfolgt die Abdichtung durch ein axiales Abstützen der Dichtlippe	• Abdichten gegen Schmutz, Staub, Wasser und andere Schmiermedien • eignet sich für hohe Drehgeschwindigkeiten
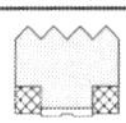 Rotordichtung	• symmetrischer Aufbau ermöglicht beidseitige Druckbeaufschlagung • Gewebe mit Schmiernut reduziert hohe Reibungskräfte und verhindert Trockenlauf • anvulkanisierte Backringe verhindern Spaltextrusion	Vorwiegend für wechselseitige Abdichtung bei Drehdurchführungen in: • Drehkränzen • Schwenkantrieben • Schlauchtrommeln • Werkzeugmaschinenhydraulik

Bild 6.6-5: Beispiele für Rotationsdichtungen

6.6.2.3 Reibung und Verschleiß

Wenn bewegte Dichtstellen durch Berührungsdichtungen abgedichtet werden, entsteht Reibung, die einerseits Verschleiß verursacht, andererseits aber auch Verlustleistung erzeugt, die den Wirkungsgrad einer Anlage verschlechtert. Daher soll die Reibung so klein wie möglich gehalten werden, was sich nur durch die Schmierung der Dichtfläche erreichen lässt. Außerdem soll die Leckagemenge möglichst gering sein. Da sich nicht beide Ziele zugleich erreichen lassen, muss für jede Abdichtaufgabe eine Kompromisslösung gefunden werden, die oft aus einer Kombination verschiedener Dichtungstypen besteht.

Die Reibkraft einer Dichtung ist von vielen Faktoren abhängig (siehe auch Bild 6.6-3). Dies sind zum einen Betriebsgrößen wie Relativgeschwindigkeit zwischen den Reibpartnern und Systemdruck, andere entstehen z. B. durch die Dichtungsform und den Werkstoff. Auch der Verschleiß und das Einlaufverhalten haben wesentlichen Einfluss auf das Reibverhalten. Untersuchungen des Einlaufverhaltens im Rahmen von [6.1] zeigen, dass sich die Reibung unter sonst gleich bleibenden Randbedingungen mit der Zeit verdreifachen kann. Eine pauschale Aussage, welche Dichtelemente unter welchen Randbedingungen einzusetzen sind, ist daher nur schwer möglich.

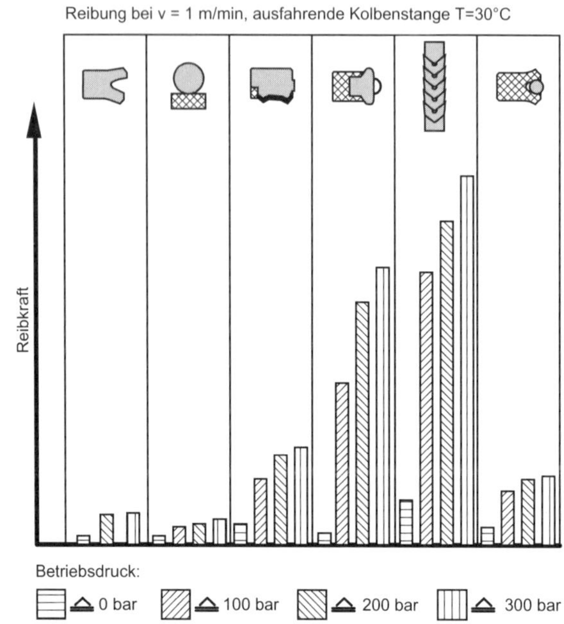

Bild 6.6-6: Reibung an Dichtungen (Parker-Prädifa)

Tendenziell ist in der Hydraulik der Einfluss des Druckes sehr viel höher als der Einfluss der Geschwindigkeit. Vereinfacht gilt: Je größer die Anlagefläche auf der Gegenfläche und je größer der Anpressdruck, desto höher die Reibung. Manschettendichtungen haben daher die höchste Reibung, dann folgen die Kompaktdichtungen, darauf die Lippendichtungen. Das beste Reibverhalten im Neuzustand zeigen vorgespannte PTFE-Dichtungen, siehe **Bild 6.6-6**.

In der Hydraulik sind die wichtigsten Einflüsse auf den Verschleiß die Rauheit der metallischen Oberfläche, der Dichtungswerkstoff, der Druck, die Viskosität des Mediums und die Gleitgeschwindigkeit. Der Verschleiß macht sich einerseits durch die zunehmende Leckage bemerkbar und muss ggfs. bei der Wartung durch den Austausch der Dichtung berücksichtigt werden und führt andererseits zu veränderten Reibverhältnissen.

6.6.3 Verträglichkeit von Elastomeren mit Druckflüssigkeiten

Die Auswirkungen des Druckmediums auf die Dichtungen sind physikalischer und chemischer Art. Beide sind so unterschiedlich wie die Druckmedien selbst (**Bild 6.6-7**).

Medium	Gruppen	Auswahl an möglichen Dichtungswerkstoffen
Mineralöle	paraffinisch (höher viskos)	Werkstoff mit niedrigem Acryl-Nitrilgehalt möglich, NBR
	naphtenbasisch	Werkstoff mit hohem Acryl-Nitrilgehalt erforderlich
Schwerentflammbare Flüssigkeiten	HFA	FPM MVQ
	HFC	NBR (eingeschränkt) FPM EPDM
	HFD	FPM (PTFE)
Umweltschonende Druckflüssigkeiten	HEPG	(FPM) (Polyurethane) Werkstoffauswahl in Absprache mit Herstellern
	HETG	
	HEES	

Bild 6.6-7: Auswahl des Dichtungswerkstoffes nach dem Druckmedium

Bei den **Mineralölen** muss man zwischen paraffinischen und naphtenbasischen Grundölen unterscheiden, auf denen alle Hydrauliköle aufgebaut sind und die sich vor allem hinsichtlich der Verträglichkeit mit Dichtungen sowie der Schmierwirkung unterscheiden. Gängiger Dichtungswerkstoff ist hierfür das Elastomer Acrylnitril-Butadien-Kautschuk (NBR).

HFA Flüssigkeiten haben die nachteilige Eigenschaft, dass es keine definierten und reproduzierbaren Qualitäten gibt, da die – stets gleichbleibenden – Konzentrate mit Wasser der verschiedensten Eigenschaften vermischt werden. Sie können an Dichtungswerkstoffen Hydrolyse und Quellungen hervorrufen. Die Polymerlösungen der Gruppe **HFC** sind in der Regel mit NBR-Werkstoffen verträglich. Die Gruppe der rein synthetischen **HFD-**

Flüssigkeiten besitzt eine schlechte Verträglichkeit gegenüber den meisten üblichen Dichtungswerkstoffen. Zu den wenigen brauchbaren zählen die Fluorelastomere (FPM) sowie das Plastomer Polytetrafluorethylen (PTFE).

Aufgrund der unterschiedlichen Klassen von **Umweltschonenden Druckflüssigkeiten** (HE-Fluide, siehe Kapitel 3.2.3) und der Vielzahl der Additive wird die Entwicklung geeigneter Dichtungswerkstoffe erschwert. Da die Elastomerverträglichkeit von Estertyp zu Estertyp stark variiert, muss jeder Ester hinsichtlich seiner Elastomerverträglichkeit überprüft werden. Lediglich Fluorelastomere und PTFE zeigen auch hier eine allgemein gute Verträglichkeit. Inzwischen werden von den Dichtungsfirmen auch spezielle Polyurethan-Dichtungen angeboten, die für synthetische Ester, Rapsöle und HFA-Flüssigkeiten geeignet sind.

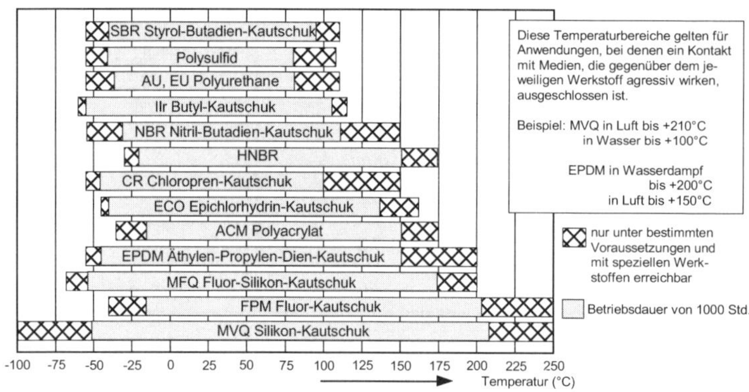

Bild 6.6-8: Temperaturbereiche einiger Dichtungswerkstoffe (Parker-Prädifa)

Neben dem Medium ist auch die Temperatur ein wichtiges Kriterium für die Auswahl eines Dichtungswerkstoffes. Für die einzelnen Werkstoffgruppen lassen sich zulässige Temperaturbereiche angeben (**Bild 6.6-8**). Thermoplastische Elastomere wie z. B. die Polyurethane besitzen einen zulässigen Temperaturbereich von etwa –30 °C bis 90 °C, Elastomere sind teilweise sogar bis Temperaturen von 200 °C einsetzbar (z. B. FPM). Eine große Bedeutung in der Dichtungstechnik hat der thermoplastische Werkstoff PTFE nicht zuletzt wegen seines breiten thermischen Anwendungsbereiches von etwa –200°C bis 250°C (je nach Medium und Druck).

6.6.4 Gesamtsystem Dichtstelle

Oft werden die Anforderungen an die Dichtung auf mehrere Dichtungselemente aufgeteilt, die entsprechend ihrer Aufgabe optimiert sind (**Bild 6.6-9**). Neben der eigentlichen Dichtung findet man Elemente wie den Abstreifer, der verhindert, dass Schmutz in das abzudichtende System gelangt und damit die Dichtung vor Beschädigung schützt. Auch die Abdichtfunktion einer Dichtung wird häufig auf zwei oder mehr Dichtungen aufgeteilt, wobei man die Vorteile der jeweiligen Dichtungsform nutzt. Bei der Abdichtung von Kolbenstangen findet man häufig Dichtsysteme, die sich in Primär-, Sekundärdichtung und Abstreifer aufteilen. Als Primärdichtung wählt man ein Element, das auch bei hohem Druck mit wenig Reibung abdichtet, also meist ein durch eine Elastomer vorgespannter PTFE-Gleitring. Die dabei zwangsläufig entstehende Leckage wird durch die zweite Dichtung, die nur noch gegen einen sehr niedrigen Druck abzudichten braucht (also ebenfalls wenig Reibung hat), zurückgehalten. Ein Abstreifer verhindert als drittes Element den Schmutzeinzug.

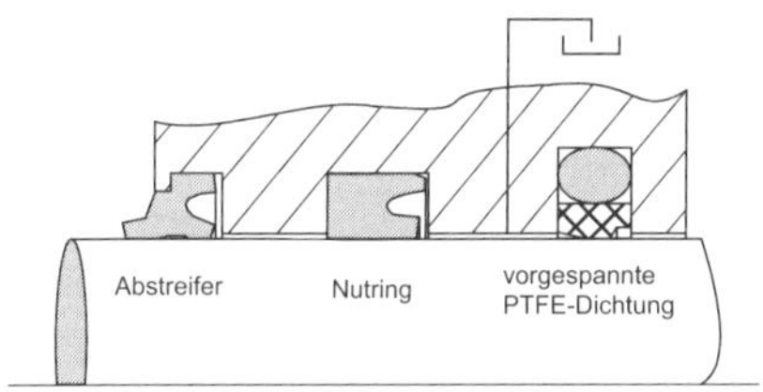

Bild 6.6-9: Komplettes Dichtsystem durch Kombination mehrerer Dichtungen

Neben dem guten Abdichtverhalten bietet ein solches System noch zusätzliche Sicherheit. Der Ausfall der hochbelasteten Primärdichtung führt zwar zur Befüllung des Zwischenraums zwischen Hoch- und Niederdruckdichtung, aufgrund der meist vorgesehenen Tankrückführung kann sich jedoch kein Druck aufbauen. Mit der erhöhten Leckage wird zugleich der Ausfall signalisiert; das Mediums gelangen aber nicht in die Umwelt. Vielmehr tritt nur ein hydraulischer Leistungsverlust auf [6.18].

6.7 Sensoren und Messgeräte

Sensoren werden in der Hydraulik überwiegend zur Messung von Drücken, Volumenströmen, Temperaturen und Wegen eingesetzt. Mit ihrer Hilfe werden die zu messenden physikalischen Größen meist in elektrische Größen umgewandelt, die ihrerseits innerhalb von Steuerungen und Regelungen weiterverarbeitet werden können.

In der elektronischen Signalübertragung haben sich in den letzten Jahren einige Standards herausgebildet. Im Versuchsbereich wird meist mit spannungsproportionalen Werten von 0 bis 10 V bzw. von –10 bis +10 V gearbeitet. In Industrieanwendungen werden häufig stromproportionale Signale verwendet, die im Bereich von 0 bis 20 mA bzw. von 4 bis 20 mA liegen. Dieses Verfahren hat den Vorteil einer höheren Betriebssicherheit und einer Unabhängigkeit von Leitungslängen und Übergangswiderständen [6.14, 6.18].

In den folgenden Abschnitten werden die verbreitetesten Messprinzipien für Druck, Temperatur, Volumenstrom und Weg vorgestellt. Weitere Messprinzipien sowie die Vor- und Nachteile dieser finden sich beispielsweise in [6.10].

6.7.1 Drucksensoren

Trotz aller Elektronik ist das Manometer als einfaches und leicht ablesbares Druckmessgerät in fast jeder hydraulischen Anlage vertreten.

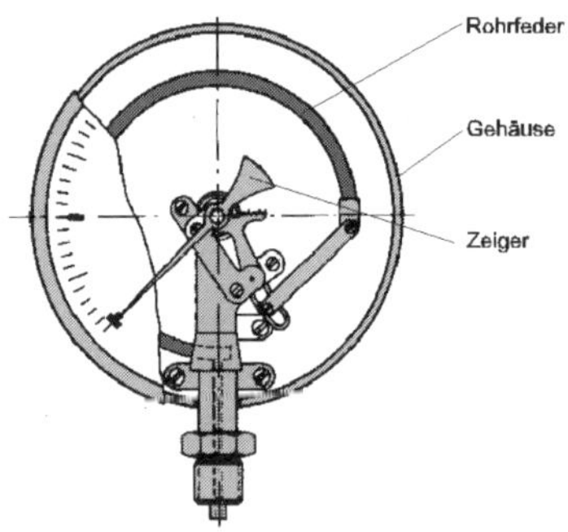

Bild 6.7-1: Aufbau eines Rohrfeder-Manometers (Wika)

Mit Manometern wird der gemessene Druck über einen Zeiger angezeigt, **Bild 6.7-1**. Hiermit können nur langsame Druckänderungen verfolgt werden. In Sonderfällen sind elektrische Kontakte eingebaut, mit denen zusätzliche Schaltfunktionen, wie Warnlampen und Notabschaltungen, ausgelöst werden können.

Die Manometer sind in Güteklassen eingeteilt. Man unterscheidet normalerweise die Güteklassen 0.6, 1.0 und 2.0. Die Güteklasse gibt den maximal zulässigen, prozentualen Messfehler bezogen auf den Skalenendwert an.

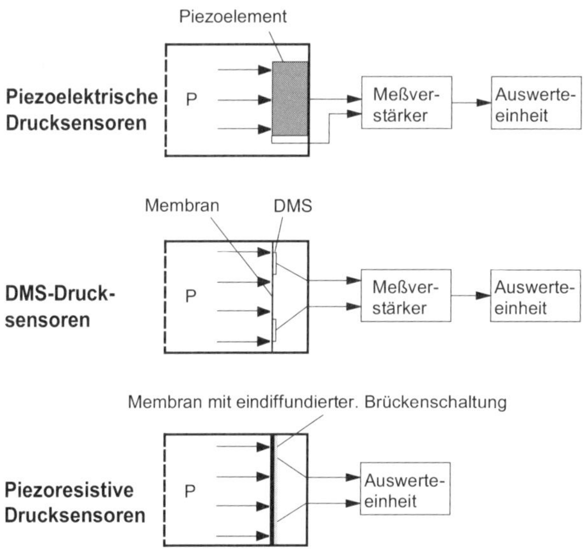

Bild 6.7-2: Funktionsweise von Drucksensoren

Für eine schnellere und genauere Erfassung von Drücken oder Druckverläufen werden elektrische Druckaufnehmer verwendet. Für die Umsetzung des Druckes in ein elektrisches Signal werden im wesentlichen drei unterschiedliche Grundprinzipien angewendet, die in **Bild 6.7-2** dargestellt sind.

Piezoelektrische Drucksensoren arbeiten mit Piezoelementen, die vom Druck gestaucht werden, so dass sich in Druckrichtung am Element eine Spannung aufbaut, die dem Druck proportional ist.

Bei dem Prinzip des DMS-Drucksensors wirkt der Druck der Flüssigkeit auf eine Membran, wodurch diese verformt wird. Vier Dehnmessstreifen sind so auf der Membran befestigt, dass sie mit der Verformung ihren elektrischen Widerstand ändern. Die DMS werden zu einer Wheatstone'schen Brücke verschaltet und liefern somit eine Spannung, die dem Druck proportional ist.

Der piezoresistive Drucksensor unterscheidet sich von dem DMS-Sensor dadurch, dass seine Membran aus Silizium besteht, in das Halbleitermaterial eindiffundiert wurde, so dass sich die Brückenschaltung in der Membran selbst befindet. Durch die besonderen Materialeigenschaften des Siliziums („Piezoresistivität") werden Spannungen von ca. 100 mV erreicht, so dass eine Verstärkung des Signals im Gegensatz zu piezoelektrischen und DMS-Sensoren nicht nötig ist und der Sensor direkt an eine Auswerteeinheit angeschlossen werden kann.

Die oberen Grenzen des Arbeitsbereiches der Drucksensoren liegen je nach Ausführung zwischen 2 und 1400 bar, bei piezoelektrischen sogar bei bis zu 7500 bar.

Auf Grund ihrer geringen Baugröße bieten die Sensoren eine große Fülle an Einbaumöglichkeiten, wobei für piezoresistive Sensoren Einbauräume mit einer Länge von nur 2,5mm und einem Durchmesser von 2mm ausreichend sind.

6.7.2 Volumenstromsensoren

Zur Messung des Volumenstromes werden heutzutage üblicherweise Messturbinen oder Zahnradmessmotore eingesetzt.

Bei der Messturbine wird durch den Volumenstrom eine Axialturbine in Drehung versetzt, **Bild 6.7-3**. Ein kontaktloser Näherungsschalter gibt bei einer Umdrehung mehrere Impulse ab. Die Auswertung der Impulse erfolgt durch einen elektronischen Frequenz-Spannungs-Umsetzer.

Das Messverfahren verursacht einen geringen Druckabfall, und die Messturbinen sind auch in verschmutzten Druckflüssigkeiten verwendbar. Das Verhältnis zwischen dem kleinsten und dem größten zu messenden Volumenstrom bei einer Turbine beträgt etwa 1 : 10. Beim Einbau der Turbine ist zu beachten, dass ein ausreichend langes gerades Rohrstück zur Beruhigung der Strömung vorgeschaltet werden muss.

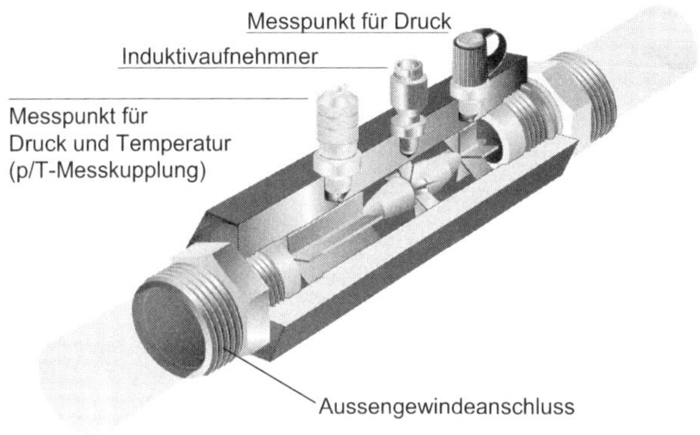

Bild 6.7-3: Messturbine (Hydrotechnik Limburg)

Bild 6.7-4: Zahnradmessmotor (VSE)

Mit Zahnradmessmotoren, die zu den Verdrängungsmessern zählen, können sehr große Volumenstrombereiche genau erfasst werden. Sie sind auch für sehr kleine Ströme geeignet. Die Auswertung erfolgt durch kontaktlose Näherungsschalter, die eine der Zahnraddrehzahl proportionale Frequenz liefern, welche in einem Frequenz-Spannungs-Umsetzer verarbeitet wird. Da mit zwei versetzten Schaltern auch die Drehrichtung erkannt wird, kann neben dem Volumenstrom durch Integration des Volumenstroms auch eine Volumenbi lanz aufgestellt werden. Ebenso ist für hochdynamische Messungen die Auswertung der Periodendauer zwischen zwei aufeinanderfolgenden Zähnen möglich. Ein Zahnradmessmotor mit einer hinsichtlich der entstehenden Druckdifferenz optimierten Zahngeometrie ist in **Bild 6.7-4** dargestellt.

Der Vollständigkeit halber sind im folgenden noch weitere Prinzipien zur Volumenstrommessung aufgeführt, die jedoch nur bei besonderen Anforderungen eingesetzt werden.

- Induktive Durchflussmesser
- Massenstromsensor nach dem Coriolisprinzip
- Hitzedrahtanemometer
- Ultraschallströmungsmesser
- Differenzdruckmessung an einer Blende

6.7.3 Temperatursensoren

Bei den Temperatursensoren unterscheidet man zwischen Widerstandsthermometern und Thermoelementen.

Bei der Temperaturmessung mit Widerstandsthermometern macht man sich die Temperaturabhängigkeit des spezifischen Widerstandes eines Materials zunutze. Bei den häufig verwendeten Sensoren mit einem Halbleiterelement sind zwei sehr kleinflächige Elektroden auf ein Siliziumplättchen mit definierter Leitfähigkeit aufgebracht. Die so gebildete Widerstandsstrecke ist stark temperaturabhängig. Durch die Verwendung möglichst kleiner Gehäuse ist es möglich, die Ansprechzeit gering zu halten.

Thermoelemente stellen aktive Sensoren dar. Ihre Wirkungsweise beruht auf der unterschiedlichen Thermospannung verschiedener Metalle und Legierungen. In einem geschlossenen Leiterkreis treten, sofern sich die Verbindungsstellen auf verschiedenen Temperaturen befinden, Thermospannungen auf. Thermoelemente werden dort eingesetzt, wo die Temperatur sich schnell ändert und damit eine kleine Ansprechzeit des Sensors gefordert ist. In **Bild 6.7-5** ist der prinzipielle Aufbau eines Thermoelementes gezeigt. Die

Auswahl der Materialien hängt von der zu messenden Temperatur und von der geforderten Auflösung ab.

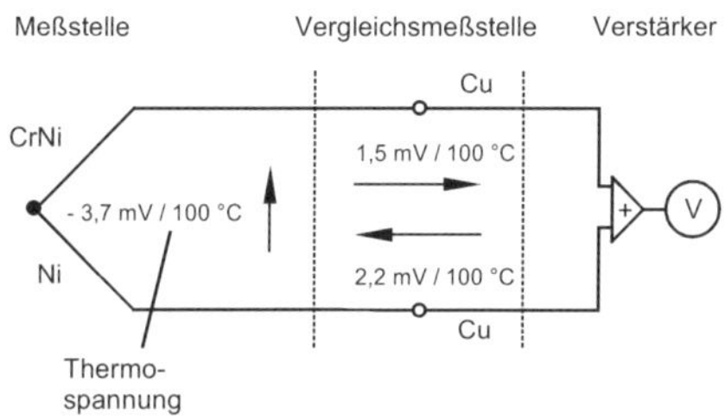

Bild 6.7-5: Aufbau eines Thermoelementes, nach [6.12]

6.7.4 Wegsensoren

- **Induktive Wegsensoren**

Die induktiven Wegsensoren arbeiten nach dem System des Differentialtransformators.

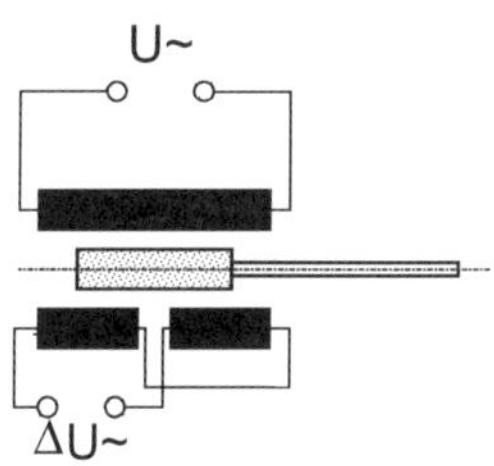

Bild 6.7-6: Induktiver Wegaufnehmer

Die Primärspule wird mit einer Wechselspannung gespeist, wodurch in den zwei Sekundärspulen eine Induktionsspannung entsteht. Da diese Spulen gegeneinandergeschaltet sind, heben sich die Spannungen auf. Wird in den Transformator ein ferromagnetischer Kern gebracht, so vergrößern sich an seiner Position in den Sekundärspulen die Induktionsspannungen. Die Gesamtspannung ist dann der Position des Kerns proportional.

- **Ultraschallsensoren**

Als Absolutpositionsgeber sind Ultraschallsensoren am verbreitetsten. In einem Wellenleiter wird durch Magnetostriktion zweier Magnetfelder an der zu ermittelnden Position eine Ultraschallwelle erzeugt. Das eine Feld stammt von Magneten am Positionsgeber, das andere von einem Stromimpuls durch einen elektrischen Leiter im Inneren des Wellenleiters. Aus der Laufzeit der Ultraschallwelle zwischen dem Positionsgeber und einem Signalwandler, der am Ende des Wellenleiters sitzt, errechnet sich die gesuchte Position. Um Überlagerungen mit Wellen zu vermeiden, die am anderen Ende des Wellenleiters reflektiert werden, ist dort ein Dämpfungselement angebracht.

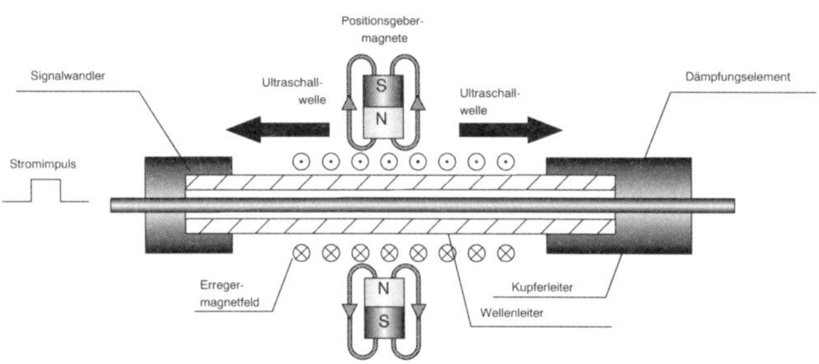

Bild 6.7-7: Funktionsprinzip eines Ultraschallsensors

Einen Nachteil dieses Positionserfassungssystem stellt die Laufzeit der Schallwelle dar. Durch sie wird der Takt der Messwertaktualisierung nach oben hin begrenzt.

- **Linearpotentiometer**

Auch die Längenmessung mit einem Linearpotentiometer liefert eine Absolutposition. Hierbei wird der Spannungsabfall bis zum Schleifer des Potentiometers gemessen. Nach Verstärkung des Signals errechnet sich daraus die Position des Schleifers. Da das Spannungssignal mit einem starken Rauschen einhergeht, reicht die Genauigkeit dieses Signals nur für qualitativ niederwertige Messaufgaben aus.

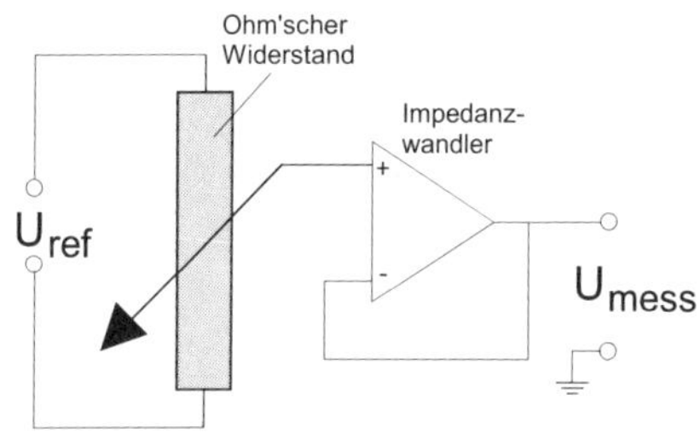

Bild 6.7-8: Potentiometrischer Wegaufnehmer

• Inkrementelle Wegsensoren

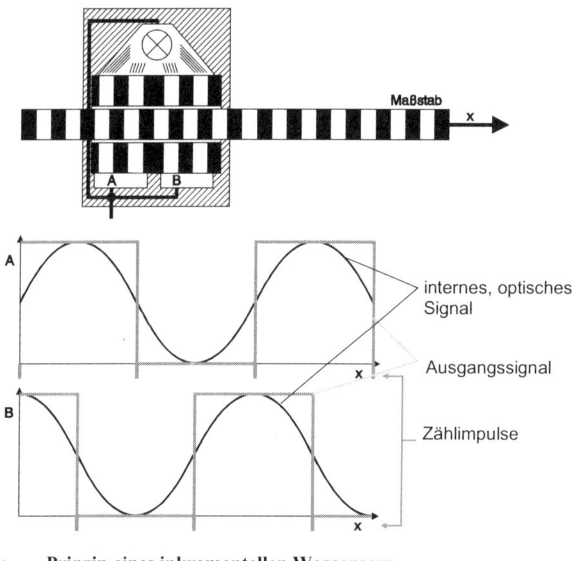

Bild 6.7-9: Prinzip eines inkrementellen Wegsensors

Zu den technisch aufwendigsten Ausführungen von Wegsensoren gehören die inkrementellen Wegsensoren. In **Bild 6.7-9** ist das Prinzip eines solchen Sensors dargestellt. Über einen Maßstab werden in zwei Messzellen jeweils um 90° phasenverschobene Rechtecksignale erzeugt. Mittels eines angeschlossenen Zählers kann aus der Anzahl der registrierten Pulse auf die Position geschlossen werden. Darüber hinaus lässt sich die Bewegungsrichtung anhand der Phasenlage feststellen. Bei Maßstäben, die eine Teilung von 20 µm besitzen, erreicht man eine Auflösung von 5 µm, was auch für Servoantriebe ausreichend ist [6.9].

6.8 Literatur zu Kapitel 6

6.1	Achenbach, M.; Goerres, M.; Papatheodorou, T.	Substitution komplexer Dichtsysteme für mobile servohydraulische Anwendungen durch eine Kompaktdichtung für biologisch schnell abbaubare Fluide 2. Zwischenbericht, FNR-Förderzeichen 00NR029 und 00NR267, Aachen, Bietigheim-Bissingen, 2004
6.2	Backé, W.	Grundlagen der Ölhydraulik; Umdruck zur Vorlesung an der RWTH Aachen, 10. Auflage 1994
6.3	Blok, P.	The Management of Oil Contamination; Koppen&Lethem Aandrijfttechniek B.V., 1995
6.4	Dahmann, P.	Untersuchungen zur Wirksamkeit von Filtern in hydraulischen Anlagen; Dissertation RWTH Aachen 1992
6.5	Gessat, J.	Abdichtmechanismen von Hydraulikstangendichtungen; Dissertation RWTH Aachen, 1999
6.6	Goerres, M.	Kolbenstangendichtungen für Bioöle – Untersuchung des Reibverhaltens; O+P (Ölhydraulik und Pneumatik) 48 (2004) Nr. 7, S. 435-442
6.7	Goerres, M.	Rotordichtungen mit Ondulierung der Dichtkante zur Verbesserung der Reibungseigenschaften; O+P (Ölhydraulik und Pneumatik) 44 (2000) Nr. 8, S. 518-523
6.8	Jongebloed, H.	Statische Hydraulikdichtungen unter dynamischer Belastung; Dissertation RWTH Aachen, 1998
6.9	Klein, A.	Mikrorechneranwendung in der Fluidtechnik; Umdruck zur Vorlesung, 1. Auflage, 1995
6.10	Obermeier, E.; Tränkler, H.-R.	Sensortechnik: Handbuch für Praxis und Wissenschaft Springerverlag 1998, ISBN 3-540-58640-7
6.11	Rotthäuser, S.	Verfahren zur Berechnung und Untersuchung hydropneumatischer Speicher; Dissertation RWTH Aachen, 1993
6.12	Wernecke, P. W.	Untersuchung der physikalischen Vorgänge in Spalten von Hydraulikdichtungen; Dissertation RWTH Aachen, 1983
6.13	Zoebl, H.	Filtrationstechnik; expert-Verlag, 1996

6.14	N.N.	Dichtungshandbuch; Parker Prädifa, 1993
6.15	N.N.	DIN 24 552 Hydrospeicher in Hydrosystemen, Begriffe, Allgemeine Anforderungen
6.16	N.N.	DIN EN 982, Sicherheit von Maschinen – Sicherheitstechnische Anforderungen an fluidtechnische Anlagen und deren Bauteile – Hydraulik
6.17	N.N.	ISO 4413, Ausführungsrichtlinie – Fluidtechnik hydraulisch. Allgemeine Regeln für Systeme“
6.18	N.N.	O+P (Ölhydraulik und Pneumatik), Konstruktionsjahrbuch 2004/2005, Vereinigte Fachverlage GmbH, Mainz, 2004
6.19	N.N.	Präzisionsdichtungen für die Hydraulik Parker-Hannifin GmbH, Prädifa-Packing Division, Bietigheim-Bissingen, 1999
6.20	N.N.	Projektskizze: „Aktueller wissenschaftlicher Stand über die Vorgänge im Dichtspalt von Hydraulikstangendichtungen“; AK Hydraulikdichtungen, Fachverband Fluidtechnik im VDMA; IMA, Uni Stuttgart, Juni 2004
6.21	N.N.	Simrit Katalog; Freudenberg Simrit KG, Weinheim, 2003
6.22	N.N.	Stangendichtungen; Busak + Shamban Group, 1997
6.23	N.N.	Verordnung über Sicherheit und Gesundheitsschutz bei der Bereitstellung von Arbeitsmitteln und deren Benutzung bei der Arbeit, über Sicherheit beim Betrieb überwachungsbedürftiger Anlagen und über die Organisation des betrieblichen Arbeitsschutzes (Betriebssicherheitsverordnung – BetrSichV), veröffentlicht im BGBL Nr. 70 vom 27. September 2002 (S. 3777)
6.24	Kempermann, Chr.	Ausgewählte Maßnahmen zur Verbesserung der Einsatzbedingungen umweltschonender Druckübertragungsmedien, Diss. RWTH Aachen 1999

7 Schaltungen

neu bearbeitet von Dipl.-Ing. C. Stammen und Dipl.-Ing. M. Zaun

7.1 Steuerungen

Hydraulische Energieübertragungen erlauben es in besonders einfacher Weise, mechanische Größen wie beispielsweise Geschwindigkeiten oder Kräfte nach Größe und Richtung zu steuern. Grundsätzlich stehen zwei Variationsmöglichkeiten zur Auswahl, die Widerstandssteuerung und die Verdrängersteuerung.

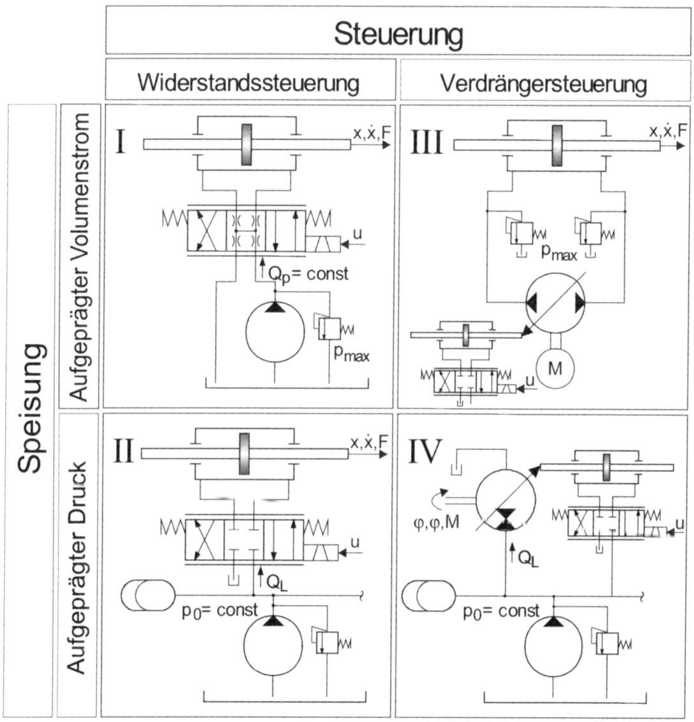

Bild 7.1-1: Systematik der hydraulischen Steuerungen

Die **Widerstandssteuerung** verändert hydraulische Größen mit Hilfe von Ventilen und erlaubt eine schnelle und genaue Verstellung von Volumenströmen und Druckdifferenzen. Der schnellen und genauen Verstellung steht der Nachteil eines hohen, systembedingten Energieverbrauches gegenüber, da prinzipbedingt die Drosselverluste der Ventile zur Steuerung genutzt werden.

Die **Verdrängersteuerung** mit Verstelleinheiten arbeitet, abgesehen von den Wirkungsgradverlusten der Bauelemente, verlustfrei. Es wird von der Pumpe nur soviel Energie abgegeben, wie vom Motor tatsächlich verbraucht wird. Der Bauaufwand für die Verdrängersteuerung liegt im allgemeinen erheblich über dem von Widerstandssteuerungen. Als weiterer Nachteil der Verdrängersteuerungen ist die geringere Verstellgeschwindigkeit aufgrund der größeren bewegten Masse zu nennen.

Die Widerstandssteuerung wird bei kleinen Leistungen, hohen Genauigkeits- und Geschwindigkeits- und hohen Sicherheitsansprüchen eingesetzt. Ihr Aufbau ist einfach. Die Verdrängersteuerung wird bei großen Leistungen in energiesparenden Antrieben verwendet.

Da die Verdrängereinheiten meistens hydraulisch verstellt werden, sind hier im Signalzweig ebenfalls Widerstandssteuerungen eingesetzt.

Eine weitere Differenzierung der Steuerungen kann nach der Art der hydraulischen Versorgung in Systeme mit aufgeprägtem Volumenstrom (Primärsteuerung/ -regelung) und Systeme mit aufgeprägtem Druck (Sekundärsteuerung/ -regelung) vorgenommen werden (**Bild 7.1-1**).

Bei einer Widerstandssteuerung mit aufgeprägtem Volumenstrom wird permanent Flüssigkeit im System umgepumpt. Bei der Widerstandssteuerung wird die Größe des Stromes durch das Ventil variiert, bei der Verdrängersteuerung wird der Volumenstrom zum Verbraucher durch die Verstelleinrichtung der Pumpe eingestellt. In letzter Zeit setzen sich auch Schaltungen durch, bei der eine Konstantpumpe genutzt wird, die durch Drehzahlveränderung des Elektromotors den Volumenstrom beeinflußt. Der Druck im System stellt sich in jedem Fall in Abhängigkeit von der Last des Motors ein.

Bei einem System mit aufgeprägtem Druck wird am Ventil bzw. am Motor ein bestimmter Druck vorgegeben. Die Geschwindigkeit des Verbrauchers hängt von der Ventilstellung sowie der Druckdifferenz über dem Verbraucher ab. Bei der Verdrängersteuerung mit aufgeprägtem Druck wird die Drehzahl des Motors durch die notwendige Regelung bestimmt. Hier ist der Volumenstrom eine Funktion des Lastmomentes am Motor.

7.1.1 Widerstandssteuerung

Zur Beeinflussung des Volumenstroms in Abhängigkeit von der anliegenden Druckdifferenz werden die viskositätsabhängige Laminardrossel und die bei großen Reynoldszahlen viskositätsunabhängige Blende mit turbulentem Durchfluß eingesetzt. So dienen beispielsweise Konstantblenden in hydraulischen Geräten zur Dämpfung von Schwingungen, während mit von Hand verstellbaren Widerständen verschiedene Geschwindigkeiten bei Bewegungsabläufen eingestellt werden können. Diese Ventile werden aber nur für untergeordnete Steuerungen eingesetzt, da der Durchfluß von der anliegenden Druckdifferenz, und damit von der Belastung, sowie von der Ventilstellung abhängt.

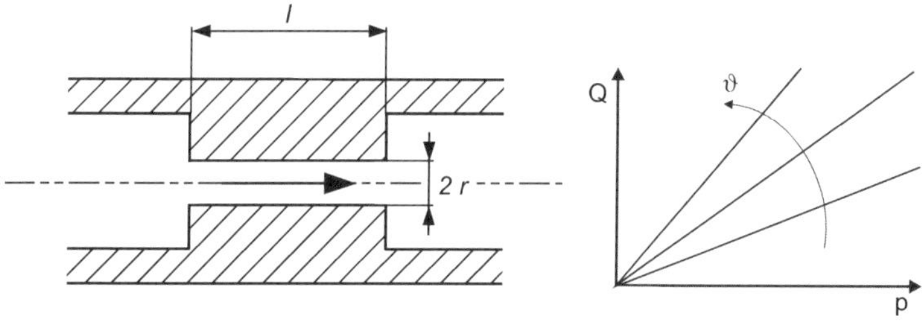

Bild 7.1-2: Drosselförmiger Widerstand

Für Drosseln und Blenden gelten die folgenden Durchflußbeziehungen. Für drosselförmige Widerstände, wie in **Bild 7.1-2** dargestellt, ist der Volumenstrom

$$Q = \frac{\pi \cdot r^4}{8 \cdot \eta \cdot l} \cdot \Delta p \qquad (7.1\text{-}1)$$

Der Durchfluß ist stark temperaturabhängig, da sich die Viskosität mit der Temperatur ändert.

Für **Blenden** und blendenförmige Strömungswiderstände wie in **Bild 7.1-3** gilt

$$Q = \pi \cdot r^2 \cdot \alpha_D \cdot \sqrt{\frac{2 \cdot \Delta p}{\rho}} \qquad (7.1\text{-}2)$$

Der Durchfluß ist hierbei weniger temperaturabhängig, weil die plötzliche Querschnittsänderung bewirkt, daß schon bei niedrigen Reynoldszahlen Turbulenz vorliegt.

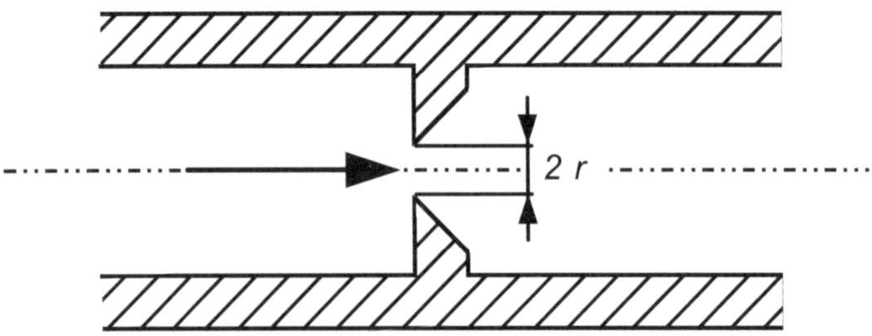

Bild 7.1-3: **Blendenförmiger Widerstand**

Die Störgröße Temperatur hat also bei blendenförmigen Strömungswiderständen und großen Reynoldszahlen (s. Kap 2.3.3.4) praktisch keine Auswirkung. Alle technischen Widerstände sind charakterisiert durch eine Volumenstromdruckkennlinie, die zwischen der parabolischen einer Blende und der linearen einer Kapillare liegt. Die am häufigsten benutzten Widerstandsformen in der Hydraulik sind in **Bild 7.1-4** zusammengestellt.

Die Widerstände werden mechanisch verstellt, wobei die Betätigung von Hand, hydraulisch oder elektro-mechanisch erfolgen kann. Aufbau und Wirkungsweise der Widerstände werden im Kapitel Ventile erläutert. Die Eigenschaften einer Widerstandssteuerung richten sich nach Anzahl und Art der verwendeten Widerstände. Eine Systematik der Widerstandssteuerungen und deren Eigenschaften werden in der Vorlesung Servohydraulik [7.1] behandelt.

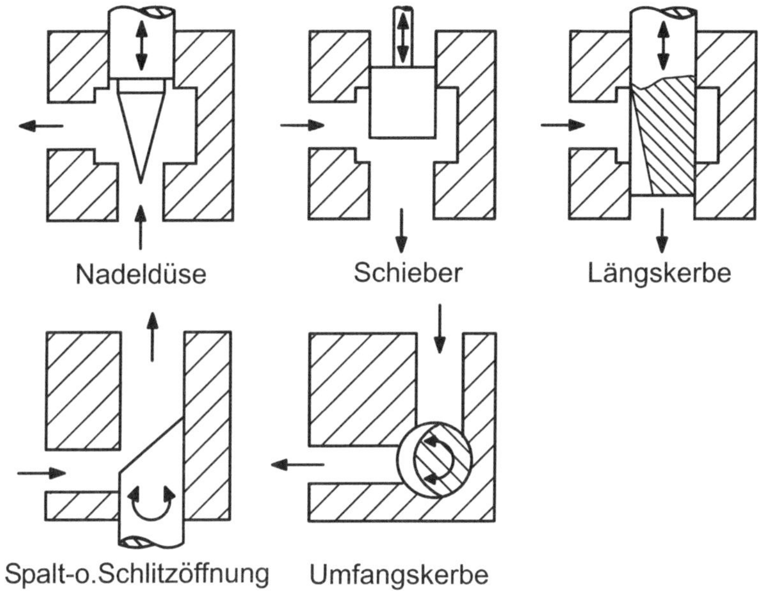

Bild 7.1-4: **Widerstandsformen**

7.1.2 Verdrängersteuerung

Bei der Steuerung des Verdrängervolumens erfolgt die Verstellung von Hand, durch elektrische Antriebe oder hydraulisch.

Die Energiebilanz im Teillastbereich ist bei Verwendung einer Verstellpumpe wesentlich günstiger als bei einer Schaltung mit Konstantpumpe und Drosselventil. Diese Schaltungsart sollte daher bei größeren Leistungen bevorzugt eingesetzt werden.

Die **Handverstellung** einer Pumpe erfolgt in der Regel über ein Handrad und eine Gewindespindel, da hohe Verstellkräfte wirksam sind. Die Stellgeschwindigkeit ist von der mechanischen Übersetzung abhängig. Die Handverstellung wird für alle Verstelleinheiten, auch für Motoren, gebaut. Sie wird überall dort eingesetzt, wo keine häufige Änderung des Förderstromes oder des Schluckstromes erforderlich ist. Im geschlossenen Kreis ist auch eine För derrichtungsumkehr beim Schwenken durch die Nullage möglich. Die Funktion der Handverstellung ist in **Bild 7.1-5** schematisch dargestellt.

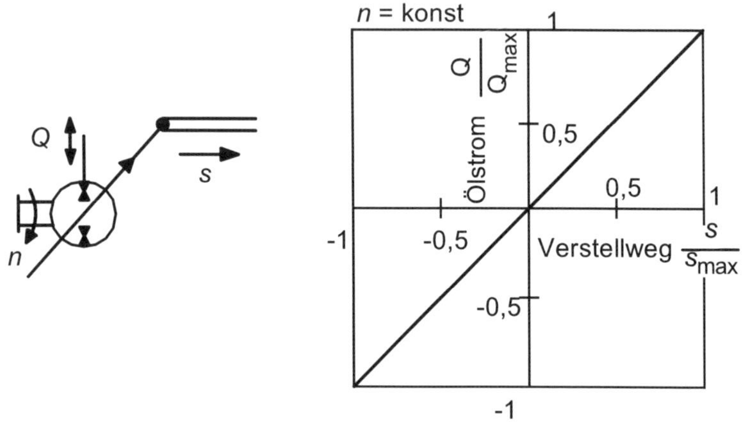

Bild 7.1-5: Schema und Kennlinie einer Verstelleinheit mit Handsteuerung

Die **elektrische Verstellung** erfolgt über einen Elektromotor mit Schneckengetriebe oder Gewindespindel. Sie ist im Prinzip eine Verbesserung der Handverstellung, bei welcher eine Programm- oder Fernsteuerung des Hubvolumens möglich ist. Die Verstellzeiten betragen je nach Größe der Einheit 10 - 60 s für den gesamten Stellbereich. Die Stellung ist entweder eine Funktion der Einschaltzeit des Motors oder sie wird geregelt, indem der Stellweg über eine Rückführeinrichtung gemessen und mit einem Sollweg verglichen wird.

Bei der **hydraulischen Verstellung** mit konstanter Druckversorgung wird ein Stellkolben der Stelleinheit gegen eine Feder verschoben, wie in **Bild 7.1-6** dargestellt ist, bis Kräftegleichgewicht besteht, d. h. der Steuerstrom gesperrt wird. Die Steuerung erfolgt entweder über Druckregelventile oder Wegeventile. Die Verstellzeit hängt vom maximalen Steuerstrom und der Stellkolbenfläche ab, sie liegt meist unter einer Sekunde.

Die hydraulische Verstellung oder auch Fernsteuerung wird vorteilhaft bei der Verwendung von Druckregelventilen für wenige feste Pumpen- oder Motor stellungen eingesetzt. Für jede Stellung, außer dem Anschlag, ist eine bestimmte Druckeinstellung erforderlich. Ihr Einsatz erfolgt bei Programmsteuerungen, die kurze Stellzeiten erfordern, wie beispielsweise beim Umschalten von Eil- auf Schleichgang.

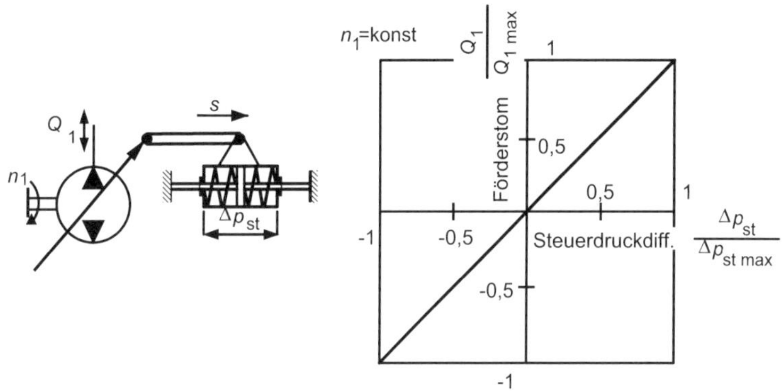

Bild 7.1-6: **Schema und Kennlinie einer Verstellpumpe mit hydraulischer Verstellung**

Bei Motoren reicht oft ein Steuerdruck aus **(Bild 7.1-7)**, da keine Verstellung durch den Nullpunkt erfolgt. Die Sekundär- oder Motorverstellung bietet bei hoher Last große Feinfühligkeit, wie dies bei Winden erforderlich ist. Wegen der Gefahr der Selbsthemmung wird das minimale Schluckvolumen auf ca. 20 % begrenzt.

Bei der **servohydraulischen Verstellung** wird der Stellkolbenweg durch eine Lageregelung und ein Stellventil dem Sollwert nachgeführt. Dadurch können alle Rückwirkungen der Pumpe auf den Stellweg ausgeregelt werden.

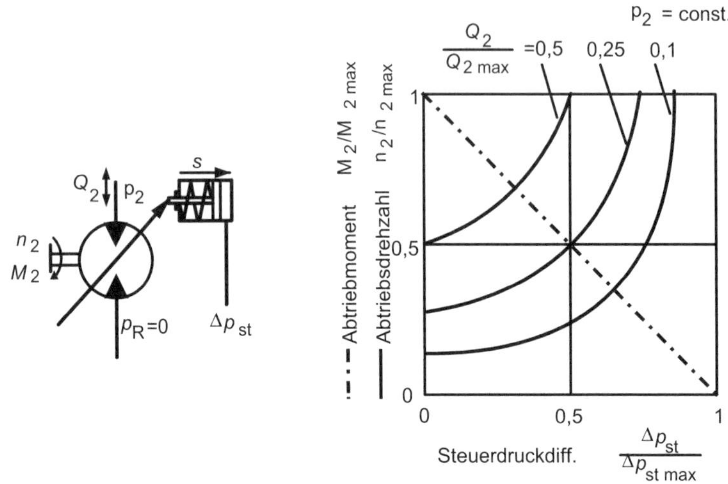

Bild 7.1-7: **Schema und Kennlinie eines Verstellmotors mit hydraulischer Verstellung**

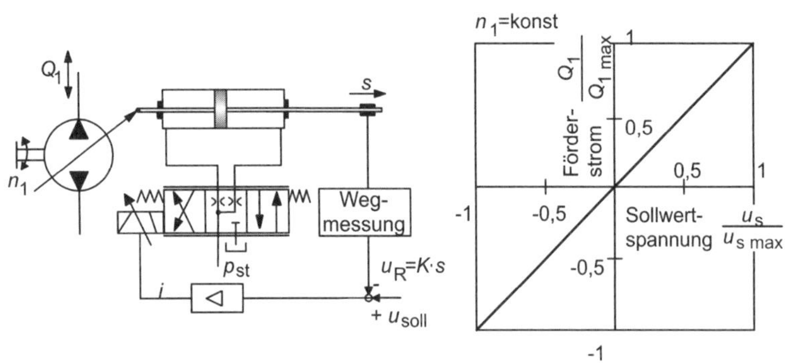

Bild 7.1-8: **Schema und Kennlinie einer Verstellpumpe mit elektrohydraulischer Verstelung**

Bei der elektrohydraulischen Verstellung wie in **Bild 7.1-8** wird der Stellweg elektrisch gemessen und in einem Differenzverstärker mit dem elektrisch vorgegebenen Sollweg verglichen. Die Stellzeiten betragen 20 - 200 ms. Haupteinsatzgebiet sind Prozeßregelungen mit elektrischer oder elektronischer Signalverarbeitung, bei denen es auf eine schnelle und genaue Anpassung des Hubvolumens an den Prozeßablauf ankommt.

7.2 Hydrostatische Getriebe

Dienen eine hydraulische Steuerung und deren hydraulische Versorgung zusammen der Übertragung oder Wandlung von Energie oder Bewegungen, so wird dieses System hydrostatisches Getriebe genannt. Der hydraulischen Druckversorgung, der Pumpe, kommt dabei die Aufgabe zu, mechanische Energie in hydraulische umzuformen. In einem Motor wird die hydraulische Energie wiederum in mechanische zurückgewandelt. Die Steuerungen von Pumpe und Motor entscheiden in welchem Verhältnis Energie gewandelt wird. Die meisten hydraulischen Schaltungen zählen zu den hydrostatischen Getrieben, da sie der Wandlung und dem Transport mechanischer Energie dienen.

Bei hydrostatischen Getrieben im engeren Sinn ist eine direkte Wechselwirkung zwischen Pumpe und Motor gegeben, ohne daß Regelventile im Leistungszweig angeordnet sind. Diese Getriebe lassen sich ohne Berücksichtigung der unterschiedlichen Verdrängerprinzipien nach **fünf Hauptmerkmalen** unterscheiden.

Die **Verschaltung** kann im offenen Kreislauf oder im geschlossenen Kreislauf erfolgen.

Die **räumliche Anordnung** der Komponenten erlaubt die Einteilung in Kompaktgetriebe und Ferngetriebe.

Die **Verstellung** erfolgt als Pumpenverstellung, Motorverstellung oder Verbundstellung.

Die **Leistungsabgabe** geschieht durch Einzelantrieb, Parallelschaltung mehrerer Verbraucher oder durch Reihenschaltung mehrerer Verbraucher.

Der **Leistungsfluß** kann vollhydrostatisch oder teilhydrostatisch erfolgen

Im Gegensatz zu dem bei der Herleitung der Grundlagen herangezogenen Modell eines idealen Getriebes ist das reale hydrostatische Getriebe verlustbehaftet. Die Verluste an Geschwindigkeit durch Leckage werden durch den **volumetrischen Wirkungsgrad** η_{vol}, die Verluste an Kraft oder Moment durch Reibung durch den **hydraulisch-mechanischen Wirkungsgrad** η_{hm} beschrieben. Die Definition der Wirkungsgrade kann der Gegenüberstellung in **Bild 7.2-1** entnommen werden. Die auftretenden Verluste und die dabei anfallende Wärme werden am Ende des Kapitels genauer untersucht.

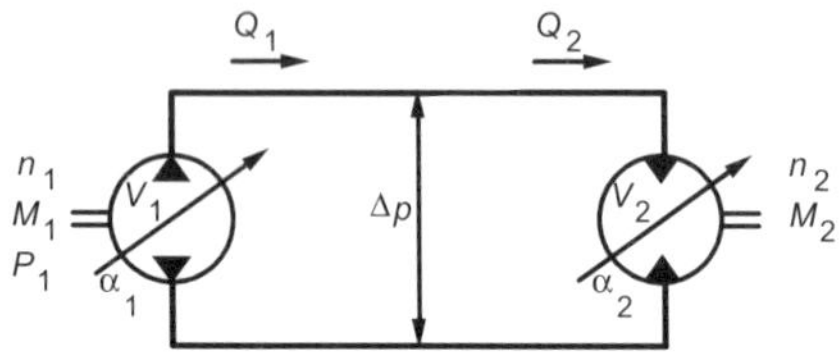

Drehzahlverhältnis ν	$\frac{n_2}{n_1} = \frac{V_1}{V_2} \cdot \eta_{12\,vol}$	ideales Getriebe
Momentenwandlung μ	$\frac{M_2}{M_1} = \frac{V_2}{V_1} \cdot \eta_{12\,hm}$	$\eta_{12\,vol} = 1$
Wirkungsgrad η	$\frac{P_2}{P_1} = \eta_{12\,hm} \cdot \eta_{12\,vol} = \eta_{12\,ges}$	$\eta_{12\,hm} = 1$
Drehmoment M_i	$M_i = \frac{V_i}{2\pi} \cdot \Delta p$	

Bild 7.2-1: Wandlereigenschaften des hydrostatischen Getriebes

7.2.1 Verschaltung

Hauptunterscheidungsmerkmal der verschiedenen Schaltungen ist, ob ein offener oder ein geschlossener Kreislauf vorliegt. Die beiden Möglichkeiten sind in **Bild 7.2-2** schematisch gegenübergestellt.

Die Pumpe im Getriebe mit offenem Kreislauf (**Bild 7.2-2**, oben) entnimmt den gesamten Förderstrom dem Tank, während im geschlossenen Kreislauf (**Bild 7.2-2**, unten) das Rücköl vom Motor, vermindert um das Leck- und Spülöl, der Pumpe wieder zugeführt wird. Weil der Ölmotor im geschlossenen Kreislauf hydraulisch eingespannt ist, kann mit ihm auch gebremst werden. Die Bremsleistung wird über die Pumpe zum Antriebsmotor zurückgespeist.

Auch eine Drehrichtungsumkehr mit negativ ausschwenkbarer Verstellpumpe ist möglich. Dieser Betrieb wird **Vierquadrantenbetrieb** genannt. Beide Leitungen müssen beim geschlossenen Kreislauf druckfest ausgeführt sein.

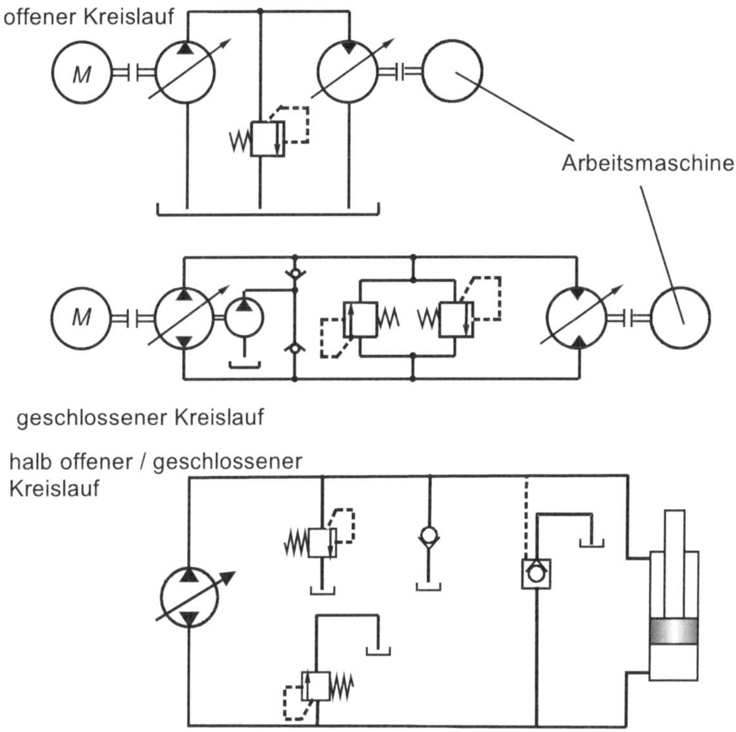

Bild 7.2-2: Verschaltungsmöglichkeiten

Deshalb sollen die zum Dauerbetrieb erforderlichen Zusatzgeräte wie Filter, Kühler und Ausgleichsbehälter nicht im Hauptkreislauf angeordnet werden, da deren druckfeste Ausführung problematisch und teuer ist. Sie werden in einem zusätzlichen, über eine Speisepumpe betriebenen Nebenkreislauf untergebracht. Durch **Speise- und Spülventile** wird ein ständiger Austausch von frischer und verbrauchter Flüssigkeit im Hauptkreislauf gewährleistet.

Ein geschlossener Kreislauf erfordert den Einsatz eines symmetrischen Verbrauchers. Ein symmetrischer Verbraucher ist eine Maschine, die in beide Bewegungsrichtungen einen gleich großen Volumenstrom schluckt. Ein unsymmetrischer Verbraucher, z. B. ein Differentialzylinder, schluckt in beide Bewegungsrichtungen unterschiedlich große Volumenströme. Daher ist ein unsymmetrischer Verbraucher nur in einem halb offenen - oder anders formuliert in einem halb geschlossenen - Kreislauf einsetzbar.

Fährt der Differentialzylinder aus, wird mehr Flüssigkeit in die große Zylinderkammer gepumpt als aus der kleinen Zylinderkammer angesaugt werden kann. In der Saugleitung der Pumpe fällt der Druck ab. An der Pumpe drohen Kavitationsschäden. Um dies zu verhindern, wird über ein Nachsaugventil Flüssigkeit in den Kreislauf gefördert. Fährt der Differentialzylinder ein, wird aus der großen Zylinderkammer mehr Flüssigkeit verdrängt als in die kleine Kammer gefördert werden kann. Über ein entsperrbares Rückschlagventil kann die überschüssige Flüssigkeit abfließen.

Durch den ständigen Volumenstromaustausch mit dem Tank kann auf eine zusätzliche Spülung verzichtet werden.

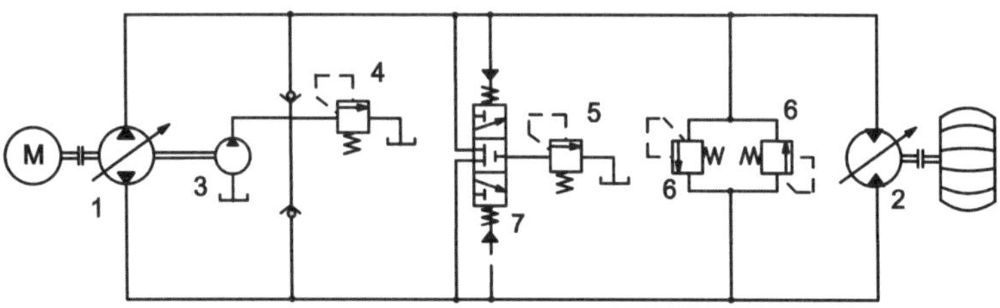

Bild 7.2-3: **Hydrostatisches Getriebe im geschlossenen Kreislauf**

Bild 7.2-3 zeigt den Schaltplan eines im geschlossenen Kreislauf arbeitenden hydrostatischen Getriebes mit Verstellpumpe 1 und Verstellmotor 2. Die Speisepumpe 3 führt dem Kreislauf frisches Fluid zu. Gegen zu hohen Druck ist die Speisepumpe durch das Ventil 4 gesichert. Das im Kreislauf überschüssige Fluid wird über das Spülventil 7 und das Druckbegrenzungsventil 5 zum Tank abgeführt. Gegen unzulässig hohe Druckdifferenzen ist der Kreislauf durch die beiden Druckbegrenzungsventile 6 abgesichert.

7.2.2 Räumliche Anordnung

Bei der räumlichen Anordnung eines Getriebes wird zwischen Kompakt- und Ferngetriebe unterschieden. Bei **Kompaktgetrieben** sind Motor und Pumpe in einem Gehäuse untergebracht. Hier wird die Hydrostatik wegen der einfachen und verschleißarmen Steuerbarkeit zur Wandlung mechanischer Größen eingesetzt.

Bei **Ferngetrieben** sind Pumpe und Motor über längere Leitungen verbunden. Dabei kommen zusätzliche Vorteile der Hydraulik zum Tragen, wie platzsparende und leichte Bauweise, flexibler Aufbau, Verwendung von Serienbauelementen sowie Überbrückung mittlerer Entfernungen. Das Ferngetriebe ist besonders dort anzutreffen, wo eine Pumpe mehrere Verbraucher (Hydromotoren und -zylinder) mit Energie versorgt.

7.2.3 Verstellung

Bei einfachen Getrieben kleinerer Leistung kann die Drehzahlwandlung durch Stromteilung erfolgen, die durch Drosselung im Haupt- und Nebenstrom erreicht wird. Die Bypassdrosselung ist stark verlustbehaftet. Getriebe höherer Leistung arbeiten daher mit Pumpen bzw. Motorverstellung.

Die Pumpenverstellung oder auch **Primärverstellung** hat den Vorteil, daß der Pumpenförderstrom, und damit die Abtriebsdrehzahl n_2, proportional dem eingestellten Hubvolumen V_1 ist (**Bild 7.2-4**). Stillstand und Rückwärtslauf können einfach realisiert werden.

Die Motorverstellung oder auch **Sekundärverstellung** bewirkt eine bessere Auslastung des Getriebes, da Pumpe und Leitungen nur für den maximalen Volumenstrom ausgelegt werden müssen. Außerdem können mehrere Motoren, die von einer gemeinsamen Pumpe versorgt werden, einzeln beeinflußt werden. Ein Nachteil ist, daß die Motordrehzahl n_2 bei gegebenem Volumenstrom umgekehrt proportional dem eingestellten Schluckvolumen V_2 ist (**Bild 7.2-4**), so daß eine Steuerung zu niedrigen Drehzahlen und Drehzahlumkehr durch Verstellen des Motorschluckvolumens nicht möglich ist.

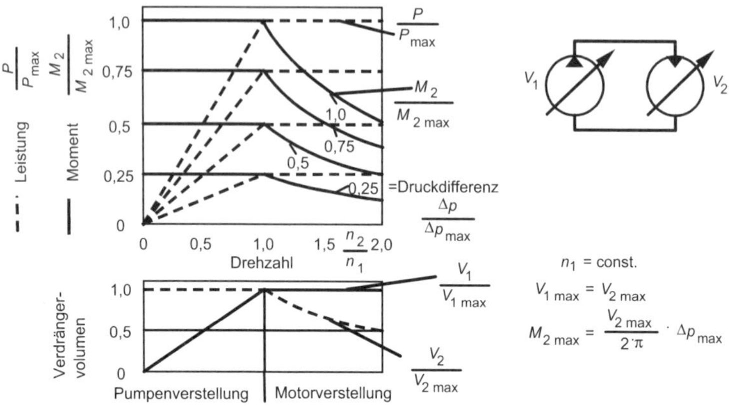

Bild 7.2-4: Kennlinienfeld eines verlustlosen hydrostatischen Getriebes bei Einzelverstellung

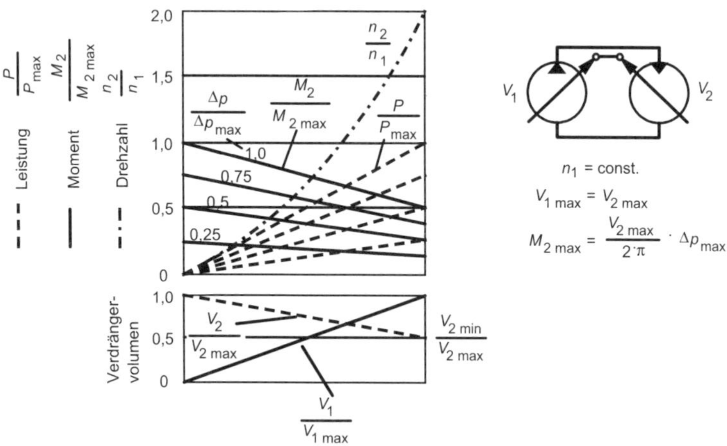

Bild 7.2-5: Kennlinienfeld eines verlustlosen hydrostatischen Getriebes bei Verbundvestellung

Beide Verstellmöglichkeiten können kombiniert werden, um einen großen Stellbereich bei guter Auslastung zu erreichen. Bei Getrieben mit getrennter

Pumpen- oder Motorverstellung wird, ausgehend vom Stillstand der Abtriebswelle, die Pumpe von Nullförderung auf vollen Förderstrom geschwenkt. Zur weiteren Drehzahlerhöhung wird der Motor vom maximalen Schluckvolumen zum minimalen Schluckvolumen hin verstellt **(Bild 7.2-4)**.

Bei gleichzeitiger Verstellung von Pumpen- und Motorverdrängervolumen spricht man von **Verbundverstellung (Bild 7.2-5).**

7.2.4 Leistungsverzweigung

Der hydraulische Einzelantrieb übernimmt lediglich die Übertragung und Wandlung mechanischer Energie.

In vielen Fällen ist es aber vorteilhaft, mehrere Motoren durch eine gemeinsame Pumpe anzutreiben. Da die verschiedenen Verbraucher normalerweise nicht alle gleichzeitig die maximale Leistung beanspruchen, kann so die installierte Leistung geringer gehalten werden.

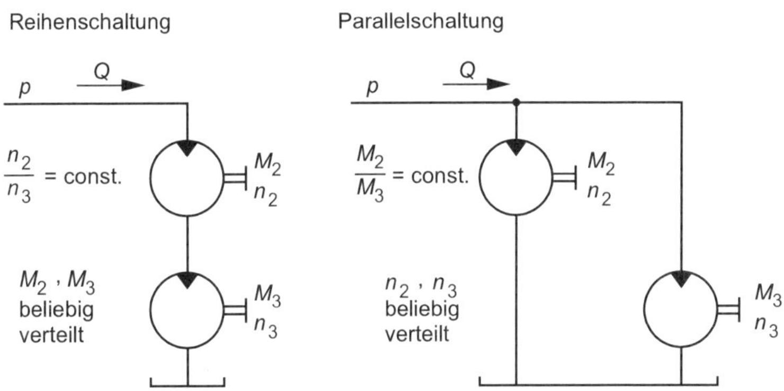

Bild 7.2-6: Reihen- und Parallelschaltung von Motoren

Zwei verschiedene Grundschaltungen sollen hier kurz vorgestellt werden, die Reihenschaltung oder Serienschaltung, und die Parallelschaltung. Sie sind in **Bild 7.2-6** gegenübergestellt. Bei der Reihenschaltung sind die Drehzahlen der Motoren starr gekoppelt, bei der Parallelschaltung gilt dies für die Drehmomente.

Betriebstechnisch bietet die Parallelschaltung Vorteile. Bei Stillstand eines Motors muß bei Serienschaltung für eine Umgehung durch ein Ventil mit Neutralumlauf gesorgt werden, da sonst auch die anderen Motoren nicht laufen können. Die Parallelschaltung kann einfach um zusätzliche Verbraucher erweitert werden.

7.2.4.1 Getriebe mit aufgeprägtem Strom

Hydrostatische Getriebe arbeiten mit aufgeprägtem Volumenstrom, d. h. daß die Pumpe einen durch Drehzahl und Verstellung vorgegebenen Volumenstrom liefert, der sich mit dem Systemdruck nur geringfügig ändert. Systeme dieser Art lassen sich durch Verstellung der Drehzahl oder des Fördervolumens der Pumpe leicht in der Abtriebsdrehzahl oder -geschwindigkeit steuern.

Mit dem eingeprägten Strom kann man problemlos eine Serienschaltung von Motoren erzeugen. Die Drehzahlen stellen sich entsprechend der Schluckvolumina der Motoren ein ($Q = V_1 \cdot n_1 = V_2 \cdot n_2 = \ldots$). Der Gesamtdruck ist gleich den durch die Lastmomente an den Motoren angeforderten Einzeldruckdifferenzen

$$p_0 = M_1 \cdot \frac{2 \cdot \pi}{V_1} + M_2 \cdot \frac{2 \cdot \pi}{V_2} + \ldots \qquad (7.2\text{-}1)$$

Parallelgeschaltete Motoren können nur durch einen aufgeprägten Strom gespeist werden, wenn sie eine gemeinsame Last treiben, über die sie form- oder kraftschlüssig gekoppelt sind.

7.2.4.2 Getriebe mit aufgeprägtem Druck

Ein hydrostatisches Getriebe kann auch als ein System mit aufgeprägtem Druck ausgelegt werden. Der Systemdruck kann mit Druckventilen durch eine Widerstandssteuerung oder mit einer Pumpenverstellung durch eine Verdrängersteuerung konstant gehalten werden. Soll in diesem Fall mit dem Motor statt eines konstanten Moments eine konstante Geschwindigkeit bei vorgegebenem Systemdruck realisiert werden, so ist eine zusätzliche Regelung am Motor notwendig. Diese Regelung kann als Widerstandssteuerung mit Servo-, Proportional- oder Stromregelventilen oder als Verdrängersteuerung durch eine Verstellung des Schluckvolumens verwirklicht werden.

Der Vorteil des Systems mit eingeprägtem Druck ist die größere Gestaltungsfreiheit. Es können ohne weiteres Parallelschaltungen mehrerer Verbraucher vorgenommen werden, wie es bei Zentralhydraulikanlagen genutzt wird. Außerdem stehen **Hydrospeicher** zur Entkoppelung von angebotener und verbrauchter Leistung zur Verfügung, die bei intermittierendem Betrieb zur **Bremsenergierückgewinnung** eingesetzt werden.

Nachteilig ist, daß durch die Drehzahlregelung z. B. bei niedrigen Lastmomenten die Verstellmotoren bei sehr kleinen Schluckvolumina und damit bei niedrigem Wirkungsgrad gefahren werden. Auch ist der Aufwand für die Fesselung des Antriebs durch eine Drehzahlregelung unabdingbar worauf in der Vorlesung Servohydraulik näher eingegangen wird.

7.2.5 Leistungsfluß

Bei den vollhydrostatischen Getrieben wird die gesamte Leistung hydraulisch übertragen. Im Gegensatz dazu wird bei teilhydrostatischen Getrieben nur ein Teil in hydraulische Leistung umgewandelt, um dann vom Motor wieder in mechanische Leistung transformiert zu werden. Der Rest wird direkt über mechanische Übertragungsglieder geleitet, um am Getriebeausgang wieder mit dem hydraulisch übertragenen Teil vereinigt zu werden. Auf diese Weise kann wegen des besseren Teilwirkungsgrades des mechanischen Leistungsflusses der Gesamtwirkungsgrad in bestimmten Betriebsbereichen verbessert werden. Man unterscheidet die innere und äußere Leistungsverzweigung.

7.2.5.1 Innere Leistungsverzweigung

Zum Verständnis sei das folgende Denkschema angenommen. Bei einer fördernden Pumpe, die mit n_1 angetrieben wird, wird der Förderstrom blockiert. Falls das Gehäuse fest ist, steigt der Druck beliebig an, bis ein Teil nachgibt.

Kann das Gehäuse rotieren, so wird dies mit der Drehzahl n_1 mitlaufen. Falls nun ein Teil des Pumpenförderstroms durchgelassen und durch einen Motor mit veränderlichem Schluckstrom abgenommen wird, kann damit eine stufenlose Drehzahländerung des Pumpengehäuses erreicht werden, wie in **Bild 7.2-7** schematisch dargestellt ist. Damit erfolgt eine Verzweigung in einen hydraulischen (p, Q) und einen mechanischen Leistungsanteil (M_2, n_2).

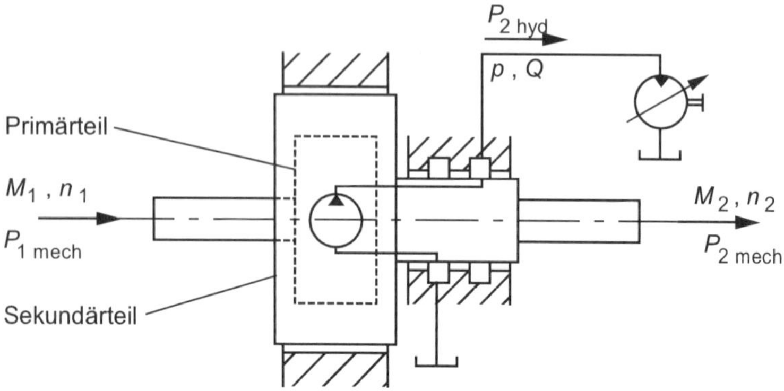

Bild 7.2-7: **Prinzip der hydraulisch-mechanischen Leistungsverzweigung**

In dem Getriebe in **Bild 7.2-8** ist die Pumpe 2 mit der Antriebswelle 1, der Motor 3 mit dem Getriebegehäuse 5 und die Abtriebswelle 4 mit dem Umlaufgehäuse 6 verbunden. Das Hyvari Getriebe wurde bisher bei Arbeitsfahrzeugen nicht serienmäßig eingesetzt [7.2] und spielt daher in den weiteren Betrachtungen keine Rolle.

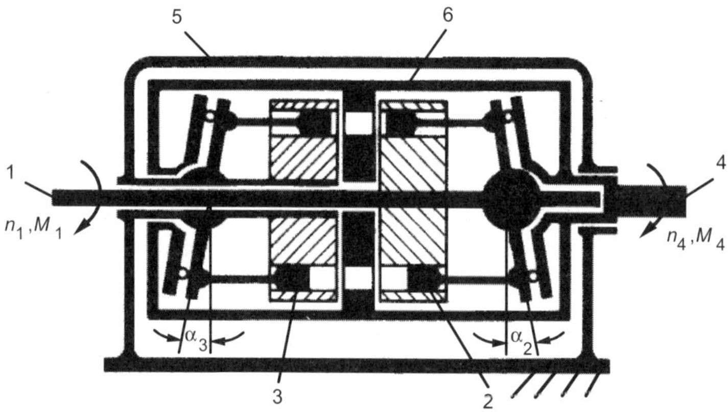

Bild 7.2-8: **Hydrostatisches Getriebe mit innerer Leistungsverzweigung**

7.2.5.2 Äußere Leistungsverzweigung

Die äußere Leistungsverzweigung erfordert ein Verzweigungsgetriebe, in einem Strang ein Verstellgetriebe sowie ein Summiergetriebe, um je nach Übersetzungsverhältnis einen Teil der Leistung durch das hydrostatische Getriebe zu übertragen. Ein solches Getriebe ist in **Bild 7.2-9** wiedergegeben. Der Antrieb erfolgt hier über einen Verbrennungsmotor (1). Die Leistungsverzweigung erfolgt in einem Planetengetriebe, wobei das Hohlrad (3) die Hydropumpe (2) antreibt. Im Hydromotor (9) wird wiederum die hydraulische Leistung in mechanische Leistung umgewandelt. Im Summiergetriebe werden hydrostatische und mechanische Drehmomente zusammengeführt und an der Abtriebsachse (7) abgegeben. Weitere Verbraucher können über das Zapfwellengetriebe (6) angetrieben werden. Über das Allradgetriebe (8) ist ein Antrieb einer weiteren Achse möglich. In [7.2] sind weitere Konzepte für stufenlose hydrostatische Getriebe mit äusserer Leistungsverzweigung vorhanden.

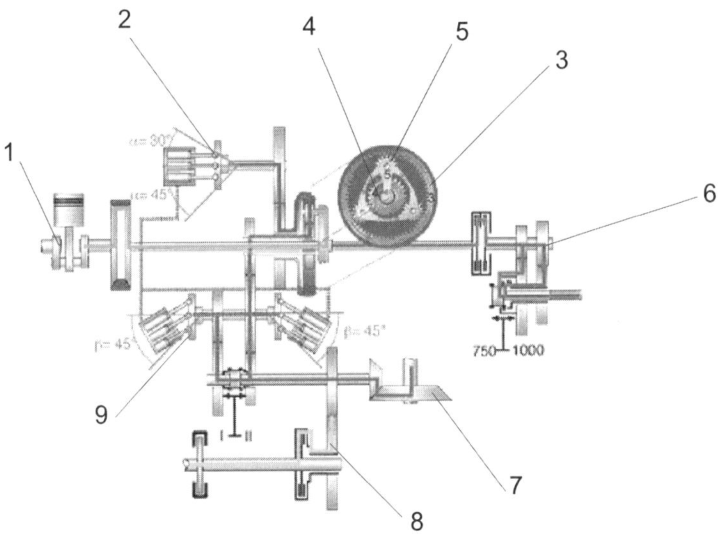

Bild 7.2-9: Teilhydrostatisches Getriebe mit äußerer Leistungsverzweigung (Fendt)

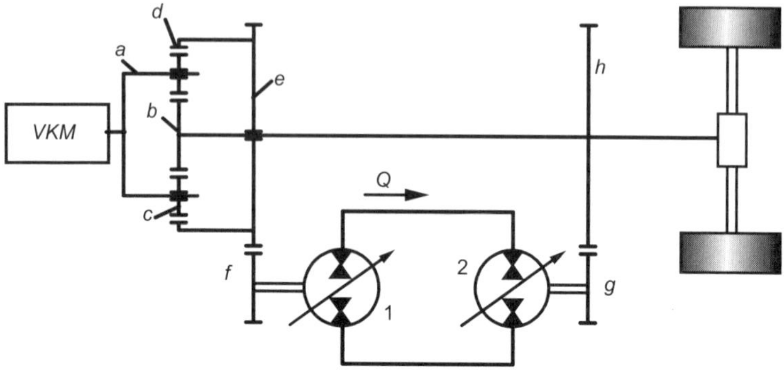

Bild 7.2-10: **Schema eines teilhydrostatisches Getriebe**

Das Übersetzungsverhältnis läßt sich folgendermaßen nach **Bild 7.2-10** bestimmen:

$$Q_1 = \frac{\alpha_1}{\alpha_{1max}} V_1 n_e \frac{r_e}{r_f} = \alpha_1^* V_1 n_e \frac{r_e}{r_f} \text{; mit } \alpha_1^* = \frac{\alpha_1}{\alpha_{1max}} \quad (7.2\text{-}14)$$

$$Q_2 = \frac{\alpha_2}{\alpha_{2max}} V_2 n_h \frac{r_h}{r_g} = \alpha_2^* V_2 n_h \frac{r_h}{r_g} \text{; mit } \alpha_2^* = \frac{\alpha_2}{\alpha_{2max}} \quad (7.2\text{-}15)$$

$$Q_1 = Q_2$$

$$n_h = n_e \frac{\alpha_1^*}{\alpha_2^*} \cdot \frac{V_1}{V_2} \cdot \frac{r_e}{r_f} \cdot \frac{r_g}{r_h} \quad (7.2\text{-}16)$$

$$n_a = \frac{n_h r_d + n_e r_c}{2 r_a} \quad (7.2\text{-}17)$$

$$r_a = \frac{r_c + r_d}{2} \quad (7.2\text{-}18)$$

$$n_h = \frac{\alpha_1^*}{\alpha_2^*} \cdot \frac{V_1}{V_2} \cdot \frac{r_e}{r_f} \cdot \frac{r_g}{r_h} \frac{n_a (r_c + r_d) - n_h r_d}{r_c} \quad (7.2\text{-}19)$$

Dabei lassen sich zwei Betriebsbereiche unterscheiden.

Bereich I:

$$n_a < \frac{r_d}{r_c + r_d} n_h \quad (7.2\text{-}20)$$

Bereich II:

$$n_a > \frac{r_d}{r_c + r_d} n_h \qquad (7.2\text{-}21)$$

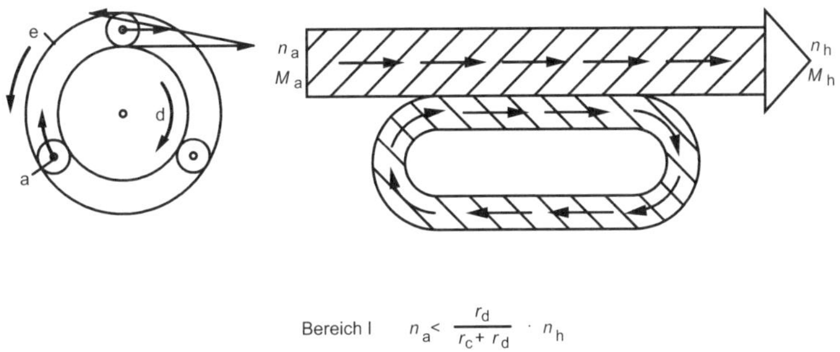

Bild 7.2-11: Leistungsfluß bei hydraulischer Blindleistung

Im Bereich I wirkt Einheit 2 als Pumpe und Einheit 1 als Motor. Die Hydraulik überträgt eine kreisende Blindleistung **(Bild 7.2-11)**. Teil e hat die entgegengesetzte Drehrichtung wie Teil d.

Bei der Grundübersetzung ist Einheit 1 auf $\alpha_1 = 45°$ verstellt. Das äußere Zentralrad d des Planetengetriebes steht allerdings still. Die Einheit 2 ist auf 0° verstellt und ist an die Drehzahl des Antriebes gekoppelt. Die Leistung wird rein mechanisch übertragen. Das Getriebe arbeitet mit bestem Wirkungsgrad.

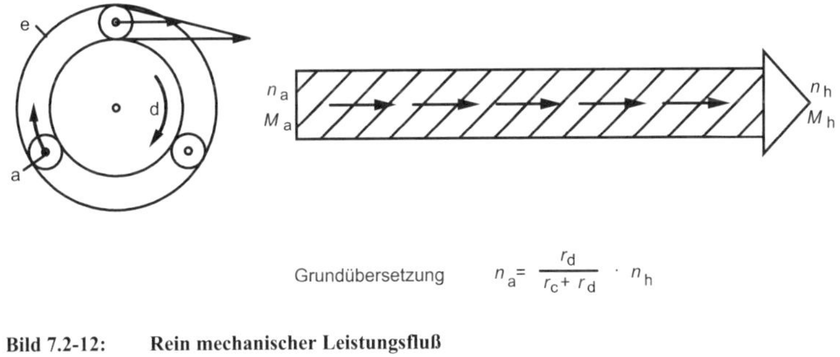

Bild 7.2-12: Rein mechanischer Leistungsfluß

Im Bereich II wirkt Einheit 1 als Pumpe, Einheit 2 als Motor. Die Hydraulik überträgt einen Teil der zu übertragenden Leistung. Teil e und Teil d haben die gleiche Drehrichtung.

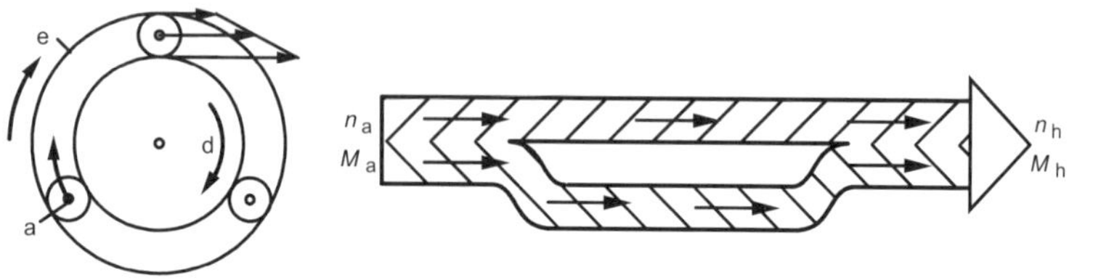

Bereich II $n_a > \frac{r_d}{r_c + r_d} \cdot n_h$

Bild 7.2-13: Leistungsfluß mit hydraulischer Wirkleistung

7.2.6 Wirkungsgrade und Kennlinienfelder

Zur genaueren Definition der am Anfang des Kapitels kurz vorgestellten Wirkungsgrade sollen zunächst die beiden Verlustarten, volumetrische Verluste und Reibungsverluste, näher untersucht werden. Anschließend wird die Abhängigkeit der Wirkungsgrade von den Betriebsparametern dargestellt.

7.2.6.1 Volumetrische Verluste

Volumetrische Verluste treten bei den Verdrängermaschinen als Leckageverluste in Erscheinung **(Bild 7.2-14)**. Die Druckräume werden durch Paßflächen und Stege von zueinander beweglichen Bauteilen abgedichtet. Es bestehen dadurch Leckwege, durch welche die unter Druck stehende Flüssigkeit abströmen kann.

Der externe Leckagestrom fließt aus allen Druckräumen und wird dem aktiven Flüssigkeitsstrom entzogen. So fließt das Fluid bei einer Pumpe in einem hydrostatischen Getriebe sowohl von der Hochdruckseite als auch von der Niederdruckseite in das Pumpengehäuse. Bei einem Hydraulikzylinder tritt es an den Kolbenstangendichtungen aus.

Zwischen Räumen mit unterschiedlichem Druckniveau fließt die interne Leckage in Richtung des Druckgefälles, also bei einer Pumpe von der Druck- zur

Saugseite oder bei einem Zylinder von der Druckseite an der Dichtung zwischen Kolben und Zylinderwandung vorbei in den zurückströmenden Flüssigkeitsstrom.

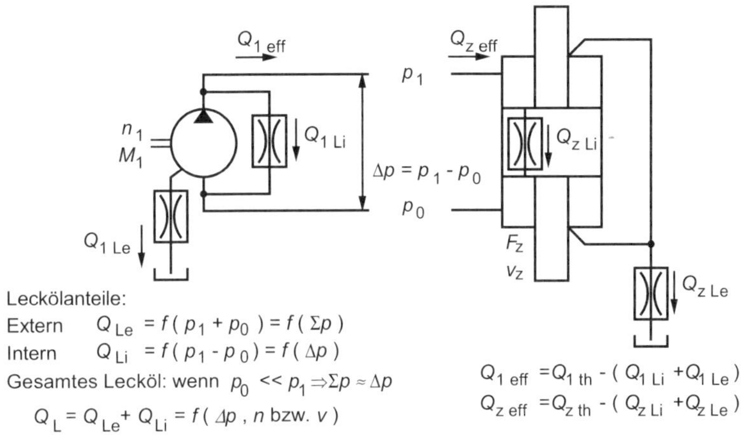

Bild 7.2-14: Leckageanteile in Verdrängereinheiten

Die externe Leckage ist abhängig vom Summendruck $p_0 + p_1$. Wenn die Höhe des Niederdruckes gering ist gegenüber der des Hochdruckes, läßt sich der Niederdruck vernachlässigen.

Die internen Leckverluste sind dagegen vom Differenzdruck $p_1 - p_0$ und der Drehzahl n bzw. von der Geschwindigkeit v abhängig. Damit ist die gesamte Leckage eine Funktion von p und n oder v, wie in **Bild 7.2-15** am Beispiel einer Konstantpumpe dargestellt ist.

Der theoretische Förderstrom der Pumpe Q_{1th} nimmt proportional mit der Drehzahl zu:

$$Q_{1th} = n_1 V_1 \qquad (7.2\text{-}22)$$

Zieht man vom theoretischen Förderstrom die Leckverluste ab, so erhält man den effektiven Förderstrom

$$Q_{1eff} = Q_{1th} - \sum Q_{1L} \qquad (7.2\text{-}23)$$

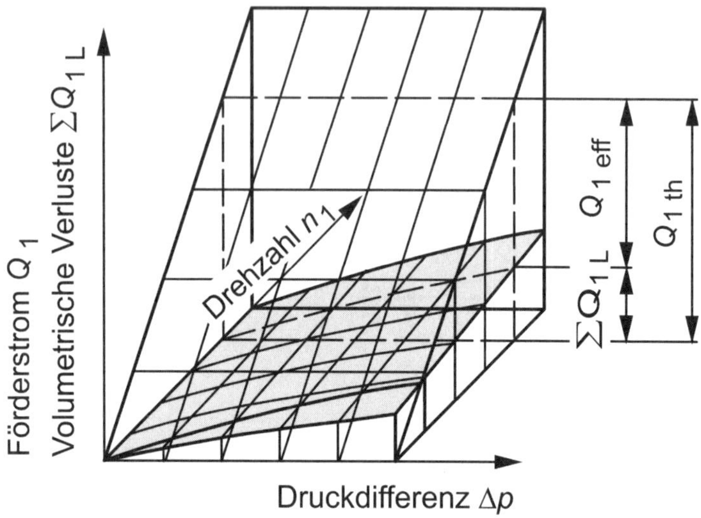

Bild 7.2-15: Förder- und Leckagestrom einer Konstantpumpe

Der volumetrische Wirkungsgrad einer Pumpe

$$\eta_{1vol} = \frac{Q_{1eff}}{Q_{1th}} = 1 - \frac{\sum Q_{1L}}{Q_{1th}} \qquad (7.2\text{-}24)$$

ist das Verhältnis von effektivem zu theoretischem Förderstrom. Bei der Pumpe ist zu beachten, daß Füllungsverluste, die beispielsweise durch Kavitation am Saugstutzen auftreten können, sich wie Leckverluste auf den volumetrischen Wirkungsgrad auswirken.

Beim Motor **(Bild 7.2-16)** wird der effektive Schluckstrom Q_{2eff} durch die Summe von theoretischem Schluckstrom und Leckagestrom gebildet. Der Motor wird von mehr Druckflüssigkeit durchströmt, als es seiner Drehzahl entspricht.

$$Q_{2eff} = Q_{2th} + \sum Q_{2L} \qquad (7.2\text{-}25)$$

Auch hier stellt der theoretische Schluckstrom das Produkt aus Motordrehzahl und Schluckvolumen pro Umdrehung dar:

$$Q_{2th} = n_2 V_2 \qquad (7.2\text{-}26)$$

Der volumetrische Wirkungsgrad eines Motors ist der Quotient von theoretischem und effektivem Schluckstrom:

$$\eta_{2vol} = \frac{Q_{2th}}{Q_{2eff}} = \frac{1}{1 + \sum \frac{Q_{2L}}{Q_{2th}}} \qquad (7.2\text{-}27)$$

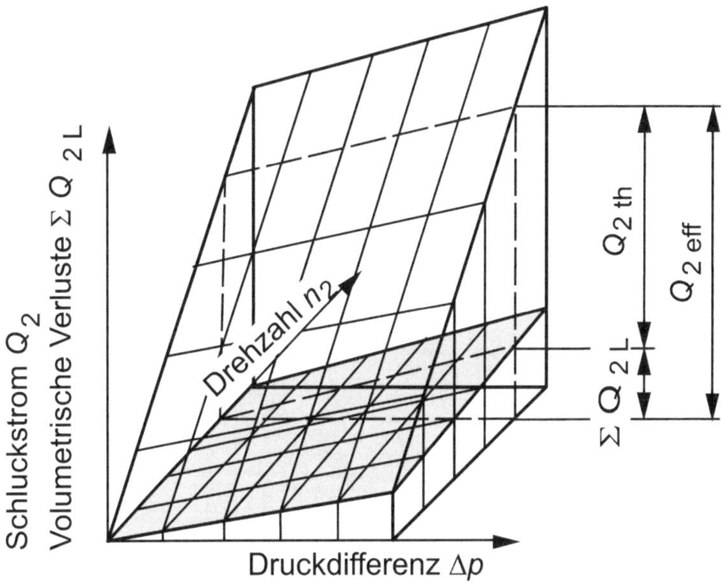

Bild 7.2-16: Schluck- und Leckagestrom eines Konstantmotors

Beim Hydraulikzylinder, der einen Motor für geradlinige Bewegungen darstellt, ergeben sich die gleichen Beziehungen wie beim Rotationsantrieb, nur daß hier entsprechend für die Motordrehzahl die Kolbengeschwindigkeit und für das Motorschluckvolumen die wirksame Kolbenfläche einzusetzen sind. Somit ergibt sich:

$$Q_{zeff} = Q_{zth} + \sum Q_{zL} \qquad (7.2\text{-}28)$$

$$Q_{zth} = \dot{x} A_K \qquad (7.2\text{-}29)$$

$$\eta_{zvol} = \frac{1}{1 + \sum \frac{Q_{zL}}{Q_{zth}}} = \frac{Q_{zth}}{Q_{zeff}} \qquad (7.2\text{-}30)$$

7.2.6.2 Hydraulisch-mechanische Verluste

Verschiedene Arten von Reibungserscheinungen, die drehzahl-, geschwindigkeits- oder druckabhängig auftreten, verursachen die hydraulisch-mechanischen Verluste

$$\sum M_{verl} = f(\Delta p, n\, bzw.\, v) \qquad (7.2\text{-}31)$$

wie sie in **Bild 7.2-17** am Beispiel einer Konstantpumpe wiedergegeben sind. Das erforderliche effektive Antriebsmoment einer Pumpe wird gebildet aus der Summe des theoretischen Antriebsmomentes und dem Verlustmoment, wie nachfolgende Gleichung angibt.

$$M_{1eff} = M_{1th} + \sum M_{1verl} \qquad (7.2\text{-}32)$$

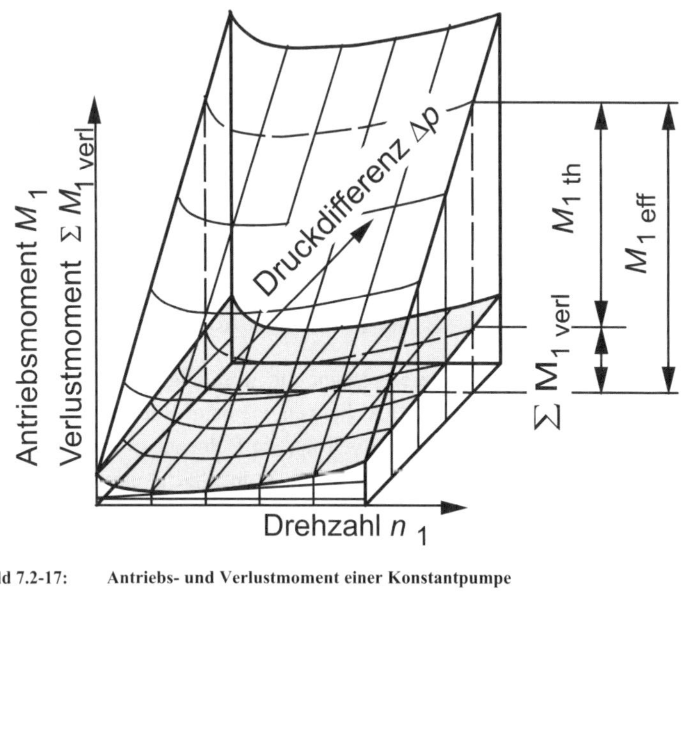

Bild 7.2-17: **Antriebs- und Verlustmoment einer Konstantpumpe**

Das theoretische Antriebsmoment ist proportional der anliegenden Druckdifferenz und dem Pumpenhubvolumen:

$$M_{1th} = \frac{\Delta p V_1}{2\pi} \tag{7.2-33}$$

Das Verhältnis von theoretischem zu effektivem Antriebsmoment bildet den hydraulisch-mechanischen Wirkungsgrad der Pumpe.

$$\eta_{1hm} = \frac{M_{1th}}{M_{1eff}} = \frac{1}{1 + \sum \frac{M_{1verl}}{M_{1th}}} \tag{7.2-34}$$

Beim Motor **(Bild 7.2-18)** ziehen sich die Verlustmomente vom theoretisch möglichen Moment ab und ergeben damit das effektiv an der Motorwelle zur Verfügung stehende Abtriebsdrehmoment

$$M_{2eff} = M_{2th} - \sum M_{2verl} \tag{7.2-35}$$

mit

$$M_{2th} = \frac{\Delta p V_2}{2\pi} \tag{7.2-36}$$

Der hydraulisch-mechanische Wirkungsgrad des Motors ist das Verhältnis von effektivem zu theoretischem Abtriebsmoment:

$$\eta_{2hm} = \frac{M_{2eff}}{M_{2th}} = 1 - \frac{\sum M_{2verl}}{M_{2th}} \tag{7.2-37}$$

Ähnliche Beziehungen bestehen auch beim Hydraulikzylinder. Die effektive Kraft beträgt

$$F_{zeff} = F_{zth} - \sum F_{zverl} \tag{7.2-38}$$

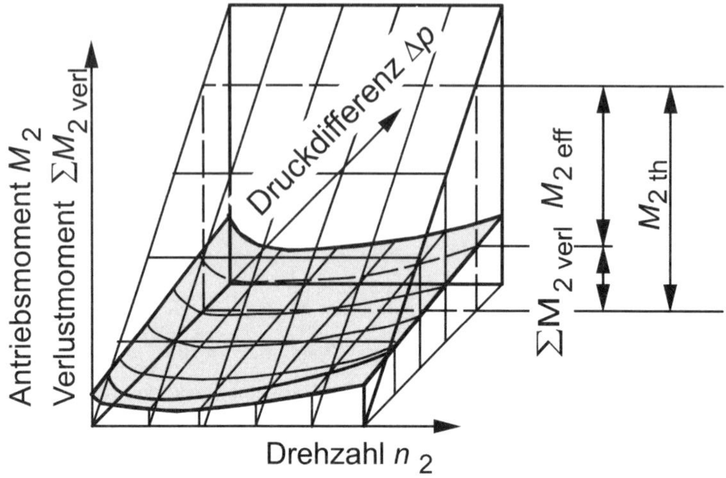

Bild 7.2-18: Antriebs- und Verlustmoment eines Konstantmotors

Die theoretische Kraft folgt aus

$$F_{zth} = \Delta p A_K \tag{7.2-39}$$

und daraus der hydraulisch-mechanische Wirkungsgrad des Zylinders

$$\eta_{zhm} = \frac{F_{zeff}}{F_{zth}} = 1 - \frac{\sum F_{zverl}}{F_{zth}} \tag{7.2-40}$$

7.2.6.3 Gesamtverluste über Druck und Drehzahl

Legt man durch die in Abschnitt 7.2.6.1 und 7.2.6.2 dargestellten räumlichen Schaubilder Schnitte für p = const bzw. n = const und berechnet die jeweiligen Wirkungsgrade, so erhält man die in **Bild 7.2-19** gezeigten Diagramme:

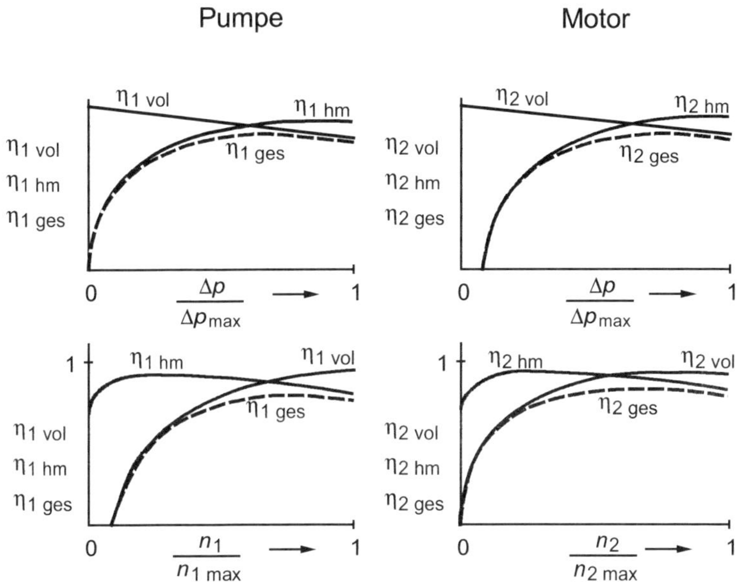

Bild 7.2-19: Wirkungsgradverläufe von Konstantpumpe und -motor

Für den Gesamtwirkungsgrad einer Verdrängereinheit gilt die Beziehung:

$$\eta_{ges} = \eta_{vol} \cdot \eta_{hm} \qquad (7.2\text{-}41)$$

7.2.6.4 Kennlinienfelder von Pumpen und Motoren

Im Kennlinienfeld einer Pumpe **(Bild 7.2-20)** kann man erkennen, daß die Leckageverluste ein Abweichen der Kennlinien für einen konstanten effektiven Förderstrom von der Senkrechten bewirken. Das bedeutet, daß zur Erzeugung eines konstanten Förderstromes zu höheren Drücken hin eine größere Pumpendrehzahl erforderlich wird. Für höhere Drehzahlen steigt die Abweichung ebenfalls an.

Der Einfluß der hydraulisch-mechanischen Verluste zeigt sich in den Linien konstanter Druckdifferenz. Hier addiert sich das Verlustmoment zu dem theoretischen Antriebsmoment. Im Bereich der Mischreibung fällt das Antriebsmoment mit zunehmender Drehzahl bis auf einen Minimalwert ab, um dann zu hohen Drehzahlen hin wieder anzusteigen. Bei höheren Drücken wird die Abweichung zwischen theoretischem und effektivem Drehmoment größer.

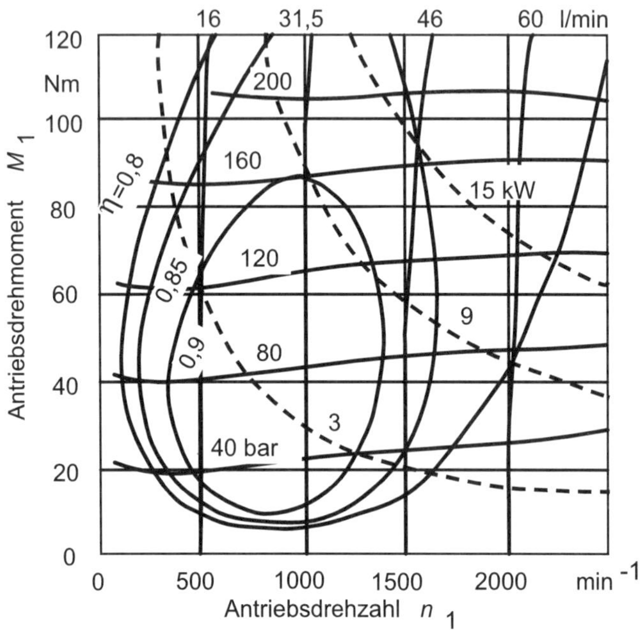

Bild 7.2-20: Kennlinienfeld einer Zahnradpumpe

Im Kennlinienfeld eines verstellbaren Motors **(Bild 7.2-21)** muß zur Aufrechterhaltung einer konstanten Drehzahl das Motorschluckvolumen reduziert werden, wenn das Moment ansteigt *(Q_{eff} = const)*; dieses ist durch den Anstieg der Leckageverluste bedingt.

Steigt das Lastmoment des Motors, muß der Druck erhöht werden. Ein erhöhter Druck hat eine erhöhte Leckage zur Folge. Eine höhere Leckage bewirkt, bei einem konstanten Eingangsvolumenstrom - dem effektiven Volumenstrom -, einen geringeren Volumenstrom, der zur Erzeugung der Drehzahl eingesetzt werden kann. Um die Drehzahl konstant halten zu können, muß das Schluckvolumen dem verminderten zur Verfügung stehenden theoretischen Volumenstrom angepaßt werden. Ein geringeres Schluckvolumen macht eine erneute Druckerhöhung erforderlich, um das gesteigerte Lastmoment erzeugen zu können.

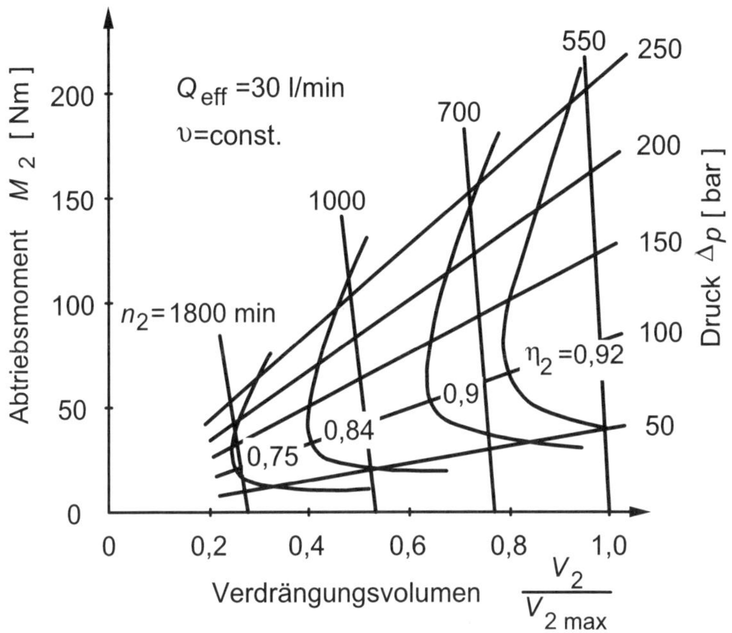

Bild 7.2-21: **Kennlinienfeld eines Motors mit verstellbarem Schluckvolumen**

7.2.6.5 Kennlinienfelder von hydrostatischen Getrieben

Die Verluste von hydrostatischen Getrieben setzen sich zusammen aus den Verlusten von Pumpe und Motor. Im Kennlinienfeld eines hydrostatischen Getriebes **(Bild 7.2-22)** mit getrennter Pumpen- und Motorverstellung ergeben sich die resultierenden Kennlinien aus dem Verlustverhalten von Motor und Pumpe.

Hierbei ist das Ausgangsmoment M_2 über der Abtriebsdrehzahl n_2 aufgetragen. Die mechanischen Verluste kennzeichnen den Momentenverlauf über der Drehzahl. Wegen der Verluste im Bereich der Mischreibung bei kleinen Motordrehzahlen fällt hier das Abtriebsmoment M_2 ab. Durch die volumetrischen

Verluste ist der Drehzahlabfall über der Belastung bei konstanter Einstellung der Verdrängervolumina bedingt.

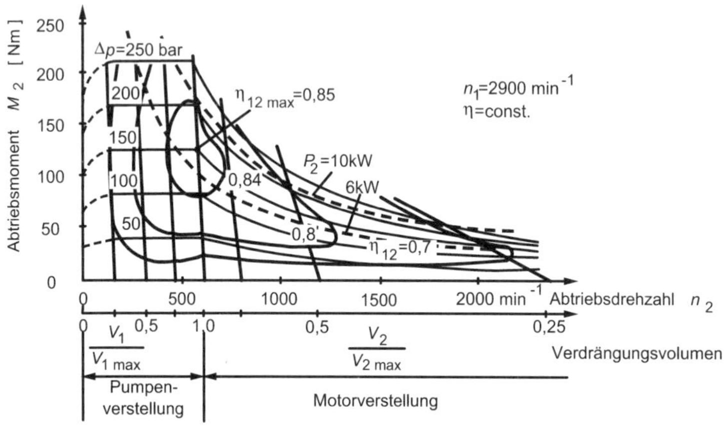

Bild 7.2-22: **Kennlinienfeld eines hydrostatischen Getriebes mit Verbundverstellung**

7.2.6.6 Verluste in einem Hydrauliksystem

Nach der Ermittlung der Wirkungsgrade der Verdrängereinheiten kann jetzt die Leistungsbilanz des gesamten Hydrauliksystems aufgestellt werden, einschließlich der Verluste in Leitungen und Ventilen. Die Kenntnis der Verlustleistung ist wichtig für die Berechnung der Wärmebelastung des Kreislaufs.

- **Ermittlung der Verlustleistung**

Das **Bild 7.2-23** zeigt die Leistungsbilanz einer Hydraulikanlage. Alle Geräte zur Umformung, Übertragung und Steuerung der Energie arbeiten mit Verlusten, die dem Energiestrom auf dem Weg von der Antriebsmaschine zur Arbeitsmaschine entzogen und in Wärme umgewandelt werden.

Die hydraulische Ausgangsleistung einer Pumpe beträgt

$$P_{1A} = \Delta p_1 Q_{1eff} \qquad (7.2\text{-}42)$$

Die Verlustleistung ist

$$P_{1V} = \Delta p_1 Q_{1eff}\left(\frac{1}{\eta_{1ges}} - 1\right) \qquad (7.2\text{-}43)$$

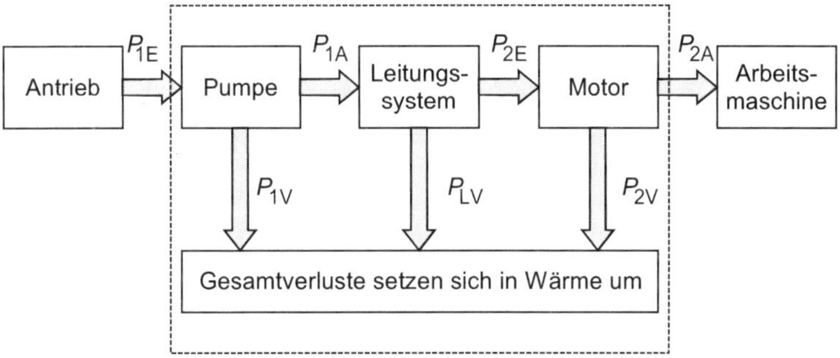

Bild 7.2-23: Verluste in einem Hydrauliksystem

In den von der Pumpe zum Verbraucher und zurück führenden Übertragungselementen treten Druckverluste auf, die in Rohrleitungen mit

$$\Delta p' = \sum \lambda \frac{1}{d} \cdot \frac{\rho}{2} \cdot v^2 \qquad (7.2\text{-}44)$$

in Krümmern oder Querschnittsverengungen mit

$$\Delta p'' = \sum \xi \cdot \frac{\rho}{2} \cdot v^2 \qquad (7.2\text{-}45)$$

berücksichtigt werden. Wird angenommen, daß bei einer Anlagenauslegung die Druckverluste Δp' und Δp" in den Rohrleitungen einen Anteil b_1 der an der Pumpe auftretenden Druckdifferenz p_1 ausmachen, so ist die am Motor auftretende Druckdifferenz

$$\Delta p_2 = \Delta p_1 - \Delta p' - \Delta p'' = (1 - b_1) \cdot \Delta p_1 \qquad (7.2\text{-}46)$$

Wird vom Volumenstrom ein Anteil b_2 durch ein Stromregelventil abgezweigt, gilt

$$Q_{2eff} = (1 - b_2) \cdot Q_{1eff} \qquad (7.2\text{-}47)$$

Die Gesamtverluste der Leitung betragen somit

$$P_{LV} = \Delta p_1 \cdot Q_{1eff} \cdot (1 - (1 - b_1) \cdot (1 - b_2)) \qquad (7.2\text{-}48)$$

Die Verluste des Motors betragen

$$P_{2V} = \Delta p_2 \cdot Q_{2eff} (1 - \eta_{2ges}) \qquad (7.2\text{-}49)$$

$$P_{2V} = \Delta p_1 \cdot Q_{1eff} \cdot (1 - b_1) \cdot (1 - b_2) \cdot (1 - \eta_{ges}) \qquad (7.2\text{-}50)$$

Damit sind alle auftretenden Verluste erfaßt, und die Gesamtverlustleistung beträgt

$$P_{Vges} = P_{1E} - P_{2A} = P_{1V} + P_{LV} + P_{2V} \qquad (7.2\text{-}51)$$

$$P_{Vges} = \Delta p_1 Q_{1eff} \left[\frac{1}{\eta_{1ges}} - (1 - b_1) \cdot (1 - b_2) \cdot \eta_{2ges} \right] \qquad (7.2\text{-}52)$$

- **Wärmebilanz**

Die **Gesamtverlustleistung** fällt im Hydrauliksystem in Form von Wärme an, die teilweise in der Anlage gespeichert, teilweise an die Umgebung abgeführt wird. Der Erwärmungsvorgang hängt also maßgeblich von folgenden drei Faktoren ab; der Gesamtverlustleistung, dem **Wärmeabgabevermögen** und dem **Wärmespeichervermögen**.

Das Wärmeabgabevermögen wird mit B bezeichnet. Es berechnet sich nach

$$B = \sum k_i \cdot A_i \,; \left[\frac{J}{m^2 sK} m^2 \right] \qquad (7.2\text{-}53)$$

mit A_i, der wärmeabgebenden Fläche und k_i, der Wärmedurchgangszahl.

Das Wärmespeichervermögen trägt die Bezeichnung C und berechnet sich nach

$$C = \sum c_i m_i \,; \left[\frac{J}{kgK} kg \right] \qquad (7.2\text{-}54)$$

mit c_i, der spezifischen Wärme der Masse m_i und m_i, der wärmespeichernden Masse.

Die Zusammenhänge lassen sich in einer Wärmebilanz erfassen:

$$P_{Vges}dt = Cd\vartheta + (\vartheta - \vartheta_A)Bdt \qquad (7.2\text{-}55)$$

Dies ist eine Differentialgleichung der über der Zeit t veränderlichen Temperatur ϑ, mit der Umgebungstemperatur ϑ_A. Die Lösung der Differentialgleichung lautet

$$\vartheta = \vartheta_A + \frac{P_{Vges}}{B}\left(1 - e^{-t/\tau}\right) \qquad (7.2\text{-}56)$$

mit der Zeitkonstanten

$$\tau = \frac{C}{B} = \frac{W\ddot{a}rmespeicherverm\ddot{o}gen}{W\ddot{a}rmeabgabeverm\ddot{o}gen}[s] \qquad (7.2\text{-}57)$$

Die Endtemperatur für t => ∞ ergibt sich zu

$$\vartheta_E = \vartheta_A + \frac{P_{Vges}}{B} \qquad (7.2\text{-}58)$$

Bild 7.2-24 zeigt die Übergangsfunktion eines Erwärmungsvorganges.

Der Temperaturanstieg zu Beginn des Erwärmungsvorganges ist:

$$\frac{d\vartheta}{dt}(t = 0) = \frac{P_{Vges}}{B} \cdot \frac{1}{\tau} = \frac{P_{Vges} \cdot B}{B \cdot C} = \frac{P_{Vges}}{C} \qquad (7.2\text{-}59)$$

Dabei kann man annehmen, daß die in der Anlage befindliche Flüssigkeit bei Beginn des Erwärmungsvorganges allein die auftretende Verlustwärme aufnimmt.

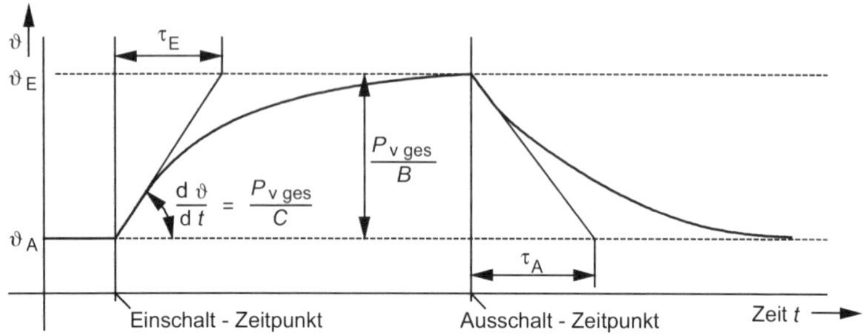

Bild 7.2-24: Erwärmungs- und Abkühlungskurve eines Hydrauliksystems

Es ist

$$C = c_{Fl} \cdot m_{Fl} \qquad (7.2\text{-}60)$$

$$C = c_{Fl} \cdot \rho \cdot V_A \qquad (7.2\text{-}61)$$

mit dem in der Anlage vorhandenen Flüssigkeitsvolumen V_A. Dieses wird meist nach dem Förderstrom der Pumpe derart gewählt, daß es innerhalb von 2,5 bis 5 min einmal von der Pumpe umgewälzt werden kann:

$$V_A = T_{Umwälz} \cdot Q_{1eff} \qquad (7.2\text{-}62)$$

mit $T_{Umwälz}$ = 2,5 bis 5 min.

$$C = c_{Fl} \cdot \rho \cdot T_{Umwälz} \cdot Q_{1eff} \qquad (7.2\text{-}63)$$

Der Temperaturanstieg beim Einschalten der Anlage ergibt sich zu

$$\frac{d\vartheta}{dt}(t=0) = \frac{\frac{1}{\eta_{1ges}} - (1-b_1)\cdot(1-b_2)\eta_{2ges}}{c_{Fl} \cdot \rho \cdot T_{Umwälz}} \cdot \Delta p \qquad (7.2\text{-}64)$$

Werden beispielsweise die folgenden Werte angenommen

$$\eta_{1ges} = 0{,}9;\ c_{Fl} = 2{,}1 \cdot 10^3 \frac{J}{kg \cdot K}$$

$$\eta_{1ges} = 085;\ \rho = 850 \frac{kg}{m^3}$$

$$b_1 = 0{,}1;\ T_{Umwälz} = 240s \qquad b_1 = 0;\ \Delta p = 100bar$$

$$\frac{d\vartheta}{dt} = \frac{\frac{1}{0{,}9} - (1 - 0{,}1) \cdot 0{,}85 \cdot 100bar}{2{,}1 \cdot 10^3 \frac{J}{kg \cdot K} \cdot 850 \frac{kg}{m^3} \cdot 240s} \qquad (7.2\text{-}65)$$

ergibt dieses eine Temperaturanstiegsgeschwindigkeit beim Einschalten der Anlagen von

$$\frac{d\vartheta}{dt}(t = 0) \approx 0{,}5 \frac{K}{min} \qquad (7.2\text{-}66)$$

Neben der Temperaturerhöhung durch die Verlustleistung erfährt das Druckmedium auch einen Temperaturanstieg bei Kompression. Dieser Vorgang ist reversibel, d. h. bei Entspannung zieht sich dieser Anteil der Temperaturänderung von dem Temperaturanstieg durch Verluste ab.

Bei Mineralöl liegt die adiabate Temperaturänderung bei Kompression und Expansion bei etwa 1,3 °C pro 100 bar Druckänderung. Diese Zusammenhänge können ausgenutzt werden, um den Gesamtwirkungsgrad von hydraulischen Anlagen nur durch Temperatur- und Druckdifferenzmessungen zu bestimmen. Dieses Verfahren wird **thermodynamische Wirkungsgradbestimmung** genannt [7.2], [7.3]

Ein weiteres Rechenbeispiel gibt die Temperaturerhöhung der durch ein Drosselventil strömenden Flüssigkeit wieder. Da keine mechanische Arbeit nach außen abgeführt wird, muß die gesamte Druckdifferenz am Ventil zur Erhöhung der Flüssigkeitstemperatur beitragen.

Verlustleistung:

$$P_V = Q \cdot \Delta p \qquad (7.2\text{-}67)$$

Wärmespeichervermögen:

$$C = c_{Fl} \cdot m_{Fl} = c_{Fl} \cdot \rho \cdot Q \cdot \Delta t \qquad (7.2\text{-}68)$$

Verlustenergie in der Zeitspanne Δt:

$$C \cdot \Delta\vartheta = P_V \cdot \Delta t \qquad (7.2\text{-}69)$$

Temperaturdifferenz:

$$\Delta\vartheta = \frac{P_V \cdot \Delta t}{C} = \frac{\Delta p}{c_{Fl} \cdot \rho} \qquad (7.2\text{-}70)$$

Die Temperaturerhöhung hängt also nicht von der Größe des Flüssigkeitsstromes Q ab. Für die Temperaturerhöhung folgt mit den Werten $\Delta p = 100 bar$, der Wärmekapazität $c_{Fl} = 2{,}1 \cdot 10^3 \frac{J}{kg \cdot K}$ sowie der Dichte $\rho = 850 \frac{kg}{m^3}$

$$\Delta\vartheta = \frac{\Delta p}{c_{Fl} \cdot \rho} = \frac{10^7\ N/m^2}{2{,}1 \cdot 10^3 \frac{J}{kg \cdot K} \cdot 850 \cdot \frac{kg}{m^3}} = 5{,}6\,°C$$

Als Faustformel kann man sich merken, daß sich Mineralöl um 5 °C bei einer Drosselung um 100 bar erwärmt. Korrekterweise müßte der Kompressionsanteil noch abgezogen werden, welches jedoch meistens wegen der Abschätzung zur sicheren Seite hin unterlassen wird.

7.3 Regelung

Sollen in hydraulischen Energieübertragungen mechanische Größen nach Größe und Richtung variiert werden, werden hierzu die Regelgrößen Volumenstrom und Druck verändert. Darüber hinaus kann das Produkt aus diesen Größen, die Leistung, geregelt werden. Die grundsätzlichen Möglichkeiten sollen im folgenden Kapitel erläutert werden.

7.3.1 Lageregelung

Mit Hilfe von Servoventil (Widerstandsteuerung) und Zylinder, jedoch auch mit einer hochdynamischen Servopumpe (Verdrängersteuerung) und einem Zylinder, können genaue und schnelle Lageregelungen aufgebaut werden. Die Positionsmessung und Signalverarbeitung kann mechanisch oder elektrisch erfolgen. Einsatzbereiche sind die Luftfahrt- und Raumfahrttechnik, der Werkzeug- und Schwermaschinenbau und die Handhabungstechnik mit Industrierobotern für schwere Lasten sowie Sondergebiete, wie beispielsweise Prüfmaschinen. Wegen der hohen Ansprüche an Genauigkeit und

Geschwindigkeit ist im Zusammenhang mit der Lageregelung die Behandlung der regelungstechnischen Grundlagen notwendig, die in der weiterführenden Vorlesung "Servohydraulik" [7.1] behandelt werden. Beispielhaft zeigt **Bild 7.3-1** die Lageregelung eines Servozylinders mittels einer Vollbrückenschaltung.

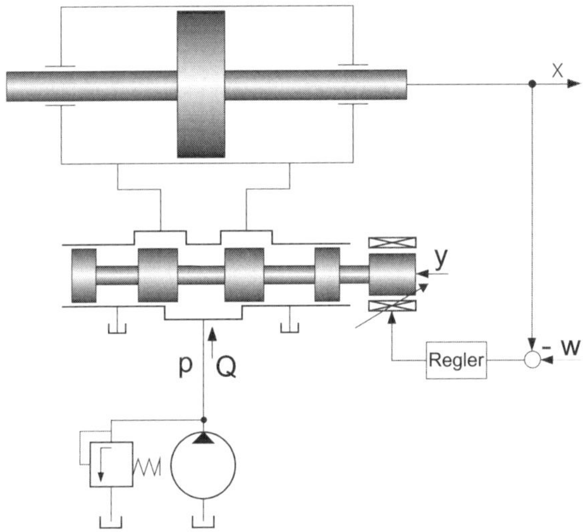

Bild 7.3-1: **Lageregelung eines Zylinderantriebs mit einer servohydraulischen Vollbrückenschaltung (Widerstandssteuerung)**

7.3.2 Druckregelung

Aufgabe einer druckgeregelten Verdrängermaschine ist es, den Druck im System unabhängig von der Last konstant zu halten. Der Systemdruck wirkt auf ein Regelventil, auf dessen zweite Kolbenfläche eine Federkraft oder ein mit einem kleinen Druckbegrenzungsventil erzeugter Referenzdruck wirkt, wie in **Bild 7.3-2** gezeigt ist. Das Regelventil wirkt als Verstärker, der Änderungen des Systemdruckes auf den Stellkolben wirken läßt. Je nach Auslegung von Stellkolben, Federn und Regelventil liegt der Proportionalfehler der Regelung zwischen 0,5 und 10 bar. Die Regelung paßt den Förderstrom der Pumpe immer den Erfordernissen des Verbrauchers an (Verdrängersteue rung). Dabei werden die hohen Leistungsverluste des Druckbegrenzungsventils vermieden.

Diese Regelung wird überall dort eingesetzt, wo ein System mit konstantem Druck versorgt werden soll und wo die installierte Leistung so hoch ist, daß die Energieverluste bei einer Versorgung mit Konstantpumpe und Druckbegrenzungsventil (Widerstandssteuerung) nicht mehr tragbar sind und so der höhere Aufwand für die Verstellpumpe gerechtfertigt ist. Für die Absicherung gegen Überdruck ist immer noch ein zusätzliches Druckbegrenzungsventil vorzusehen.

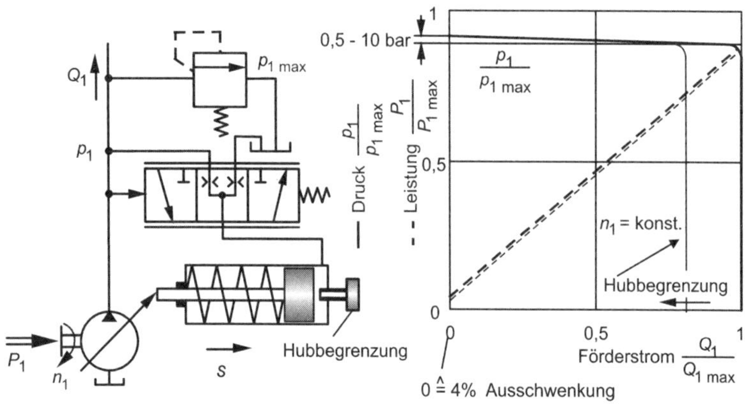

Bild 7.3-2: Schema und Kennlinie einer vorgesteuerten Druckregelung an einer Verstellpumpe

Zur Aufrechterhaltung eines stabilen Arbeitspunktes und auch zur Selbstschmierung der Pumpe ist ein Minimalanschlag von etwa 4 % erforderlich, bei dem die Leckverluste der Pumpe gedeckt werden.

Die Druckregelung kann auch mit anderen Funktionen kombiniert werden, wobei oft das Regelventil zusätzliche Ansteuermöglichkeiten hat. So kann beispielsweise eine kombinierte Strom-Druck-Regelung aufgebaut werden.

Eine besonders einfache Form der Pumpendruckregelung ist die **Nullhubregelung**. Hier wird der Stellkolben druckabhängig gegen eine Feder verstellt, wie in **Bild 7.3-3** dargestellt ist. Solange die Druckkraft kleiner ist als die

Federvorspannkraft, bleibt das Hubvolumen maximal, d. h. der Kolben liegt an der mechanischen Hubbegrenzung an. Bei weiter steigendem Druck wird die Pumpe entsprechend der Federkennlinie druckabhängig zurückgeschwenkt. Die Nullhubregelung dient vor allem zur Aufrechterhaltung eines Enddruckes ohne Förderstrom, wie dies zum Spannen und Halten erforderlich ist. Die Leistungsbilanz wird so erheblich günstiger als bei Einsatz einer Konstantpumpe, da nur ein geringer Restförderstrom über das Druckbegrenzungsventil abfließt.

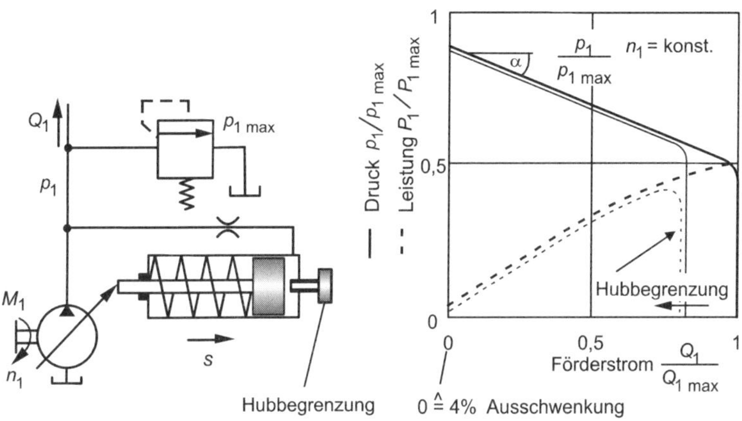

Bild 7.3-3: Schema und Kennlinie einer Nullhubregelung an einer Verstellpumpe

In Sonderfällen kann der Systemdruck auch durch Regelung eines Verbrauchers konstant gehalten werden. Beim Motor wirkt die Sekundärdruckregelung umgekehrt wie bei der Pumpe. Steigendes Lastmoment würde eine Erhöhung des Systemdruckes bewirken. Auf den steigenden Druck reagiert die in **Bild 7.3-4** dargestellte Druckregelung mit Vergrößerung des Schluckvolumens. Dadurch kann das größere Lastmoment bei dem Solldruck aufgebracht werden. Unabhängig vom Motormoment steht so den parallel geschalteten Verbrauchern konstanter Druck zur Verfügung.

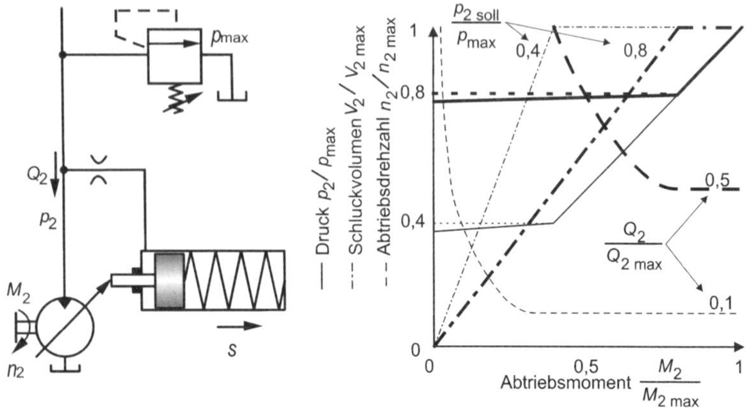

Bild 7.3-4: **Schema und Kennlinie einer direkt gesteuerten Druckregelung an einem Verstellmotor**

7.3.3 Stromregelungen

Aufgabe einer Volumenstromregelung ist es, den für eine Verdrängereinheit gewählten Volumenstrom konstant zu halten. Damit werden Auswirkungen von Störgrößen auf den eingestellten Volumenstrom vermieden, was bei einer Steuerung nicht möglich ist. Bei Verstellpumpen wirken sich Änderungen der Antriebsdrehzahl, aber auch die Höhe des Förderdruckes auf den tatsächlich geförderten Volumenstrom aus.

Da die Größe des Volumenstromes nur aufwendig gemessen werden kann, hat man eine mit dem Volumenstrom eindeutig verknüpfte Größe als Regelgröße eingeführt. Diese Regelgröße ist der Druckabfall an einer Meßblende. Die Blende wandelt die eigentliche Regelgröße Volumenstrom in die Regelgröße Druckdifferenz. Die Druckdifferenz kann relativ einfach in hydraulischen Regelschaltungen weiterverarbeitet werden. Wenn der Regelkreis die Druckdifferenz konstant hält, ergibt sich hierdurch auch ein konstanter Volumenstrom.

In **Bild 7.3-5** ist eine Volumenstromregelung für eine Verstellpumpe schematisch dargestellt. Bei Überschreiten des Soll-Druckabfalles an der Meßblende, dies entspricht dem Soll-Förderstrom, verändert das Regelventil das

Fördervolumen der Pumpe, so daß der Förderstrom der Pumpe unabhängig vom Lastdruck konstant gehalten wird. Um bei steigendem Druck die größer werdende Leckage der Pumpe ausgleichen zu können, muß das Hubvolumen vergrößert werden. Wird die Antriebsdrehzahl der Pumpe verändert, wie dies bei Verwendung eines Verbrennungsmotors als Antrieb der Fall ist, ist der Einsatz einer Stromregelung sehr günstig.

Der Stromregelung kann eine Druckregelung überlagert werden, die beim Überschreiten eines bestimmten Druckes das Hubvolumen verringert (Druckabschneidung).

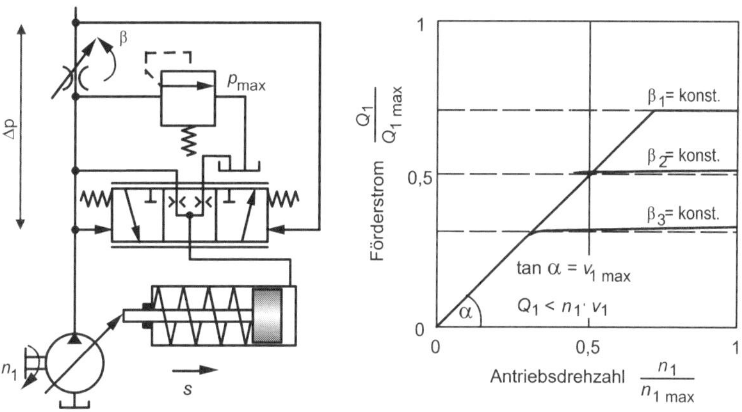

Bild 7.3-5: Schema und Kennlinie einer Stromregelung an einer Verstellpumpe

Eine Volumenstromsteuerung oder -regelung kann dazu genutzt werden, an einem Motor oder an einem Zylinder eine Geschwindigkeitsregelung zu realisieren. In den Fällen, in denen nicht tolerierbare Störgrößen, bedingt durch Leckflüssigkeit oder Kompressibilität des Druckmediums, auftreten, wird die Abtriebsgeschwindigkeit direkt gemessen. Hierzu werden elektrische Geschwindigkeits- oder Drehzahlgeber verwendet, deren Signale dem entsprechenden Stellelement über einen Regler zugeführt werden. Die Geschwindigkeit kann dann mit elektrohydraulischen Servoventilen (Widerstandssteuerung) oder servohydraulischen Verstellpumpen (Verdrängersteuerung) beeinflußt werden. Die regelungstechnischen Grundlagen hierzu werden in der Vorlesung "Servohydraulik" [7.1] behandelt.

7.3.4 Drehzahlregelung

Konventionell erfolgt eine Drehzahlregelung in einem hydrostatischen Getriebe durch Veränderung von Drehzahl oder Verdrängervolumen der Pumpe (III. Quadrant in **Bild 7.1-1**). Die Geschwindigkeit läßt sich auch dann regeln, wenn anstelle von Verstellpumpen verstellbare Motoren (IV. Quadrant in **Bild 7.1-1**) verwendet werden. Hierzu wird ein System mit aufgeprägtem Druck realisiert. Dieses Schaltungskonzept wird Sekundärdrehzahlregelung genannt. Bei diesem Konzept wird das abgegebene Moment beeinflußt, ohne daß systembedingte Energieverluste auftreten. Nach Abzug des von der Last aufgenommenen Moments steht somit ein Beschleunigungs- oder Bremsmoment zur Verfügung, das für die Drehzahlregelung genutzt wird. Wenn der Motor eine Verstellung in den negativen Bereich zuläßt, kann Bremsenergie auch zurückgeführt und in einem Druckspeicher gespeichert werden. Dieser Betrieb wird auch Vier-Quadranten-Betrieb genannt, weil sowohl beide Drehrichtungen, als auch beide Belastungsrichtungen möglich sind. Wegen der Möglichkeit der Versorgung mit konstantem Druck ist dieses Schaltungskonzept besonders da zweckmäßig, wo mehrere Verbraucher von einer Pumpe versorgt werden.

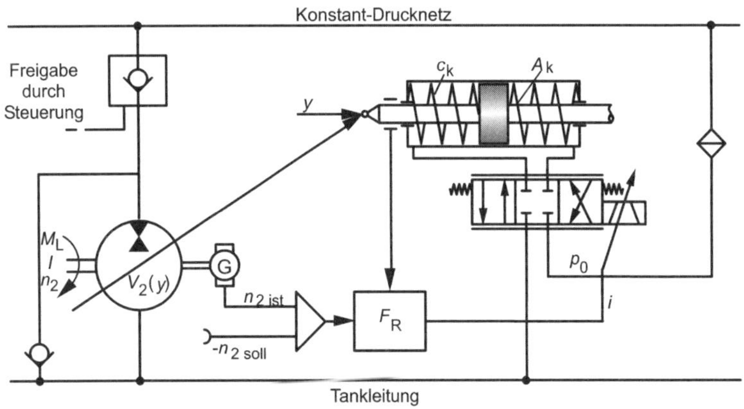

Bild 7.3-6: Drehzahlgeregelter Verstellmotor mit elektrohydraulischem Stellglied

Eine derartige Schaltung mit elektrischem Regelkreis ist in **Bild 7.3-6** dargestellt. Mit einem einfachen P-Regler ist allerdings keine stabile Arbeitsweise zu erzielen. Hierzu sind PD-Regler oder zusätzliche Hilfsregelgrößen wie der Stellweg y heranzuziehen. Die Besonderheiten der Sekundärdrehzahlregelung werden ebenfalls in der Vorlesung "Servohydraulik" [7.1] ausführlich behandelt.

7.3.5 Leistungsregelung

Bei vielen Einsatzfällen wird die hydraulische Eckleistung der Pumpe

$$P_{Eck} = p_{max} \cdot Q_{max} = P_{max} \qquad (7.3\text{-}1)$$

nicht von einem System verlangt. Der maximale Volumenstrom ist nur bei geringem Druck, der maximale Druck nur bei geringem Nutzstrom erforderlich. Andererseits ist die Leistung des Antriebsmotors, d. h. des Elektro- oder Verbrennungsmotors begrenzt, dieser muß also vor Überlastung geschützt werden. Um in allen Fällen eine optimale Auslastung zu erreichen, kann mit Hilfe von Verstellpumpen eine Leistungsregelung vorteilhaft eingesetzt werden. Diese wird auch oft als Leistungsbegrenzung anderen Reglern überlagert.

Für die Pumpenleistung gilt:

$$P_1 = p_1 \cdot Q_1 = p_1 \cdot V_{1max} \cdot n_1 \cdot \frac{s}{s_{max}} \qquad (7.3\text{-}2)$$

Für n_1 = const gilt für die Regelung

$$\frac{s}{s_{max}} = \frac{const}{p_1} \qquad (7.3\text{-}3)$$

Der hyperbolische Zusammenhang wird bei direkt gesteuerten Reglern durch parallel zuzuschaltende Federn angenähert. Bei vorgesteuerten Leistungsreglern wird er durch Kurvenscheiben, Nocken oder Hebelgetriebe verwirklicht (**Bild 7.3-7** und **Bild 7.3-8**).

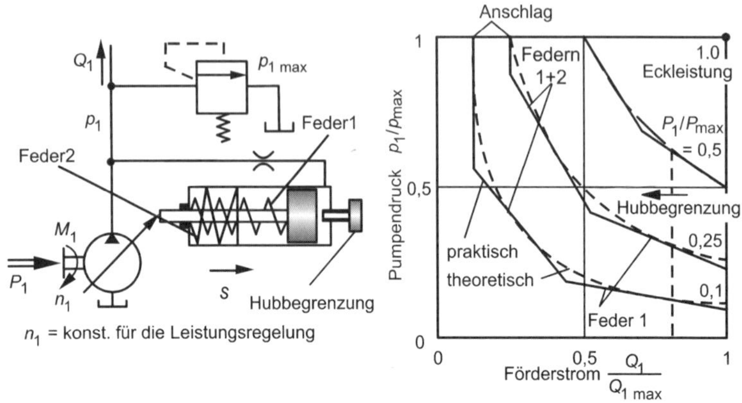

Bild 7.3-7: **Schema und Kennlinie einer direktgesteuerten Leistungsregelung an einer Verstellpumpe**

Bei der Regelung mit Hebelgetriebe in **Bild 7.3-8** wird aus der Druckkraft $p \cdot A_h$ und dem Hebelarm a, der proportional dem Volumenstrom Q ist, ein Moment gebildet, dem die Federkraft F_f mit dem Hebelarm b das Gleichgewicht hält:

$$p \cdot a = const \approx p \cdot Q = P \qquad (7.3\text{-}4)$$

Über die Federkraft F_f kann die Soll-Leistung eingestellt werden. Im Gegensatz dazu ist bei direktgesteuerten Leistungsreglern oder bei nockenbetätigten Systemen der Austausch von Teilen zur Einstellung einer anderen Leistung erforderlich.

Durch die Leistungsregelung wird die Antriebsmaschine vor Überlastung geschützt. Verbrennungsmotoren können im Bereich des günstigsten spezifischen Verbrauchs betrieben werden.

Wenn der Leistungsregelung eine Druckregelung überlagert wird, spricht man von **Druckabschneidung**. Bei Erreichen eines maximalen Druckes wird das Hubvolumen der Pumpe bis auf einen Minimalwert oder bis auf Null verringert.

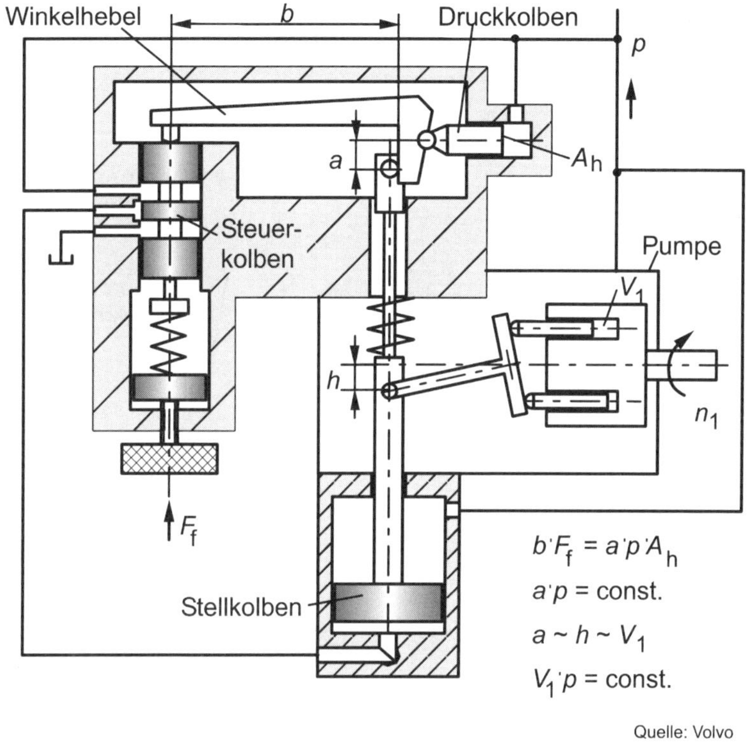

Bild 7.3-8: **Schema und Kennlinie einer ausgeführten vorgesteuerten Leistungsregelung**

Eine in der Mobilhydraulik häufig eingesetzte Erweiterung dieser Regelung ist die Summenleistungsregelung. Für eine Vielzahl von Verbrauchern, beispielsweise bei Baggern mit Antrieb, Schwenkwerk, Hubwerk usw., werden von einer Antriebsmaschine zwei gleich große Pumpen angetrieben, die in getrennte Kreise fördern. Die Drücke in beiden Systemen werden auf einen Stellkolben gegeben, wo die entstehenden Drücke addiert werden. Die gesamte vom Motor abzugebende Leistung beträgt

$$P_M = P_1 + P_2 = Q_1 \cdot p_1 + Q_2 \cdot p_2 \qquad (7.3\text{-}5)$$

Da die Pumpen gleich groß sind und nur einen gemeinsamen Stellkolben haben, gilt

$$Q_1 = Q_2 = Q \qquad (7.3\text{-}6)$$

und für die Leistung

$$P_M = Q \cdot (p_1 + p_2) \qquad (7.3\text{-}7)$$

Die Addition der Drücke erfolgt am Stellkolben, wie in **Bild 7.3-9** dargestellt ist.

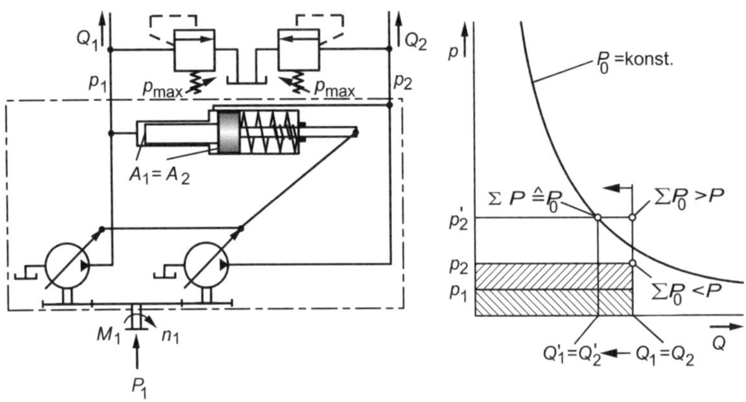

Bild 7.3-9: Schema einer Summenleistungsregelung für eine Doppelverstellpumpe

Durch diese Schaltung braucht der Motor nur für die Eckleistung einer Pumpe ausgelegt zu werden. Jede Pumpe kann in ihren Kreis auch diese Eckleistung liefern, wenn der andere Kreis gerade nicht belastet wird. Ohne Summenleistungsregelung könnte jede Pumpe nur für die Hälfte der Motorleistung ausgelegt werden.

7.4 Schaltungsbeispiele

Zur Lösung häufig wiederkehrender Steuerungs- oder Antriebsaufgaben kann man bestimmte Kombinationen verschiedener Grundelemente der Hydraulik wie Pumpen, Motoren, Druck-, Strom-, Wege- und Sperrventile benutzen. Hier sollen einige Beispiele häufig auftretender Schaltungen der hydraulischen Leistungs- und Signalübertragung die Möglichkeiten der Hydraulik andeuten.

7.4.1 Schaltungen zur Geschwindigkeitssteuerung

Bei den hier vorgestellten Schaltungen stellt sich eine Geschwindigkeit aufgrund des vorgegebenen Förderstromes der Pumpe ein.

7.4.1.1 Differentialzylinder mit gleicher Geschwindigkeit

Bei Verwendung eines Differentialzylinders ist zur Erzielung der gleichen Geschwindigkeit in beiden Bewegungsrichtungen ein Verhältnis der beiden Kolbenflächen von $A_1{:}A_2 = 2{:}1$ notwendig.

Beim Ausfahren des Zylinders gilt

$$v = \frac{Q}{A_1 - A_2} = \frac{Q}{A_1 / 2} = 2\frac{Q}{A_1} \qquad (7.4\text{-}1)$$

und beim Einfahren gilt:

$$v = \frac{Q}{A_2} = \frac{Q}{A_1 / 2} = 2\frac{Q}{A_1} \qquad (7.4\text{-}2)$$

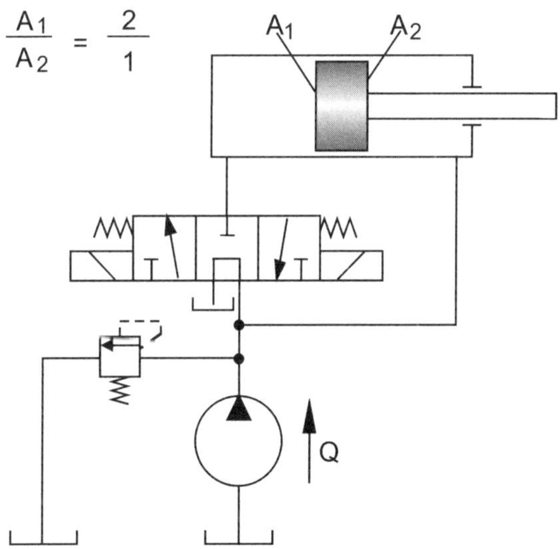

Bild 7.4-1: Differentialzylinder für gleiche Geschwindigkeiten

In beiden Bewegungsrichtungen ist die gleiche Last möglich.

$$F = p\frac{A_1}{2} \qquad (7.4\text{-}3)$$

Zum Umschalten der Bewegungsrichtung ist ein 3/3-Wegeventil notwendig **(Bild 7.4-1)**.

7.4.1.2 Eilgangschaltung mit Differentialzylinder

Eine Eilgangschaltung für einem Differentialzylinder läßt sich mit der in **Bild 7.4-2** gezeigten Schaltung realisieren. Mit dem Ventil V_2 wird die Bewegungsrichtung bzw. der Stillstand vorgegeben. Der Eilgang wird durch Schalten von Ventil V_1 in Schaltstellung 1 bewirkt.

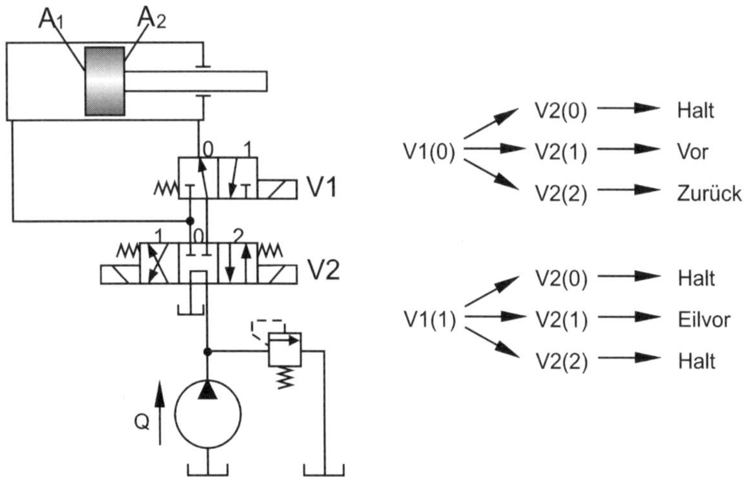

Bild 7.4-2: Differentialzylinder mit Eilgangschaltung

Die Geschwindigkeit für vorwärts beträgt

$$v = \frac{Q}{A_1} \qquad (7.4\text{-}4)$$

für rückwärts

$$v = \frac{Q}{A_2} \tag{7.4-5}$$

und für den Eilgang

$$v = \frac{Q}{A_1 - A_2} \tag{7.4-6}$$

Zum Aufbau einer Eilgangschaltung mit Differentialzylinder läßt sich das in **Bild 7.4-2** gezeigte 4/3-Wegeventil auch durch zwei 3/2-Wegeventile oder vier 2/2-Wegeventile ersetzen.

7.4.1.3 Eilgangschaltung mit Niederdruckpumpe

Eine weitere Möglichkeit, eine Eilgangschaltung für einen Differentialzylinder zu verwirklichen, ist in **Bild 7.4-3** gezeigt. Durch Parallelschalten einer Hochdruckpumpe mit niedrigem Förderstrom, der Pumpe B in **Bild 7.4-3,** und einer Niederdruckpumpe mit hohem Förderstrom, Pumpe A, können verschiedene Geschwindigkeiten geschaltet werden.

Im Eilgang fördern die Pumpen A und B zum Zylinder. Im Arbeitsgang wird durch ansteigenden Druck Ventil C geöffnet, und der Volumenstrom von Pumpe A fließt drucklos in den Tank. Es fördert nur die Hochdruckpumpe zum Zylinder.

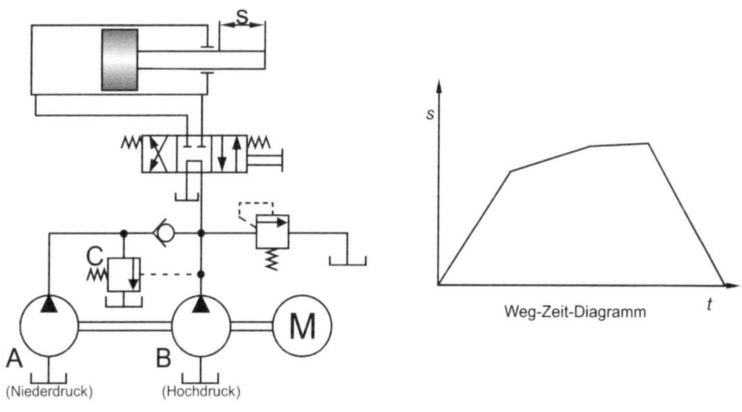

Bild 7.4-3: Eilgangschaltung mit Niederdruckpumpe

7.4.2 Schaltungen mit Stromventilen

Beim Einsatz von Stromregelventilen ist zu beachten, daß das Flüssigkeitsvolumen zwischen Ventil und Motor so klein wie möglich gehalten wird, da die Kompressibilität bei Laständerungen eine erhöhte Regelabweichung bewirkt. Lufteinschlüsse müssen vermieden werden, und zwischen Ventil und Motor dürfen keine Schläuche, sondern sollten möglichst nur kurze, dickwandige Rohre verwendet werden. Zur Minimierung der Schlupfverluste sollten keine leckagebehafteten Ventile zwischen Stromregelventil und Motor angeordnet werden. Beim Anfahren mit dem Stromregler wird der Zylinder sprungförmig in Bewegung gesetzt, da bei $p_2 = p_1 = 0$ der Kolben der Druckwaage durch die Feder in die Endstellung geschoben wird und ein Anfahrsprung erfolgt.

Wenn ein Stromregelventil für beide Richtungen eingesetzt werden soll, damit die gleiche Vor- und Rücklaufgeschwindigkeit beim gleichflächigen Kolben erzielt werden kann, bedient man sich der in **Bild 7.4-4** dargestellten hydraulischen Graetz-Schaltung.

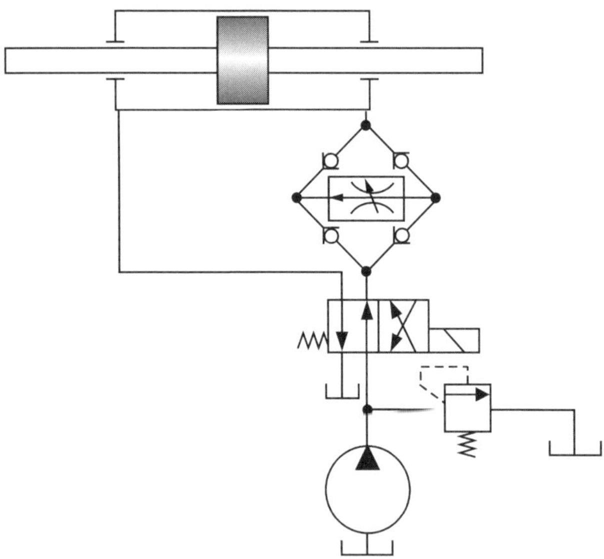

Bild 7.4-4: Stromregelventil in Graetz-Brücke

7.4.2.1 Zuflussstromregelung

Bei der Zuflussstromregelung nach **Bild 7.4-5** ist der Kolben nicht hydraulisch eingespannt. Er neigt zum Springen, wenn keine äußere Last wirkt. Eine Stromregelung im Zufluß kann nur dann erfolgen, wenn Lasten nur in einer Richtung wirksam sind. Bei Einsatz eines 3-Wege-Stromreglers baut sich der Druck nur so hoch auf, wie es die Last erfordert.

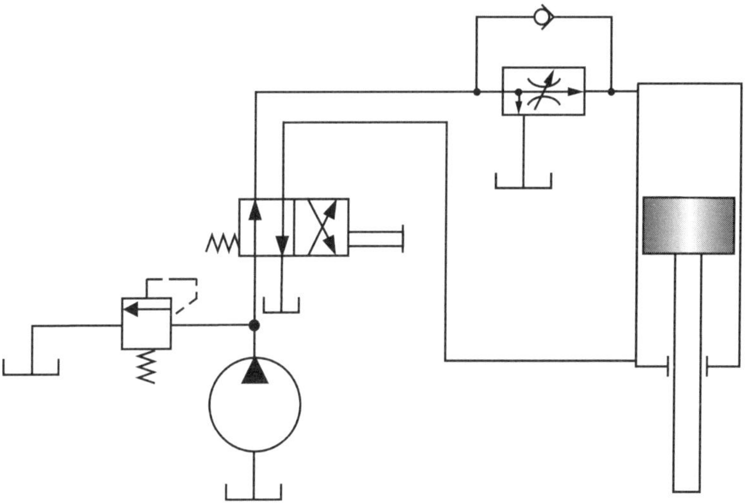

Bild 7.4-5: Stromregler im Verbraucherzufluss

7.4.2.2 Abflussstromregelung

Bei der Abflussstromregelung nach **Bild 7.4-6** ist der Kolben zwischen zwei Drücken eingespannt. Es treten kaum Geschwindigkeitsänderungen bei Wechselkräften auf. Die Geschwindigkeit ist durch das 2/2-Wegeventil in zwei Stufen variierbar.

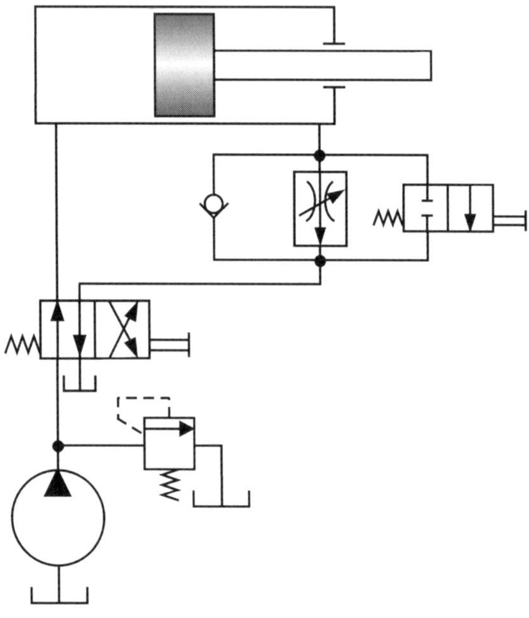

Bild 7.4-6: **Stromregler im Verbraucherrücklauf**

7.4.2.3 Bypassstromregelung

Die Geschwindigkeitseinstellung durch einen Regler im Bypass **(Bild 7.4-7)** ist zwar nicht so genau, weil der Pumpenschlupf zusätzliche Fehler bewirkt, aber in beiden Richtungen gleichwertig. Der Pumpendruck ist nur so hoch, wie es die Last erfordert.

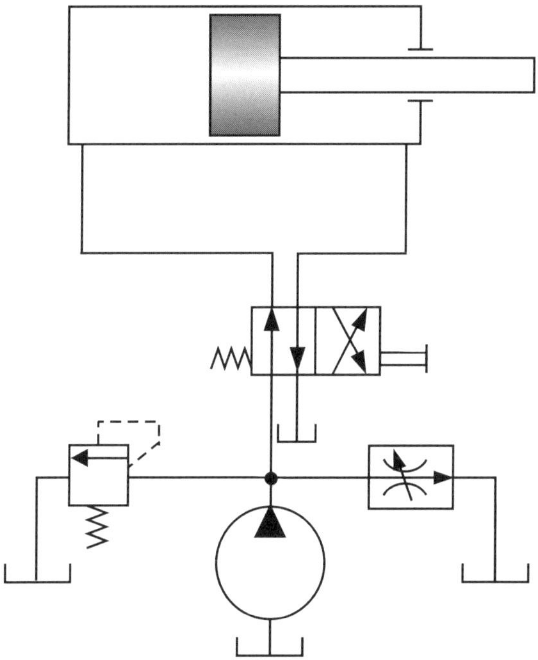

Bild 7.4-7: Stromregler im Bypass

7.4.3 Pressensteuerung

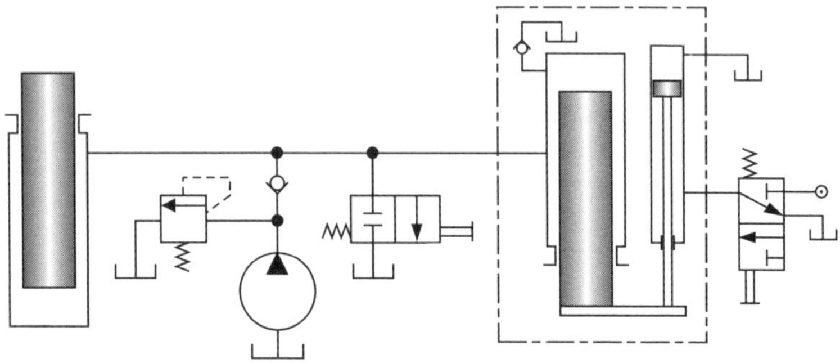

Bild 7.4-8: Einfache Pressensteuerung

Eine einfache Pressensteuerung erfolgt unter Ausnutzung des Pressenkolbengewichtes. In **Bild 7.4-8** sind zwei Bauarten gegenübergestellt. Bei der **Unterkolbenpresse** erfolgt der Rücklauf durch das Eigengewicht des Kolbens. Bei der **Oberkolbenpresse** dagegen wird durch das Eigengewicht die Presse geschlossen. Aus einem hochliegenden Behälter wird der Zylinder über ein Nachsaugventil gefüllt. Der Rücklauf wird mit einem getrennten Rückzugzylinder durchgeführt.

7.4.4 Gleichlaufsteuerung

Der Gleichlauf zweier oder mehrerer Zylinder bzw. Motoren ist eine häufig auftretende Aufgabe in der Hydraulik. Dabei kommt es darauf an, die Unsymmetrie der Lasten, Reibungs- und Leckverluste und deren gegenseitige Beeinflussung ganz oder teilweise durch entsprechende Maßnahmen auszugleichen.

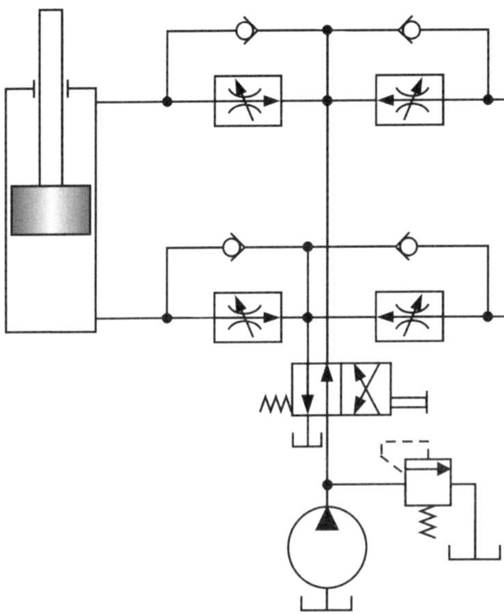

Bild 7.4-9: **Gleichlaufsteuerung mit Stromregelventilen im Rücklauf**

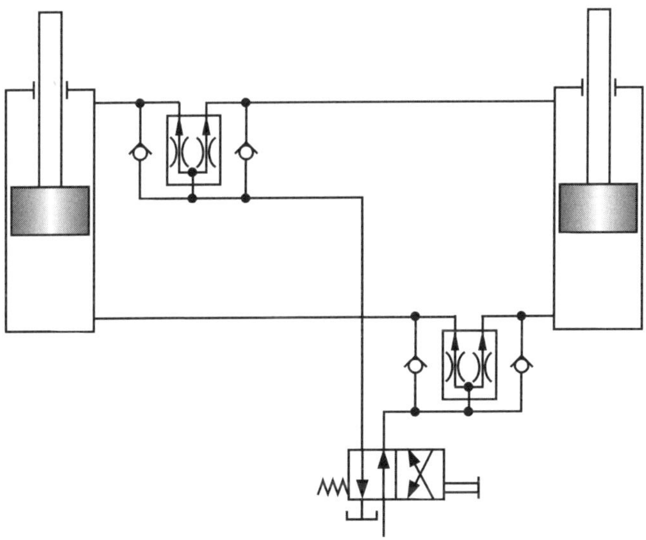

Bild 7.4-10: **Gleichlaufsteuerung mit Stromteiler im Vorlauf**

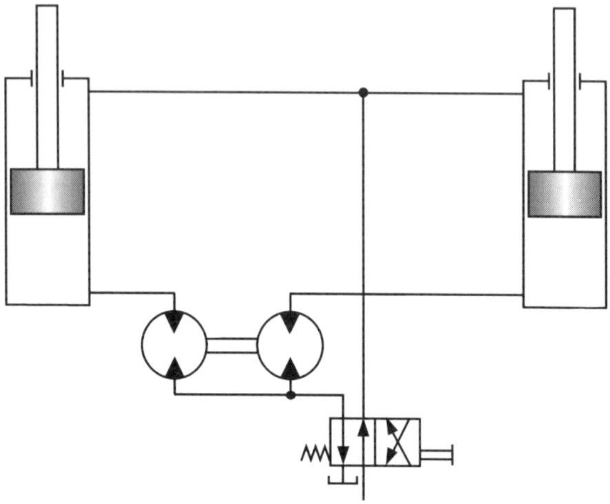

Bild 7.4-11: Gleichlaufsteuerung mit mechanisch gekoppelten Motoren

Die in den **Bild 7.4-9** bis **Bild 7.4-11** gezeigten Gleichlaufsteuerungen sind durch Leckage und Kompressibilität fehlerbehaftet. Die auftretenden Fehler werden nicht korrigiert. Daher ist ein Anwachsen der Fehler, z. B. durch Vergrößerung des Leckageanteils, durchaus möglich. Zum Abbau des Gleichlauffehlers, unabhängig von der Größe der Störungen, ist eine Regelung des Gleichganges erforderlich.

Bei einer solchen Gleichlaufregelung werden die Wege oder Drehwinkel gemessen. Die Regelabweichung, gebildet aus der Differenz der Meßwerte beider Maschinen, wird zur Ansteuerung eines Gleichgangventils, einer Differenzpumpe oder einer regelbaren Hauptpumpe benutzt, womit eine Verringerung des Gleichlauffehlers erzielt wird.

7.4.5 Speicherladeschaltung

Die Speicherladeschaltung besteht aus einer Konstantpumpe, einem Druckspeicher und einem Speicherladeventil, das in **Bild 7.4-12** in der strichpunktierten Umrandung dargestellt ist. Diese Schaltung ist vor allem dort angebracht, wo ein stark schwankender Volumenstrombedarf den Einsatz eines Speichers sinnvoll macht, und wo gleichzeitig für annähernd konstanten Versorgungsdruck gesorgt werden soll. Da es sich um einen schaltenden Zweipunkt-Regler handelt, schwankt der Druck allerdings ständig innerhalb der frei einstellbaren Grenzen p_0 und p_u.

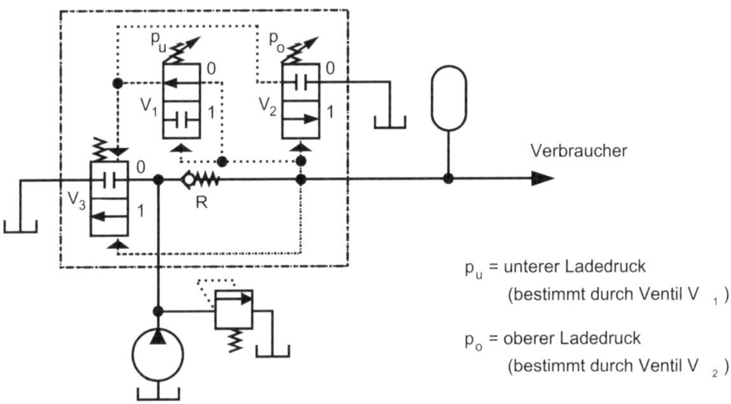

Bild 7.4-12: Speicherladeventil

Die Wirkungsweise des Speicherladeventils ist wie folgt: Beim Laden steigt der Druck p im Speicher und im System an. Bei $p > p_u$ schaltet Ventil V_1 in Stellung 1 (**Bild 7.4-12**), bei $p > p_0$ schaltet Ventil V_2 in Stellung 1. Dadurch nimmt Ventil V_3 die Stellung 1 ein, und die Pumpe fördert drucklos in den Tank. Das Rückschlagventil R sperrt die Verbindung vom Speicher zum Tank.

Entlädt sich der Speicher zum Verbraucher, so fällt der Druck p ab. Bei $p < p_0$ schaltet V_2 in Stellung 0, bei $p < p_u$ schaltet V_1 in Stellung 0 und dadurch V_3 in Stellung 0. Die Pumpe fördert wieder über R zum Verbraucher und Speicher.

Eine Alternative zum Speicherladeventil ist das automatische Ein- und Ausschalten des die Pumpe antreibenden Elektromotors über einen Druckschalter. Diese Möglichkeit ist bei kleinen Motorleistungen interessant, also da, wo das Anfahren von E-Motor und Pumpe nicht weiter stört. Auch hier ist ein Rückschlagventil zwischen Pumpe und Speicher vorzusehen.

7.5 Literatur zu Kapitel 7

7.1	Murrenhoff, H.	Servohydraulik, Umdruck zur Vorlesung an der RWTH Aachen; 2. Auflage 2001
7.2	Matthies, H. J.; Renius, Th.	Einführung in die Ölhydraulik, Teubner, Stuttgart 4. Auflage 2003
7.3	Welschof, B.	Analytische Untersuchungen über die Einsatzmöglichkeit einer sauggedrosselten Hydraulikpumpe zur Leistungssteuerung, Dissertation RWTH Aachen, 1992
7.4	Deeken, M.; Kohmäscher, T.	Die Wärmebilanz einer Hydraulikanlage, O+P, (Ölhydraulik und Pneumatik), Konstruktionsjahrbuch 2004/05
7.5	Backé, W.	Grundlagen der Ölhydraulik; Umdruck zur Vorlesung an der RWTH Aachen, 10. Auflage 1994

8 Anhang

8.1 Formelzeichen

Abk.	Bezeichnung	Einheit
a	Beschleunigung	ms^{-2}
a	Hebelarm	mm
A	Erster Arbeitsanschluss	
A	Fläche, Kolbenfläche, Strömungsquerschnitt	cm^2
A_i	Wärmeabgebende Fläche	m^2
A_K	Kolbenfläche	cm^2
b	Anteil der Druckverluste	-
b	Hebelarm	mm
b	Viskositäts-Druck-Verhalten	bar^{-1}
b	Zahnbreite, Spaltbreite	mm
B	Wärmeabgabevermögen	J/(s·K)
B	Zweiter Arbeitsanschluss	
c	Zahnhöhe	mm
c	Druckausbreitungsgeschwindigkeit, Schallgeschwindigk.	m/s
c, c_F	Federkonstante	N/m
c_{FL}	Steifigkeit des Fluids	N/m
c_i	Spezifische Wärme der Masse mi	J/(kg·K)
C	Wärmespeichervermögen	J/K
C_H	hydr. Kapazität, Speicherkapazität	dm^3/bar
d	Beiwert Newton'sche Reibung	Nsm^{-1}
D, d	Durchmesser	mm
D	Dämpfung	-
D_H	hydraulischer Durchmesser	mm
e	Exzentrizität	mm
E	Kompressionsmodul	N/m^2; bar
E_0	Ausgangskompressionsmodul	bar
E_{Fl}	Kompressionsmodul der Flüssigkeit	bar
E_G	Ersatzkompressionsmodul	bar
E_R	E-Modul des Rohrwerkstoffes	bar
f	Frequenz	1/s; Hz
F	Kraft	N
F_a	Beschleunigungskraft	N
F_A	Auftriebskraft	N
F_{ax}	Axiale äußere Reaktionskraft auf den Ventilschieber	N
F_{eff}	Effektive Kraft	N
F_F	Federkraft	N
F_p	Druckkraft auf den Ventilschieber	N
F_{RC}	Reibkraft der Coulomb'schen Reibung	N

F_{RN}	Reibkraft der Newton'schen Reibung	N
F_{Str}	Strömungskraft auf den Ventilschieber	N
F_{th}	Theoretische Kraft	N
F_{verl}	Verlustkraft	N
F_W	Strömungswiderstandskraft	N
g	Erdbeschleunigung	m/s^2
G	Gewichtskraft	N
h	Hubweg	mm
h	Spalthöhe	mm
I	Massenträgheitsmoment	$kg \cdot m^2$
I	Spulenstrom der Elektromagneten	A
I_A	Ausströmender Impuls	$kg \cdot m/s$
I_E	Einströmender Impuls	$kg \cdot m/s$
k	Wandrauigkeit	mm
l	Länge	m
L_H	hydraulische Induktivität, Speicherinduktivität	kg/m^4
m	Druckabhängigkeits-Koeffizient	-
m	Masse	kg
m	Modul der Verzahnung	mm
m_i	Wärmespeichernde Masse	kg
M	Moment	Nm
n	Drehzahl	1/s
n	Polytropenexponent	-
N_x	Partikelanzahl > x µm	-
NZ	Neutralisationszahl	-
OT	Oberer Totpunkt	
p	Druck	N/m^2; bar
Δp	Druckdifferenz	bar
Δp_{MB}	Druckabfall über der Messblende	bar
p_0	atmosphärischer Druck, Bezugsdruck	bar
p_0	Gesamtdruck	bar
p_0	System-Versorgungsdruck	bar
p_1	Unterer Arbeitsdruck	bar
p_2	Oberer Arbeitsdruck	bar
p_3	Maximaldruck	bar
p_A	Druck im Arbeitsanschluss A	bar
p_B	Druck im Arbeitsanschluss B	bar
p_{DBV}	Einstelldruck eines Druckventils	bar
p_L	Lastdruck	bar
p_o	oberer Ladedruck	bar
p_R	Druck im Rücklauf	bar
p_{Soll}	Solldruck	bar
p_{St}	Steuerdruck	bar
p_u	unterer Ladedruck	bar
P	Druckanschluss	
P	Leistung	W
Q	Volumenstrom	m^3/s; l/min

Q_{DBV}	Volumenstrom über das DBV	l/min
Q_K	Kompressionsvolumenstrom	l/min
Q_L	Lastvolumenstrom	l/min
Q_P	Pumpenvolumenstrom	l/min
Q_V	Volumenstrom des Verbrauchers, Verlustvolumenstrom	l/min
r	Beiwert bei der FRC	N
r	Radius	mm
r	Reflexionsfaktor	-
R_H	hydraulischer Widerstand	$bar \cdot min/dm^3$
Re	Reynolds-Zahl	-
s	Hub	mm
s	Wandstärke	mm
t	Zeit	s
t_{krit}	kritische Schließzeit	s
Δt	Verweilzeit	s
ΔT	Umwälzdauer	min
T	Tankanschluss	
U	Umfang	mm
U_e	Spannungseingangssignal	V
UT	Unterer Totpunkt	
v	(Strömungs-)Geschwindigkeit	m/s
v_1	Eintrittsgeschwindigkeit des Öls in die Ventilkammer	m/s
v_2	Austrittsgeschwindigkeit des Öls aus der Ventilkammer	m/s
v_{Str}	Strömungsgeschwindigkeit	m/s
V	Volumen	cm^3, dm^3
V_0	Ausgangsvolumen, Totvolumen	cm^3, dm^3
V_1	Fördervolumen	cm^3/U
V_2	Schluckvolumen	cm^3/U
ΔV	Volumenänderung, Entnahmemenge	cm^3, dm^3
V_{Fl}	Flüssigkeitsvolumen	cm^3, dm^3
$V_{Fl,0}$	Ausgangsvolumen der Flüssigkeit	cm^3, dm^3
V_G	gelöstes Gasvolumen beim Bezugsdruck	cm^3
V_L	Luftvolumen	cm^3
$V_{L,0}$	Ausgangsvolumen der Luft	cm^3
VI	Viskositäts-Index	-
VT	Viskositäts-Temperatur-Verhalten	-
W	Arbeit	Nm; J
x	Koordinate	
x	Kolbenposition, Schieberposition	mm
X	Steuerölanschluss 1	
y	Ventilschieberweg	mm
Y	Steuerölanschluss 2 / Druckentlastung zum Tank	
y_0	Ventilschieberüberdeckung	mm
z	Anzahl der Zähne/ Flügel/ Kolben	-
z	Höhe, Koordinate	m
Z_A	Abschlusswiderstand	$bar \cdot min/dm^3$
Z_E	Eingangswiderstand	$bar \cdot min/dm^3$

Z_L	Leitungsimpedanz	bar·min/dm^3
α	Winkel, Pumpenschwenkwinkel	°
α	Luftgehalt	-
α_D	Durchflussbeiwert	-
α_V	Bunsen-Koeffizient	-
β	Filterkenngröße	-
β	Kompressibilitäts-Koeffizient	-
β	Winkel	°
β	Druckstoßfaktor	-
γ	thermischer Ausdehnungskoeffizient	1/K
δ	Ungleichförmigkeitsgrad	
ε	Abscheidegrad	-
ε_A, ε_2	Ausströmwinkel aus der Ventilkammer	°
ε_E, ε_1	Einströmwinkel in die Ventilkammer	°
η	dynamische Viskosität	Pa· s
η_0	dynamische Viskosität bei Atmosphärendruck	Pa· s
η_{ges}	Gesamtwirkungsgrad	-
η_{hm}	hydraulisch-mechanischer Wirkungsgrad	-
η_{vol}	volumetrischer Wirkungsgrad	-
θ	Temperatur	K, °C
θ_A	Umgebungstemperatur	K, °C
$\Delta\theta$	Temperaturänderung	K, °C
κ	Isentropenexponent	-
λ	Wellenlänge	m
λ	Widerstandszahl	-
ν	kinematische Viskosität	mm^2/s, cSt
ξ	Widerstandsbeiwert	
π	3,14159 ...	-
ρ	Dichte	kg/m^3
ρ_0	Dichte bei Atmosphärendruck	kg/m^3
$\rho_{15°C}$	Dichte bei 15°C	kg/m^3
τ	Schubspannung	bar
φ	Leistungsverhältnis	-
ω	Winkelgeschwindigkeit	1/s
ω	Kreisfrequenz	1/s
ω_0	Eigenkreisfrequenz	1/s

8.2 Umrechnungsfaktoren

Druck		bar	Pa [N/m²]	at [kp/cm²]	atm	psi
1 bar	=	1	$1{,}000 \cdot 10^{5}$	1,020	0,9872	14,504
1 Pa	=	$1{,}000 \cdot 10^{-5}$	1	$1{,}020 \cdot 10^{-5}$	$0{,}9872 \cdot 10^{-5}$	$1{,}4504 \cdot 10^{-4}$
1 at	=	0,9806	$0{,}9806 \cdot 10^{5}$	1	0,9680	14,22
1 atm	=	1,013	$1.013 \cdot 10^{5}$	1.033	1	14,69
1 psi	=	$0{,}6895 \cdot 10^{-1}$	$0{,}6895 \cdot 10^{4}$	$0{,}7031 \cdot 10^{-1}$	$0{,}6807 \cdot 10^{-1}$	1

Volumen		m³	l	cm³	gal (US)	gal (UK)
1 m³	=	1	$1.000 \cdot 10^{3}$	$1.000 \cdot 10^{6}$	$0{,}2641 \cdot 10^{3}$	$0{,}2200 \cdot 10^{3}$
1 l	=	$1.000 \cdot 10^{-3}$	1	$1.000 \cdot 10^{3}$	0,2641	0,2200
1 cm³	=	$1.000 \cdot 10^{-6}$	$1.000 \cdot 10^{-3}$	1	$0{,}2641 \cdot 10^{-3}$	$0{,}2200 \cdot 10^{-3}$
1 gal (US)	=	$3.786 \cdot 10^{-3}$	3.786	$3.786 \cdot 10^{3}$	1	0,8328
1 gal (UK)	=	$4.546 \cdot 10^{-3}$	4.546	$4.546 \cdot 10^{3}$	1.201	1

Volumenstrom		m³/s	l/min	cm³/s	gpm (US)	cis
1 m³/s	=	1	$60 \cdot 10^{3}$	$1.000 \cdot 10^{6}$	$1{,}5847 \cdot 10^{4}$	$0{,}61013 \cdot 10^{5}$
1 l/min	=	$1{,}6667 \cdot 10^{-5}$	1	16,667	0,2641	1,01688
1 cm³/s	=	$1.000 \cdot 10^{-6}$	$60 \cdot 10^{-3}$	1	$1{,}5847 \cdot 10^{-2}$	0,061013
1 gpm (US)	=	$0{,}631 \cdot 10^{-4}$	3.7861	63,102	1	3,85
1 cis	=	$1{,}639 \cdot 10^{-5}$	0,9834	16,39	0,25974	1

Abkürzungen von US-Maßeinheiten:

psi = pounds per square inch

gpm = gallons per minute

cis = cubic inches per second

Weitere Umrechnungsmöglichkeiten, insbesondere zu US-Maßeinheiten, z. B. unter www.convert-me.com.

8.3 Schaltzeichen

Auf den folgenden Seiten befinden sich die wichtigsten Schaltzeichen für hydraulische Systeme in Anlehnung an DIN ISO 1219:

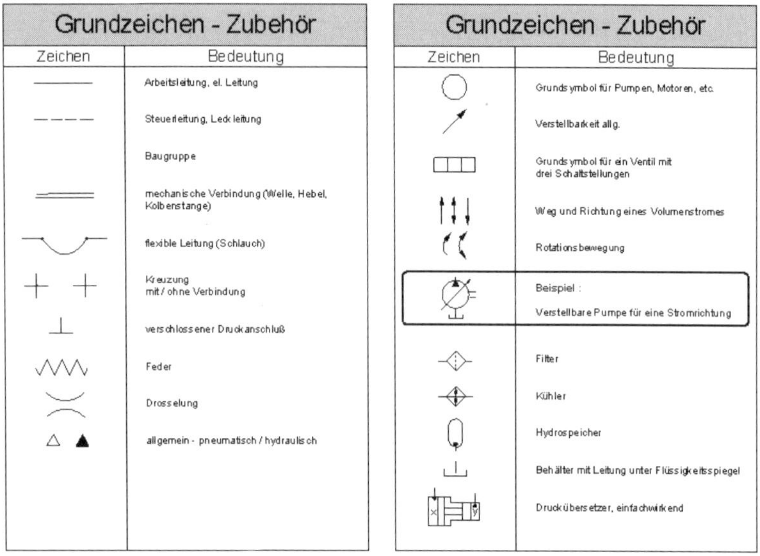

Schaltzeichen für Leitungen, Grundelemente und Zubehör

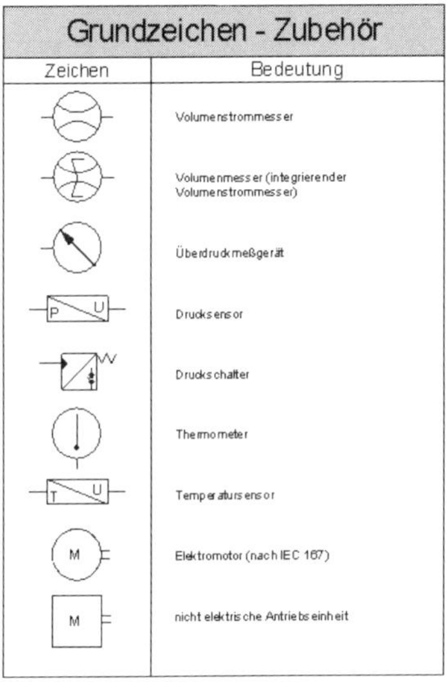

Zeichen	Bedeutung
	Volumenstrommesser
	Volumenmesser (integrierender Volumenstrommesser)
	Überdruckmeßgerät
	Drucksensor
	Druckschalter
	Thermometer
	Temperatursensor
	Elektromotor (nach IEC 167)
	nicht elektrische Antriebseinheit

Schaltzeichen für Sensoren, Druckquellen und Elektroantriebe

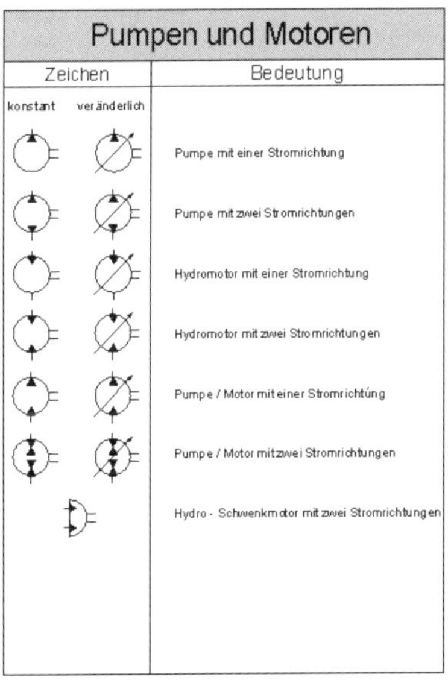

Zeichen (konstant)	Zeichen (veränderlich)	Bedeutung
		Pumpe mit einer Stromrichtung
		Pumpe mit zwei Stromrichtungen
		Hydromotor mit einer Stromrichtung
		Hydromotor mit zwei Stromrichtungen
		Pumpe / Motor mit einer Stromrichtung
		Pumpe / Motor mit zwei Stromrichtungen
		Hydro - Schwenkmotor mit zwei Stromrichtungen

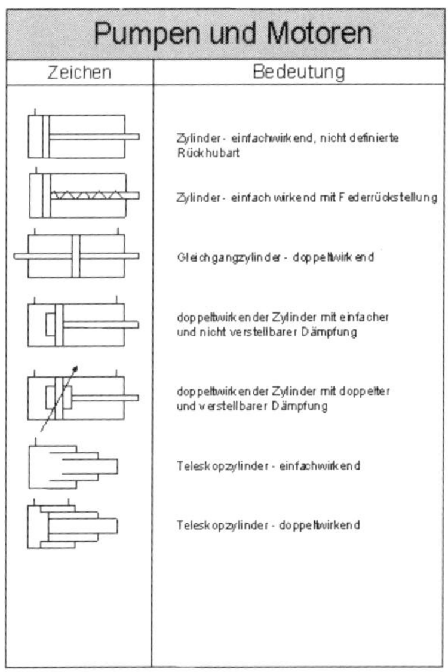

Zeichen	Bedeutung
	Zylinder - einfachwirkend, nicht definierte Rückhubart
	Zylinder - einfach wirkend mit Federrückstellung
	Gleichgangzylinder - doppeltwirkend
	doppeltwirkender Zylinder mit einfacher und nicht verstellbarer Dämpfung
	doppeltwirkender Zylinder mit doppelter und verstellbarer Dämpfung
	Teleskopzylinder - einfachwirkend
	Teleskopzylinder - doppeltwirkend

Schaltzeichen für Pumpen, Motoren und Zylinder

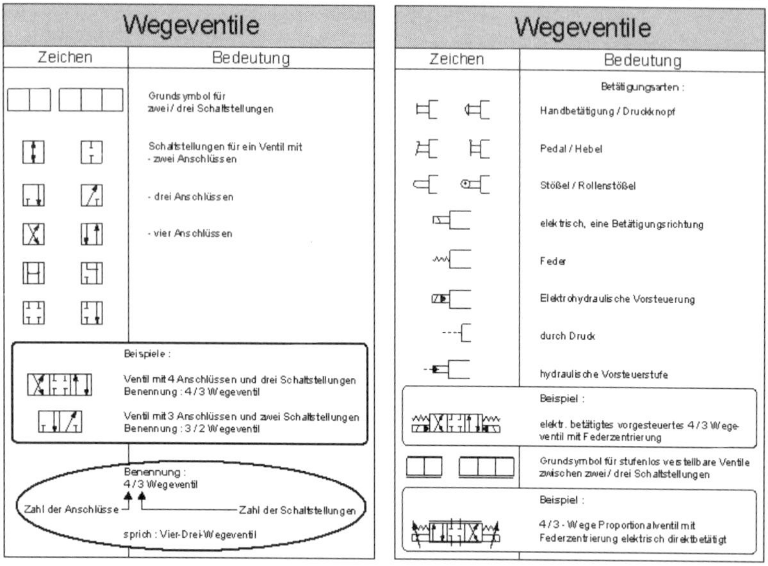

Schaltzeichen, Benennung und Betätigungsart von Wegeventilen

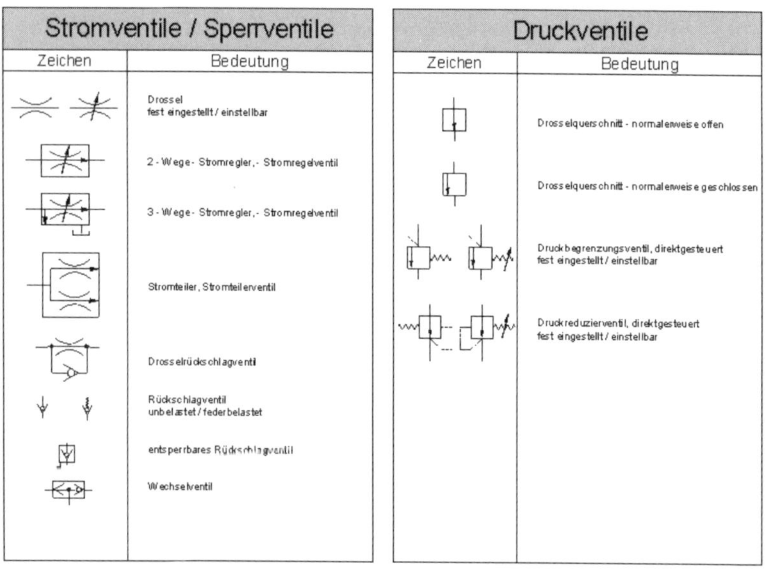

Schaltzeichen für Strom- und Druckventile

8.4 Stichwortverzeichnis

E

F

G

H

I

J

K

L

M

N

P

R

S

T

U

V

W

Z